高等院校精品课程建设教材

本科优秀特色教材

高等数学

及其思想方法与实验

（上册）

吴炯圻　陈跃辉　唐振松　　编著

厦门大学出版社　国家一级出版社

XIAMEN UNIVERSITY PRESS　全国百佳图书出版单位

图书在版编目(CIP)数据

高等数学及其思想方法与实验.上册/吴炯圻,陈跃辉,唐振松编著.—厦门：
厦门大学出版社,2013.5(2024.7 重印)
ISBN 978-7-5615-4586-7

Ⅰ.①高…　Ⅱ.①吴…②陈…③唐…　Ⅲ.①高等数学-高等学校-教学参考资料
Ⅳ.①O13

中国版本图书馆 CIP 数据核字(2013)第 059663 号

厦门大学出版社出版发行

(地址:厦门市软件园二期望海路 39 号　邮编:361008)

http://www.xmupress.com

xmup @ xmupress.com

厦门集大印刷有限公司印刷

2013 年 5 月第 1 版　2024 年 7 月第 7 次印刷

开本:720×970　1/16　印张:22　插页:2

字数:383 千字　印数:16 001～18 000 册

定价:32.00 元

如有印装质量问题请寄本社营销中心调换

内容简介

本书以数学思想方法为指导,阐述微积分学的基本内容、基本方法和有关应用,分为上、下两册。上册(1—6章)包括函数与极限、导数与微分、微分中值定理与导数的应用、不定积分、定积分及其应用和微分方程;下册(7—11章)包括空间解析几何、多元函数微分学及其应用、重积分、曲线积分与曲面积分和无穷级数。各章均附有数学实验和思想方法选讲各一节,书末附有各章习题的参考答案。此外,上册书末还附有几种常用曲线、积分表、Mathematica的使用简介。

本书适用于一般理工科、经济、管理各专业学习高等数学课程的学生,也可供其他专业的师生教学参考。

本书于2017年12月被福建省教育厅确定为"本科优秀特色教材"。

前　　言

　　本套《高等数学》教材是福建省教育厅高校精品课程立项建设的一个成果，是我校长期开设这门课程的经验总结，凝聚了校内、外许多老师多年辛勤劳动的心血。

　　全书以数学思想方法为指导，阐述微积分学的基本内容、基本方法和有关应用，分为上下两册。上册（1—6 章）包括函数与极限、导数与微分、微分中值定理与导数的应用、不定积分、定积分及其应用和微分方程；下册（7—11 章）包括空间解析几何、多元函数微分学及其应用、重积分、曲线积分与曲面积分和无穷级数。各章均附有数学实验和思想方法选讲各一节，书末还附有几种常用曲线、积分表、Mathematica 的使用简介与各章习题的参考答案。

　　本书适用于一般理工科、经济、管理各专业学习高等数学课程的学生（少课时的专业对教材中附上星号 * 的章节可以选用或不用），也可供其他专业的师生教学参考。

　　本书的特点是：

　　1. 顺应现代教育思想的潮流和教育观念的变革，适合素质教育的推进，突出数学思想方法的作用。在讲授数学的内容时，重视概念引入的背景和应用意识的培养，重视提出问题和解决问题的思路的启发，重视数学思想的渗透与基本数学方法的训练；此外，每章最后一节都结合该章的数学知识有系统地讲解数学思想方法，旨在帮助读者进一步加深对数学原理及其思想方法的理解、适当了解相关的数学历史事件和当今的发展信息，开阔视野、增加学习兴趣。

　　2. 在教学内容上，在保证达到"高等数学课程教学大纲"要求的前提下，努力吸纳当前教材改革中较为成功的举措，融合多所高校先进的教学经验；注意文理渗透，体现微积分基本思想在理、工、经、管等领域中的应用。为了加强应用意识和创新能力的培养，每章附有一节数学实验，用于指导读者通过上机实验，验证公式、建立数学模型、学习计算方法。

　　3. 继承传统教材结构严谨、逻辑清晰的优点，做到突出重点、抓住关键；尽可能保证理论完整、推理严密，又力求通俗易懂、便于自学；同时还注意考虑到各类读者对这一课程的不同需要。

　　本书由吴炯圻教授（2003 年福建省高等学校教学名师奖获得者）、副院长陈跃辉、高等数学教研室主任唐振松副教授编著。具体地,各章的数学实验和思想方法选讲分别由陈跃辉和吴炯圻编写;第2、3、4、5和9章的编写主要由唐振松负责;第10、11章主要由陈跃辉负责;第1、6、7、8章及全书的文字统一处理工作主要由吴炯圻负责。

　　我校校长李进金教授(2007年福建省高等学校教学名师奖获得者)对《高等数学》课程建设和本教材的编写非常关心和支持;王桂芳教授、邱宜坪教授和许多同事对本书的早期版本提出了宝贵的意见与建议;李克典教授对本书下册的修改稿提出了许多重要的意见与建议。谨此向他们表示衷心的感谢。

　　本书较多地参考了李进金教授主编的《高等数学》教材,也参考了国内多部优秀的同类教材。除了在书末列出这些参考文献之外,我们在此向这些文献的作者们致以诚挚的谢意。

　　同时,我们向支持本书编写、试用和出版的各单位有关领导和广大师生致谢。

　　本书自2007年出版以来,得到许多同行专家的高度评价,谨此向他们表示衷心感谢。这次重印之前,我们作了进一步完善,主要是纠正一些笔误和打印错误。限于编著者的学识、水平和能力,书中可能仍有不足与错漏之处,欢迎使用本书的老师和读者不吝指正。

编著者

于闽南师范大学数学与统计学院

2013 年 5 月

目　录

第一章

函数与极限

函数是微积分的主要研究对象,极限理论和方法是微积分的理论基础和基本工具.因此,理解与掌握极限思想方法是学好微积分的关键.本章主要介绍极限和函数的连续性等基本概念及其性质.

§1.1　函　数

本节主要复习中学已经学习过的函数概念和它的基本性质.在这之前,先简要介绍集合论和拓扑学中的一些基本概念.实际上,这两门学科已经成为现代数学的基础.

§1.1.1　集合

1. 集合的基本概念与运算

集合(简称为集)是数学的一个基本概念,在现代数学中起着非常重要的作用.当研究范围明确时,**集合**通常理解为具有某种性质的事物的全体.集合中的每一个事物都被称为该集合的一个**元素**.某事物 a 与集合 E 具有下列两种关系之一:

(1) a 是 E 的元素,记作 $a \in E$;(2) a 不是 E 的元素,记作 $a \notin E$.

由有限个元素组成的集合,可将它的元素一一列举出来.这种表示法称为**枚举法**.例如,由元素 $a_1, a_2, \cdots, a_n$ 组成的集合 A 记作

$$A = \{a_1, a_2, \cdots, a_n\}.$$

对于一般的集合,通常采用**性质描述法**表示:设 E 是具有性质 P 的元素 x 的全体所组成的集合,就记作

$$E = \{x \mid x \text{ 具有性质 } P\} \text{ 或 } E = \{x \mid P(x)\}.$$

通常,以 **Z**、**Q**、**R** 和 **C** 分别表示整数集、有理数集、实数集和复数集.

如果集合 A 的元素都是集合 B 的元素,即若 $x \in A$,则必有 $x \in B$,就称 A 是 B 的子集,记作 $A \subseteq B$ 或 $B \supseteq A$.

如果 $A \subseteq B$ 与 $A \supseteq B$ 同时成立,则称 **A 与 B 相等**,记作 $A = B$.例如,设有集合 $A = \{-1, -2\}$,$B = \{x \mid x^2 + 3x + 2 = 0\}$,则 $A = B$.若 $A \subseteq B$ 且 $A \neq$

B,则称 A 是 B 的**真子集**,记作 $A \subset B$.例如 $\mathbf{Q} \subset \mathbf{R}$.

不含任何元素的集合称为**空集**,记作 $\varnothing$.如集合

$$\{x \mid x \in \mathbf{R}, x^2 + 1 = 0\} = \varnothing.$$

规定空集是任意集 A 的子集,即 $\varnothing \subseteq A$.

集合的基本运算有并、交、差.

设 A 和 B 是两个集合,由 A 和 B 的所有元素构成的集合,称为 A 与 B 的**并**,记为 $A \bigcup B$,即

$$A \bigcup B = \{x \mid x \in A \text{ 或 } x \in B\}.$$

由 A 和 B 的所有公共元素构成的集合,称为 A 与 B 的**交**,记为 $A \bigcap B$,即

$$A \bigcap B = \{x \mid x \in A \text{ 且 } x \in B\}.$$

由属于 A 而不属于 B 的所有元素构成的集合,称为 A 与 B 的**差**,记为 $A \backslash B$,即

$$A \backslash B = \{x \mid x \in A \text{ 且 } x \notin B\}.$$

如果在某个过程中,我们所研究的对象同属于某一个集合 S,那么这个集合称为**全集**或**基础集**.本书在一般情况下用实数集 $\mathbf{R}$ 当全集.

一般地,设 A 是全集 S 的子集,那么 S 中不属于 A 的元素全体组成的集合称为 A 的**余集**,记为 $\overline{A}$,即

$$\overline{A} = S \backslash A.$$

例如,对于全集 $\mathbf{R}$,子集 $A = \{x \mid 0 \leqslant x < 1\}$ 的余集就是

$$\overline{A} = \mathbf{R} \backslash A = \{x \mid x < 0 \text{ 或 } x \geqslant 1\}.$$

2. 邻域、开集、闭集、区间

对于实数 a 及正数 δ,数集 $\{x \mid \mid x - a \mid < \delta\}$ 称为 a 的(以点 a 为中心、以 δ 为半径的)δ **邻域**,记作 $U(a, \delta)$,即 $U(a, \delta) = \{x \mid \mid x - a \mid < \delta\}$;而 $\{x \mid a - \delta < x \leqslant a\}$ 和 $\{x \mid a \leqslant x < a + \delta\}$ 分别称为 a 的左 δ **邻域**和右 δ **邻域**,如图 1-1-1 所示.

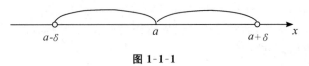

图 1-1-1

数集 $\{x \mid 0 < \mid x - a \mid < \delta\}$ 称为点 a 的**去心** δ **邻域**,记为 $\mathring{U}(a, \delta)$.当不强调 δ 的大小时,a 的 δ 邻域和 δ 去心邻域分别简称为 a 的**邻域**和**去心邻域**,并分别记作 $U(a)$ 和 $\mathring{U}(a)$.左、右 δ 邻域也有类似的简称.

设 a 与 b 是两个不同的实数,且 $a < b$,数集 $\{x \mid a < x < b\}$ 称为**开区间**,记

作(a,b),即
$$(a,b) = \{x \mid a < x < b\},$$
其中 a 与 b 称为开区间(a,b)的**端点**.

因此,邻域是一个以 a 为中心的开区间,即 $U(a,\delta) = (a-\delta, a+\delta)$.

数集$\{x \mid a \leqslant x \leqslant b\}$ 称为**闭区间**,记作$[a,b]$,即
$$[a,b] = \{x \mid a \leqslant x \leqslant b\},$$
其中 a 与 b 称为闭区间$[a,b]$的**端点**.

又,数集$[a,b) = \{x \mid a \leqslant x < b\}$ 和$(a,b] = \{x \mid a < x \leqslant b\}$ 均称为**半开区间**,a 与 b 称为它们的端点.

以上这四种区间都称为**有限区间**,数 $b-a$ 称为这些区间的**长度**.

类似地,我们可以定义五类无限区间:
$$(a,+\infty) = \{x \mid x > a\}, (-\infty, b) = \{x \mid x < b\},$$
$$(-\infty, +\infty) = \{x \mid -\infty < x < +\infty\} = \mathbf{R},$$
$$[a,+\infty) = \{x \mid x \geqslant a\}, (-\infty, b] = \{x \mid x \leqslant b\}.$$
其中部分区间在数轴上表示如图 1-1-2.

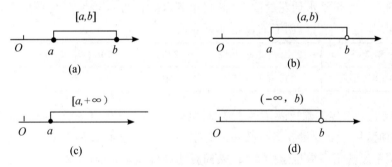

图 1-1-2

对(a,b),$(-\infty, b)$,$(a,+\infty)$ 和$(-\infty, +\infty)$ 这四类区间做进一步的分析发现,它们中的任何一点 x_0 都至少存在一个邻域 $U(x_0)$,使得 $U(x_0)$ 整个被包含于 x_0 所在的区间. 一般地,设 E 是 $\mathbf{R}$ 的一个子集,若对任意 $x_0 \in E$ 都存在$U(x_0)$ $\subset E$,则称 E 是一个**开集**.因此,这四种区间都是开集,特别,开区间和邻域$U(a)$ 都是开集.

又,设 F 是 $\mathbf{R}$ 的一个子集,若存在开集 E 使得 $F = \mathbf{R} \backslash E$,则称 F 是一个**闭集**.这就是说,闭集是开集的余集;反之,开集也是闭集的余集. 于是,闭区间$[a,b]$,$(-\infty, b]$ 和$[a,+\infty)$ 都是闭集.

邻域、开集和闭集都是拓扑学的重要概念.在第八章我们还会进一步介绍.

§1.1.2 函数的基本概念

1. 函数的定义

在生产、生活或科学技术领域中,我们会遇到两种类型的量:一种是在一定条件下保持不变的量,称为**常量**,如每天的时间总量 T 都是 24 小时,地面上重力加速度 $g = 9.8 \text{ m/s}^2$,T 和 g 是常量;另一种是在一定过程中变化着的量,称为**变量**,如运动的路程及花费的时间,一天之中的气温等.

在某个过程中,往往同时出现两个或多个变量,它们不是孤立地在变化,而是互相联系着地在变化.下面考察几个例子:

例 1 正方形的面积 S 与它的边长 a 之间的关系可用 $S = a^2$ 来表示,即对任意的 $a \in (0, +\infty)$,只要求出 a^2,就得到以 a 为边长的正方形的面积 S.

例 2 一个物体作匀加速直线运动,出发后 t 秒时所走过的路程 s 可按如下公式确定:

$$s = \frac{1}{2}at^2, t \in [0, T]\text{(其中 } a \text{ 是加速度,} T \text{ 是最大运动时间).}$$

例 3 漳州是水仙花的故乡.漳州市郊区农民近六年生产花卉出口创汇日益增加.某村各年出口创汇的数量如下表所示:

年度	2001	2002	2003	2004	2005	2006
创汇金额(万元)	20	102	240	380	590	880

以上三个例子都反映了两个变量之间的联系,当其中一个变量在某个数集内取值时,另一个变量在另一数集内有唯一的值与之对应.两个变量之间的这种对应关系反映了函数概念的实质.人们对此进行抽象和推广,得到如下定义.

定义 设 D 是实数集 $\mathbf{R}$ 的一个非空子集,若对 D 中的每一个数 x,按照对应法则 f,实数集 $\mathbf{R}$ 中有唯一的数 y 与之相对应,我们称 f 为从 D 到 $\mathbf{R}$ 的一个**函数**,记作

$$f: D \to \mathbf{R}.$$

上述 y 与 x 之间的对应关系记作 $y = f(x)$,并称 y 为 x 的**函数值**,D 称为函数的**定义域**,数集 $f(D) = \{y \mid y = f(x), x \in D\}$ 称为函数的**值域**.若把 x, y 看成变量,则 x 称为**自变量**,y 称为**因变量**.

那么,定义域 D 就是自变量 x 的取值范围,而值域 $f(D)$ 是因变量 y 的取值范围.特别,当值域 $f(D)$ 是仅由一个实数 C 组成的集合时,$f(x)$ 称为**常值函数**.这时,$f(x) = C$,也就是说,我们把常量看成特殊的因变量.

由定义可知,例 1 的对应关系确定了一个定义在 $(0, +\infty)$ 上以 a 为自变量

的函数;例2确定了一个定义在$[0,T]$上以t为自变量的函数;例3则确定了一个定义在数集$\{2001,2002,2003,2004,2005,2006\}$上以年份为自变量的函数.

几点说明:

(1) 为了使用方便,我们将符号"$f:D \to \mathbf{R}$"记为"$y = f(x)$",并称"$f(x)$是x的函数(值)".当强调定义域时,也常记作

$$y = f(x), x \in D.$$

(2) 函数$y = f(x)$中表示对应关系的符号f也可改用其他字母,例如"φ","F"等等.这时函数就记为$y = \varphi(x)$,$y = F(x)$,等等.

(3) 用$y = f(x)$表示一个函数时,f所代表的对应法则已完全确定,对应于点$x = x_0$的函数值记为$f(x_0)$或$y |_{x=x_0}$.

例如,设$y = f(x) = \sqrt{4 - x^2}$,它在点$x = 0, x = -2$的函数值分别为

$$y |_{x=0} = f(0) = \sqrt{4 - 0^2} = 2, y |_{x=-2} = \sqrt{4 - (-2)^2} = 0.$$

(4) 从函数的定义知,定义域和对应法则是函数的两个基本要素,两个函数相同当且仅当它们的定义域和对应法则都相同.

(5) 在实际问题中,函数的定义域可根据变量的实际意义来确定;但在解题中,对于用表达式表示的函数,其省略未表出的定义域通常指的是:使该表达式有意义的自变量取值范围.

例4 求函数$y = \sqrt{2x - 1} + \log_5(1 - x)$的定义域.

解 要使函数式子有意义,x必须满足$\begin{cases} 2x - 1 \geqslant 0 \\ 1 - x > 0 \end{cases}$,于是,所求函数的定义域为

$$D = \left\{ x \mid \frac{1}{2} \leqslant x < 1 \right\}.$$

2. 函数的表示法

(1) **解析法**(表示函数的主要方法)

当函数的对应法则用数学式子表示时,这种表示函数的方法称为解析法.如

$$y = x^2 - 3, x \in (1, +\infty) \quad \text{或} \quad y = x^2 - 3, x > 1 \quad \text{或} \quad y = x^2 - 3 \quad (x > 1)$$

是用解析法表示的同一个函数,后二者直接用不等式表示定义域,系传统方式,因较简洁,故仍经常采用.解析法是表示函数的主要方法.

例5 设x为任一实数.不超过x的最大整数称为x的整数部分,对$x \in \mathbf{R}$,用$[x]$表示不超过x的最大整数.例如,$[\pi] = 3$,$[-2] = -2$,$[-4.7] = -5$.一般地,$y = [x]$,$x \in \mathbf{R}$所表示的函数称为**取整函数**.

一个函数也可以在其定义域的不同部分用不同的解析式表示,如:

例 6 $y = \begin{cases} 1-x & x \in (-\infty, 0) \\ \dfrac{1}{2} & x = 0 \\ x^2 & x \in (0, +\infty) \end{cases}$.

例 7 绝对值函数 $y = |x| = \begin{cases} x & x \geqslant 0 \\ -x & x < 0 \end{cases}$.

例 8 $y = \mathrm{sgn}\, x = \begin{cases} -1 & x < 0 \\ 0 & x = 0 \\ 1 & x > 0 \end{cases}$.

易知,对于任何实数 x,都有 $x = (\mathrm{sgn}\, x)\,|x|$ 成立.这个函数称为**符号函数**.

像例 6、7、8 这种形式的函数,称为**分段函数**.

(2) **列表法**(按需采用的特殊方法)

若函数 $y = f(x)$ 采用含有自变量 x 的值与它在函数 $f(x)$ 中对应值的表格来表示,则称这种表示函数的方法为**列表法**.如上述例 3 及通常所用的三角函数表、对数表等等,都是用列表法表达函数的例子.

(3) **图像法**(直观形象的辅助方法)

设函数 $y = f(x)$ 的定义域为 D,那么对于任意取定的 $x \in D$,其函数值为 $y = f(x)$.这样,以 x 为横坐标、y 为纵坐标,就在 xOy 平面上确定了一点 (x,y).当 x 遍取 D 上的每一个数值时,就得到平面点集

$$C = \{(x,y) \mid y = f(x), x \in D\},$$

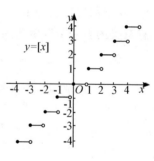

图 1-1-3

称其为函数 $y = f(x)$ 的**图像**.采用图像给出函数的方法称为**图像法**.图 1-1-3、图 1-1-4 与图 1-1-5 就是用图像法分别表示的取整函数、绝对值函数和符号函数.

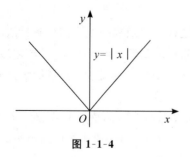

图 1-1-4

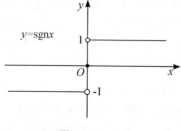

图 1-1-5

§1.1.3　函数的基本性质

1. 函数的有界性

定义　设函数 $y = f(x)$ 在某一实数集 D_1 上有定义(即 D_1 是 $f(x)$ 的定义域 D 的子集),若存在常数 M(或 m) 使得不等式

$$f(x) \leqslant M(\text{或 } f(x) \geqslant m)$$

对所有 $x \in D_1$ 都成立,则称函数 $y = f(x)$ 在 D_1 上有上界(或有下界),同时称 M 为 $f(x)$ 在 D_1 上的一个**上界**(或 m 为 $f(x)$ 在 D_1 上的一个**下界**).若 $f(x)$ 在 D_1 既有上界又有下界,则称 $f(x)$ 在 D_1 上**有界**,或 $f(x)$ 在 D_1 上是**有界函数**,否则,则称函数 $f(x)$ 在 D_1 上**无界**,或称在 D_1 上函数 $f(x)$ 是**无界函数**.

如三角函数 $y = \sin x, y = \cos x$ 在 $(-\infty, +\infty)$ 内是有界的,因为对所有实数 x,有 $|\sin x| \leqslant 1, |\cos x| \leqslant 1$.函数 $y = x^2$ 在区间 $(-\infty, +\infty)$ 无界(没有上界),在区间 $[-1, 1]$ 上有界.函数 $y = -\dfrac{1}{x}$ 在开区间 $(0, 1)$ 内无界(没有下界),但在区间 $(1, 3)$ 有界.

由定义可知,函数 $f(x)$ 在 D_1 上有界当且仅当存在一个常数 $K > 0$,使得

$$|f(x)| \leqslant K, x \in D_1.$$

2. 函数的单调性

定义　设函数 $y = f(x)$ 在某一实数集 D 上有定义,若对于任意的 $x_1, x_2 \in D$,当 $x_1 < x_2$ 时恒有

(1) $f(x_1) < f(x_2)$,则称 $f(x)$ 在 D 上**单调增加**;

(2) $f(x_1) > f(x_2)$,则称 $f(x)$ 在 D 上**单调减少**.

单调增加与单调减少的函数统称为**单调函数**.

注　把(1)中的条件改为 $f(x_1) \leqslant f(x_2)$,则称 $f(x)$ 在 D 上**不减**;把(2)中的条件改为 $f(x_1) \geqslant f(x_2)$ 成立时,则称 $f(x)$ 在 D 上**不增**.不增与不减的函数统称为**广义单调函数**.本书主要涉及单调函数(也称为"严格单调函数"),把广义单调函数可能具有的类似性质留给读者自行探讨.

例如,函数 $f(x) = x^2$ 在区间 $[0, +\infty)$ 上是单调增加的,但在 $(-\infty, 0]$ 上是单调减少的;在整个定义域 $(-\infty, +\infty)$ 内不是单调函数.

函数 $f(x) = x^3$ 在区间 $(-\infty, +\infty)$ 内是单调增加的.

3. 函数的奇偶性

定义　设实数集 D 满足:$x \in D$ 当且仅当 $-x \in D$,则称 D 是一个**对称集**.设函数 $y = f(x)$ 的定义域 D 是一个对称集,若 $f(x)$ 满足

$$f(-x) = f(x), x \in D,$$

则称函数 $f(x)$ 是**偶函数**;若 $f(x)$ 满足

$$f(-x)=-f(x),x\in D,$$

则称函数 $f(x)$ 是**奇函数**.

偶函数的图像关于 y 轴对称(图 1-1-6),奇函数的图像关于坐标原点对称(图 1-1-7).

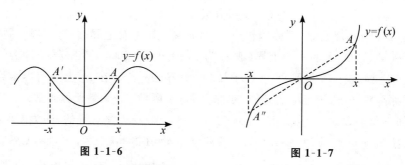

图 1-1-6 　　　　　　　　图 1-1-7

例如,函数 $y=\sin x$ 是奇函数,函数 $y=\cos x$ 是偶函数,而函数 $y=\sin x+\cos x$ 既不是奇函数也不是偶函数.

4. 函数的周期性

定义 设函数 $y=f(x)$ 的定义域为集 D,若存在一个非零的数 T,使得对于任意 $x\in D$,有 $x\pm T\in D$ 且

$$f(x\pm T)=f(x),$$

则称 $f(x)$ 为**周期函数**,同时称 T 为 $f(x)$ 的**周期**.

显然,若 T 为 $f(x)$ 的一个周期,则 $2T,3T,4T,\cdots$ 也都是它的周期,故周期函数有无限多个周期.若在周期函数 $f(x)$ 的所有正周期中有一个最小者,则称这个最小者为函数 $f(x)$ 的**最小正周期**.通常所说的周期就是指最小正周期.

例如,函数 $\sin x,\cos x$ 都是以 2π 为周期的函数;函数 $\tan x$ 是以 π 为周期的函数.

并非每一个周期函数都有最小正周期.如,对于定义在 **R** 上的狄利克雷(Dirichlet)函数:

$$f(x)=D(x)=\begin{cases}1 & 当\ x\ 为有理数时 \\ 0 & 当\ x\ 为无理数时\end{cases},$$

任意有理数都是它的周期,但它没有最小正周期.

§1.1.4 反函数

自变量与因变量的关系往往是相对的.我们不仅需要研究变量 y 随变量 x 变化而变化的情况,有时也要研究变量 x 随变量 y 变化而变化的状况.例如,自

由落体下落的距离 s 与时间 t 的关系是

$$s = \frac{1}{2}gt^2, t \in [0, T], \tag{1.1.1}$$

这时 s 是 t 的函数.但是,如果反过来,要由物体下落的距离 s 来确定所需的时间 t,可由式(1.1.1)解出 t,把它表示为 s 的函数

$$t = \sqrt{\frac{2s}{g}}, s \in [0, H], \tag{1.1.2}$$

其中 H 是物体在开始下落时与地面的距离.由式(1.1.1)和式(1.1.2)这对函数启发人们引入反函数的概念.

定义　设已知函数 $y = f(x), x \in D$ 的值域为 $f(D)$.若对于 $f(D)$ 中每一个值 y,D 中有唯一确定的值 x 使得 $f(x) = y$,就在 $f(D)$ 上定义了一个函数,并称其为函数 $y = f(x)$ 的**反函数**,记为

$$x = f^{-1}(y), y \in f(D).$$

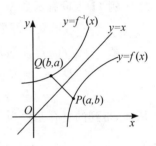

图 1-1-8

$y = f(x)$ 与 $x = f^{-1}(y)$ 互为反函数.习惯上把自变量记为 x,因变量记为 y,所以反函数 $x = f^{-1}(y)$ 也可写作 $y = f^{-1}(x)$.相对于反函数 $y = f^{-1}(x)$ 而言,原来的函数 $y = f(x)$ 称为**直接函数**.容易看出,在同一坐标平面上,反函数 $y = f^{-1}(x)$ 与直接函数 $y = f(x)$ 的图像关于直线 $y = x$ 对称,如图 1-1-8 所示.

$y = f(x)$ 要满足什么条件才能保证其反函数一定存在呢?根据定义可推出如下的反函数存在定理:

定理　单调函数必有反函数.单调增加的函数的反函数必单调增加,单调减少的函数的反函数必单调减少.

例 9　函数 $y = x^2$ 在 $[0, +\infty)$ 上是单调增加的函数,它的反函数 $y = \sqrt{x}$ 在其定义域 $[0, +\infty)$ 上也是单调增加的函数.

§1.1.5　复合函数

在许多自然现象中,两个变量的联系有时不是直接的,而是通过另一个变量联系起来的.

例 10　某汽车行驶 10 小时,每公里耗油量为 0.2 升,行驶速度为每小时 60 公里.于是汽车在行驶过程中,耗油量 y 是行驶距离 s 的函数

$$y = f(s) = 0.2s, s \in [0, +\infty),$$

而行驶距离 s 又是行驶时间 t 的函数

$$s = g(t) = 60t, t \in [0, 10].$$

因此,汽车的耗油量 y,通过中间变量 s 与时间 t 建立了函数关系

$$y = 0.2s = 0.2 \times 60t = 12t, t \in [0, 10],$$

在这个例子中,y 与 t 的对应关系是由两个函数 $y = f(s)$ 与 $s = g(t)$ 复合而成的.

一般地,我们有以下定义:

定义 已知两个函数

$$y = f(u), u \in E; u = g(x), x \in D.$$

设 $D_1 = \{x \mid g(x) \in E, x \in D\}$ 是非空集,那么通过下式

$$y = f(g(x)), x \in D_1$$

确定的函数,称为是由函数 $u = g(x)$ 与 $y = f(u)$ 构成的**复合函数**,它的定义域为集 D_1,变量 u 称为**中间变量**. $u = g(x)$ 与 $y = f(u)$ 构成的复合函数也常记做 $f \circ g$,即

$$y = (f \circ g)(x) = f(g(x)), x \in D_1.$$

例 11 设有函数 $y = \sqrt{u}, u \in E = [0, +\infty)$,又 $u = 1 - x^2, x \in D = (-\infty, +\infty)$,求复合函数.

解 设 $f(u) = \sqrt{u}, g(x) = 1 - x^2$. 那么

$$D_1 = \{x \mid g(x) \in E, x \in D\}$$
$$= \{x \mid 1 - x^2 \in [0, +\infty), x \in (-\infty, +\infty)\} = [-1, 1].$$

因此,得到的复合函数为

$$y = \sqrt{1 - x^2}, x \in [-1, 1].$$

更一般的情形是,复合函数 $f \circ g$ 只选 D_1 的一个子集 D_2 作为定义域,即不必要求 $D_2 = D_1$,只要保证 $g(D_2) \subset E$ 即可.

复合函数不仅可以由两个函数,也可以由有限个函数依次进行有限次复合而成. 例如,$y = \arcsin \sqrt{1 - x^2}$ 就是由 $y = \arcsin w, w = \sqrt{u}, u = 1 - x^2$ 复合而成的,其中 w 和 u 都是中间变量.

§1.1.6 初等函数

1. 基本初等函数

常数函数、幂函数、指数函数、对数函数、三角函数、反三角函数等称为**基本初等函数**. 这里着重介绍幂函数. 其余见表 1-1-1.

函数

$$y = x^\mu \text{(其中 } \mu \text{ 是一个非零实数)}$$

叫做**幂函数**.

幂函数 $y = x^\mu$ 的定义域根据 μ 的取值而定. 例如:当 $\mu = 3$ 时,$y = x^3$ 的定

义域是 $(-\infty, +\infty)$；当 $\mu = \dfrac{1}{2}$ 时，$y = x^{\frac{1}{2}} = \sqrt{x}$ 的定义域是 $[0, +\infty)$；当 $\mu = -\dfrac{1}{2}$ 时，$y = x^{-\frac{1}{2}} = \dfrac{1}{\sqrt{x}}$ 的定义域是 $(0, +\infty)$. 但无论 μ 取什么值，幂函数在 $(0, +\infty)$ 内总有定义.

当 $\mu = 1, 2, 3, -1, \dfrac{1}{2}$ 时的幂函数 $y = x^{\mu}$ 为最常见. 它们的图像如图 1-1-9 所示.

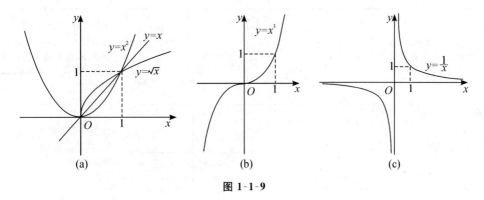

图 1-1-9

2. 初等函数

由基本初等函数经过有限次四则运算和有限次复合所得到的且可用一个式子表示的函数，称为**初等函数**. 现给出初等函数的几个例子：

$$y = \sqrt{1 + x^{2}}, \quad y = \arccos \dfrac{2x}{1 + x} + x^{3}, \quad y = 2^{\sin x} - \dfrac{1}{\sqrt{1 - x}}.$$

不是初等函数的函数皆称为**非初等函数**，如符号函数、狄利克雷函数都是非初等函数. 本书主要讨论初等函数.

表 1-1-1　基本初等函数

函数名称与表达式	定义域	图形	函数特性
常数函数 $y = c$（c 是常数）	任意区间 I	$y=c$ 的图像	图像是区间 I 上的直线或直线的一部分.
幂函数 $y = x^{\mu}$（$\mu \neq 0$）	根据 μ 的符号及是否是整数而定，但至少在 $(0, +\infty)$ 有定义.	见图 1-1-9	为无界函数，图形经过 $(1,1)$. $|\mu|$ 为奇数时，为奇函数；$|\mu|$ 为偶数时，为偶函数；μ 为负数时函数在 $x = 0$ 间断.

续表

函数名称与表达式	定义域	图形	函数特性
指数函数 $y = a^x (a > 0, a \neq 1)$	$(-\infty, +\infty)$		图像总在 x 轴的上方,且通过点 $(0,1)$. 若 $a > 1$,函数单调增加;若 $0 < a < 1$,函数单调减少.
对数函数 $y = \log_a x$ $(a > 0, a \neq 1)$	$(0, +\infty)$		图像总在 y 轴的右方,且通过点 $(1,0)$. 若 $a > 1$,函数单调增加;若 $0 < a < 1$,函数单调减少.
正弦函数 $y = \sin x$	$(-\infty, +\infty)$		以 2π 为周期的周期函数,是奇函数. 值域是闭区间 $[-1,1]$.
余弦函数 $y = \cos x$	$(-\infty, +\infty)$		以 2π 为周期的周期函数,是偶函数. 值域是闭区间 $[-1,1]$.
正切函数 $y = \tan x$	$\{x \mid x \in \mathbf{R}, x \neq n\pi + \frac{\pi}{2}, n \in \mathbf{Z}\}$		以 π 为周期的周期函数,是奇函数. 值域为 $(-\infty, +\infty)$. 在 $x = n\pi + \frac{\pi}{2}, n \in \mathbf{Z}$ 处间断.
余切函数 $y = \cot x$	$\{x \mid x \in \mathbf{R}, x \neq n\pi, n \in \mathbf{Z}\}$		以 π 为周期的周期函数,是奇函数. 值域为 $(-\infty, +\infty)$. 在 $x = n\pi, n \in \mathbf{Z}$ 处间断.
正割函数 $y = \sec x$	$\{x \mid x \in \mathbf{R}, x \neq n\pi + \frac{\pi}{2}, n \in \mathbf{Z}\}$		以 2π 为周期的周期函数,是偶函数,值域为 $(-\infty, -1] \cup [1, +\infty)$. 在 $x = n\pi + \frac{\pi}{2}, n \in \mathbf{Z}$ 处间断.

续表

函数名称与表达式	定义域	图形	函数特性
余割函数 $y = \csc x$	$\{x \mid x \in \mathbf{R}, x \neq n\pi, n \in \mathbf{Z}\}$		以 2π 为周期的周期函数,是奇函数,值域为 $(-\infty, -1] \cup [1, +\infty)$. 在 $x = n\pi, n \in \mathbf{Z}$ 处间断.
反正弦函数 $y = \arcsin x$	$[-1, 1]$		(主值)是单调增加的奇函数,值域为 $\left[-\dfrac{\pi}{2}, \dfrac{\pi}{2}\right]$.
反余弦函数 $y = \arccos x$	$[-1, 1]$		(主值)是单调减少的函数,值域为 $[0, \pi]$.
反正切函数 $y = \arctan x$	$(-\infty, +\infty)$		(主值)是单调增加的奇函数,值域为 $\left(-\dfrac{\pi}{2}, \dfrac{\pi}{2}\right)$.
反余切函数 $y = \text{arccot} x$	$(-\infty, +\infty)$		(主值)是单调减少的函数,值域为 $(0, \pi)$.

§ 1.1.7　常用的经济函数

经济学及管理学中常用的函数简称为**经济函数**,通常都是初等函数,它们是根据经济模型来建立函数关系的,也是根据经济概念来分类和命名的.以下是常用的部分经济函数.

1. 需求函数

在经济学中,某一商品的需求量是指关于一定的价格水平,在一定的时间内消费者愿意而且有支付能力购买的商品量.通常用 Q 表示商品的需求量,P 表示它的价格.在一定条件下,Q 可视为 P 的函数,记作 $Q = f(P)$ 或 $Q = Q(P)$,并称之为**需求函数**.人们根据市场的统计数据构建数学模型时,常采用如下四种类型的函数:

(1) 线性函数:$Q = -aP + b, a > 0, b > 0$;

(2) 幂函数:$Q = kP^{-a}, k > 0, a > 0$;

(3) 指数函数:$Q = ae^{-bP}, a > 0, b > 0$;

(4) 二次函数:$Q = P(a - bP), a > 0, b > 0$.

一般说来,商品价格到达一定水平后,价格的上涨会导致需求量的减少,因此多数需求函数是单调减少的,如上述(1)、(2) 和(3);有时需求量先在一个小区间单调增加,然后单调减少,如函数(4).

例 1　设某种商品的需求函数为 $Q = -aP + b, a > 0, b > 0$.讨论 $P = 0$ 时的需求量和 $Q = 0$ 的价格.

解　当 $P = 0$ 时,$Q = b$,它表示当价格为零时,消费者对商品的需求量为 b.这时,b 被称为市场对该商品**饱和的需求量**.当 $Q = 0$ 时,$P = \dfrac{b}{a}$,它表示价格上涨到 $\dfrac{b}{a}$ 时,没有人愿意购买该商品.

2. 供给函数

供给是与需求相对的概念,需求是就购买者而言,供给是就生产者而言的.供给量是指生产者在某一时刻,在各种可能的价格水平上,对某种商品愿意并能够出售的商品数量.供给量也是由多个因素决定的,如果认为在一定时间范围内除价格以外的其他因素影响很小,则供给量 Q 就是价格 P 的函数,称为**供给函数**.记作 $Q = Q(P)$ 或 $Q = f(P)$.

人们根据市场的统计数据构建数学模型时,常采用如下三种类型的函数:

(1) 线性函数:$Q = aP - b, a > 0, b > 0$;

(2) 幂函数:$Q = kP^a, k > 0, a > 0$;

(3) 指数函数:$Q = ae^{bP}, a > 0, b > 0$.

一般地说,商品的市场价格越高,生产者愿意而且能够向市场提供的商品量也就越多,因此,一般的供给函数都是单调增加的.

例 2　设某工厂生产一种商品,根据市场经济统计预测,得出该商品的需求函数为 $Q = f(P)$,供给函数 $Q = \varphi(P)$.在同一个坐标系中作出需求曲线 D 和供

给曲线 S(图 1-1-10),曲线 D 和曲线 S 的交点 (P_0, Q_0) 就是供需平衡点,P_0 称为**均衡价格**.

3. 成本函数

某产品的总成本 C 是指生产一定数量的产品所需的全部资源的价格或费用的总额,它由固定成本 C_1 和可变成本 C_2 组成,其中 C_1 为常数,C_2 为产量 Q 的函数,常表示成 $C_2 = C_2(Q)$. 同时用 $C = C(Q)$ 表示总成本函数. 于是,总成本函数 $C = C(Q) = C_1 + C_2(Q)$.

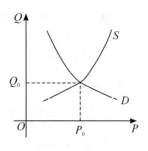

图 1-1-10

通常还要研究由总成本函数派生的函数,如平均成本函数 $\bar{C}(Q)$:

$$\bar{C}(Q) = \frac{C(Q)}{Q} = \frac{C_1}{Q} + \frac{C_2(Q)}{Q}.$$

例 3 某企业生产某商品,固定成本为 30000 元,每生产一件产品要增加成本 500 元,求生产 Q 件产品时的总成本与平均成本及 $Q = 100$ 时的总成本与平均成本.

解 总成本函数和平均成本函数分别为

$$C(Q) = 30000 + 500Q, \bar{C}(Q) = \frac{30000}{Q} + 500.$$

当 $Q = 100$ 时,总成本

$$C(100) = 30000 + 500 \times 100 = 80000(元),$$

平均成本

$$\bar{C}(100) = \frac{30000}{100} + 500 = 800(元).$$

(根据习惯有时把自变量 Q 改成 x,就得到 $C = C(x) = C_1 + C_2(x)$,$\bar{C}(x) = C(x)/x$.)

4. 收益函数

总收益是生产者出售一定数量产品所得到的全部收入,因此总收益 R 是出售量 Q 的函数,称为**收益函数**,记作 $R = R(Q)$. 例如,当某产品的价格为 P,销售量为 Q 时,则销售该产品的总收益为 $R = PQ$.

5. 利润函数

利润 L 是生产中获得的总收益与投入的总成本之差. 因为收益函数 $R = R(Q)$ 与总成本函数 $C(Q)$ 都是产量或出售量 Q 的函数,所以利润 L 也是 Q 的函数,称之为**利润函数**. 那么,

$$L(Q) = R(Q) - C(Q).$$

例 4 已知某产品价格为 P(万元/百件),需求函数为 $Q = 50 - 5P$(百件),成本函数为 $C = 50 + 2Q$(万元). 问:求产量 Q 为多少(百件)时利润 L 最大?最大利润是多少(万元)?

解 已知需求函数为 $Q = 50 - 5P$,所以 $P = 10 - \dfrac{Q}{5}$,于是收益函数

$$R(Q) = P \cdot Q = 10Q - \frac{Q^2}{5}.$$

这时,利润函数

$$L(Q) = R(Q) - C(Q) = 8Q - \frac{Q^2}{5} - 50 = -\frac{1}{5}(Q - 20)^2 + 30.$$

因此,当 $Q = 20$(百件) 时取得最大利润,最大利润为 30(万元).

以上只是部分常见的经济函数. 以后各章还将陆续介绍其他常用的经济函数及其应用,并讨论一些有关的经济和管理问题.

习题 1.1(A)

1. 求下列函数的定义域:

(1) $y = \dfrac{1}{1 - x^2} + \sqrt{x + 2}$; (2) $y = \sqrt{3 - x} + \arcsin \dfrac{1}{x}$;

(3) $y = \ln(x + 1)$; (4) $y = \sin \sqrt{x}$.

2. 下列各题中,函数 $f(x)$ 和 $g(x)$ 是否相同,为什么?

(1) $f(x) = \dfrac{x}{x}$,$g(x) = 1$;

(2) $f(x) = \lg x^2$,$g(x) = 2\lg x$;

(3) $f(x) = \lg x^2 \,(x > 0)$,$g(x) = 2\lg x$;

(4) $f(x) = \arccos x$,$g(x) = \dfrac{\pi}{2} - \arcsin x$.

3. (1) 设 $f(x) = \sqrt{4 + x^2}$,求函数值:$f(0)$,$f(1)$,$f(-1)$,$f(x_0)$.

(2) 设 $f(x) = x^2$,$g(x) = 2^x$,求 $f(g(x))$ 和 $g(f(x))$.

4. 下列函数中哪些是偶函数,哪些是奇函数,哪些是既非奇函数又非偶函数?

(1) $y = x\sin x$; (2) $y = \ln \dfrac{1 - x}{1 + x}$;

(3) $y = x(x - 1)$; (4) $y = \ln\left(x + \sqrt{1 + x^2}\right)$.

5. 判断下列函数是否为周期函数:

(1) $y = 4\tan(2x + 1)$; (2) $y = x\sin x$.

6. 判断下列函数在所示区间内的单调性:

(1) $y = x^2$ 在 $(-2, 0)$; (2) $y = \ln x$ 在 $(0, +\infty)$;

(3) $y = \cos x$ 在 $[0, \pi]$.

7. 求下列函数的反函数:

(1)$y = \sqrt{1-x^2}, x \in [-1,0]$;   (2)$y = 1 + \ln(x+2)$;

(3)$y = \dfrac{1-x}{1+x}$.

习题 1.1(B)

1.设 $f(x) = \sin x, f[\varphi(x)] = 1 - x^2$,求 $\varphi(x)$ 及其定义域.

2.设 $f(x) = \dfrac{x}{1-x}$,求 $f[f(x)], f\{f[f(x)]\}$.

3. 设 $f(x) = \begin{cases} 1 & |x| \leqslant 1 \\ 0 & |x| > 1 \end{cases}, g(x) = \begin{cases} 2-x^2 & |x| \leqslant 2 \\ 2 & |x| > 2 \end{cases}$,求复合函数 $f[f(x)], f[g(x)], g[f(x)], g[g(x)]$.

4.已知 $f(\cos\dfrac{x}{2}) = \cos x + 1$,求 $f(\sin x)$.

5.设 $f(x)$ 为定义在 $(-\infty, +\infty)$ 内的任意函数,令 $F(x) = f(x) + f(-x)$,$G(x) = f(x) - f(-x)$.证明:在 $(-\infty, +\infty)$ 内,$F(x)$ 是偶函数,$G(x)$ 为奇函数.

6.设下面所考虑的函数都是定义在区间 $(-a, a)$ 内的函数 $(a > 0)$,证明:

(1) 两个偶函数的和是偶函数,两个奇函数的和是奇函数;

(2) 两个偶函数的乘积是偶函数,两个奇函数的乘积是偶函数,偶函数与奇函数的乘积是奇函数.

7. 证明:若 $f(x)$ 是定义在 $(-\infty, +\infty)$ 内的单调奇函数,则其反函数 $y = f^{-1}(x)$ 也是单调奇函数.

$$\S 1.2 \quad 极 \quad 限$$

为了精确地描述变量在某个变化过程中的变化趋势,人们引进了极限的概念.极限是微积分学中的一个基本概念,而由此产生的极限方法是微积分学的最基本的方法.

§1.2.1 数列及数列的极限

我国古代数学家刘徽(公元 263 年)创立了割圆术,利用圆内接正多边形的面积来近似地推算圆的面积.现代极限的思想方法实际上就是割圆术的进一步发展.

假定第一次计算时采用圆内接正 6 边形的面积 S_1 来近似表示圆的面积,第二次起每次把边数加倍,一般地,第 n 次计算时采用圆内接正 $6 \times 2^{n-1}$ 边形的面积 S_n 来近似表示圆的面积,如此继续下去.把这些面积按次序排成一列得到

$$S_1, S_2, \cdots, S_n, \cdots,$$

称之为数列. 这个数列有这样的性质：一方面，当 n 增大时，S_n 用于近似表示圆的面积的精确度就越高；另一方面，S_n 只是正 $6 \times 2^{n-1}$ 边形的面积，而不是圆的面积本身. 可惜刘徽的工作仅停留在计算高精度的 S_n（古希腊数学家阿基米德也是如此），未做进一步深入.

其实，可以让思想做一次飞跃，假定 n 可以无限增大，那么不难设想，正 $6 \times 2^{n-1}$ 边形无限接近于圆，S_n 也无限地趋近某个数值. 在数学上，人们就把这个数值称为当 $n \to \infty$ 时数列 S_n 的极限，它精确地表达了圆的面积.

人们在深入研究上述例子和许多同类问题的基础上归纳出极限的一般概念.

1. 数列极限的定义

大体上说，数列是按次序排列的一列数

$$x_1, x_2, \cdots, x_n, \cdots$$

简记作 $\{x_n\}$. 准确地说，**数列**是定义在正整数集 **N** 上的函数

$$x_n = f(n), n \in \mathbf{N},$$

其中每一个 n 表示项数，x_n 表示第 n 项；因为项数 n 是一个变量，故 x_n 常称为数列的**通项**或**一般项**. 根据函数关系知，通项 x_n 实质上就代表了数列 $\{x_n\}$.

下面研究数列的变化趋势，即对于一个给定的数列 $\{x_n\}$，当项数 n 无限增大时，通项 x_n 的变化趋势是什么？

例 1 研究数列 $1, \dfrac{1}{2}, \dfrac{1}{4}, \dfrac{1}{8}, \cdots, \dfrac{1}{2^n}, \cdots$ 的变化趋势.

解 该数列的通项为 $x_n = \dfrac{1}{2^n}$. 当 n 无限增大时，2^n 也无限增大，其倒数 $\dfrac{1}{2^n}$ 会随之越变越小，无限地趋近于 0.

例 2 研究数列 $1, -1, 1, -1, \cdots$ 的变化趋势.

解 该数列的通项为 $x_n = (-1)^{n+1}$. 当 n 无限增大时，x_n 总在 1 和 -1 两个数值上跳跃，永远不会趋近于一个固定的数.

例 3 研究数列 $1, \sqrt{2}, \sqrt{3}, \sqrt{4}, \cdots, \sqrt{n}, \cdots$ 的变化趋势.

解 该数列的通项为 $x_n = \sqrt{n}$. 当 n 无限增大时，数列的通项 x_n 将大于任意给定的正数.

上述三个数列，当 n 无限增大时的变化趋势各不相同，可归纳为两种情形.

第一种情形：x_n 随着 n 的无限增大而（无限）趋于某一个固定的常数 a. 这时称 $\{x_n\}$ 为收敛数列，常数 a 为该数列的**极限**.

第二种情形：x_n 随着 n 的无限增大而不趋于任何确定的常数. 这时称 $\{x_n\}$

为**不收敛**数列.

下面,通过对下一数列的考察

$$0, \frac{3}{2}, \frac{2}{3}, \frac{5}{4}, \cdots, \frac{n+(-1)^n}{n}, \cdots,$$

从三个层次来逐步理解"x_n 随着 n 的无限增大而(无限)趋于某一个固定的常数 a"这一句话的含义:

(1)图 1-2-1 表明,随着 n 的增大,x_n 愈来愈接近于 1.实际上,由于 $|x_n - 1| = \frac{1}{n}$,x_n 与 1 的距离 $|x_n - 1|$ 随着 n 的增大愈来愈小.

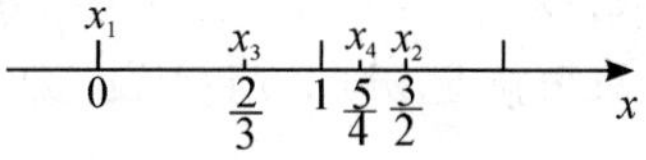

图 1-2-1

(2)当 $n \to \infty$ 时,$\{x_n\}$ 无限趋于 1 意味着 $|x_n - 1|$ 无限地变小,也就是说,只需 n 充分大,绝对值 $|x_n - 1|$ 可以小于任意给定的正数.例如,要使 $|x_n - 1| < 0.01$,即 $\frac{1}{n} < 0.01$,只要 $n > 100$ 即可;要使 $|x_n - 1| < 0.001$,即 $\frac{1}{n} < 0.001$,只要 $n > 1000$ 即可,如此等等.

(3)一般地,任意给定一个无论多么小的正数 ε,总可以确定某一项数 N,使得从第 $N+1$ 项起,$\{x_n\}$ 均满足 $|x_n - 1| < \varepsilon$.事实上,要使 $|x_n - 1| = \frac{1}{n} < \varepsilon$,只要 $n > \frac{1}{\varepsilon}$.于是,若取 $N = \left[\frac{1}{\varepsilon}\right] + 1$,则当 $n > N$ 时就有 $|x_n - 1| < \varepsilon$.这就是该数列"当 n 无限增大时趋于某一个固定的常数 1"的本质.

于是,用数学语言描述,便可得到如下数列极限的精确定义:

定义 1　设 $\{x_n\}$ 是一个数列,a 是一个常数,如果对任给的 $\varepsilon > 0$,总存在一个正整数 N,使得当 $n > N$ 时总有 $|x_n - a| < \varepsilon$ 成立,则称数列 $\{x_n\}$ 收敛于 a,称 a 为 $\{x_n\}$ 的**极限**,并记作

$$\lim_{n \to \infty} x_n = a \quad \text{或} \quad x_n \to a(n \to \infty).$$

若数列 $\{x_n\}$ 没有极限,即满足上述条件的常数 a 不存在,则称 $\{x_n\}$ **不收敛**,或称 $\{x_n\}$ **发散**.

例 4　用定义证明 $\lim\limits_{n \to \infty} \dfrac{n+1}{2n} = \dfrac{1}{2}$.

证　因 $\left|x_n - \dfrac{1}{2}\right| = \left|\dfrac{n+1}{2n} - \dfrac{1}{2}\right| = \dfrac{1}{2n}$,为使 $\left|x_n - \dfrac{1}{2}\right|$ 小于任意给定的正数 ε,只要 $\dfrac{1}{2n} < \varepsilon$ 或 $n > \dfrac{1}{2\varepsilon}$.所以,对于任意给定的正数 ε,取正整数 $N = \left[\dfrac{1}{2\varepsilon}\right] + 1$,则当 $n > N$ 时总有

$$\left| x_n - \frac{1}{2} \right| = \left| \frac{n+1}{2n} - \frac{1}{2} \right| < \varepsilon.$$

因此，
$$\lim_{n \to \infty} \frac{n+1}{2n} = \frac{1}{2}.$$
证毕.

例 5 设 $|q| < 1$.证明 $\lim_{n \to \infty} q^n = 0$.

证 若 $q = 0$,则结论显然成立.下面假定 $0 < |q| < 1$,对于任意 $\varepsilon > 0$(不妨设 $0 < \varepsilon < 1$),为了使 $|q^n - 0| = |q^n| < \varepsilon$,在不等式两边取常用对数可知,$n$ 只要满足 $n\lg|q| < \lg\varepsilon$ 即可,这等价于

$$n > \frac{\lg\varepsilon}{\lg|q|} (\text{因为 } \lg|q| < 0).$$

因此,只要取 $N = \left[\dfrac{\lg\varepsilon}{\lg|q|} \right] + 1$,则 N 为正整数且当 $n \geqslant N$ 时总有 $|q^n - 0| < \varepsilon$.所以 $\lim_{n \to \infty} q^n = 0$. 证毕.

2. 收敛数列的性质

定理 1(唯一性) 若数列 $\{x_n\}$ 收敛,则它只有一个极限.

证(反证法) 假设 a 与 b 都是数列 $\{x_n\}$ 的极限而且 $a \neq b$.令 $2\varepsilon_0 = |a - b|$,那么 $\varepsilon_0 > 0$.于是,由极限定义,必分别存在正整数 N_1, N_2 使得当 $n > N_1$ 时,有 $|x_n - a| < \varepsilon_0$;当 $n > N_2$ 时有 $|x_n - b| < \varepsilon_0$.若取 $N = \max\{N_1, N_2\}$,则当 $n > N$ 时总有

$$|a - b| = |(x_n - b) - (x_n - a)| \leqslant |x_n - b| + |x_n - a|$$
$$< \varepsilon_0 + \varepsilon_0 = 2\varepsilon_0 = |a - b|.$$

这个矛盾说明了必有 $a = b$,从而知 $\{x_n\}$ 只有一个极限,即 $\{x_n\}$ 的极限唯一.

证毕.

对于数列 $\{x_n\}$,如果存在一个正数 M,使对一切 $n \in \mathbf{N}$,都有 $|x_n| \leqslant M$,就称 $\{x_n\}$ 为**有界数列**,否则就称 $\{x_n\}$ 为**无界数列**.

定理 2(有界性) 若数列 $\{x_n\}$ 收敛,则它必为**有界数列**.

证 设 $\lim_{n \to \infty} x_n = a$.取 $\varepsilon = 1$,由数列极限的定义,存在正整数 N 使得对一切 $n > N$,有 $|x_n - a| < 1$.又 $|x_n| - |a| \leqslant |x_n - a|$,所以,对一切 $n > N$,有 $|x_n| < |a| + 1$.取 $M = \max\{|x_1|, |x_2|, \cdots, |x_N|, |a| + 1\}$,则 $M > 0$,且对一切正整数 n,有 $|x_n| \leqslant M$. 证毕.

根据定理 2,无界的数列必定发散.但是,有界数列未必收敛.例如,例 2 的数列是有界的,但它是发散的.因此数列的有界性只是收敛的必要条件,而不是收敛的充分条件.

定理 3(保号性) 若 $\lim_{n \to \infty} x_n = a > 0$(或 $a < 0$),则存在正整数 N,使得当

$n > N$ 时,都有 $x_n > 0$(或 $x_n < 0$).

证 (1)设 $a > 0$,选取 $\varepsilon = \dfrac{a}{2}$,那么 $\varepsilon > 0$,由数列极限定义,存在正整数 N 使得当 $n > N$ 时,总有 $|x_n - a| < \varepsilon$,从而

$$x_n > a - \varepsilon = \varepsilon > 0.$$

(2) 对 $a < 0$ 的情形可类似证明. 证毕.

§1.2.2 函数的极限

1. 函数的极限的定义

(1)$x \to x_0$ 时函数 $f(x)$ 的**极限**

考虑自变量 x 任意地接近于点 x_0 或者说趋于有限值 x_0(记作 $x \to x_0$)时,对应的函数值 $f(x)$ 的变化情形,只需考虑 $f(x)$ 在 x_0 的去心邻域中的变化状况. 观察函数 $f(x) = x^2$,$g(x) = \dfrac{x^2 - 1}{x - 1}$,$h(x) = x + 1$ 当自变量 x 任意地接近于点 $x_0 = 1$ 时,对应的函数值的变化趋势,可发现 $f(x)$、$g(x)$ 和 $h(x)$ 分别趋近于 1、2 和 2.

一般地,$x \to x_0$ 时函数 $f(x)$ 的极限定义如下:

定义 2 设函数 $f(x)$ 在 x_0 的某个去心邻域内有定义,而 A 是常数. 如果对任给的正数 ε,总有某一正数 δ,使得当 $0 < |x - x_0| < \delta$ 时,$f(x)$ 都满足不等式

$$|f(x) - A| < \varepsilon,$$

则称当 $x \to x_0$ 时,$f(x)$ **有极限(收敛)**且 A 为 $f(x)$ 的**极限**,记作

$$\lim_{x \to x_0} f(x) = A \text{ 或 } f(x) \to A (x \to x_0).$$

如果满足上述条件的常数 A 不存在,则称当 $x \to x_0$ 时,$f(x)$ 的**极限不存在(不收敛)**.

关于这个定义需说明几点:

1) $\lim\limits_{x \to x_0} f(x) = A$ 着重描述 $x \to x_0$ 时 $f(x)$ 的变化趋势,与 $f(x)$ 在点 x_0 是否有定义并无关系.

2) $\lim\limits_{x \to x_0} f(x) = A$ 有明显的几何意义:对任给的 $\varepsilon > 0$,作平行于 x 轴的两条直线 $y = A - \varepsilon$ 与 $y = A + \varepsilon$,总可找到点 x_0 的一个 δ 邻域,使得当 $x \in (x_0 - \delta, x_0 + \delta)$ 且 $x \neq x_0$ 时,对应的函数值满足:

$$A - \varepsilon < f(x) < A + \varepsilon,$$

即函数图像上的点 $(x, f(x))$ 落在直线 $y = A - \varepsilon$ 与 $y = A + \varepsilon$ 之间的带形区域内,如图 1-2-2 所示.

例 6 证明 $\lim\limits_{x \to 1} \dfrac{x^2 - 1}{x - 1} = 2$.

证　　对于任给 $\varepsilon > 0$，由于

$$\left| \frac{x^2 - 1}{x - 1} - 2 \right| = |\, x + 1 - 2 \,| = |\, x - 1 \,|,$$

只要取 $\delta = \varepsilon$，那么当 $0 < |\, x - 1 \,| < \delta$ 时，就有

$$\left| \frac{x^2 - 1}{x - 1} - 2 \right| < \varepsilon.$$

所以

$$\lim_{x \to 1} \frac{x^2 - 1}{x - 1} = 2. \qquad \text{证毕.}$$

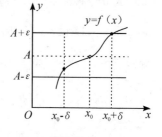

图 1-2-2

同理可证，$\lim\limits_{x \to x_0} C = C$（$C$ 为常数）；$\lim\limits_{x \to x_0} x = x_0$；当 $x_0 > 0$ 时，$\lim\limits_{x \to x_0} \sqrt{x} = \sqrt{x_0}$.

（2）$x \to \infty$ 时函数 $f(x)$ 的极限

考虑自变量 x 的绝对值 $|\, x \,|$ 以任意方式无限增大即趋于无穷大（记作 $x \to \infty$）时，对应的函数值 $f(x)$ 的变化情形.

定义 3　设函数 $f(x)$ 当 $|\, x \,|$ 大于某一正数时有定义，A 是常数，如果对于任给的正数 ε，总有某一个正数 X，使得当 $|\, x \,| > X$ 时，$f(x)$ 都满足不等式

$$|\, f(x) - A \,| < \varepsilon,$$

则称当 $x \to \infty$ 时，$f(x)$ **有极限**（**收敛**）且 A 为 $f(x)$ 的**极限**，记作

$$\lim_{x \to \infty} f(x) = A \text{ 或 } f(x) \to A (x \to \infty).$$

如果满足上述条件的常数 A 不存在，则称当 $x \to \infty$ 时，$f(x)$ 的**极限不存在**（**不收敛**）.

$\lim\limits_{x \to \infty} f(x) = A$ 的几何意义是：作直线 $y = A - \varepsilon$ 和 $y = A + \varepsilon$，则总有一个正数 X 存在，使得当 $x < -X$ 或 $x > X$ 时，函数 $y = f(x)$ 的图像位于这两条直线之间. 如图 1-2-3.

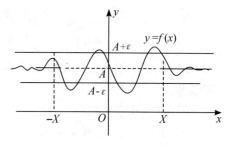

图 1-2-3

例 7　证明 $\lim\limits_{x \to \infty} \dfrac{1}{x} = 0$.

证　　对任给的 $\varepsilon > 0$，由于 $\left| \dfrac{1}{x} - 0 \right| = \left| \dfrac{1}{x} \right|$，可取 $X = \dfrac{1}{\varepsilon}$，于是对于适合 $|\, x \,| > X$ 的所有 x，不等式 $\left| \dfrac{1}{x} - 0 \right| < \varepsilon$ 成立，所以 $\lim\limits_{x \to \infty} \dfrac{1}{x} = 0$. 　　　证毕.

（3）单侧极限

在前面讨论 $x \to x_0$ 情况下 $f(x)$ 的极限时，自变量 x 是从 x_0 的左、右两侧趋

近 x_0 的. 对于有些问题, 我们仅需要或只能知道 x 从 x_0 的左侧 $(x_0-\alpha, x_0)$ 或右侧 $(x_0, x_0+\alpha)(\alpha>0)$ 趋于 x_0 时 $f(x)$ 的变化趋势. 如分段函数

$$f(x) = \begin{cases} x & x<0 \\ 1 & x\geqslant 0 \end{cases}$$

在 $x=0$ 的左、右两侧表达式不同. 因此, 要考察 $f(x)$ 当 $x\to 0$ 时的极限, 必须分别考察 $x<0$ 且 $x\to 0$ 和 $x>0$ 且 $x\to 0$ 这两种情形下函数的变化趋势.

由此引出了左、右极限的概念.

定义 4　设函数 $f(x)$ 在点 x_0 的左侧 $(x_0-\alpha, x_0)$ 有定义, A 是常数, 如果对任给的正数 ε, 总存在正数 $\delta(\delta<\alpha)$, 使得当 $x_0-\delta<x<x_0$ 时, $f(x)$ 都满足不等式

$$|f(x)-A|<\varepsilon,$$

则称当 x 趋于 x_0 时, $f(x)$ **有左极限**且 A 为 $f(x)$ 的**左极限**, 记作

$$\lim_{x\to x_0^-} f(x) = A, f(x)\to A\,(x\to x_0^-) \text{ 或 } f(x_0-0)=A.$$

类似可给出, 当 x 趋于 x_0 时 A 为 $f(x)$ 的**右极限**的定义, 记作

$$\lim_{x\to x_0^+} f(x) = A, f(x)\to A\,(x\to x_0^+) \text{ 或 } f(x_0+0)=A.$$

由左、右极限的定义可得如下结论:

定理 4　当 $x\to x_0$ 时, 函数 $f(x)$ 极限存在的充要条件是当 $x\to x_0$ 时, 函数 $f(x)$ 的左、右极限都存在且相等, 即

$$\lim_{x\to x_0} f(x) = A \Leftrightarrow \lim_{x\to x_0^+} f(x) = \lim_{x\to x_0^-} f(x) = A,$$

这里 A 是一个确定的数.

定理 4 提供了一个判断函数极限的存在性的有效办法.

例 8　设函数 $f(x) = \begin{cases} x & x<0 \\ 1 & x\geqslant 0 \end{cases}$, 求 $\lim\limits_{x\to 0^+} f(x)$ 和 $\lim\limits_{x\to 0^-} f(x)$.

解　根据函数的定义知, $f(x)$ 当 $x\to 0$ 时的左极限为

$$\lim_{x\to 0^-} f(x) = \lim_{x\to 0^-} x = 0;$$

$f(x)$ 当 $x\to 0$ 时的右极限为

$$\lim_{x\to 0^+} f(x) = \lim_{x\to 0^+} 1 = 1.$$

由此可知, $f(x)$ 当 $x\to 0$ 时的极限不存在.

分别观察函数 $f(x) = \arctan x$ 当 x 大于某一正数且无限增大 (记作 $x\to +\infty$) 时和当 x 小于某一负数而 $|x|$ 无限增大 (记作 $x\to -\infty$) 时的变化情形, 发现 $f(x)$ 分别趋近于 $\dfrac{\pi}{2}$ 和 $-\dfrac{\pi}{2}$. 一般地, 人们给出了如下相应于定义 3 的单侧极限的概念:

定义 5　设函数 $f(x)$ 当 x 大于某一正数（或小于某一负数）时有定义，A 是常数，如果对于任给的正数 ε，总有某一个正数 X，使得对于当 $x > X$（或相应地 $x < -X$）时，$f(x)$ 都满足不等式

$$| f(x) - A | < \varepsilon,$$

则称常数 A 为函数 $f(x)$ 当 $x \to +\infty$（或相应地 $x \to -\infty$）时的**极限**，记作

$$\lim_{x \to +\infty} f(x) = A \text{ 或 } f(x) \to A (x \to +\infty)$$

（或相应地，$\lim_{x \to -\infty} f(x) = A$ 或 $f(x) \to A (x \to -\infty)$）.

类似于定理 4，也有如下结论：设函数 $f(x)$ 当 $|x|$ 大于某一正数时有定义，那么当 $x \to \infty$ 时，函数 $f(x)$ 极限存在的充要条件是当 $x \to +\infty$ 时和当 $x \to -\infty$ 时函数 $f(x)$ 的极限都存在且相等，即

$$\lim_{x \to \infty} f(x) = A \Leftrightarrow \lim_{x \to +\infty} f(x) = \lim_{x \to -\infty} f(x) = A.$$

总之，上面介绍了在自变量的六种变化过程中，函数 $f(x)$ 的极限或单侧极限的定义，指出了极限与单侧极限之间的关系. 读者只要注意分析比较，就不难发现六种变化过程的共性与差异，理解和掌握这些基本概念和性质.

2. 函数极限的性质

函数极限具有类似于数列极限的各种性质. 下面，我们以 $\lim_{x \to x_0} f(x)$ 的情形为例给出相应定理. 其实把 $x \to x_0$ 改成其他过程（包括 $x \to \infty$ 和各种单侧极限的情形）仍然有同样结论.

定理 5（唯一性）　若 $\lim_{x \to x_0} f(x)$ 存在，则其极限值唯一.

证（反证法）　设 $\lim_{x \to x_0} f(x) = a$，$\lim_{x \to x_0} f(x) = b$. 假定 $a \neq b$，令 $\varepsilon = | a - b |$，那么 $\varepsilon > 0$. 由极限定义，存在 $\delta_1 > 0$，$\delta_2 > 0$，使得当 $0 < | x - x_0 | < \delta_1$ 时，有 $| f(x) - a | < \dfrac{\varepsilon}{2}$；而当 $0 < | x - x_0 | < \delta_2$ 时，有 $| f(x) - b | < \dfrac{\varepsilon}{2}$.

取 $\delta = \min\{\delta_1, \delta_2\}$，则当 $0 < | x - x_0 | < \delta$ 时，总有

$$| a - b | \leqslant | f(x) - a | + | f(x) - b | < \frac{\varepsilon}{2} + \frac{\varepsilon}{2} = \varepsilon = | a - b |,$$

矛盾. 所以有 $a = b$.　　　　　　　　　　　　　　　　　　　　证毕.

定理 6（局部有界性）　若 $\lim_{x \to x_0} f(x) = a$，则存在正数 M 和正数 δ，使得当 $0 < | x - x_0 | < \delta$ 时，都有 $| f(x) | \leqslant M$.

证　因为 $\lim_{x \to x_0} f(x) = a$，所以对正数 $\varepsilon_0 = 1$，存在正数 δ，使得当 x 满足 $0 < | x - x_0 | < \delta$ 时，都有

$$| f(x) - a | < \varepsilon_0 = 1,$$

于是,有
$$| f(x) | \leqslant | f(x) - a | + | a | < \varepsilon_0 + | a | = 1 + | a |,$$
记 $M = 1 + | a |$,则对任意满足 $0 < | x - x_0 | < \delta$ 的 x 都有 $| f(x) | \leqslant M.$

证毕.

定理 7(局部保号性)　若 $\lim\limits_{x \to x_0} f(x) = a$ 且 $a > 0$(或 $a < 0$),则存在正数 δ,使得当 $0 < | x - x_0 | < \delta$ 时,有 $f(x) > 0$(或 $f(x) < 0$).

证　先设 $a > 0$.因为 $\lim\limits_{x \to x_0} f(x) = a > 0$,所以对正数 $\varepsilon = \dfrac{a}{2}$,存在 $\delta > 0$,使得当 $0 < | x - x_0 | < \delta$ 时有 $| f(x) - a | < \dfrac{a}{2}$.因此,
$$f(x) > a - \frac{a}{2} = \frac{a}{2} > 0.$$

对 $a < 0$ 的情形,可以类似证明.

证毕.

习题 1.2(A)

1. 用定义证明下列各式:

(1) $\lim\limits_{n \to \infty} \dfrac{1}{2n + 1} = 0$;　　　　(2) $\lim\limits_{n \to \infty} \dfrac{1}{n^2} = 0$;

(3) $\lim\limits_{n \to \infty} \sqrt[n]{a} = 1 (a > 1).$

2. 用定义证明下列各式:

(1) $\lim\limits_{x \to +\infty} \dfrac{1}{x + 1} = 0$;　　　　(2) $\lim\limits_{x \to x_0} \sqrt[n]{x} = \sqrt[n]{x_0} (x_0 > 0)$;

(3) $\lim\limits_{x \to +\infty} \dfrac{\sin x}{x} = 0$;　　　　(4) $\lim\limits_{x \to 1} \dfrac{x^3 - 1}{x - 1} = 3.$

3. 求下列函数在点 $x = 0$ 的左、右极限:

(1) $f(x) = \dfrac{| x |}{x}$;　　　　(2) $f(x) = \begin{cases} 2^x & x > 0 \\ 0 & x = 0. \\ 1 + x^2 & x < 0 \end{cases}$

4. 考虑极限 $\lim\limits_{x \to 1} \arctan \dfrac{1}{x - 1}$ 是否存在.

5. 分别用 $\varepsilon - \delta$ 或 $\varepsilon - X$ 语言叙述如下单侧极限的定义:

(1) $\lim\limits_{x \to x_0^+} f(x) = A$;　　　　(2) $\lim\limits_{x \to -\infty} f(x) = A.$

6. 证明:(1) $\lim\limits_{x \to x_0} f(x) = a \Leftrightarrow \lim\limits_{x \to x_0^-} f(x) = \lim\limits_{x \to x_0^+} f(x) = a$;

(2) $\lim\limits_{x \to \infty} f(x) = a \Leftrightarrow \lim\limits_{x \to -\infty} f(x) = \lim\limits_{x \to +\infty} f(x) = a.$

7. 证明极限的**局部保序性**：若 $\lim\limits_{x \to x_0} f(x) = a$，$\lim\limits_{x \to x_0} g(x) = b$，且 $a > b$，则存在正数 δ，使得当 $0 < |x - x_0| < \delta$ 时，有 $f(x) > g(x)$.

习题 1.2(B)

1. 若 $\lim\limits_{n \to \infty} u_n = \alpha$，证明 $\lim\limits_{n \to \infty} |u_n| = |\alpha|$，并举例说明：当数列 $\{|u_n|\}$ 有极限时，数列 $\{u_n\}$ 未必有极限.

2. 对于数列 $\{x_n\}$，若 $x_{2k+1} \to a(k \to \infty)$，$x_{2k} \to a(k \to \infty)$，证明：$x_n \to a(n \to \infty)$.

3. 证明：若数列 $\{x_n\}$ 收敛于 a，则它的任一子数列 $\{x_{n_k}\}$ 也收敛，且极限也是 a.

4. 证明：若 $\{x_n\}$ 与 $\{y_n\}$ 均为收敛数列，且对正整数 N_0，当 $n > N_0$ 时，有 $x_n \leqslant y_n$，则 $\lim\limits_{n \to \infty} x_n \leqslant \lim\limits_{n \to \infty} y_n$.

5. 证明：若 $\lim\limits_{x \to x_0} f(x) = A$，则 $\lim\limits_{x \to x_0} |f(x)| = |A|$. 请思考：逆命题是否成立? 为什么?

6. 如果极限 $\lim\limits_{x \to x_0} f(x)$ 存在，$\{x_n\}$ 为函数 $f(x)$ 的定义域内任一收敛于 x_0 的数列，且满足：$x_n \neq x_0 (n \in \mathbf{N})$，那么相应的函数值数列 $\{f(x_n)\}$ 必收敛，且
$$\lim_{n \to \infty} f(x_n) = \lim_{x \to x_0} f(x).$$

§1.3　极限运算法则

上节建立的极限是一种新的运算，它与我们以往已经学习过的其他运算之间关系如何呢?这自然是读者应该关心的问题. 本节将建立的运算法则表明，极限与算术的四则运算可以互相交换，条件是简单而自然的：所考虑的数列或函数在指定过程收敛;若出现除式，分母的极限应不为 0.

§1.3.1　收敛数列极限的四则运算

定理 1　若数列 $\{a_n\}$ 与 $\{b_n\}$ 皆收敛，则数列 $\{a_n \pm b_n\}$ 与 $\{a_n \cdot b_n\}$ 都是收敛数列，且

(1) $\lim\limits_{n \to \infty} (a_n \pm b_n) = \lim\limits_{n \to \infty} a_n \pm \lim\limits_{n \to \infty} b_n$;

(2) $\lim\limits_{n \to \infty} (a_n \cdot b_n) = \lim\limits_{n \to \infty} a_n \cdot \lim\limits_{n \to \infty} b_n$;

特别有，$\lim\limits_{n \to \infty} (ca_n) = c \lim\limits_{n \to \infty} a_n$，其中 c 为常数.

(3) 如果 $\lim\limits_{n \to \infty} b_n \neq 0$，则 $\left\{ \dfrac{a_n}{b_n} \right\}$ 也是收敛数列，而且

$$\lim_{n\to\infty}\frac{a_n}{b_n}=\frac{\lim\limits_{n\to\infty}a_n}{\lim\limits_{n\to\infty}b_n}.$$

注 据 §1.2 定理 3,命题(3) 的条件 $\lim\limits_{n\to\infty}b_n\neq0$ 保证了当 n 充分大时 $b_n\neq0$.

证 (2) 设 $\lim\limits_{n\to\infty}a_n=a$,$\lim\limits_{n\to\infty}b_n=b$,根据数列极限的定义,对任给的 $\varepsilon>0$,分别存在正整数 N_1,N_2 使得:当 $n>N_1$ 时,有 $|a_n-a|<\varepsilon$;当 $n>N_2$ 时,有 $|b_n-b|<\varepsilon$.由于数列 $\{b_n\}$ 收敛,知存在正数 M,使得对所有的 n 有 $|b_n|\leqslant M$.于是若取 $N=\max\{N_1,N_2\}$,则当 $n>N$ 时,有

$$\begin{aligned}|a_nb_n-ab|&=|a_nb_n-ab_n+ab_n-ab|\\&\leqslant|a_n-a||b_n|+|a||b_n-b|\\&<M\varepsilon+|a|\varepsilon=(M+|a|)\varepsilon.\end{aligned}$$

由 ε 的任意性就证得

$$\lim_{n\to\infty}(a_n\cdot b_n)=ab=\lim_{n\to\infty}a_n\cdot\lim_{n\to\infty}b_n. \qquad\text{证毕.}$$

公式(1),(3) 可同样证明.并且,和与积的运算公式(1) 与(2) 可以推广到有限个数列的情形.

例 1 求极限 $\lim\limits_{n\to\infty}\dfrac{2n^2-2n+1}{n^2+6n+5}$.

解 用分子和分母同除以 n^2,得

$$\begin{aligned}\lim_{n\to\infty}\frac{2n^2-2n+1}{n^2+6n+5}&=\lim_{n\to\infty}\frac{2-\dfrac{2}{n}+\dfrac{1}{n^2}}{1+\dfrac{6}{n}+\dfrac{5}{n^2}}=\frac{\lim\limits_{n\to\infty}2-\lim\limits_{n\to\infty}\dfrac{2}{n}+\lim\limits_{n\to\infty}\dfrac{1}{n^2}}{\lim\limits_{n\to\infty}1+\lim\limits_{n\to\infty}\dfrac{6}{n}+\lim\limits_{n\to\infty}\dfrac{5}{n^2}}\\&=\frac{2-0+0}{1+0+0}=2.\end{aligned}$$

§1.3.2 函数极限的四则运算

定理 2 若极限 $\lim\limits_{x\to x_0}f(x)$ 与 $\lim\limits_{x\to x_0}g(x)$ 都存在,则当 $x\to x_0$ 时,$f(x)\pm g(x)$,$f(x)\cdot g(x)$ 的极限也存在,且

(1) $\lim\limits_{x\to x_0}\left[f(x)\pm g(x)\right]=\lim\limits_{x\to x_0}f(x)\pm\lim\limits_{x\to x_0}g(x)$;

(2) $\lim\limits_{x\to x_0}\left[f(x)\cdot g(x)\right]=\lim\limits_{x\to x_0}f(x)\cdot\lim\limits_{x\to x_0}g(x)$;

(3) 若 $\lim\limits_{x\to x_0}g(x)\neq0$,则当 $x\to x_0$ 时,$\dfrac{f(x)}{g(x)}$ 的极限也存在,且

$$\lim_{x\to x_0}\frac{f(x)}{g(x)}=\frac{\lim\limits_{x\to x_0}f(x)}{\lim\limits_{x\to x_0}g(x)}.$$

注　据 §1.2 定理 7,命题(3) 由条件 $\lim\limits_{x \to x_0} g(x) \neq 0$,可推出在 x_0 的充分小邻域内 $g(x) \neq 0$,从而保证了商式有意义.

这个定理可依照数列极限中相应定理的证明方法来证明.进一步,对 $x \to \infty$ 及其他单侧极限过程,也有相应的结论成立.

例 2　求极限 $\lim\limits_{x \to 1}\left(\dfrac{1}{1-x} - \dfrac{2}{1-x^2}\right).$

解　因为 $\lim\limits_{x \to 1}\dfrac{1}{1-x} = \infty, \lim\limits_{x \to 1}\dfrac{2}{1-x^2} = \infty$,即这两个极限均不存在,故不能用减法公式.但当 $x \neq 1$ 时,有

$$\frac{1}{1-x} - \frac{2}{1-x^2} = \frac{(1+x)-2}{1-x^2} = -\frac{1-x}{1-x^2} = -\frac{1}{1+x},$$

于是 $\lim\limits_{x \to 1}\left(\dfrac{1}{1-x} - \dfrac{2}{1-x^2}\right) = \lim\limits_{x \to 1}\dfrac{-1}{1+x} = -\dfrac{1}{2}.$

例 3　求极限 $\lim\limits_{x \to \infty}\dfrac{3x^2 - 2x - 1}{2x^3 - x^2 + 5}.$

解　先用 x^3 除分子和分母,然后求极限,得

$$\lim_{x \to \infty}\frac{3x^2 - 2x - 1}{2x^3 - x^2 + 5} = \lim_{x \to \infty}\frac{\dfrac{3}{x} - \dfrac{2}{x^2} - \dfrac{1}{x^3}}{2 - \dfrac{1}{x} + \dfrac{5}{x^3}} = \frac{0}{2} = 0.$$

一般地,可得如下结论:当 $a_0 \neq 0, b_0 \neq 0, m$ 和 n 为非负整数时,

$$\lim_{x \to \infty}\frac{a_0 x^m + a_1 x^{m-1} + \cdots + a_m}{b_0 x^n + b_1 x^{n-1} + \cdots + b_n} = \begin{cases} \dfrac{a_0}{b_0} & n = m \\ 0 & n > m \\ \infty & n < m \end{cases}.$$

注　这里 $\lim\limits_{x \to \infty} f(x) = \infty$ 表示 $\lim\limits_{x \to \infty} f(x)$ 不存在,但极限 $\lim\limits_{x \to \infty}\dfrac{1}{f(x)}$ 存在且为 0,具体含义见 §1.5.

例 4　求 $\lim\limits_{x \to 1}\dfrac{2x^2 - x - 1}{x^2 - 1}.$

解　当 $x \to 1$ 时分母的极限为 0,不能直接应用商的极限运算法则.但是,由于分子与分母有公因式 $(x-1)$,而当 $x \to 1$ 时只考虑 $x \neq 1$ 的情形,因此,可以先约去 $(x-1)$,再做极限运算.

$$\lim_{x \to 1}\frac{2x^2 - x - 1}{x^2 - 1} = \lim_{x \to 1}\frac{(2x+1)(x-1)}{(x+1)(x-1)} = \lim_{x \to 1}\frac{2x+1}{x+1} = \frac{3}{2}.$$

习题 1.3(A)

1. 下列命题是否正确?若正确,给出证明;若不正确,请举反例:

(1) 若 $\lim\limits_{x \to x_0} f(x)$ 与 $\lim\limits_{x \to x_0}[f(x) + g(x)]$ 都存在,则 $\lim\limits_{x \to x_0} g(x)$ 存在;

(2) 若 $\lim\limits_{x \to x_0} f(x)$ 与 $\lim\limits_{x \to x_0}[f(x) \cdot g(x)]$ 都存在,则 $\lim\limits_{x \to x_0} g(x)$ 存在.

2. 计算下列数列的极限:

(1) $\lim\limits_{n \to \infty} \dfrac{(2n+1)(n+2)(n+3)}{8n^3}$;

(2) $\lim\limits_{n \to \infty} \dfrac{1+2+3+\cdots+n}{n^2}$;

(3) $\lim\limits_{n \to \infty}\left[\dfrac{1}{1 \cdot 2} + \dfrac{1}{2 \cdot 3} + \cdots + \dfrac{1}{n(n+1)}\right]$;

(4) $\lim\limits_{n \to \infty} \dfrac{1 + \dfrac{1}{2} + \dfrac{1}{4} + \cdots + \dfrac{1}{2^n}}{1 + \dfrac{1}{3} + \dfrac{1}{9} + \cdots + \dfrac{1}{3^n}}$;

(5) $\lim\limits_{n \to \infty}\left(\sqrt{n^2+n} - n\right)$.

3. 计算下列函数的极限:

(1) $\lim\limits_{x \to 2} \dfrac{x^2-4}{x^2-3x+2}$;

(2) $\lim\limits_{h \to 0} \dfrac{(x+h)^2 - x^2}{h}$

(3) $\lim\limits_{x \to 1} \dfrac{\sqrt{1+x} - \sqrt{3-x}}{1-x^2}$;

(4) $\lim\limits_{x \to 1} \dfrac{x^2+2x-3}{x^2-3x+2}$;

(5) $\lim\limits_{x \to \infty} \dfrac{(2x-3)(3x+5)(4x-6)}{3x^3+x-1}$;

(6) $\lim\limits_{x \to \infty} \dfrac{100x+2}{x^2}$.

习题 1.3(B)

1. 计算下列极限:

(1) $\lim\limits_{n \to \infty} \sqrt{n}\left(\sqrt{n+2} - \sqrt{n}\right)$;

(2) $\lim\limits_{n \to \infty}\left[\sqrt{1+2+\cdots+n} - \sqrt{1+2+\cdots+(n-1)}\right]$;

(3) $\lim\limits_{x \to 1}\left(\dfrac{3}{1-x^3} - \dfrac{1}{1-x}\right)$;

(4) $\lim\limits_{x \to +\infty} \dfrac{\left(x - \sqrt{x^2-1}\right)^n + \left(x + \sqrt{x^2-1}\right)^n}{x^n}$.

2. 证明定理 1 中的(1) 和(3).

3. 证明定理 2.

§1.4 极限存在准则、两个重要极限

在§1.2给了极限定义及若干例子,但我们不能满足于直接应用定义来逐个判别极限的存在性. 相反地,我们需要就一般的情形研究极限存在的条件. 为此,本节根据本教材的需要,简要介绍两个极限存在准则. 有了它,我们就可以证明常用的两个重要极限,并由此推导一大类相关的极限的存在性.

§1.4.1 极限存在准则

准则 I(收敛数列的夹逼准则) 设 $\lim\limits_{n\to\infty} x_n = \lim\limits_{n\to\infty} y_n = a$,若存在某正整数 N_0 使得当 $n > N_0$ 时,均有 $x_n \leqslant z_n \leqslant y_n$,则 $\lim\limits_{n\to\infty} z_n = a$.

证 对任给的 $\varepsilon > 0$,由于 $\lim\limits_{n\to\infty} x_n = a$,故存在正整数 N_1,使得当 $n > N_1$ 时,有

$$a - \varepsilon < x_n < a + \varepsilon;$$

同样,由于 $\lim\limits_{n\to\infty} y_n = a$,存在正整数 N_2,使得当 $n > N_2$ 时有

$$a - \varepsilon < y_n < a + \varepsilon.$$

取 $N = \max\{N_0, N_1, N_2\}$,则当 $n > N$ 时,有

$$a - \varepsilon < x_n \leqslant z_n \leqslant y_n < a + \varepsilon,$$

即 $|z_n - a| < \varepsilon$. 这便证得定理结论.

上述关于收敛数列的准则可以推广到函数的各种极限过程中去. 例如,

准则 I′(函数极限的夹逼准则) 如果在 a 的去心邻域有 $f(x) \leqslant g(x) \leqslant h(x)$,并且 $\lim\limits_{x\to a} f(x) = \lim\limits_{x\to a} h(x) = A$,则 $\lim\limits_{x\to a} g(x) = A$.

在叙述极限准则 II 之前,先引进单调数列的概念.

如果数列 $\{a_n\}$ 满足条件

$$a_1 \leqslant a_2 \leqslant a_3 \leqslant \cdots \leqslant a_n \leqslant a_{n+1} \leqslant \cdots,$$

就称 $\{a_n\}$ 是**递增**的或**单调增加**的;

如果数列 $\{a_n\}$ 满足条件

$$a_1 \geqslant a_2 \geqslant a_3 \geqslant \cdots \geqslant a_n \geqslant a_{n+1} \geqslant \cdots,$$

就称 $\{a_n\}$ 是**递减**的或**单调减少**的.

递增数列和递减数列统称为**单调数列**[①].

准则 II(单调有界准则) 单调有界数列必有极限.

这个准则的证明需要较多的数学专业知识,因此予以省略.

---

① **注** 与单调函数指严格单调函数不同,习惯上把广义单调数列称为单调数列.

§ 1.4.2 两个重要极限

作为两个重要准则的应用，下面证明两个重要极限.

重要极限 1: $\lim\limits_{x \to 0} \dfrac{\sin x}{x} = 1$（利用准则 I 来证明）.

证 作单位圆如图 1-4-1 所示，圆心角 $\angle AOB = x\left(0 < x < \dfrac{\pi}{2}\right)$，过点 A 的切线 AD 与半径 OB 的延长线交于点 D，$BC \perp OA$. 于是，

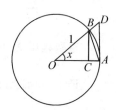

图 1-4-1

$\triangle AOB$ 的面积 $<$ 扇形 AOB 的面积 $< \triangle AOD$ 的面积，

即

$$\frac{1}{2}\sin x < \frac{1}{2}x < \frac{1}{2}\tan x,$$

故有不等式

$$\cos x < \frac{\sin x}{x} < 1. \qquad (1.4.1)$$

当 $-\dfrac{\pi}{2} < x < 0$ 即 $0 < -x < \dfrac{\pi}{2}$ 时，就有

$$\cos(-x) < \frac{\sin(-x)}{-x} < 1, \qquad (1.4.2)$$

而 $\cos(-x) = \cos x$，$\dfrac{\sin(-x)}{-x} = \dfrac{\sin x}{x}$，即（1.4.2）式可化为（1.4.1）式.这表明当 $-\dfrac{\pi}{2} < x < 0$ 时，不等式（1.4.1）同样成立.

又因当 $x \to 0$ 时，$\cos x \to 1$，故由准则 I 推出

$$\lim_{x \to 0} \frac{\sin x}{x} = 1.$$

这个重要极限在求三角函数与幂函数的商的极限问题时经常用到.

例 1 求 $\lim\limits_{x \to 0} \dfrac{\tan 3x}{x}$.

解 $\lim\limits_{x \to 0} \dfrac{\tan 3x}{x} = 3 \lim\limits_{x \to 0}\left(\dfrac{\sin 3x}{3x} \cdot \dfrac{1}{\cos 3x}\right) = 3 \lim\limits_{3x \to 0} \dfrac{\sin 3x}{3x} \lim\limits_{3x \to 0} \dfrac{1}{\cos 3x} = 3.$

例 2 求 $\lim\limits_{x \to 0} \dfrac{1 - \cos x}{x^2}$.

解 因为 $\dfrac{1 - \cos x}{x^2} = \dfrac{2\sin^2 \dfrac{x}{2}}{x^2} = \dfrac{1}{2} \dfrac{\sin^2 \dfrac{x}{2}}{\left(\dfrac{x}{2}\right)^2} = \dfrac{1}{2}\left(\dfrac{\sin \dfrac{x}{2}}{\dfrac{x}{2}}\right)^2,$

所以

$$\lim_{x \to 0} \frac{1-\cos x}{x^2} = \lim_{x \to 0} \frac{1}{2} \left(\frac{\sin \frac{x}{2}}{\frac{x}{2}} \right)^2 = \frac{1}{2} \lim_{\frac{x}{2} \to 0} \left(\frac{\sin \frac{x}{2}}{\frac{x}{2}} \right)^2 = \frac{1}{2} \cdot 1 = \frac{1}{2}.$$

重要极限 2: $\lim\limits_{n \to \infty} \left(1 + \frac{1}{n} \right)^n = e$(利用准则 Ⅱ 证明存在性).

证 要证明 $\lim\limits_{n \to \infty} \left(1 + \frac{1}{n} \right)^n$ 存在,只要证明数列 $\left\{ \left(1 + \frac{1}{n} \right)^n \right\}$ 单调有界就行了.

1)先证明 $\{x_n\} = \left\{ \left(1 + \frac{1}{n} \right)^n \right\}$ 是递增的.

按(牛顿)二项式定理展开,有

$$x_n = \left(1 + \frac{1}{n} \right)^n$$

$$= 1 + \frac{n}{1!} \cdot \frac{1}{n} + \frac{n(n-1)}{2!} \cdot \frac{1}{n^2} + \frac{n(n-1)(n-2)}{3!} \cdot \frac{1}{n^3} + \cdots +$$

$$\frac{n(n-1)\cdots(n-n+1)}{n!} \cdot \frac{1}{n^n}$$

$$= 1 + 1 + \frac{1}{2!} \left(1 - \frac{1}{n} \right) + \frac{1}{3!} \left(1 - \frac{1}{n} \right) \left(1 - \frac{2}{n} \right) + \cdots +$$

$$\frac{1}{n!} \left(1 - \frac{1}{n} \right) \left(1 - \frac{2}{n} \right) \cdots \left(1 - \frac{n-1}{n} \right).$$

类似地,

$$x_{n+1} = 1 + 1 + \frac{1}{2!} \left(1 - \frac{1}{n+1} \right) + \frac{1}{3!} \left(1 - \frac{1}{n+1} \right) \left(1 - \frac{2}{n+1} \right) + \cdots +$$

$$\frac{1}{n!} \left(1 - \frac{1}{n+1} \right) \left(1 - \frac{2}{n+1} \right) \cdots \left(1 - \frac{n-1}{n+1} \right) +$$

$$\frac{1}{(n+1)!} \left(1 - \frac{1}{n+1} \right) \left(1 - \frac{2}{n+1} \right) \cdots \left(1 - \frac{n}{n+1} \right).$$

比较 x_n、x_{n+1} 的展开式,可以看到除前两项外,x_n 的每一项都小于 x_{n+1} 的对应项,并且 x_{n+1} 还多了最后一项,其值大于 0,因此 $x_n < x_{n+1}$,这就说明数列 $\{x_n\}$ 是单调增加的.

2)再证明 $\{x_n\} = \left\{ \left(1 + \frac{1}{n} \right)^n \right\}$ 是有界的.

如果 x_n 的展开式中各项括号内的数用较大的数 1 代替,得

$$x_n < 1 + 1 + \frac{1}{2!} + \frac{1}{3!} + \cdots + \frac{1}{n!} < 1 + 1 + \frac{1}{2} + \frac{1}{2^2} + \cdots + \frac{1}{2^{n-1}}$$

$$= 1 + \frac{1 - \frac{1}{2^n}}{1 - \frac{1}{2}} = 3 - \frac{1}{2^{n-1}} < 3,$$

这说明数列 $\{x_n\}$ 有界.根据极限存在准则 Ⅱ,这个数列 $\{x_n\}$ 的极限存在,通常用字母 e 米表示这个极限,即

$$\lim_{n \to \infty} \left(1 + \frac{1}{n}\right)^n = e.$$

如果把上式中的自变量 n 换成连续变量 x,仍可证明

$$\lim_{x \to \infty} \left(1 + \frac{1}{x}\right)^x = e.$$

数 e 是一个无理数,它的值是 e = 2.718281828459045…. 今后,把以 e 为底的对数记作 $\ln x$,称之为**自然对数**.在科技计算中,e 和自然对数起了重要作用.

在上一极限式中做变换 $x = \frac{1}{t}$,就得到表示 e 的另一种常用极限形式:

$$\lim_{t \to 0} (1 + t)^{\frac{1}{t}} = e.$$

例3 求 $\lim_{x \to \infty} \left(1 - \frac{2}{x}\right)^x$.

解 令 $t = \frac{-x}{2}$,则 $x \to \infty$ 时,$t \to \infty$. 于是

$$\lim_{x \to \infty} \left(1 - \frac{2}{x}\right)^x = \lim_{t \to \infty} \left(1 + \frac{1}{t}\right)^{-2t} = \lim_{t \to \infty} \left(\left(1 + \frac{1}{t}\right)^t\right)^{-2} = \frac{1}{e^2}.$$

例4 求 $\lim_{x \to 0} (1 + 2x)^{\frac{1}{x}}$.

解 令 $t = 2x$,那么当 $x \to 0$ 时有 $t \to 0$. 因此,

$$\lim_{x \to 0} (1 + 2x)^{\frac{1}{x}} = \lim_{t \to 0} (1 + t)^{\frac{2}{t}} = \lim_{t \to 0} \left[(1 + t)^{\frac{1}{t}}\right]^2 = \left[\lim_{t \to 0} (1 + t)^{\frac{1}{t}}\right]^2 = e^2.$$

习题 1.4(A)

1. 计算下列极限:

(1) $\lim_{x \to 0} \frac{\sin ax}{bx}$;　　　　　(2) $\lim_{x \to 0} \frac{\tan 3x}{x}$;　　　　　(3) $\lim_{x \to 0} x \cot x$;

(4) $\lim_{x \to 0} \frac{1 - \cos 2x}{x \sin x}$;　　　(5) $\lim_{x \to 0} \frac{\tan x - \sin x}{x}$;　　(6) $\lim_{n \to \infty} 2^n \sin \frac{x}{2^n}$.

2. 计算下列极限:

(1) $\lim_{x \to \infty} \left(1 + \frac{3}{x}\right)^{2x}$;　　(2) $\lim_{x \to \infty} \left(1 - \frac{2}{x}\right)^{\frac{x}{3}+1}$;　　(3) $\lim_{x \to 0} \sqrt[3x]{1 + 2x}$;

(4) $\lim\limits_{x \to \infty}\left(\dfrac{x}{x+1}\right)^{x+3}$；　　　(5) $\lim\limits_{x \to \infty}\left(\dfrac{2x+3}{2x+1}\right)^{x+1}$；　　　(6) $\lim\limits_{x \to \infty}\left(\dfrac{x+a}{x-a}\right)^{x}$.

3. 利用夹逼准则求下列极限：

(1) $\lim\limits_{n \to \infty}\left[\dfrac{1}{n^2}+\dfrac{1}{(n+1)^2}+\cdots+\dfrac{1}{(2n)^2}\right]$；

(2) $\lim\limits_{n \to \infty}n\left(\dfrac{1}{n^2+\pi}+\dfrac{1}{n^2+2\pi}+\cdots+\dfrac{1}{n^2+n\pi}\right)$；

(3) $\lim\limits_{x \to 0}\sqrt[n]{1+x}$.

4. 设数列 $\{x_n\}$ 满足 $0 < x_1 < \dfrac{1}{2}$，$x_{n+1}=x_n(1-2x_n)(n=1,2,\cdots)$，证明：

(1) $\{x_n\}$ 单调减少，且 $0 < x_n < \dfrac{1}{2}(n=1,2,\cdots)$；

(2) $\{x_n\}$ 有极限，并求出 $\lim\limits_{n \to \infty}x_n$.

5. 设 $x_0=\sqrt{2}$，$x_n=\sqrt{2+x_{n-1}}(n=1,2,\cdots)$，证明：$\lim\limits_{x \to \infty}x_n$ 存在，并求此极限.

习题 1.4(B)

1. 计算下列的极限：

(1) $\lim\limits_{x \to 0}\dfrac{\arcsin x}{x}$；　　　(2) $\lim\limits_{x \to 0}\dfrac{\tan x - \sin x}{x^3}$；

(3) $\lim\limits_{x \to 0}(1+3x)^{\frac{2}{x}}$；　　　(4) $\lim\limits_{x \to \infty}\left(\dfrac{2+x}{6+x}\right)^{\frac{x-1}{2}}$.

2. 若 $\lim\limits_{x \to \infty}\left(\dfrac{x+2a}{x+a}\right)^{x}=9$，则 $a=$ _____.

3. 设 $x_1=1$，$x_{n+1}=1+\dfrac{x_n}{1+x_n}(n=1,2,\cdots)$，求 $\lim\limits_{n \to \infty}x_n$.

4. 设 $a > b > 0$，$a_1=\dfrac{a+b}{2}$，$b_1=\sqrt{ab}$，$\cdots$，$a_n=\dfrac{a_{n-1}+b_{n-1}}{2}$，$b_n=\sqrt{a_{n-1}b_{n-1}}(n=1,2,\cdots)$，证明 $\lim\limits_{n \to \infty}a_n$ 与 $\lim\limits_{n \to \infty}b_n$ 均存在且相等.

§1.5　无穷小与无穷大、无穷小的比较

在存在极限的各种变量中，无穷小量——以零为极限的变量对以后的讨论具有特殊重要的意义；而无穷大量是无穷小量的倒数，虽然其极限不存在，但刻画了很重要的一类变量的变化状态.

§1.5.1 无穷小及其性质

定义 1 如果 $f(x)$ 当 $x \to x_0$(或 $x \to \infty$)时以 0 为极限,则称 $f(x)$ 是当 $x \to x_0$(或 $x \to \infty$)时的**无穷小量**,简称无穷小.

例如,当 $x \to 1$ 时,$x-1$ 是一个无穷小;当 $x \to \infty$ 时,$\dfrac{1}{x}$ 是一个无穷小,等等.

注 1 把定义 1 中自变量 x 的变化过程 $x \to x_0$ 换成 $x \to x_0^+$ 或 $x \to x_0^-$,$x \to \infty$ 换成 $x \to +\infty$ 或 $x \to -\infty$ 时,如果函数 $f(x)$ 以零为极限,也称 $f(x)$ 为该过程的**无穷小量**. 例如,当 $x \to +\infty$ 时,e^{-x} 是一个无穷小. 但是,当 $x \to \infty$ 或 $x \to x_0$ 时,e^{-x} 不是一个无穷小. 因此,在判断 $f(x)$ 是否无穷小时,一定要先指明极限过程,即自变量的变化趋势.

定理 1 若 $\lim\limits_{x \to x_0} f(x) = A$,则 $\alpha = f(x) - A$ 是当 $x \to x_0$ 时的无穷小.

证 令 $\alpha = f(x) - A$. 因为 $\lim\limits_{x \to x_0} f(x) = A$,所以对任意 $\varepsilon > 0$,存在 $\delta > 0$,当 $0 < |x - x_0| < \delta$ 时都有

$$|f(x) - A| < \varepsilon, \ \text{即} \ |\alpha| < \varepsilon.$$

可见,$\alpha = f(x) - A$ 是当 $x \to x_0$ 时的无穷小. 证毕.

由上面定理可得到一个常用的形式:若 $\lim\limits_{x \to x_0} f(x) = A$,则 $f(x) = A + \alpha$,其中 α 是当 $x \to x_0$ 时的无穷小,反之亦然.

把定理 1 中自变量的变化趋势 $x \to x_0$ 改为 $x \to \infty$ 或其他单侧极限过程,仍然有同样的结论.

根据极限性质及四则运算法则,可以证明下列无穷小的性质(1) 和(3):

(1) 有限个无穷小的代数和是无穷小;

(2) 有界变量与无穷小的乘积是无穷小;

(3) 有限个无穷小的乘积是无穷小.

下面以 $x \to x_0$ 的极限过程为例证明性质(2). 设在 x_0 的某个去心邻域 $\mathring{U} = \{x \mid 0 < |x - x_0| < \delta_1\}$,$g(x)$ 为无穷小,$f(x)$ 为有界函数. 那么存在常数 $M > 0$ 使得 $|f(x)| \leqslant M$ 在 $\mathring{U}$ 成立;同时,对任意 $\varepsilon > 0$,存在 $\delta_2 > 0$ 使得当 $0 < |x - x_0| < \delta_2$ 时都有 $|g(x)| < \dfrac{\varepsilon}{M}$. 取 $\delta = \min\{\delta_1, \delta_2\}$,那么当 $0 < |x - x_0| < \delta$ 时有

$$|f(x) \cdot g(x)| = |f(x)| \cdot |g(x)| < M \cdot \frac{\varepsilon}{M} = \varepsilon.$$

这就证明了当 $x \to x_0$ 时,$f(x) \cdot g(x)$ 为无穷小.

例1　求 $\lim\limits_{x\to\infty}\dfrac{\sin x}{x}$.

解　当 $x\to\infty$ 时分子与分母的极限都不存在,因此不能应用商的极限运算法则来计算. 但是,由于 $\sin x$ 是有界函数,$\dfrac{1}{x}$ 当 $x\to\infty$ 时是无穷小,利用无穷小的性质(2)知

$$\lim_{x\to\infty}\frac{\sin x}{x}=\lim_{x\to\infty}\left(\sin x\cdot\frac{1}{x}\right)=0.$$

§1.5.2　无穷大

定义2　如果当 $x\to x_0$(或 $x\to\infty$)时,函数 $f(x)$ 的绝对值无限地增大,则称 $f(x)$ 为当 $x\to x_0$(或 $x\to\infty$)时的**无穷大量**,简称**无穷大**. 记作

$$\lim_{x\to x_0}f(x)=\infty(\text{或}\lim_{x\to\infty}f(x)=\infty).$$

注意,∞ 不是一个数,上面两式只是无穷大的记号而已,不表示通常意义下的极限. 下面用"M-$\delta(K)$"语言给出无穷大量的定义.

定义2′　若对任意给定的正数 M,总存在正数 δ(或 K),使得当 x 满足

$$0<\mid x-x_0\mid<\delta(\text{或}\mid x\mid>K)$$

时,都有 $\mid f(x)\mid>M$,则称 $f(x)$ 是当 $x\to x_0$(或 $x\to\infty$)时的无穷大.

例2　证明 $\dfrac{1}{x-1}$ 是 $x\to1$ 时的无穷大.

证　对任意给定的正数 M,取正数 $\delta=\dfrac{1}{M}$,那么,当 $0<\mid x-1\mid<\delta$ 时有 $\left|\dfrac{1}{x-1}\right|>M$,所以,$\dfrac{1}{x-1}$ 是 $x\to1$ 时的无穷大.

注2　把定义2中自变量 x 的变化过程 $x\to x_0$ 换成 $x\to x_0^+$ 或 $x\to x_0^-$,$x\to\infty$ 换成 $x\to+\infty$ 或 $x\to-\infty$ 时,如果函数 $f(x)$ 的绝对值无限地增大,也称 $f(x)$ 为该过程的**无穷大量**. 而且,当 $f(x)$ 为其中任意一种过程的无穷大量时,还可进一步分为 $f(x)\to\infty$、$f(x)\to+\infty$ 和 $f(x)\to-\infty$ 等三种情形. 例如,当 $x\to0^+$ 时,$\ln x\to-\infty$. 有兴趣的同学不妨作为练习,参照定义2′,补充其他各个定义.

下列定理给出了无穷大与无穷小之间的关系:

定理2　在同一变化过程中,

(1) 若 $f(x)$ 为无穷大,则 $\dfrac{1}{f(x)}$ 为无穷小;

(2) 若 $f(x)$ 为无穷小且 $f(x)\neq0$,则 $\dfrac{1}{f(x)}$ 为无穷大.

例 3　求 $\lim\limits_{x\to 2}\dfrac{2x-1}{x^2-3x+2}$.

解　当 $x\to 2$ 时分母的极限为 0,不能直接应用商的极限运算法则. 但是,由于分子的极限不为 0,因此,可以先求原式倒数的极限

$$\lim_{x\to 2}\frac{x^2-3x+2}{2x-1}=0,$$

再利用无穷小与无穷大的关系得, $\lim\limits_{x\to 2}\dfrac{2x-1}{x^2-3x+2}=\infty.$

§1.5.3　无穷小的比较

由 §1.5.1 定义知,无穷小是趋于 0 的变量. 例如,当 $x\to 0$ 时,$x,2x$ 和 x^2 都是无穷小. 现在,我们先来观察一下,它们的变化速度有什么不同?

x	1	0.1	0.01	0.001	$\cdots$	$\rightarrow$	0
$2x$	2	0.2	0.02	0.002	$\cdots$	$\rightarrow$	0
x^2	1	0.01	0.0001	0.000001	$\cdots$	$\rightarrow$	0

容易注意到,x 和 $2x$ 趋向于 0 的速度(前后两列数之比)是一样的,但 x^2 趋于 0 的速度显然比 x 和 $2x$ 要快. 不过,快慢是相对的,是相互比较而言的. 为了精确地研究无穷小趋于 0 的速度,人们考察两个无穷小的比的变化状态并引进无穷小量的阶的概念.

定义 3　设 u,v 是同一变化过程的两个无穷小,即 $\lim u=0,\lim v=0$(如果 u,v 是数列,$\lim$ 应理解为 $\lim\limits_{n\to\infty}$,否则,u,v 是同一自变量的函数,则 $\lim$ 应理解为 $\lim\limits_{x\to x_0}$、$\lim\limits_{x\to\infty}$ 或其他单侧极限过程). 又设 $v\neq 0$,并用 $\lim\dfrac{u}{v}$ 表示这一变化过程的极限. 这时,

(1) 若 $\lim\dfrac{u}{v}=0$,则称 u 为**比 v 高阶的无穷小**,记为 $u=o(v)$;

(2) 若 $\lim\dfrac{u}{v}=\infty$,则称 u 为**比 v 低阶的无穷小**;

(3) 若 $\lim\dfrac{u}{v}=a\,(a\neq 0)$,则称 u 与 v 是**同阶无穷小**;

特别地,若 $\lim\dfrac{u}{v}=1$,则称 u 与 v 是**等价无穷小**,记为 $u\sim v$.

(4) 如果存在正整数 k 和常数 $c\neq 0$,使得 $\lim\dfrac{u}{v^k}=c$,则称 u 是 v 的 k **阶无穷小**.

例如，由 $\lim\limits_{x\to 0}\dfrac{x^2}{2x}=0,\lim\limits_{x\to 0}\dfrac{\sin x}{x}=1,\lim\limits_{x\to 1}\dfrac{x-1}{(x-1)^2}=\infty,\lim\limits_{x\to\infty}\dfrac{\dfrac{1}{x}}{\dfrac{1}{2x+1}}=2$ 可知，

当 $x\to 0$ 时，$x^2=o(2x),\sin x\sim x$；当 $x\to 1$ 时，$x-1$ 是比 $(x-1)^2$ 低阶的无穷小；当 $x\to\infty$ 时，$\dfrac{1}{x}$ 与 $\dfrac{1}{2x+1}$ 是同阶无穷小.

例 4　证明：当 $x\to 0$ 时，$\tan x-\sin x\sim\dfrac{1}{2}x^3$.

证　利用三角公式变形得：$\dfrac{\tan x-\sin x}{\dfrac{1}{2}x^3}=2\left[\dfrac{\sin x}{x}\cdot\dfrac{1-\cos x}{x^2}\cdot\dfrac{1}{\cos x}\right]$.

由于 $\lim\limits_{x\to 0}\dfrac{\sin x}{x}=1$，再由 §1.4 例 2 可知，$\lim\limits_{x\to 0}\dfrac{1-\cos x}{x^2}=\dfrac{1}{2}$. 故由极限的四则运算法则得

$$\lim_{x\to 0}\frac{\tan x-\sin x}{\dfrac{1}{2}x^3}=2\lim_{x\to 0}\frac{\sin x}{x}\cdot\lim_{x\to 0}\frac{1-\cos x}{x^2}\cdot\lim_{x\to 0}\frac{1}{\cos x}=1.$$

所以 $\tan x-\sin x\sim\dfrac{1}{2}x^3$.　　　　　　　　　　　证毕.

关于等价无穷小，有下面的两个定理：

定理 3　u 与 v 是等价无穷小的充分必要条件是 $u=v+o(v)$.

证　必要性：设 $u\sim v$，那么

$$\lim\frac{u-v}{v}=\lim\left(\frac{u}{v}-1\right)=\lim\frac{u}{v}-1=0.$$

因此，$u-v=o(v)$，即 $u=v+o(v)$.

充分性：设 $u=v+o(v)$，那么

$$\lim\frac{u}{v}=\lim\frac{v+o(v)}{v}=\lim\left(1+\frac{o(v)}{v}\right)=1,$$

因此，$u\sim v$.　　　　　　　　　　　　　　　　　证毕.

由于 $\sin x\sim x,\tan x\sim x,1-\cos x\sim\dfrac{1}{2}x^2(x\to 0)$，据定理 3 可知，当 $x\to 0$ 时有

$$\sin x=x+o(x),\tan x=x+o(x),1-\cos x=\frac{1}{2}x^2+o(x^2).$$

定理 4　设 $u\sim u',v\sim v'$ 且 $\lim\dfrac{u'}{v'}$ 存在，则 $\lim\dfrac{u}{v}$ 存在且 $\lim\dfrac{u}{v}=\lim\dfrac{u'}{v'}$.

证　根据极限运算法则可知，

$$\lim \frac{u}{v} = \lim \left(\frac{u}{u'} \cdot \frac{u'}{v'} \cdot \frac{v'}{v} \right) = \lim \frac{u}{u'} \cdot \lim \frac{u'}{v'} \cdot \lim \frac{v'}{v} = \lim \frac{u'}{v'}. \quad \text{证毕.}$$

这个定理说明,在求两个函数的商的极限时,当分子或分母的因子是无穷小时,可以用等价无穷小替代.如能找到适当的无穷小来替代,可以简化运算.这种方法称为**等价替换法**.

例 5 求 $\lim\limits_{x \to 0} \dfrac{\tan x}{3x^2 + x}$.

解 当 $x \to 0$ 时,$\tan x \sim x$,无穷小 $3x^2 + x$ 与自身等价,所以

$$\lim_{x \to 0} \frac{\tan x}{3x^2 + x} = \lim_{x \to 0} \frac{x}{(3x + 1)x} = \lim_{x \to 0} \frac{1}{3x + 1} = 1.$$

读者应注意记住一些常用的等价无穷小,这对于求极限运算常带来许多方便.同时应该注意,等价无穷小只能用于代替分子或分母的因子,不可随意代替非因子的式子.比如,在例 4 求极限时,若把分子 $\tan x - \sin x$ 分别用 $\tan x$ 和 $\sin x$ 的等价无穷小 x 代入,将出现如下错误:

$$\lim_{x \to 0} \frac{\tan x - \sin x}{\frac{1}{2} x^3} = \lim_{x \to 0} \frac{x - x}{\frac{1}{2} x^3} = 0.$$

习题 1.5(A)

1.无穷小与很小的数有什么区别?无穷大与很大的数有什么区别?

2.两个无穷小的商是否一定是无穷小?举例说明之.

3.函数 $y = x\cos x$ 在 $(-\infty, +\infty)$ 内是否有界?这个函数是否为 $x \to +\infty$ 时的无穷大?在回答上述两个问题的基础上试述无界量与无穷大的区别.

4.证明当 $x \to 0$ 时,

(1)$\arctan x \sim x$;   (2)$\sec x - 1 \sim \dfrac{x^2}{2}$.

5.当 $x \to 0$ 时,试将下列无穷小与 x 进行比较(对于高阶无穷小要指明阶数):

(1)$x^2 - x^3$;   (2)$x + 100x^2$;   (3)$\dfrac{\tan^2 x}{\sin x}$;

(4)$\dfrac{x^2(x + 2)}{1 + \sqrt{x^2}}$;   (5)$\sin x - \tan x$;   (6)$\sin x + \sqrt{|x|}$.

6.利用等价无穷小的性质,求下列极限:

(1)$\lim\limits_{x \to 0} \dfrac{\arctan 5x}{3x}$;   (2)$\lim\limits_{x \to 0} \dfrac{\sin x^m}{(\sin x)^m}$($m$ 为正整数);

(3)$\lim\limits_{x \to 0} \dfrac{\tan x - \sin x}{\sin^3 x}$;   (4)$\lim\limits_{x \to \infty} \left[(2x^2 + 1)\left(1 - \cos \dfrac{1}{x} \right) \right]$.

7. 设 $\lim\limits_{x\to\infty}\left(\dfrac{x^2+1}{x+1}-ax-b\right)=0$，求 a,b.

8. 计算下列函数的极限：

(1) $\lim\limits_{x\to 0}x^2\sin\dfrac{1}{x}$;　　　(2) $\lim\limits_{x\to\infty}\dfrac{\arctan 2x}{x}$;　　　(3) $\lim\limits_{x\to\infty}\dfrac{x+\cos x}{2x-\cos x}$.

习题 1.5(B)

1. 设 $\lim\limits_{x\to 0}\dfrac{\sin x}{\mathrm{e}^x-a}(\cos 2x-b)=5$，求 a,b（提示：可以利用 §1.6 的结论）.

2. 设当 $x\to 1$ 时，$\sqrt[3]{1-\sqrt{x}}\sim a(x-1)^n$，求 a,n.

3. 已知 $P(x)$ 是多项式，并使得 $\lim\limits_{x\to\infty}\dfrac{P(x)-4x^3}{x^2}=1$，且 $\lim\limits_{x\to 0}\dfrac{P(x)}{2x}=1$，求 $P(x)$.

4. 设 α,β,γ 是同一过程的无穷小，证明无穷小的等价关系具有下列性质：

(1) $\alpha\sim\alpha$（自反身）；　　(2) 若 $\alpha\sim\beta$，则 $\beta\sim\alpha$（对称性）；

(3) 若 $\alpha\sim\beta,\beta\sim\gamma$，则 $\alpha\sim\gamma$（传递性）.

5. 证明：当 $x\to 0$ 时，有 $\sqrt[n]{1+x}-1\sim\dfrac{1}{n}x$（提示：利用二项式定理展开和已知结论 $\lim\limits_{x\to 0}\sqrt[n]{(1+x)^m}=1,1\leqslant m\leqslant n-1$）.

6. 设 $f(x)=\dfrac{ax^2-2}{x^2+1}+3bx+5$，又设 $x\to\infty$. 问：(1) a,b 取何值时，$f(x)$ 为无穷大?(2) 当 a,b 取何值时，$f(x)$ 为无穷小?

7. 证明：函数 $y=\dfrac{1}{x}\sin\dfrac{1}{x}$ 在区间 $(0,1)$ 内无界，但这函数不是 $x\to 0^+$ 时的无穷大.

§1.6　函数的连续性

§1.6.1　函数的连续性概念

在生产生活中，人们常遇到一些其变化状态是连续的变量. 例如，人们说物体运动的路程 s 的变化是连续的，实际上是指：把路程 s 看成是运动时间 t 的函数，当时间 t（自变量）改变很微小时，路程 s（函数值）的改变也很微小. 类似地，当人们说金属的热胀冷缩是连续的，指的是，若把金属的体积看成温度的函数，那么当温度（自变量）改变很微小时，金属的体积（函数值）的改变也很微小. 在几何上,这类函数在坐标平面上的图像都是一条连绵不断的曲线.对这类问题的观察与分析导出了函数连续性的概念.

假定函数 $y = f(x)$ 在点 x_0 的某邻域内有定义,当自变量从 x_0 变化到 x 时,对应的函数值从 $f(x_0)$ 变化到 $f(x)$.称 $\Delta x = x - x_0$ 为自变量 x(在点 x_0 的)**改变量**或**增量**.相应地,把 $\Delta y = f(x) - f(x_0)$,即 $\Delta y = f(x_0 + \Delta x) - f(x_0)$ 称为函数 y(在点 x_0 的)**改变量**或**增量**.应注意,自变量的增量 Δx 和函数的增量 Δy 可以是正数也可以是负数或 0.

定义 1　设函数 $y = f(x)$ 在点 x_0 的某一邻域内有定义,如果

$$\lim_{\Delta x \to 0} \Delta y = \lim_{\Delta x \to 0} \left[f(x_0 + \Delta x) - f(x_0) \right] = 0,$$

那么就称函数 $y = f(x)$ **在点 x_0 连续**.

由于 $\Delta x \to 0$ 等价于 $x \to x_0$,而 $\Delta y \to 0$ 等价于 $f(x) \to f(x_0)$,因此,函数 $y = f(x)$ 在点 x_0 连续等价于

$$\lim_{x \to x_0} f(x) = f(x_0).$$

所以,函数 $y = f(x)$ 在点 x_0 连续的定义又可叙述为:对任意的 $\varepsilon > 0$,总存在 $\delta > 0$,使得当 $|x - x_0| < \delta$ 时,有 $|f(x) - f(x_0)| < \varepsilon$.

相应于 $f(x)$ 在点 x_0 的左、右极限的概念,我们给出左、右连续的定义如下:

定义 2　若函数 $y = f(x)$ 在点 x_0 的某右(左)邻域(见 § 1.1.1)内有定义且

$$\lim_{x \to x_0^+} f(x) = f(x_0) \left(\lim_{x \to x_0^-} f(x) = f(x_0) \right),$$

那么就称函数 $f(x)$ 在点 x_0 **右(左)连续**.如果 $f(x)$ 在区间 I 的每一个点都连续,则称 $y = f(x)$ 在 I 上连续或 $y = f(x)$ 是 I 上的**连续函数**,这里对于区间的端点(如果它属于 I 的话)只要求单侧(左或右)连续.

由定义 1 和定义 2 我们有如下结论:

定理 1　函数 $f(x)$ 在点 x_0 连续的充要条件是:$f(x)$ 在 $x = x_0$ 既是右连续的,又是左连续的.

例 1　证明正弦函数 $y = \sin x$ 在 $(-\infty, +\infty)$ 内连续.

证　对任意 $x_0 \in (-\infty, +\infty)$,由和差化积公式得

$$\Delta y = \sin(x_0 + \Delta x) - \sin x_0 = 2\cos\left(x_0 + \frac{\Delta x}{2}\right) \cdot \sin \frac{\Delta x}{2}.$$

因为 $\left| \cos\left(x_0 + \dfrac{\Delta x}{2}\right) \right| \leqslant 1, \lim\limits_{\Delta x \to 0} \sin \dfrac{\Delta x}{2} = 0$,所以 $\lim\limits_{\Delta x \to 0} \Delta y = 0$.故 $y = \sin x$ 在 x_0 点连续,由 $x_0 \in (-\infty, +\infty)$ 的任意性可知,$y = \sin x$ 在 $(-\infty, +\infty)$ 内连续.　　　证毕.

类似地,可以证明 $y = \cos x$ 在 $(-\infty, +\infty)$ 内连续.

例 2　讨论函数

$$f(x) = \begin{cases} x+2 & x \geqslant 0 \\ x-2 & x < 0 \end{cases},$$

在点 $x = 0$ 的连续性.

解　因为 $f(0) = 2$,

$$\lim_{x \to 0^+} f(x) = \lim_{x \to 0^+} (x+2) = 2,$$

$$\lim_{x \to 0^-} f(x) = \lim_{x \to 0^-} (x-2) = -2,$$

所以 $f(x)$ 在点 $x = 0$ 右连续,但不左连续,从而它在 $x = 0$ 不连续.

§1.6.2　函数的间断点及其分类

本节假定 $f(x)$ 在 x_0 的某个去心邻域有定义. 那么,根据函数连续性的定义知,函数 $f(x)$ 在 x_0 处连续必须且只须同时满足下面三个条件:

(1) $f(x)$ 在 x_0 处有定义;

(2) $\lim\limits_{x \to x_0} f(x)$ 存在,即 $f(x_0 - 0)$ 与 $f(x_0 + 0)$ 存在且相等;

(3) $\lim\limits_{x \to x_0} f(x) = f(x_0)$.

如果这三个条件中有一个不满足,也就是说,如果 $f(x)$ 在 x_0 无定义,或者 $f(x)$ 在 x_0 虽有定义但在 x_0 的极限不存在,或者 $f(x)$ 在 x_0 有定义,极限也存在,但极限值不等于 $f(x_0)$,则 $f(x)$ 在 x_0 处不连续.若函数 $f(x)$ 在点 x_0 不连续,则称 x_0 为 $f(x)$ 的**间断点**.通常将函数的间断点分为两类:一类是左右极限都存在的间断点,称为**第一类间断点**;不是第一类的间断点,都称为**第二类间断点**.

例 3　考察函数 $f(x) = \dfrac{x^2 - 1}{x - 1}$ 的间断点.

由于它在 $x - 1$ 处无定义,所以 $x = 1$ 是间断点.又因为

$$\lim_{x \to 1} f(x) = \lim_{x \to 1} \frac{x^2 - 1}{x - 1} = \lim_{x \to 1} (x+1) = 2,$$

所以 $x = 1$ 是第一类间断点.同时我们发现,只要补充定义 $f(1) = 2$,所给函数在 $x = 1$ 处就连续了(图 1-6-1).

一般地,若 x_0 是函数 $f(x)$ 的间断点且 $\lim\limits_{x \to x_0} f(x)$ 存在,则称 x_0 为函数 $f(x)$ 的**可去间断点**.对于 $f(x)$ 的可去间断点 x_0,可用 $f(x)$ 在 x_0 的极限值来补充或修改 $f(x)$ 在 x_0 处的定义,得到在 x_0 处连续的函数.这就是"可去"二字的含义.例如,在上面例 3 中,$x = 1$ 就是 $f(x)$ 的可去间断点.

例 4　考察函数 $f(x) = \begin{cases} x-1 & x < 0 \\ 0 & x = 0 \\ x+1 & x > 0 \end{cases}$ 的间断点.

由于 $\lim\limits_{x \to 0^-} f(x) = \lim\limits_{x \to 0^-}(x-1) = -1, \lim\limits_{x \to 0^+} f(x) = \lim\limits_{x \to 0^+}(x+1) = 1$,即函数在 $x = 0$ 处的左右极限存在,但不相等,故极限 $\lim\limits_{x \to 0} f(x)$ 不存在,所以点 $x = 0$ 是函数 $f(x)$ 的第一类间断点,但不是可去的(图 1-6-2).这种左右极限都存在但不相等的间断点又称为**跳跃间断点**.

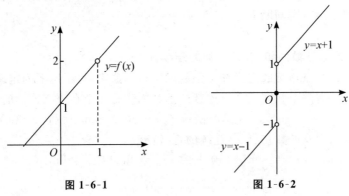

图 1-6-1   图 1-6-2

例 5 考察函数 $y = \sin\dfrac{1}{x}$ 的间断点.

该函数在 $x = 0$ 没定义,点 $x = 0$ 是它的间断点.由于当 $x \to 0$ 时,$y = \sin\dfrac{1}{x}$ 的左右极限都不存在,所以点 $x = 0$ 是函数的第二类间断点.实际上,当 $x \to 0$ 时,函数值在 $+1$ 与 -1 之间变动无限多次(图 1-6-3),因此,这种间断点也称为函数的**振荡间断点**.

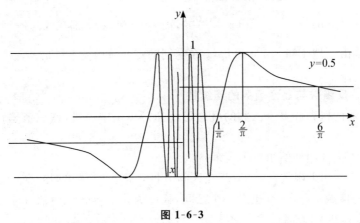

图 1-6-3

例 6 考察正切函数 $y = \tan x$ 在 $(0, \pi)$ 的间断点.

因为 $\lim\limits_{x\to\frac{\pi}{2}}\tan x = \infty$，所以点 $x = \dfrac{\pi}{2}$ 是函数 $y = \tan x$ 的第二类间断点. 同时，根据它的极限状态，我们又称 $x = \dfrac{\pi}{2}$ 是函数 $y = \tan x$ 的**无穷间断点**.

根据定义知，可去间断点和跳跃间断点都是第一类间断点，振荡间断点和无穷间断点都是第二类间断点.

§1.6.3 连续函数的和、差、积、商的连续性

由函数在某点连续的定义和极限的四则运算法则，可得出下列定理：

定理 2 有限个在同一个点连续的函数的和是一个在该点连续的函数.

证 考虑两个在点 x_0 连续的函数 $f(x)$、$g(x)$ 的和 $F(x) = f(x) + g(x)$. 由极限运算法则及函数在点 x_0 连续的定义，有

$$\lim\limits_{x\to x_0}F(x) = \lim\limits_{x\to x_0}\big[f(x) + g(x)\big] = \lim\limits_{x\to x_0}f(x) + \lim\limits_{x\to x_0}g(x)$$
$$= f(x_0) + g(x_0) = F(x_0).$$

这就证明了两个在点 x_0 连续的函数之和也在点 x_0 连续. 这个结论可类似地推广到有限个函数之和的情形.

仿此，由读者自己证明下面两个定理：

定理 3 有限个在同一个点连续的函数的乘积是一个在该点连续的函数.

定理 4 两个在同一个点连续的函数的商是一个在该点连续的函数，只要分母在该点不为零.

例 7 考察函数 $\tan x$ 和 $\cot x$ 的连续性.

解 因 $\tan x = \dfrac{\sin x}{\cos x}$，$\cot x = \dfrac{\cos x}{\sin x}$，而 $\sin x$ 和 $\cos x$ 都在区间 $(-\infty, +\infty)$ 内连续，故由定理 4 知，$\tan x$ 和 $\cot x$ 在它们的定义域内是连续的.

§1.6.4 反函数与复合函数的连续性

反函数的概念和复合函数的概念已经在 §1.1 中讲过，这一节来讨论它们的连续性.

我们不加证明地给出以下定理：

定理 5 如果函数 $y = f(x)$ 在区间 I 上单调增加（或单调减少）且连续，那么 $f(x)$ 的值域 $J = f(I)$ 也是一个区间，且反函数 $x = f^{-1}(y)$ 在 J 上也单调增加（或单调减少）且连续.

例 8 考查 $y = \arcsin x$ 在区间 $[-1,1]$ 上的单调性与连续性.

解 由于 $y = \sin x$ 在区间 $\left[-\dfrac{\pi}{2}, \dfrac{\pi}{2}\right]$ 上单调增加且连续，值域为 $[-1,1]$，

所以它的反函数 $y = \arcsin x$ 在区间 $[-1,1]$ 上也单调增加且连续.

同样,应用定理 5 可证:反三角函数 $\arcsin x, \arccos x, \arctan x, \operatorname{arccot} x$ 在它们的定义域内都是连续的.

定理 6 当 $x \to x_0$ 时,设函数 $u = \varphi(x)$ 的极限存在且等于 a,即

$$\lim_{x \to x_0} \varphi(x) = a,$$

函数 $y = f(u)$ 在点 $u = a$ 连续,那么复合函数 $y = f[\varphi(x)]$ 当 $x \to x_0$ 时的极限也存在且等于 $f(a)$,即

$$\lim_{x \to x_0} f[\varphi(x)] = f(a). \tag{1.6.1}$$

证 因为 $y = f(u)$ 在点 $u = a$ 连续,所以 $\lim_{u \to a} f(u) = f(a)$,即对任给的正数 ε,总有某一正数 δ_1,使得当 $|u - a| < \delta_1$ 时,$f(u)$ 都满足不等式

$$|f(u) - f(a)| < \varepsilon. \tag{1.6.2}$$

又因为当 $x \to x_0$ 时 $u = \varphi(x) \to a$,故对上述 δ_1,存在正数 δ,使得当 $0 < |x - x_0| < \delta$ 时,有

$$|u - a| = |\varphi(x) - a| < \delta_1. \tag{1.6.3}$$

综合 (1.6.2) 和 (1.6.3) 知,对任给的正数 ε,总存在正数 δ,使得当 $0 < |x - x_0| < \delta$ 时,总有不等式 $|f[\varphi(x)] - f(a)| < \varepsilon$ 成立. 所以

$$\lim_{x \to x_0} f[\varphi(x)] = f(a). \qquad \text{证毕.}$$

(1.6.1) 式表示,在定理 6 的条件下,求复合函数 $f[\varphi(x)]$ 的极限时,函数符号 f 与极限号可以交换次序,即 $\lim_{x \to x_0} f[\varphi(x)] = f[\lim_{x \to x_0} \varphi(x)] = f(a)$.

把定理 6 中的 $x \to x_0$ 换成 $x \to \infty$,可得类似的定理.

由定理 6 可推出如下定理:

定理 7 设函数 $u = \varphi(x)$ 在点 $x = x_0$ 连续且 $\varphi(x_0) = u_0$,函数 $y = f(u)$ 在点 $u = u_0$ 连续,那么复合函数 $f[\varphi(x)]$ 在点 $x = x_0$ 也是连续的.

§1.6.5 初等函数的连续性

前面已证明了三角函数及反三角函数在它们的定义域内是连续的.

进一步,可以证明,指数函数 $y = a^x (a > 0, a \neq 1)$ 在它的定义区间 $(-\infty, +\infty)$ 内是单调且连续的,它的值域为 $(0, +\infty)$.

由指数函数的单调性和连续性,运用定理 5 可得:对数函数 $y = \log_a x (a > 0, a \neq 1)$ 在区间 $(0, +\infty)$ 内单调且连续.

幂函数 $y = x^\mu (\mu$ 为实数) 的定义域随 μ 的值而异,但无论 μ 为何值,在区间 $(0, +\infty)$ 内幂函数总是有定义的. 由于

$$y = x^{\mu} = e^{\mu \ln x},$$

它是由函数 $y = e^{u}, u = \mu \ln x$ 复合而成的,故由指数函数与对数函数的连续性以及复合函数的连续性,推得幂函数 $y = x^{\mu}$ 在区间 $(0, +\infty)$ 内连续. 如果对于 μ 取各种不同值加以分别讨论,可以证明这些幂函数在它们的定义域内都是连续的.

综合上述讨论得到:

定理 8 基本初等函数在它们的定义域内都是连续的.

根据初等函数的定义、基本初等函数的连续性以及本节定理,注意到初等函数的定义域都是区间或一列区间的并集,可得如下重要结论:

定理 9 所有初等函数在其定义区间(组成定义域的区间)上都是连续的.

上述关于初等函数连续性的结论提供了求极限的一个方法,这就是:如果 $f(x)$ 是初等函数,且 x_0 是 $f(x)$ 的定义区间上的点,则

$$\lim_{x \to x_0} f(x) = f(x_0),$$

当 x_0 是定义区间的左、右端点时,上式仅考虑左、右极限.

例 9 求 $\lim\limits_{x \to 0} \dfrac{\sqrt[3]{1 + \alpha x^2} - 1}{x^2}$(其中 α 是常数).

解
$$\lim_{x \to 0} \frac{\sqrt[3]{1 + \alpha x^2} - 1}{x^2} = \lim_{x \to 0} \frac{(1 + \alpha x^2) - 1}{x^2 \left(\sqrt[3]{(1 + \alpha x^2)^2} + \sqrt[3]{1 + \alpha x^2} + 1 \right)}$$
$$= \lim_{x \to 0} \frac{\alpha}{\sqrt[3]{(1 + \alpha x^2)^2} + \sqrt[3]{1 + \alpha x^2} + 1} = \frac{\alpha}{3}.$$

例 10 求 $\lim\limits_{x \to 0} \dfrac{\log_a(1 + x)}{x}$.

解
$$\lim_{x \to 0} \frac{\log_a(1 + x)}{x} = \lim_{x \to 0} \log_a(1 + x)^{\frac{1}{x}} = \log_a \left[\lim_{x \to 0} (1 + x)^{\frac{1}{x}} \right]$$
$$= \log_a e = \frac{1}{\ln a}.$$

特别,$\lim\limits_{x \to 0} \dfrac{\ln(1 + x)}{x} = 1$.

例 11 求 $\lim\limits_{x \to 0} \dfrac{a^x - 1}{x}$.

解 令 $a^x - 1 = t$,则 $x = \log_a(1 + t)$,当 $x \to 0$ 时 $t \to 0$,于是
$$\lim_{x \to 0} \frac{a^x - 1}{x} = \lim_{t \to 0} \frac{t}{\log_a(1 + t)} = \frac{1}{\log_a \left[\lim\limits_{t \to 0} (1 + t)^{\frac{1}{t}} \right]} = \ln a.$$

特别地,$\lim\limits_{x \to 0} \dfrac{e^x - 1}{x} = 1$.

习题 1.6(A)

1.讨论下列函数的连续性,并画出函数的图形:

$(1) f(x) = \begin{cases} x^2 & 0 \leqslant x \leqslant 1 \\ 2-x & 1 < x \leqslant 2 \end{cases};$

$(2) f(x) = \begin{cases} x & -1 \leqslant x \leqslant 1 \\ 1 & x < -1 \text{ 或 } x > 1 \end{cases}.$

2.讨论函数 $f(x) = \lim\limits_{n \to \infty} \dfrac{1-x^{2n}}{1+x^{2n}} x$ 的连续性.若有间断点,判别其类型.

3.确定常数 a,b,使下列函数在 $x = 0$ 处连续:

$(1) f(x) = \begin{cases} a+x & x \leqslant 0 \\ \sin x & x > 0 \end{cases};$ $\qquad$ $(2) f(x) = \begin{cases} \arctan x & x < 0 \\ a + \sqrt{x} & x \geqslant 0 \end{cases};$

$(3) f(x) = \begin{cases} \dfrac{\sin ax}{x} & x > 0 \\ 2 & x = 0 \\ \dfrac{1}{bx} \ln(1-3x) & x < 0 \end{cases};$ $\qquad$ $(4) f(x) = \begin{cases} 2e^x & x < 0 \\ a+x & x \geqslant 0 \end{cases}.$

4.讨论下列函数的连续性,并确定其间断点的类型:

$(1) y = e^{\frac{1}{x}};$ $\qquad\qquad$ $(2) y = \dfrac{x^2}{1 - \cos x};$

$(3) y = \dfrac{x^2(x-1)}{x+1};$ $\qquad\qquad$ $(4) y = \dfrac{1}{\ln x};$

$(5) y = \dfrac{x}{\tan x}.$

5.求下列极限:

$(1) \lim\limits_{x \to 0} \sqrt{x^2 - 2x + 5};$ $\qquad\qquad$ $(2) \lim\limits_{x \to 0} \dfrac{\sqrt{x+1} - 1}{x};$

$(3) \lim\limits_{x \to a} \dfrac{\sin x - \sin a}{x - a};$ $\qquad\qquad$ $(4) \lim\limits_{x \to +\infty} (\sqrt{x^2 + x} - \sqrt{x^2 - x});$

$(5) \lim\limits_{x \to \infty} e^{\frac{1}{x}};$ $\qquad\qquad$ $(6) \lim\limits_{x \to 0} \ln \dfrac{\sin x}{x};$

$(7) \lim\limits_{x \to \infty} \left(1 + \dfrac{1}{x}\right)^{\frac{x}{2}}.$

6.如果 $f(x)$ 在 x_0 处连续,$g(x)$ 在 x_0 处间断,问:$f(x) \pm g(x)$ 在 x_0 处是连续还是间断,为什么?

习题 1.6(B)

1. 设函数 $f(x) = \begin{cases} 3x & 0 < x < 1 \\ \mathrm{e}^{2ax} - \mathrm{e}^{ax} + 1 & x \geqslant 1 \end{cases}$ 在 $x = 1$ 连续，求 a.

2. 常数 a, b 满足什么条件时，函数 $f(x) = \begin{cases} a + bx^2 & x \leqslant 0 \\ \dfrac{\sin bx}{x} & x > 0 \end{cases}$ 在 $x = 0$ 处连续?

3. 讨论函数 $f(x) = \dfrac{x^2 - x}{|x|(x^2 - 1)}$ 的连续性，并确定其间断点的类型.

4. 计算下列函数的极限：

(1) $\lim\limits_{x \to \infty} x[\ln(x + 1) - \ln x]$;　　　　　　(2) $\lim\limits_{x \to 0} (1 + \sin x)^{\cot x}$.

5. 证明：若函数 $f(x)$ 在点 x_0 处连续，且 $f(x_0) \neq 0$，则存在 x_0 的某一邻域 $U(x_0)$，使得当 $x \in U(x_0)$ 时有 $f(x) \neq 0$.

6. 设函数 $f(x)$ 在点 x_0 处连续，问：$|f(x)|$ 和 $f^2(x)$ 在点 x_0 处是否连续?反之，设 $|f(x)|$ 或 $f^2(x)$ 在点 x_0 处连续，问：$f(x)$ 在点 x_0 处是否连续，为什么?

§1.7　闭区间上连续函数的性质

闭区间上的连续函数有许多重要性质.因涉及较复杂的理论，这里只叙述有关的定理并加以直观说明，而略去其证明.这里仅强调，由于闭区间既是有界集又是闭集，才能保证在其上定义的连续函数具有这些重要性质.

§1.7.1　最大值和最小值定理

定义 1　对于在区间 I 上有定义的函数 $f(x)$，如果存在 $x_0 \in I$，使得对于任一 $x \in I$ 都有

$$f(x) \leqslant f(x_0) \,(\text{或 } f(x) \geqslant f(x_0)),$$

则称 $f(x_0)$ 是函数 $f(x)$ 在区间 I 上的最大值(或最小值).

例如，函数 $f(x) = \sin x$ 在区间 $[0, \pi]$ 上有最大值 1 和最小值 0. 而函数 $f(x) = x$ 在开区间 (a, b) 内既无最大值又无最小值. 下列定理给出最大值和最小值存在的充分条件：

定理 1(最大值、最小值定理)　若函数 $f(x)$ 在闭区间 $[a, b]$ 上连续，则 $f(x)$ 在 $[a, b]$ 上一定取到最大值和最小值.

这就是说,如果函数 $f(x)$ 在闭区间 $[a,b]$ 上连续,那么至少有一点 $\xi_1 \in [a,b]$,使 $f(\xi_1)$ 是 $f(x)$ 在 $[a,b]$ 上的最大值;又至少有一点 $\xi_2 \in [a,b]$,使 $f(\xi_2)$ 是 $f(x)$ 在 $[a,b]$ 上的最小值(图 1-7-1).

注意 如果函数在开区间内连续,或函数在闭区间上有间断点,那么函数在该区间上就不一定有最大值或最小值.前面提到的函数 $y = x$ 在开区间 (a,b) 内是连续的,但在开区间 (a,b) 内既无最大值又无最小值.又例如,函数

$$y = f(x) = \begin{cases} -x+1 & 0 \leqslant x < 1 \\ 1 & x = 1 \\ -x+3 & 1 < x \leqslant 2 \end{cases}$$

在闭区间 $[0,2]$ 上有间断点 $x = 1$,不难看到,函数 $f(x)$ 在闭区间 $[0,2]$ 上既无最大值又无最小值(图 1-7-2).

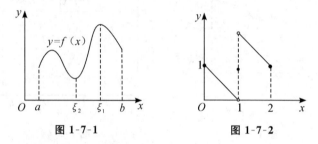

图 1-7-1　　　　　　　图 1-7-2

推论 若函数 $f(x)$ 在闭区间 $[a,b]$ 上连续,则 $f(x)$ 在 $[a,b]$ 上有界.

设函数 $f(x)$ 在闭区间 $[a,b]$ 上连续,由定理1,存在 $f(x)$ 在区间 $[a,b]$ 上的最大值 M 及最小值 m,于是对任一 $x \in [a,b]$,有

$$m \leqslant f(x) \leqslant M.$$

上式表明:$f(x)$ 在 $[a,b]$ 上有上界 M 和下界 m,因此函数 $f(x)$ 在 $[a,b]$ 上有界.

§1.7.2　介值定理

如果 $f(x_0) = 0$,则 x_0 称为函数 $f(x)$ 的**零点**.

定理 2(零点存在定理) 设函数 $f(x)$ 在闭区间 $[a,b]$ 上连续,且 $f(a)$ 与 $f(b)$ 异号(即 $f(a) \cdot f(b) < 0$),那么在开区间 (a,b) 内至少有函数 $f(x)$ 的一个零点,即至少有一点 $\xi \in (a,b)$ 使得

$$f(\xi) = 0.$$

从几何上看,定理 2 表示:如果连续曲线弧 $y = f(x)$ 的两个端点位于 x 轴的两侧,那么这段曲线弧与 x 轴至少有一个交点(图 1-7-3).

由定理 2 立即可推得下列较一般的定理:

定理 3(介值定理) 设函数 $f(x)$ 在闭区间 $[a,b]$ 上连续,且 $f(a) \neq f(b)$.

记 $A = f(a), B = f(b)$,那么,对介于 A 与 B 之间的任意一个实数 C,至少存在一点 $\xi \in (a,b)$,使得 $f(\xi) = C$.

证　不妨设 $A < B$,那么 $A < C < B$.令 $\varphi(x) = f(x) - C$,则 $\varphi(x)$ 在闭区间 $[a,b]$ 上连续,且 $\varphi(a) = A - C < 0$ 而 $\varphi(b) = B - C > 0$,即 $\varphi(a)$ 与 $\varphi(b)$ 异号.根据零点存在定理,开区间 (a,b) 内至少有一点 ξ 使得 $\varphi(\xi) = 0$.由于 $\varphi(\xi) = f(\xi) - C$,因此得

$$f(\xi) = C. \qquad\qquad 证毕.$$

这个定理的几何意义是:连续曲线弧 $y = f(x)$ 若在区间端点的高度 $f(a)$ 与 $f(b)$ 不相等,则与水平直线 $y = C$ 至少有一个交点(图 1-7-4),这里 C 是介于 $f(a)$ 与 $f(b)$ 之间的任意一个常数.

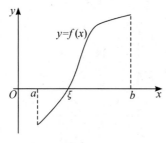

图 1-7-3　　　　　　　　　　图 1-7-4

推论　设 $f(x)$ 在闭区间 $[a,b]$ 上连续,M 与 m 分别是函数 $f(x)$ 在 $[a,b]$ 上的最大值与最小值,则对任意常数 $\xi \in [m, M]$,必存在 $x_0 \in [a,b]$,使得 $f(x_0) = \xi$.

证　若 $M = m$,则结论显然.否则,$m \neq M$,由定理 1,存在 x_1、$x_2 \in [a,b]$ 使得 $m = f(x_1)$,$M = f(x_2)$.在闭区间 $[x_1, x_2]$(或 $[x_2, x_1]$)上应用介值性定理,即得上述推论.

例 1　证明方程 $x^3 - 4x^2 + 1 = 0$ 在区间 $(0,1)$ 内至少有一个根.

证　因为函数 $f(x) = x^3 - 4x^2 + 1$ 在闭区间 $[0,1]$ 上连续,且

$$f(0) = 1 > 0, f(1) = -2 < 0,$$

根据零点存在定理,在 $(0,1)$ 内至少有一点 ξ,使得 $f(\xi) = 0$.这等式说明 $x = \xi$ 是方程 $x^3 - 4x^2 + 1 = 0$ 在区间 $(0,1)$ 内的一个根. 　　　　　　证毕.

例 2(不动点定理)　设 $f(x)$ 在 $[a,b]$ 上连续,值域 $f([a,b]) \subset [a,b]$.证明存在 $x_0 \in [a,b]$,使得 $f(x_0) = x_0$.

证　因 $f([a,b]) \subset [a,b]$,故对任何 $x \in [a,b]$ 有 $a \leqslant f(x) \leqslant b$,特别有 $a \leqslant f(a)$ 以及 $f(b) \leqslant b$.若 $a = f(a)$ 或 $f(b) = b$,则取 $x_0 = a$ 或 b,从而结论成立.现设 $a < f(a)$ 且 $f(b) < b$,令

$$F(x) = f(x) - x, x \in [a,b],$$

则 $F(x)$ 在 $[a,b]$ 上连续且 $F(a) = f(a) - a > 0, F(b) = f(b) - b < 0.$ 那么由零点存在定理,存在 $x_0 \in (a,b)$,使得 $F(x_0) = 0$,即 $f(x_0) = x_0.$ 　　　　证毕.

习题 1.7(A)

1.证明方程 $x^5 - 3x = 1$ 至少有一个根介于 1 和 2 之间.

2.证明方程 $x \cdot 2^x = 1$ 在区间 $(0,1)$ 内至少有一个根.

3.设 $a > 0, b > 0$,证明方程 $x = a\sin x + b$ 至少有一个正根,并且它不超过 $a + b$.

4.设函数 $f(x)$ 在 $(-\infty, +\infty)$ 内连续,$x = a, x = b$ 是 $f(x) = 0$ 的两个相邻的实根,证明:若 a 与 b 之间存在一点 r 使得 $f(r)$ 为正(负),则 $f(x)$ 在 (a,b) 内恒为正(负).

5.设 $f(x)$ 在 $[a, +\infty)$ 连续,并且 $\lim\limits_{x \to +\infty} f(x)$ 存在,证明 $f(x)$ 在 $[a, +\infty)$ 上一定有界.

6.用介值定理证明:当 n 为奇数时,方程 $a_n x^n + a_{n-1} x^{n-1} + \cdots + a_1 x + a_0 = 0$ 至少有一个根.其中 $a_i \in \mathbf{R}$ 为常数,$i = 0, 1, 2, \cdots, n$,且 $a_n \neq 0$.

习题 1.7(B)

1.设函数 $f(x)$ 在闭区间 $[a,b]$ 上有定义且对该区间中的任意两点 x, y,恒有 $| f(x) - f(y) | \leqslant L | x - y |$,其中 L 为正的常数,且 $f(a) \cdot f(b) < 0$.证明:至少有一点 $\xi \in (a,b)$,使得 $f(\xi) = 0$.

2.若 $f(x)$ 在 $[a,b]$ 上连续,$a < x_1 < x_2 < \cdots < x_n < b$,则在 $[x_1, x_n]$ 上必有 ξ,使得

$$f(\xi) = \frac{1}{n} \sum_{i=1}^{n} f(x_i).$$

3.求一整数 n,使得 n 与 $n+1$ 之间有方程 $x^5 + 5x^4 + 2x + 1 = 0$ 的根存在.

4.设函数 $f(x)$ 在 $0 \leqslant x \leqslant 2a$ 上连续,且 $f(0) = f(2a)$.证明:在区间 $[0, 2a]$ 上至少存在一点 ξ,使得 $f(\xi) = f(\xi + a)$.

$$\S 1.8^* \quad \textbf{数学实验}$$

在本实验中,应用 Mathematica 数学软件,绘制函数的图像,直观地了解函数的基本性质(有界性、奇偶性、单调性和周期性)和变化趋势等性态;加深理解函数极限、函数趋于无穷大的速度和无穷小的阶等概念;学会"观察 → 猜测 →

验证 → 理论证明"的问题思考方法.

§1.8.1　绘制函数图像,观察函数性态

1. 定义函数

格式1:函数名[自变量名 _] = 表达式

对于分段函数,可用如下格式:

格式2:函数名[自变量名 _] = Which[条件1,表达式1,条件2,表达式2,…]

2. 一元函数作图

格式1:Plot[函数 f,{自变量 x,xmin,xmax},选项]

格式2:Plot[{函数 f1,函数 f2,…},{自变量 x,xmin,xmax},选项]

注:自变量取值范围大小的不同设定,会使显示的函数图呈现"远景图"或"近景图"的效果.

3. 例题

例1　绘制并观察函数 $y = \ln(x + \sqrt{1+x^2})$ 的性态.

解　可使用如下 Mathematica 命令:

先定义函数:f[x_] = Log[x + Sqrt[1 + x^2]]

再绘图:Plot[f[x],{x,−10,10}] 和 Plot[f[x],{x,−1000,1000}]

可分别得到函数的近景图(图1-8-1)和远景图(图1-8-2).

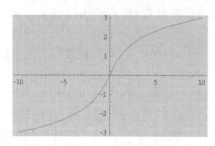
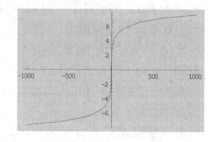

图 1-8-1　函数的近景图　　　　**图 1-8-2　函数的远景图**

从函数的图像中,我们可观察到函数的单调、奇偶和是否有界等性态.

例2　绘制函数 $y = \sin\dfrac{1}{x}$ 的图像,并观察它的性态.

解　使用命令:Plot[Sin[1/x],{x,−1,1}] 和 Plot[{Sin[1/x],1/x},{x,−10,10}]

可得如下函数的图形(图1-8-3 和图1-8-4):

从函数的局部图像中(图1-8-3),我们可观察到函数 $y = \sin\dfrac{1}{x}$ 在 $x = 0$ 邻

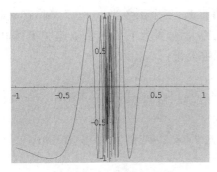

图 1-8-3　函数的近景图

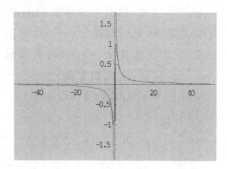

图 1-8-4　两个不同函数的远景图

近的振荡情形. 从整体上看（图 1-8-4）, 若忽略 $x = 0$ 点的邻域不计, 函数 $y = \sin\dfrac{1}{x}$ 就像函数 $y = \dfrac{1}{x}$, 两个函数的远景图几乎重合.

§ 1.8.2　求极限, 验证观察结果

1. 求极限

格式 1: $\mathrm{Limit}[f[x], x \longrightarrow x_0]$

格式 2: $\mathrm{Limit}[f[x], x \longrightarrow x_0, \mathrm{Direction} \longrightarrow -1]$ 　　／求右极限

格式 3: $\mathrm{Limit}[f[x], x \longrightarrow x_0, \mathrm{Direction} \longrightarrow 1]$ 　　／求左极限

2. 考察并验证函数趋于无穷大的速度

例 1　考察三个函数 $f(x) = x^2, g(x) = x^2 + x + 1$ 和 $h(x) = x^2 - 2x$ 当 $x \to \infty$ 时的变化趋势.

解　第一步观察: 将三个函数的图像绘制在同一坐标系上（$y = x^2$ 用正常线表示, $y = x^2 + x + 1$ 用粗线表示, 而 $y = x^2 - 2x$ 用虚线表示）, 使用命令:

$\mathrm{Plot}[\{x^2, x^2 + x + 1, x^2 - 2x\}, \{x, 0, 3\}, \mathrm{PlotStyle} \longrightarrow \{\{\,\}, \{\mathrm{Thickness}[0.01]\}, \{\mathrm{Dashing} \longrightarrow [\{0.01, 0.01\}]\}\}]$. 再将变量取值范围 $\{x, 0, 3\}$ 改为 $\{x, 0, 20\}$ 和 $\{x, 0, 100\}$, 可分别得到后面的图 1-8-5、图 1-8-6 和图 1-8-7;

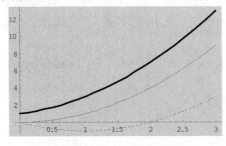

图 1-8-5　三个函数的近景图

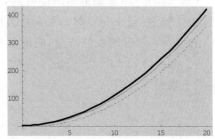

图 1-8-6　三个函数的中景图

第二步猜测:根据三个函数的图像,可推断:三个函数当 $x \to +\infty$ 时,都是趋于无穷大的,即它们都是 $x \to +\infty$ 时的无穷大量,并且它们的收敛速度相当,也就是说,它们可能是 $x \to +\infty$ 时的等价无穷大量;

第三步验证:使用如下命令:

In[1]:= Limit[{x^2,x^2+x+1,x^2-2x},x->Infinity]

Out[1]= {∞,∞,∞}

In[2]:= Limit[{x^2/(x^2+x+1),x^2/(x^2-2x)},x->Infinity]

Out[2]= {1,1}

求极限的结果表明,我们的推断是正确的.

例 2 求 $x \to 0$ 时,无穷小 $\tan x - \sin x$ 关于 x 的阶和等价无穷小.

解 我们知道,当 $x \to 0$ 时 $\tan x$ 和 $\sin x$ 都是关于 x 的 1 阶无穷小.若设 $f(x) = \tan x - \sin x$,显然 $f(x)$ 也是 $x \to 0$ 时的无穷小,那么如何求 $f(x)$ 关于 x 的阶呢?我们来试试.

第一步观察:在同一坐标系下,作 $x = 0$ 点的邻域 $[-0.6, 0.6]$ 上函数 $f(x)$ 与幂函数 $g(x) = x^\alpha$(这里 α 取 1,2,3,4)的图像(见图 1-8-8,图中粗线表示 $f(x)$),命令为 Plot[{Tan[x] - Sin[x],x,x^2,x^3,x^4}, {x, -0.6, 0.6}, PlotStyle -> {{Thickness[0.01]},{}}];

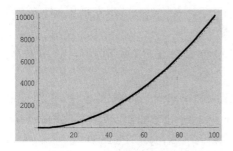

图 1-8-7 三个函数的远景

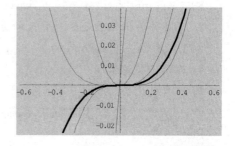

图 1-8-8 函数 $f(x)$ 与幂函数比较图

第二步猜测:从函数的图像看到,函数 $f(x)$ 和 x^3 在 $x = 0$ 附近的图形很相似.由此推测:当 $x \to 0$ 时,$f(x)$ 是关于 x 的 3 阶无穷小.再进一步分析 $f(x)$ 与 x^3 在 $x = 0$ 附近的取值情况,使用命令:

Table[{x,Tan[x] - Sin[x],x^3},{x, -0.2,0.2,0.05}]//TableForm,可得如下数据表:

x	Tan[x] − Sin[x]	x³
− 0. 2	− 0. 0040407	− 0. 008
− 0. 15	− 0. 00169709	− 0. 003375
− 0. 1	− 0. 000501255	− 0. 001
− 0. 05	− 0. 0000625391	− 0. 000125
0.	0.	0.
0. 05	0. 0000625391	0. 000125
0. 1	0. 000501255	0. 001
0. 15	0. 00169709	0. 003375
0. 2	0. 0040407	0. 008

从表中可知 $\tan x - \sin x$ 和 x^3 的值近似相差一半. 所以进一步猜测: $\tan x -$ $\sin x$ 和 $\dfrac{x^3}{2}$ 是等价无穷小;

第三步验证:(1) 图形比较方法. 使用绘图命令

Plot[{Tan[x] − Sin[x],x^3/2}, {x, − 0. 3,0.3},PlotStyle −> {{Thickness[0.01]},{}}].

可得如下图 1-8-9,两条曲线几乎重合;

（2）按等价无穷小定义. 求比的极限:

In[1]: = Limit[(Tan[x]−Sin[x])/ (x^3/2),x −> 0]

Out[1] = 1

有鉴于此,验证了猜测的正确性.

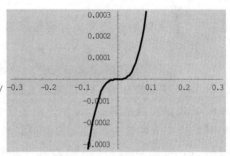

图 1-8-9   两个函数图

练习与思考

1. 利用作图等方式如何研究函数的间断点并分析间断点的类型?

2. 两个无穷小的和、差、积依然是无穷小,它们的阶将发生什么变化呢?利用作图等方式并结合实例进行研究. 你能归纳出一般的结论吗?

$$\S 1.9^* \quad 极限与连续思想方法选讲$$

§1.9.1 关于集合概念的说明

集合论是现代数学的基石. 它是德国著名数学家 G. Cantor(康托) 在 19 世纪末开创的；20 世纪初由许多数学家共同努力，在克服其自身存在的若干逻辑上的缺陷的基础上形成了公理化体系，发展成现代数学的一个重要分支，并且成为现代数学和许多相关的科学领域(包括自然科学和部分社会科学)的基础或基础的一部分. 在公理化体系中，集合或简称集，是数学的一个原始概念，正如平面几何中的点、线、平面等概念一样，它不能用别的、更基本的概念来定义它，于是采用了一套公理来规定集合的运算法则. 其中的"划分公理"指出，当基本集合确定时，这基本集合的任何一部分都是一个集合. 根据这一点，本书 §1.1.1 叙述道："在研究范围明确的条件下，集合通常理解为具有某种性质的事物的全体"，其中所谓"研究范围明确"指的就是"基本集合确定". 在一元微积分中我们考虑的函数的定义域和值域都是实数集的子集，即认定基本集为实数集(实数全体构成的集)；在多元微积分，值域仍是实数集，而定义域是 n 维欧氏空间的子集(基本集为 n 维欧氏空间).

§1.9.2 函数的一般定义与函数思想

在 §1.1.2 函数的定义中，所谓"对应法则"本身是含糊不清的. 按现代观点，函数可以用集合来定义，即把"对应法则"用一个集明确表示出来. 为此，对集合 X 和 Y，先根据集合的公理来定义乘积集 $X \times Y = \{(x,y) \mid x \in X, y \in Y\}$(当 X 和 Y 都是实数集 $\mathbf{R}$ 时，$X \times Y$ 就是平面)，然后把 $X \times Y$ 的任何子集 F 称为从 X 到 Y 的一个**关系**. 进一步，若关系 F 满足：对任意 $x \in X$，存在唯一的 $y \in Y$ 使得 $(x,y) \in F$，就称 F 是定义在 X 上取值于 Y 的一个**映射**. 特别，当 X 和 Y 都是实数集的某个子集时，把定义在 X 上取值于 Y 的映射 F 称为(**实**)**函数**. 直观地，(实)函数 F 就是 xOy 坐标平面上的一个图形使得对于每一个 $x \in X$，过 x 平行于 y 轴的直线与该图形有且只有一个交点(这时，把 X 看成 x 轴的子集，Y 看成 y 轴的子集). 显然，F 就是通常说的函数图像，而现在把它称为函数. 但为了和历史的惯例一致，通常仍然把函数 F 表成 $y = f(x)$，$x \in X$. 函数由它的图像所决定，图像决定了对应关系. 因此，函数与表示它时所采用的字母无关，即把 x,y 换成别的字母也可以. 通常把 $f(x)$ 中 x 所代表的量称为自变量.

按照这样的定义，实数列 $\{a_n\}$ 也是函数，可写成 $y = f(n)$，$n \in \mathbf{N}$，这时候，n

是自变量. 通常把可在一个区间上任意取值的变量称为**连续变量**, 把只在自然数集 **N** 或它的子集合上取值的变量称为**离散变量**. 因此, 数列的自变量是离散变量.

不过, 本书各章讨论函数的连续性和微积分性质时, 都限于定义域是连续变量(如区间或区域等)的函数, 而对于上述的 $f(n)$ 或 $\{a_n\}$ 等, 鉴于其定义域和所起的作用的特殊性, 通常不称其为"函数", 仍然称之为"数列".

目前出版的许多教材和参考书, 在介绍数学思想方法时, 把利用函数的性质来解决问题的思想方法称为函数思想或函数方法.

§1.9.3　极限与极限思想

极限思想是近代数学的一种重要思想, 指的是用极限概念和性质来分析与处理数学问题的思想方法. 极限概念起源于微积分, 与此同时, 微积分理论(数学分析)就是以极限理论为工具来研究函数(包括级数)的一门学科分支. 具体说, 微积分理论的一系列重要概念, 如函数的连续性、导数、积分、级数求和等都是通过极限来定义的.

微积分理论是牛顿(I. Newton)和莱布尼兹(N. Leibniz)于 17 世纪分别创立的. 初期, 他们以无穷小(量)的概念为基础来建立微积分, 不久后遇到逻辑上的困难, 所以后来他们都接受了极限思想, 即以极限概念作为考虑问题的出发点. 但是, 当时他们只采用直观的语言来描述极限. 例如, 他们是这样描述数列 $\{a_n\}$ 的极限的: "如果当 n 无限大时, a_n 无限地接近常数 A, 就称 a_n 以 A 为极限". 这样的定义没定量地说明"什么是 n 无限大", "什么是 a_n 无限地接近常数 A", 因此不能作为科学论证的逻辑基础.

直到 19 世纪 70 年代, 经过许多数学家长期努力, 才形成现在的 ε-N 和 ε-δ 定义方法. 对于上一例子, 可用 ε-N 方法定义为: 如果对任何 $\varepsilon > 0$, 都存在自然数 N, 使得当 $n > N$ 时, 总是有不等式 $|a_n - A| < \varepsilon$ 成立, 则称 $\{a_n\}$ 当 n 趋于无限大时以 A 为极限, 记作 $\lim\limits_{n\to\infty} a_n = A$.

这个定义, 借助于不等式, 通过 ε-N 之间的关系, 定量地、具体地刻画了两个"无限过程"之间的联系. 因此, 这个定义是严格的, 可以作为科学论证的基础. 所以, 现行的教材都采用这样的定义. 初学者可能对这样的定义感到不太习惯, 但只要经过多次应用, 就能在实践中加深对它的认识.

§1.9.4　关于连续的概念的两点说明

1. 极限与函数符号的交换

据连续的定义(§1.6.1 定义 1), 设函数 $y = f(x)$ 在 x_0 的某一邻域内有定义,则该函数在 x_0 连续等价于 $\lim\limits_{x \to x_0} f(x) = f(\lim\limits_{x \to x_0} x) = f(x_0)$. 更一般的情形由 §1.6 的定理 6 体现.

定理6　设函数 $u = \varphi(x)$ 当 $x \to x_0$ 时的极限存在且等于 a,即

$$\lim\limits_{x \to x_0} \varphi(x) = a,$$

而函数 $y = f(u)$ 在点 $u = a$ 处连续,那么复合函数 $y = f[\varphi(x)]$ 当 $x \to x_0$ 时的极限也存在且等于 $f(a)$,即

$$\lim\limits_{x \to x_0} f[\varphi(x)] = f[\lim\limits_{x \to x_0} \varphi(x)] = f(a). \tag{1.6.1}$$

所以在定理 6 的条件下,求复合函数 $f[\varphi(x)]$ 的极限时,函数符号 f 与极限号可以交换次序. 具体例子,见 §1.6 的例 9 至例 11.

2. 连续函数的另一些等价定义

函数 $y = f(x)$ 在点 x_0 连续等价于

$$\lim\limits_{x \to x_0} f(x) = f(x_0).$$

所以,函数 $y = f(x)$ 在点 x_0 连续的定义又可叙述为:对任意的 $\varepsilon > 0$,总存在相应的 $\delta > 0$,使得当 $|x - x_0| < \delta$ 时,恒有 $|f(x) - f(x_0)| < \varepsilon$.

由于当且仅当 $x \in U(x_0, \delta)$ 时 $|x - x_0| < \delta$,当且仅当 $f(x) \in U(f(x_0), \varepsilon)$ 时 $|f(x) - f(x_0)| < \varepsilon$,因此,$y = f(x)$ 在点 x_0 连续等价于:

对 $f(x_0)$ 的任何 ε 邻域,存在 x_0 的一个 δ 邻域,使得这个 δ 邻域中的每个点 x 的函数值都落在 $f(x_0)$ 的 ε 邻域中.

如果采用映射的语言,把 f 看成从 X 到 Y 的映射,$f(x)$ 称为 x 在 f 下的像,对 X 的子集合 V,$f(V) = \{f(x) \mid x \in V\}$ 称为 V 在 f 下的像,则 $f(x)$ 在点 x_0 连续等价于:

对 $f(x_0)$ 的任何 ε 邻域 V,存在 x_0 的一个 δ 邻域 W,使得 $f(W) \subseteq V$,即邻域 W 在 f 下的像落在 V 之中.

由于 $f(W) \subseteq V$ 等价于 $W \subseteq f^{-1}(V)$(称为 V 的逆像),因此 $f(x)$ 在点 x_0 连续等价于:

对 $f(x_0)$ 的任何 ε 邻域 V,存在 x_0 的一个 δ 邻域 W,使得 $W \subseteq f^{-1}(V)$,即 $f(x_0)$ 的任何邻域 V 的逆像都覆盖了 x_0 的某个邻域 W.

最后的定义可以推广到一般的度量空间或更一般的拓扑空间去.

§1.9.5　分清有限与无限的区别 —— 极限的运算应注意的事项

1. 极限运算法则的讨论

§1.3.2　极限运算法则的定理 1 指出:若数列 $\{a_n\}$ 与 $\{b_n\}$ 皆收敛,则数列

$\{a_n \pm b_n\}$、$\{a_n \cdot b_n\}$ 都是收敛数列,且

$$\lim_{n \to \infty}(a_n \pm b_n) = \lim_{n \to \infty}a_n \pm \lim_{n \to \infty}b_n,$$

$$\lim_{n \to \infty}(a_n \cdot b_n) = \lim_{n \to \infty}a_n \cdot \lim_{n \to \infty}b_n.$$

(1)定理1的条件是充分的但非必要的

下面以乘法为例作出说明. 如果只有数列 $\{a_n\}$ 收敛而 $\{b_n\}$ 不收敛,这时候不能肯定 $\{a_n \cdot b_n\}$ 是否收敛,即可能收敛也可能不收敛.

例 1 求极限 $\lim\limits_{n \to \infty}\left(\dfrac{2}{n} \cdot \sin\dfrac{n\pi}{2}\right)$.

分析 因为当 $n \to \infty$ 时 $\sin\dfrac{n\pi}{2}$ 没有极限,本例不能利用极限运算法则来求极限. 但由于 $\sin\dfrac{n\pi}{2}$ 是有界量,$\dfrac{2}{n}$ 是无穷小量,故乘积仍然是无穷小量,即所求极限为 0.

例 2 判断极限的存在性:$\lim\limits_{n \to \infty}\left[\left(\dfrac{2}{n} + 1\right) \cdot \sin\dfrac{n\pi}{2}\right]$.

不难看出本例极限不存在.

例 3 求极限 $\lim\limits_{n \to \infty}\left[\left(\dfrac{2}{n} + 1\right) \cdot \dfrac{n\pi}{2}\right]$.

本例为无穷大量,更一般地,$\lim\limits_{x \to 0}\left[(x + 1) \cdot \dfrac{\pi}{x}\right] = \infty$.

(2)有限个变量的相加(乘)的极限

用数学归纳法,由上述定理1立刻可推出如下结论:若 k 个数列 $\{a_n^{(1)}\}$,$\{a_n^{(2)}\}$,$\cdots$,$\{a_n^{(k)}\}$ 皆收敛(其中 k 是取定的自然数,$k \geqslant 2$),则数列 $\{a_n^{(1)} \pm a_n^{(2)} \pm \cdots \pm a_n^{(k)}\}$,$\{a_n^{(1)} \cdot a_n^{(2)} \cdot \cdots \cdot a_n^{(k)}\}$ 都是收敛数列,且

$$\lim_{n \to \infty}(a_n^{(1)} \pm a_n^{(2)} \pm \cdots \pm a_n^{(k)}) = \lim_{n \to \infty}a_n^{(1)} \pm \lim_{n \to \infty}a_n^{(2)} \pm \cdots \pm \lim_{n \to \infty}a_n^{(k)},$$

$$\lim_{n \to \infty}(a_n^{(1)} \cdot a_n^{(2)} \cdot \cdots \cdot a_n^{(k)}) = \lim_{n \to \infty}a_n^{(1)} \cdot \lim_{n \to \infty}a_n^{(2)} \cdot \cdots \cdot \lim_{n \to \infty}a_n^{(k)}.$$

例 4 求 $\lim\limits_{n \to \infty}\left[\dfrac{1}{\sqrt{n^2 + 1}} + \dfrac{1}{\sqrt{n^2 + 2}} + \cdots + \dfrac{1}{\sqrt{n^2 + m}}\right]$ (其中 m 是取定的自然数,$m \geqslant 2$).

解 由于 $\lim\limits_{n \to \infty}\dfrac{1}{\sqrt{n^2 + i}} = 0, i = 1, 2, \cdots, m$,其中 m 是取定的自然数,$m \geqslant 2$,所以

$$\lim_{n \to \infty}\left[\dfrac{1}{\sqrt{n^2 + 1}} + \dfrac{1}{\sqrt{n^2 + 2}} + \cdots + \dfrac{1}{\sqrt{n^2 + m}}\right] = 0 + 0 + \cdots + 0(m个0相加) = 0.$$

例 5 求 $\lim\limits_{n \to \infty}\left[\dfrac{1}{\sqrt{n^2 + 1}} + \dfrac{1}{\sqrt{n^2 + 2}} + \cdots + \dfrac{1}{\sqrt{n^2 + n}}\right]$.

分析 表面看来,括号中只有 n 项,似乎也是有限项,但是,在考虑的极限过程中,n 是变量且 $n \to \infty$. 因此,本例与例4有根本的区别,不能像例4那样,利用收敛的极限运算准则的定理1之(1)推出它等于有限个极限之和. 也就是说,采用如下做法是错的:

$$\lim_{n \to \infty}\left[\frac{1}{\sqrt{n^2+1}} + \frac{1}{\sqrt{n^2+2}} + \cdots + \frac{1}{\sqrt{n^2+n}}\right] = 0 + 0 + \cdots + 0 (n \text{ 个 } 0 \text{ 相加}) = 0.$$

这时,应另想办法. 事实上,可利用两边夹逼的方法求出本例的极限.

解 因为 $n \cdot \dfrac{1}{\sqrt{n^2+n}} \leqslant \dfrac{1}{\sqrt{n^2+1}} + \dfrac{1}{\sqrt{n^2+2}} + \cdots + \dfrac{1}{\sqrt{n^2+n}} \leqslant n \cdot \dfrac{1}{\sqrt{n^2+1}}$,

且

$$\lim_{n \to \infty} n \cdot \frac{1}{\sqrt{n^2+n}} = 1, \qquad \lim_{n \to \infty} n \cdot \frac{1}{\sqrt{n^2+1}} = 1,$$

所以,$\displaystyle\lim_{n \to \infty}\left[\dfrac{1}{\sqrt{n^2+1}} + \dfrac{1}{\sqrt{n^2+2}} + \cdots + \dfrac{1}{\sqrt{n^2+n}}\right] = 1$.

2. 关于无穷大量与 ∞ 的初步认识

(1)无穷大量不收敛

记号 $\displaystyle\lim_{n \to \infty} a_n = \infty$,$\displaystyle\lim_{x \to 0}\dfrac{1}{x} = \infty$ 分别表示在相应的极限过程中 a_n 和 $\dfrac{1}{x}$ 是无穷大量,不表示 $\displaystyle\lim_{n \to \infty} a_n$ 或 $\displaystyle\lim_{x \to 0}\dfrac{1}{x}$ 收敛. 这与 $\displaystyle\lim_{n \to \infty} a_n = A$ 或 $\displaystyle\lim_{x \to 0} f(x) = A (A \text{ 是实数})$ 有本质区别. 因此两个无穷大量或一个无穷大量与一个有极限的变量的加、减、乘的结果都不能用极限四则运算法则来描述.

(2)无限与有限有根本的区别

显然,$3 + 1 > 3$. 一般地,对任何实数 a,$a + 1 > a$. 这是因为1、3 和 a 都是实数,是有限的. 在微积分中不定义 ∞ 的运算. 在"实变函数论"中把 ∞ 当成广义实数,那时规定 $\infty + 1 = \infty$,不会出现 $\infty + 1 > \infty$ 的情形. 之所以这样规定是因为,若把 ∞ 理解为无穷大量,那么"无穷大量 + 常量"仍然是无穷大量. 可见无穷与有穷是有很大的区别的.

(3)不能随意把 ∞ 代入极限式中

对于 §1.9.4 谈到的 §1.6 定理6,若其中的函数 $u = \varphi(x)$ 当 $x \to x_0$ 时是无穷大量,则定理不再成立.

例6 求 $\displaystyle\lim_{x \to 1}(1+x)^{\frac{1}{x}}$ 与 $\displaystyle\lim_{x \to 0}(1+x)^{\frac{1}{x}}$.

分析 设 $y = f(u) = \left(1 + \dfrac{1}{u}\right)^u$,$u = \varphi(x) = \dfrac{1}{x}$,那么 $\displaystyle\lim_{x \to 1}\varphi(x) = 1$,而 y

$= f(u)$ 在 $u = 1$ 连续，所以可以根据定理 6 得出 $\lim\limits_{x \to 1}(1 + x)^{\frac{1}{x}} =$

$\lim\limits_{x \to 1}\left(1 + \dfrac{1}{\varphi(x)}\right)^{\varphi(x)} = (1 + 1)^1 = 2.$

对于 $\lim\limits_{x \to 0}(1 + x)^{\frac{1}{x}}$，这时候考虑的极限过程是 $x \to 0$. 常见一些初学者模仿 $x \to 1$ 的情形，写成

$$\lim_{x \to 0}(1 + x)^{\frac{1}{x}} = (1 + 0)^{\infty} = 1,$$

这就错的. 因为当 $x \to 0$ 时，$\varphi(x) = \dfrac{1}{x}$ 是无穷大量，即当 $x \to 0$ 时其极限不存在，不能应用定理 6.

其实，我们可以根据重要极限推出 $\lim\limits_{x \to 0}(1 + x)^{\frac{1}{x}} = \mathrm{e}.$

§ 1.9.6　高等数学处处充满辩证法

所谓辩证法是一种哲学思想方法，它主要研究事物的对立统一与互相转化. 特别地，自然辩证法就是研究自然科学的哲学思想与方法. 马克思和恩格斯对微积分理论很感兴趣，并研究了其中的许多辩证法原理.

采用 ε-N 和 ε-δ 方法来定义极限时，ε 是任意的正数（ε 是可变的），但寻找与它对应的 δ 时，要求对每一个 ε 至少存在一个 δ，这时 ε 又是取定的；同样，在函数的 $f(x)$ 定义中，x 看成变量，但考虑对应时，要求 x 是在定义域内任意取定的值，并要求有唯一的值 y 与之对应. 因此，x 时而看成是变量，时而看成是一个取定的值.

前面谈到的无限与有限的概念. 无限与有限显然是对立的. 我们已经看到，无限与有限有许多重要差别，但最主要的差别可说成是：一个无限集合可以与它的真子集建立一一对应关系，如自然数集 $\mathbf{N}$ 和其偶数子集可以通过 $f(n) = 2n$ 建立一一对应关系，而有限集合就不行.

微积分理论在一定意义上说，就是研究无限的理论. 例如，求极限的过程就是要考虑"两个无限"的过程. 但是无限与有限之间有密切联系且在一定条件下互相转化. 例如，要描述"n 无限大"，借助于自然数 N，用满足 $n > N$ 的 n 所满足的不等式 $|a_n - A| < \varepsilon$，来说明"当 n 无限大时，a_n 与 A 无限接近"，其中的 N 和 n 都是有限的数. 这就把无限的问题转化为有限的问题来处理了. 同样，用"ε 是任意取定的而 $|a_n - A| < \varepsilon$ 对所有的 $n > N$ 成立"来说明 a_n 无限地接近常数 A，也是借助于有限来描述无限. 反过来，命题"$\{a_n\}$ 当 n 趋于无限大时以常数 A 为极限"说明：有限值 A 是无限的过程 $\{a_n\}$ 变化的最终趋势，即，这里利用了有限的极限 A 来把握 $\{a_n\}$ 变化的无限过程.

　　类似的对立概念很多,例如直线与曲线、连续与间断、微分与积分、收敛与发散、局部与整体等等.

　　在思想方法上,也有一般化与特殊化、扩张(延拓)与限制、分析与综合、分散与集中、化归与反演等互相对立的思维过程.他们在一定的条件下互相转化.

　　恩格斯说:"有了变量,辩证法就进入了数学","变数的数学 —— 其中最重要的部分是微积分 —— 本质上不外是辩证法在数学方面的运用".

第二章

导数与微分

微分学的产生是个伟大的发明,是数学史上真正的里程碑[①].微分学这种新数学明显地不同于从古希腊继承下来的旧数学.旧数学是静态的,而新数学是动态的.如果把旧数学比作摄影的静态阶段,则新数学可比作动画阶段.微分学用运动变化和无限变化的观点来考察函数对自变量的变化率问题.伴随微分学产生的是积分学,微分学与积分学合称为微积分学.

本章主要介绍一元函数的导数和微分的概念以及它们之间的联系,导数和微分的计算方法以及它们在几何、物理和经济上的应用.

§2.1 导数的概念

§2.1.1 导数的基本概念

1. 引例

在历史上,发明微积分的直接原因是研究物体运动与曲线性质的需要.下面先考察两个与导数的引入有关的例子.

例1 变速直线运动的瞬时速度

设质点沿直线运动.在直线上引入原点和单位长度,使直线成为数轴.此外,再取定一个时刻作为测量时间的零点.设动点于时刻 t 在直线上的位置的坐标为 s,则质点作直线运动的方程为 $s = f(t)$.现在来看一看质点在时刻 t_0 的"瞬时速度"是怎样刻画的.

设时间从 t_0 变到 t,质点的位置由 s_0 变到 s.于是,在 t_0 到 t 这段时间内,质点的平均速度为

$$\bar{v} = \frac{f(t) - f(t_0)}{t - t_0} = \frac{\Delta s}{\Delta t}.$$

在应用问题中,当时间间隔 $|\Delta t| = |t - t_0|$ 很小时,$\bar{v}$ 可以近似地表示质点在时刻 t_0 的瞬时速度.显然,$\bar{v}$ 作为在 Δt 这段时间内质点运动的平均速度,并不

---

① 见美国数学家 H. 伊夫斯的论著《数学史上的里程碑》.

能精确表达质点在 t_0 这一瞬间的速度. 但是, 当时间间隔 $|\Delta t|$ 越小, 即 t 越靠近 t_0 时, $\bar{v}$ 近似表示质点在 t_0 的瞬时速度的精确度就越高. 因此, 很自然地认为, 当 $t \to t_0$ 即 $\Delta t \to 0$ 时, 如果 $\bar{v}$ 的极限存在, 则这个极限值

$$v = \lim_{t \to t_0} \bar{v} = \lim_{t \to t_0} \frac{f(t) - f(t_0)}{t - t_0} = \lim_{\Delta t \to 0} \frac{f(t_0 + \Delta t) - f(t_0)}{\Delta t}$$

就是质点在时刻 t_0 的瞬时速度.

(2) 平面曲线的切线问题

如图 2-1-1, M 为已知曲线 C 上的一个定点, 在 C 上取异于点 M 的一点 N, 作割线 MN. 当点 N 沿曲线 C 趋向点 M 时, 割线 MN 趋近于某个极限位置 MT, 即夹角 NMT 趋近于 0. 那么, 直线 MT 就称为曲线 C 在点 M 的**切线**.

进一步, 设 $M(x_0, y_0)$ 是曲线 $C: y = f(x)$ 上的一点, 则 $y_0 = f(x_0)$. 根据直线的表示法, 若要求出曲线 C 在点 M 处的切线, 只要

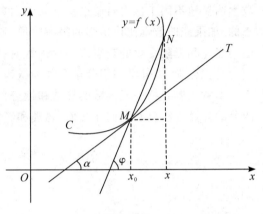

图 2-1-1

求出切线的斜率就可以了. 为此, 根据切线的定义来考察它的斜率. 在曲线 C 上任取异于点 M 的一点 $N(x, y)$, 于是割线 MN 的斜率为

$$\tan \varphi = \frac{y - y_0}{x - x_0} = \frac{f(x) - f(x_0)}{x - x_0},$$

其中 φ 为割线 MN 的倾角(MN 与 X 轴正向的夹角). 当点 N 沿曲线 C 趋向点 M, 即当 $x \to x_0$ 时, 如果上式的极限存在, 设为 k, 即

$$k = \lim_{x \to x_0} \frac{f(x) - f(x_0)}{x - x_0},$$

那么割线斜率的极限 k 就是切线 MT 的斜率. 这时, $\arctan k$ 是切线 MT 的倾角 α. 于是, 通过点 $M(x_0, f(x_0))$ 且以 k 为斜率的直线 MT 便是曲线 C 在点 M 处的切线.

2. 导数的定义

从上面讨论的两个例子可以看出, 非匀速直线运动的速度和切线的斜率都归结为求函数增量与自变量增量之比的极限. 类似的这种极限问题是相当普遍的, 例如电流强度、化学反应速度、角速度、定压热容等等, 都归结为上述的数学形式. 我们撇开这些量的具体意义, 抓住它们在数量关系上的共性, 就得出了下面的函数导数的概念:

定义 设函数 $y = f(x)$ 在点 x_0 的某个邻域内有定义,当自变量 x 在 x_0 处取得增量 Δx(应使点 $x_0 + \Delta x$ 仍在该邻域内)时,函数 y 相应地取得增量 $\Delta y = f(x_0 + \Delta x) - f(x_0)$. 如果当 $\Delta x \to 0$ 时 Δy 与 Δx 之比的极限存在,则称函数 $y = f(x)$ **在点 x_0 处可导**,并称这个极限为函数 $y = f(x)$ 在点 x_0 处的**导数**,记为 $y'|_{x=x_0}$,即

$$y'|_{x=x_0} = \lim_{\Delta x \to 0} \frac{\Delta y}{\Delta x} = \lim_{\Delta x \to 0} \frac{f(x_0 + \Delta x) - f(x_0)}{\Delta x}, \tag{2.1.1}$$

也可记作 $f'(x_0)$、$\dfrac{\mathrm{d}y}{\mathrm{d}x}\Big|_{x=x_0}$ 或 $\dfrac{\mathrm{d}f(x)}{\mathrm{d}x}\Big|_{x=x_0}$. 如果极限(2.1.1)不存在,就说函数 $y = f(x)$ 在点 x_0 处**不可导**.

导数的定义式也可采用不同的表达形式. 例如,在(2.1.1)式中,令 $h = \Delta x$,则

$$f'(x_0) = \lim_{h \to 0} \frac{f(x_0 + h) - f(x_0)}{h}; \tag{2.1.2}$$

若令 $x = x_0 + \Delta x$,则

$$f'(x_0) = \lim_{x \to x_0} \frac{f(x) - f(x_0)}{x - x_0}. \tag{2.1.3}$$

如果函数 $y = f(x)$ 在开区间 I 内的每一点处都可导,就称函数 $y = f(x)$ **在开区间 I 内可导**. 这时,对于任一点 $x \in I$,都对应着 $f(x)$ 的一个确定的导数值. 这样就生成了一个新的函数,叫做原来函数的**导函数**,简称**导数**,记作 y',$f'(x)$,$\dfrac{\mathrm{d}y}{\mathrm{d}x}$ 或 $\dfrac{\mathrm{d}f(x)}{\mathrm{d}x}$.

把(2.1.1)式或(2.1.2)式中的 x_0 换成 x,就得到导函数的定义式

$$y' = \lim_{\Delta x \to 0} \frac{f(x + \Delta x) - f(x)}{\Delta x},$$

或

$$f'(x) = \lim_{h \to 0} \frac{f(x + h) - f(x)}{h}.$$

函数 $y = f(x)$ 的导函数 $f'(x)$ 与函数 $y = f(x)$ 在点 $x = x_0$ 处的导数 $f'(x_0)$ 是既有区别又有密切联系的两个概念:前者是一个函数,后者却是一个数值;在 $x = x_0$ 处的导数值 $f'(x_0)$ 就是导函数 $f'(x)$ 在 $x = x_0$ 处的函数值,即 $f'(x_0) = f'(x)|_{x=x_0}$.

§2.1.2 用定义求导数的例子

根据导数的定义,可以求出一些基本初等函数的导数.

例 1 求常数函数 $f(x) = c$ 的导数.

解　$f'(x) = \lim\limits_{\Delta x \to 0} \dfrac{f(x + \Delta x) - f(x)}{\Delta x} = \lim\limits_{\Delta x \to 0} \dfrac{c - c}{\Delta x} = 0$，即 $(c)' = 0$.

这就是说，常数的导数等于零.

例 2　求函数 $f(x) = x^n$（n 为正整数）在 $x = a$ 处的导数.

解　$f'(a) = \lim\limits_{x \to a} \dfrac{f(x) - f(a)}{x - a} = \lim\limits_{x \to a} \dfrac{x^n - a^n}{x - a}$

$\qquad\quad = \lim\limits_{x \to a} (x^{n-1} + ax^{n-2} + \cdots + a^{n-1}) = na^{n-1}$.

把上面结果中的 a 换成 x 得 $f'(x) = nx^{n-1}$，即

$$(x^n)' = nx^{n-1}.$$

更一般地，对于幂函数 $y = x^\mu$（其中 μ 为常数），

$$(x^\mu)' = \mu x^{\mu-1}$$

在 $x^{\mu-1}$ 的定义域上成立. 这就是幂函数的求导公式. 利用这个公式，可以很容易地求出一些常用幂函数的导数，例如：

当 $\mu = \dfrac{1}{2}$ 时，$y = \sqrt{x} = x^{\frac{1}{2}}$（$x > 0$）的导数为

$$\left(x^{\frac{1}{2}}\right)' = \frac{1}{2} x^{-\frac{1}{2}}，即 \left(\sqrt{x}\right)' = \frac{1}{2\sqrt{x}}.$$

当 $\mu = -1$ 时，$y = x^{-1} = \dfrac{1}{x}$（$x \neq 0$）的导数为

$$(x^{-1})' = -x^{-2}，即 \left(\frac{1}{x}\right)' = -\frac{1}{x^2}.$$

例 3　求函数 $y = \sin x$ 的导数.

解　$f'(x) = \lim\limits_{\Delta x \to 0} \dfrac{f(x + \Delta x) - f(x)}{\Delta x} = \lim\limits_{\Delta x \to 0} \dfrac{\sin(x + \Delta x) - \sin x}{\Delta x}$

$\qquad\quad = \lim\limits_{\Delta x \to 0} \dfrac{1}{\Delta x} \cdot 2\cos\left(x + \dfrac{\Delta x}{2}\right) \sin \dfrac{\Delta x}{2}$

$\qquad\quad = \lim\limits_{\Delta x \to 0} \cos\left(x + \dfrac{\Delta x}{2}\right) \cdot \dfrac{\sin \dfrac{\Delta x}{2}}{\dfrac{\Delta x}{2}} = \cos x,$

即　　　　　　　　　　　$(\sin x)' = \cos x.$

这就是说，正弦函数的导数是余弦函数.

同理可求得

$$(\cos x)' = -\sin x.$$

这就是说，余弦函数的导数是正弦函数的相反数.

例 4　求函数 $f(x) = a^x$（$a > 0, a \neq 1$）的导数.

解　$f'(x) = \lim\limits_{\Delta x \to 0} \dfrac{f(x + \Delta x) - f(x)}{\Delta x}$

$$= \lim\limits_{\Delta x \to 0} \frac{a^{x + \Delta x} - a^x}{\Delta x} = a^x \lim\limits_{\Delta x \to 0} \frac{a^{\Delta x} - 1}{\Delta x},$$

令 $a^{\Delta x} - 1 = b$，则 $\Delta x = \log_a (1 + b)$，且当 $\Delta x \to 0$ 时，$b \to 0$，由此得

$$\lim\limits_{\Delta x \to 0} \frac{a^{\Delta x} - 1}{\Delta x} = \lim\limits_{b \to 0} \frac{b}{\log_a (1 + b)} = \lim\limits_{b \to 0} \frac{1}{\frac{1}{b} \log_a (1 + b)}$$

$$= \lim\limits_{b \to 0} \frac{1}{\log_a (1 + b)^{\frac{1}{b}}} = \frac{1}{\log_a \mathrm{e}} = \ln a.$$

因此 $f'(x) = a^x \ln a$，即

$$(a^x)' = a^x \ln a.$$

这就是指数函数的导数公式. 特别地，当 $a = \mathrm{e}$ 时，有 $(\mathrm{e}^x)' = \mathrm{e}^x$.

上式表明，以 e 为底的指数函数的导数就是它本身，这是以 e 为底的指数函数的一个重要特性.

例 5　求函数 $f(x) = \log_a x \, (a > 0, a \neq 1)$ 的导数.

解　$f'(x) = \lim\limits_{\Delta x \to 0} \dfrac{f(x + \Delta x) - f(x)}{\Delta x} = \lim\limits_{\Delta x \to 0} \dfrac{\log_a (x + \Delta x) - \log_a x}{\Delta x}$

$$= \lim\limits_{\Delta x \to 0} \frac{1}{\Delta x} \log_a \frac{x + \Delta x}{x} = \lim\limits_{\Delta x \to 0} \frac{1}{x} \cdot \frac{x}{\Delta x} \log_a \left(1 + \frac{\Delta x}{x} \right)$$

$$= \frac{1}{x} \lim\limits_{\Delta x \to 0} \log_a \left(1 + \frac{\Delta x}{x} \right)^{\frac{x}{\Delta x}} = \frac{1}{x} \log_a \mathrm{e} = \frac{1}{x \ln a}.$$

即
$$(\log_a x)' = \frac{1}{x \ln a}.$$

这就是对数函数的导数公式. 特别地，当 $a = \mathrm{e}$ 时，由上式得自然对数函数的导数公式：

$$(\ln x)' = \frac{1}{x}.$$

§2.1.3　单侧导数

先看一个例子：

例 6　考察函数 $f(x) = |x|$ 在 $x = 0$ 处的导数.

解　先作差商：$\dfrac{f(0 + h) - f(0)}{h} = \dfrac{|h| - 0}{h} = \dfrac{|h|}{h}$. 那么，当 $h < 0$ 时，$\dfrac{|h|}{h}$

$= -1$；当 $h > 0$ 时，$\dfrac{|h|}{h} = 1$. 于是

$$\lim_{h \to 0^-} \frac{f(0+h)-f(0)}{h} = \lim_{h \to 0^-} \frac{|h|}{h} = -1,$$

$$\lim_{h \to 0^+} \frac{f(0+h)-f(0)}{h} = \lim_{h \to 0^+} \frac{|h|}{h} = +1.$$

因为差商在 $x=0$ 处的左、右极限不等,所以 $\lim\limits_{h \to 0} \dfrac{f(0+h)-f(0)}{h}$ 不存在,即函数 $f(x)=|x|$ 在 $x=0$ 处不可导.

这个例子启发我们考虑更一般的问题.事实上,根据导数的定义,函数 $f(x)$ 在点 x_0 处的导数

$$f'(x_0) = \lim_{h \to 0} \frac{f(x_0+h)-f(x_0)}{h}$$

是一个极限,而极限存在的充要条件是左、右极限都存在且相等,因此 $f(x)$ 在点 x_0 处可导的充要条件是左、右极限

$$\lim_{h \to 0^-} \frac{f(x_0+h)-f(x_0)}{h} \text{ 及 } \lim_{h \to 0^+} \frac{f(x_0+h)-f(x_0)}{h}$$

都存在且相等.这两个极限分别称为函数 $f(x)$ 在点 x_0 处的**左导数**和**右导数**,记作 $f'_-(x_0)$ 和 $f'_+(x_0)$.即

$$\text{左导数 } f'_-(x_0) = \lim_{h \to 0^-} \frac{f(x_0+h)-f(x_0)}{h},$$

$$\text{右导数 } f'_+(x_0) = \lim_{h \to 0^+} \frac{f(x_0+h)-f(x_0)}{h}.$$

因此,函数 $f(x)$ 在点 x_0 处可导的充要条件是左导数 $f'_-(x_0)$ 和右导数 $f'_+(x_0)$ 都存在且相等.

重新观察例 6 可知,$f(x)=|x|$ 在点 $x=0$ 处的左导数 $f'_-(0)=-1$,右导数 $f'_+(0)=|1$,虽然都存在,但不相等.所以函数 $f(x)=|x|$ 在点 $x=0$ 处不可导.

如果函数 $f(x)$ 在开区间 (a,b) 内可导,且 $f'_+(a)$ 及 $f'_-(b)$ 都存在,就说 $f(x)$ 在闭区间 $[a,b]$ 上可导.

§2.1.4 导数的几何意义

我们在研究曲线 $C: y=f(x)$ 上过点 $M(x_0, f(x_0))$ 处的切线的斜率时,知

$$k = \lim_{x \to x_0} \frac{f(x)-f(x_0)}{x-x_0};$$

而在研究函数 $y=f(x)$ 在点 x_0 处的导数时,有

$$f'(x_0) = \lim_{x \to x_0} \frac{f(x)-f(x_0)}{x-x_0}.$$

由此得知,函数 $y = f(x)$ 在点 x_0 处的导数 $f'(x_0)$ 在几何图形中表示曲线 $y = f(x)$ 在点 $M(x_0, f(x_0))$ 处的切线的斜率(图 2-1-2).

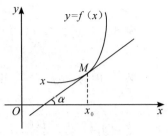

图 2-1-2

根据导数的几何意义,可以求出曲线 $y = f(x)$ 在点 $M(x_0, f(x_0))$ 处的切线方程

$$y - y_0 = f'(x_0)(x - x_0)$$

及法线方程

$$y - y_0 = \frac{-1}{f'(x_0)}(x - x_0)(当 f'(x_0) \neq 0 时).$$

例 7 求曲线 $y = x^3$ 在点 $(2,8)$ 的切线方程和法线方程.

解 根据导数的几何意义,可知此曲线在点 $(2,8)$ 的切线的斜率为

$$k = \frac{\mathrm{d}y}{\mathrm{d}x}\Big|_{x=2} = 3x^2\big|_{x=2} = 12,$$

于是,所求的切线方程为

$$y - 8 = 12(x - 2),即 12x - y - 16 = 0;$$

所求的法线方程为

$$y - 8 = -\frac{1}{12}(x - 2),即 x + 12y - 98 = 0.$$

请读者想一想,当 $f'(x_0) = 0$ 或式(2.1.1)的极限为 ∞ 时,曲线 $y = f(x)$ 在点 $M(x_0, f(x_0))$ 处的切线有何特征?

§2.1.5 函数的可导性与连续性的关系

设函数 $y = f(x)$ 在点 x 处可导,$\Delta y = f(x + \Delta x) - f(x)$. 那么

$$\lim_{\Delta x \to 0} \frac{\Delta y}{\Delta x} = \lim_{\Delta x \to 0} \frac{f(x + \Delta x) - f(x)}{\Delta x} = f'(x)$$

存在. 由具有极限的函数与无穷小的关系知

$$\frac{\Delta y}{\Delta x} = f'(x) + \alpha,$$

其中当 $\Delta x \to 0$ 时 α 为无穷小. 上式两边同乘以 Δx,得

$$\Delta y = f'(x)\Delta x + \alpha \Delta x.$$

由此可见,当 $\Delta x \to 0$ 时,$\Delta y \to 0$. 这就是说,函数 $y = f(x)$ 在点 x 处连续. 所以,若函数 $y = f(x)$ 在点 x 处可导,则函数 $y = f(x)$ 在该点处必连续.

反之,一个函数在某点处连续却不一定在该点处可导. 例如,函数 $f(x) = |x|$ 在 $(-\infty, +\infty)$ 内连续,但由例 6 知,函数在 $x = 0$ 处不可导. 下面再举一例说明.

例 8　考察函数 $f(x) = \begin{cases} x\sin\dfrac{1}{x} & x \neq 0 \\ 0 & x = 0 \end{cases}$ 在 $x = 0$ 处的连续性和可导性.

解　因为 $\lim\limits_{x \to 0} f(x) = \lim\limits_{x \to 0} x\sin\dfrac{1}{x} = 0 = f(0)$，所以 $f(x)$ 在 $x = 0$ 处连续.

又因为 $\dfrac{f(x) - f(0)}{x - 0} = \dfrac{x\sin\dfrac{1}{x}}{x - 0} = \sin\dfrac{1}{x}$，当 $x \to 0$ 时极限不存在，所以 $f(x)$ 在 $x = 0$ 处不可导.

由以上讨论可知，函数在某点连续是函数在该点可导的必要条件，但不是充分条件.

习题 2.1(A)

1. 设 $f(x) = ax + b$（其中 a,b 都是常数），试按定义求 $f'(x)$.

2. 设 $f(x)$ 在点 $x = x_0$ 可导，把下面各题中的字母 A 分别用一个关于 $f'(x_0)$ 的式子表示出来：

(1) $A = \lim\limits_{x \to x_0} \dfrac{x - x_0}{f(x) - f(x_0)}$（假定 $f'(x_0) \neq 0$）；

(2) $A = \lim\limits_{\Delta x \to 0} \dfrac{f(x_0 - 2\Delta x) - f(x_0)}{\Delta x}$（$\Delta x = x - x_0$）；

(3) $x_0 = 0, f(0) = 0$ 且 $A = \lim\limits_{x \to 0} \dfrac{f(x)}{x}$.

3. 求曲线 $y = f(x)$ 在点 M 处的切线方程：

(1) $f(x) = \ln x$，　$M_{(e,1)}$；　　　　　(2) $f(x) = e^x$，　$M_{(0,1)}$；

(3) $f(x) = x^2$，　$M_{(0,0)}$.

4. 求下列函数的导数：

(1) $y = x^4$；　　(2) $y = \sqrt[3]{x^2}$；　　(3) $y = x^{1.2}$；　　(4) $y = \dfrac{1}{\sqrt{x}}$.

5. 求曲线 $y = x^3 + x$ 上与直线 $y = 4x$ 平行的切线.

6. 设 $f(x) = \begin{cases} \sin x & x < 0 \\ ax + b & x \geqslant 0 \end{cases}$，讨论 a,b 取何值时，$f(x)$ 在点 $x = 0$ 处可导.

7. 设 $f(x) = \begin{cases} x & x < 0 \\ \ln(1 + x) & x \geqslant 0 \end{cases}$，求 $f(0)$ 与 $f'(0)$.

8. 讨论下列函数在 $x = 0$ 处的连续性和可导性：

$(1) y = |\sin x|$; $\qquad (2) y = \begin{cases} x^2 \sin \dfrac{1}{x} & x \neq 0 \\ 0 & x = 0 \end{cases}$.

习题 2.1(B)

1. 单项选择题:

(1) 设 $f(x)$ 在点 $x = a$ 的某邻域内有定义,则 $f(x)$ 在 $x = a$ 处可导的充分条件是( ).

(A) $\lim\limits_{h \to +\infty} h\left[f\left(a + \dfrac{1}{h}\right) - f(a)\right]$ 存在; $\quad$ (B) $\lim\limits_{h \to 0} \dfrac{f(a + 2h) - f(a + h)}{h}$ 存在;

(C) $\lim\limits_{h \to 0} \dfrac{f(a + h) - f(a - h)}{2h}$ 存在; $\quad$ (D) $\lim\limits_{h \to 0} \dfrac{f(a) - f(a - h)}{h}$ 存在.

(2) 设 $f(x) = \begin{cases} \dfrac{2x^3}{3} & x \leqslant 1 \\ x^2 & x > 1 \end{cases}$,则 $f(x)$ 在点 $x = 1$ 处的( ).

(A) 左、右导数都存在; $\qquad\qquad$ (B) 左导数存在,右导数不存在;

(C) 左导数不存在,右导数存在; $\qquad$ (D) 左右导数都不存在.

2. 已知 $f'(3) = 2$,则 $\lim\limits_{h \to 0} \dfrac{f(3 - h) - f(3)}{2h} = $ _____.

3. 设 $f(x) = (x^2 - a^2) g(x)$,其中 $g(x)$ 在点 $x = a$ 处连续,求 $f'(a)$.

4. 设 $f(x)$ 为偶函数,且 $f'(0)$ 存在,证明: $f'(0) = 0$.

5. 设 $f(x)$ 为可导函数,且满足 $\lim\limits_{x \to 0} \dfrac{4 + f(1 - x)}{2x} = -1$,求曲线 $y = f(x)$ 在点 $(1, f(1))$ 处切线的方程.

6. 设 $f(x)$ 在 $[a, b]$ 上连续, $f(a) = f(b) = 0$,且 $f'_+(a) < 0, f'_-(b) < 0$,证明:存在 $\xi \in (a, b)$ 使 $f(\xi) = 0$.

§2.2　函数的求导法则

在上一节,我们直接从定义出发求出部分基本初等函数的导数.但是,对于大部分的函数来说,要直接利用定义来求出它的导数是相当困难或繁琐的.为了较为简便地求出较多的函数的导数,本节将从函数的结构着眼,推导出计算导数的一般法则或公式.

§2.2.1　导数的四则运算法则

定理 1　若函数 $u(x), v(x)$ 在点 x 处可导,则它们的和、差、积、商(除分母

为零的点外)在点 x 处也可导,且

(1) $[u(x) \pm v(x)]' = u'(x) \pm v'(x)$;

(2) $[u(x) \cdot v(x)]' = u'(x)v(x) + u(x)v'(x)$;

(3) $\left[\dfrac{u(x)}{v(x)}\right]' = \dfrac{u'(x) \cdot v(x) - u(x) \cdot v'(x)}{v^2(x)} \ (v(x) \neq 0)$.

证 在此只证明法则(2),而把法则(1)和(3)的证明留给读者.那么,

$$[u(x) \cdot v(x)]' = \lim_{\Delta x \to 0} \frac{\Delta y}{\Delta x} = \lim_{\Delta x \to 0} \frac{u(x+\Delta x)v(x+\Delta x) - u(x)v(x)}{\Delta x}$$

$$= \lim_{\Delta x \to 0} \left[\frac{u(x+\Delta x) - u(x)}{\Delta x} \cdot v(x+\Delta x) + \right.$$

$$\left. u(x) \frac{v(x+\Delta x) - v(x)}{\Delta x} \right]$$

$$= \lim_{\Delta x \to 0} \frac{u(x+\Delta x) - u(x)}{\Delta x} \lim_{\Delta x \to 0} v(x+\Delta x) + u(x) \lim_{x \to 0} \frac{v(x+\Delta x) - v(x)}{\Delta x}$$

$$= u'(x) \cdot v(x) + u(x)v'(x).$$

其中,$\lim\limits_{\Delta x \to 0} v(x+\Delta x) = v(x)$ 之所以成立,是因为 $v'(x)$ 存在,从而 $v(x)$ 在点 x 连续.所以,法则(2)成立. 证毕.

定理 1 可简单地表示为:

$$(u \pm v)' = u' \pm v';$$

$$(uv)' = u'v + uv';$$

$$\left(\frac{u}{v}\right)' = \frac{u'v - uv'}{v^2} \ (v \neq 0).$$

在法则(2)中,特别地,当 $v(x) = c$(c 为常数)时,有

$$(cu)' = cu',$$

即求导时,常数因子可以提到求导符号的外面来.

定理 1 的法则(1),(2)可推广到任意有限个可导函数的情形.例如,设 $u = u(x)$,$v = v(x)$,$w = w(x)$ 均可导,则有

$$(u + v - w)' = u' + v' - w',$$

$$(uvw)' = [(uv)w]' = (uv)'w + (uv)w'$$

$$= (u'v + uv')w + uvw'$$

$$= u'vw + uv'w + uvw'.$$

例 1 设 $y = x^3 + 3^x - \cos x + \sin\dfrac{\pi}{2}$,求 y'.

解 $y' = (x^3)' + (3^x)' - (\cos x)' + \left(\sin\dfrac{\pi}{2}\right)'$

$$= 3x^2 + 3^x \ln 3 + \sin x$$

例 2　设 $y = x^2 \cos x$，求 y'.

解　$y' = (x^2 \cos x)' = (x^2)' \cos x + x^2 (\cos x)'$
$= 2x \cos x - x^2 \sin x.$

例 3　设 $y = \tan x$，求 y'.

解　$y' = (\tan x)' = \left(\dfrac{\sin x}{\cos x} \right)' = \dfrac{(\sin x)' \cos x - \sin x (\cos x)'}{(\cos x)^2}$

$= \dfrac{\cos^2 x + \sin^2 x}{\cos^2 x} = \dfrac{1}{\cos^2 x} = \sec^2 x,$

即　　　　　　　　　　　$(\tan x)' = \sec^2 x.$

类似地可证明：$(\cot x)' = -\csc^2 x.$

例 4　设 $y = \sec x$，求 y'.

解　$y' = (\sec x)' = \left(\dfrac{1}{\cos x} \right)' = -\dfrac{(\cos x)'}{\cos^2 x} = \dfrac{\sin x}{\cos^2 x} = \sec x \cdot \tan x,$

即　　　　　　　　　　　$(\sec x)' = \sec x \tan x.$

类似地可证明：$(\csc x)' = -\csc x \cot x.$

§ 2.2.2　反函数的导数

设函数 $x = \varphi(y)$ 在区间 I_y 内严格单调且可导，那么由 § 1.1.4 知，在区间 $I_x = \{ x \mid x = \varphi(y), y \in I_y \}$ 内存在反函数 $y = f(x)$. 下面定理回答这样两个问题：(1) 反函数 $y = f(x)$ 是否可导？在什么条件下可导？(2) 如果 $f(x)$ 可导，那么导数 $y = f'(x)$ 与 $\varphi'(y)$ 有何关系？

定理 2(反函数求导法则)　如果函数 $\varphi(y)$ 在区间 I_y 内单调、可导且 $\varphi'(y) \neq 0$，那么它的反函数 $y = f(x)$ 在区间 I_x 内也可导，且

$$f'(x) = \frac{1}{\varphi'(y)} \text{ 或 } \frac{\mathrm{d}y}{\mathrm{d}x} = \frac{1}{\dfrac{\mathrm{d}x}{\mathrm{d}y}}. \tag{2.2.1}$$

证　因为函数 $x = \varphi(y)$ 在区间 I_y 内严格单调、可导（从而连续），所以反函数 $y = f(x)$ 在区间 I_x 内单调且连续. 任取 $x \in I_x$，给自变量 x 以增量 Δx 使得 $\Delta x \neq 0, x + \Delta x \in I_x$. 由 $y = f(x)$ 的单调性知 $\Delta y = f(x + \Delta x) - f(x) \neq 0$.

于是

$$\frac{\Delta y}{\Delta x} = \frac{1}{\dfrac{\Delta x}{\Delta y}}.$$

因 $y = f(x)$ 连续，故当 $\Delta x \to 0$ 时有 $\Delta y \to 0$，从而

$$f'(x) = \lim_{\Delta x \to 0} \frac{\Delta y}{\Delta x} = \lim_{\Delta y \to 0} \frac{1}{\frac{\Delta x}{\Delta y}} = \frac{1}{\varphi'(y)}.$$
证毕.

上述结论可以简单地说成:反函数的导数等于直接函数的导数的倒数.

例 5　求 $y = \arcsin x$ 的导数.

解　因为 $y = \arcsin x, x \in (-1,1)$ 是 $x = \sin y, y \in \left(-\dfrac{\pi}{2}, \dfrac{\pi}{2}\right)$ 的反函数,所以由(2.2.1)得:

$$(\arcsin x)' = \frac{1}{(\sin y)'} = \frac{1}{\cos y} = \frac{1}{\sqrt{1-x^2}} \tag{2.2.2}$$

(因为当 $-\dfrac{\pi}{2} < y < \dfrac{\pi}{2}$ 时,$\cos y > 0$,所以根号前只取正号). 从而得到反正弦函数的导数公式为:

$$(\arcsin x)' = \frac{1}{\sqrt{1-x^2}}.$$

用类似的方法可得反余弦函数的导数公式:

$$(\arccos x)' = -\frac{1}{\sqrt{1-x^2}}. \tag{2.2.3}$$

例 6　求函数 $y = \arctan x$ 的导数.

解　因为 $y = \arctan x, x \in (-\infty, +\infty)$ 是 $x = \tan y, y \in \left(-\dfrac{\pi}{2}, \dfrac{\pi}{2}\right)$ 的反函数,所以由(2.2.1)得:

$$(\arctan x)' = \frac{1}{(\tan y)'} = \frac{1}{\sec^2 y} = \frac{1}{1+\tan^2 y} = \frac{1}{1+x^2}. \tag{2.2.4}$$

用类似的方法可得反余切函数的导数公式为:

$$(\text{arccot} x)' = -\frac{1}{1+x^2}. \tag{2.2.5}$$

例 7　求函数 $y = \log_a x$ 的导数.

解　因为 $y = \log_a x, x \in (0, +\infty)$ 是 $x = a^y (a > 0, a \neq 1), y \in (-\infty, +\infty)$ 的反函数,所以由(2.2.1)得:

$$(\log_a x)' = \frac{1}{(a^y)'} = \frac{1}{a^y \ln a} = \frac{1}{x \ln a}. \tag{2.2.6}$$

特别地,当 $a = e$ 时得

$$(\ln x)' = \frac{1}{x}. \tag{2.2.7}$$

§ 2.2.3   复合函数的求导法则

形如 $\arctan\dfrac{1}{x}$，$\sin\dfrac{2x}{1+x^2}$，$\ln(x+\sqrt{1+x^2})$ 之类的初等函数都是基本初等函数的复合函数. 它们是否可导? 若可导, 应如何对它们求导? 这就是本节要讨论的问题.

下面建立的复合函数求导法则不仅方便于求出一些较为复杂的复合函数的导数, 而且在理论上具有重要作用. 今后在探讨求积分的方法时也将用到它.

定理 3 (复合函数求导法则)   如果 $u=\varphi(x)$ 在点 x 处可导, 而 $y=f(u)$ 在点 $u=\varphi(x)$ 处可导, 则复合函数 $y=f[\varphi(x)]$ 在点 x 处可导, 且其导数为

$$\frac{\mathrm{d}y}{\mathrm{d}x}=f'(u)\cdot\varphi'(x)\ \text{或}\ \frac{\mathrm{d}y}{\mathrm{d}x}=\frac{\mathrm{d}y}{\mathrm{d}u}\cdot\frac{\mathrm{d}u}{\mathrm{d}x}. \tag{2.2.8}$$

证   因为 $y=f(u)$ 在点 u 处可导, 所以 $\lim\limits_{\Delta u\to 0}\dfrac{\Delta y}{\Delta u}=f'(u)$, 于是

$$\frac{\Delta y}{\Delta u}=f'(u)+\alpha, \tag{2.2.9}$$

其中 $\lim\limits_{\Delta u\to 0}\alpha=0$, 从而

$$\Delta y=f'(u)\Delta u+\alpha\Delta u. \tag{2.2.10}$$

在上面 (2.2.9) 和 (2.2.10) 两式中, u 是自变量, 考虑 $\Delta u\to 0$ 时 $\Delta u\neq 0$; 而当 $\Delta u=0$ 时, α 是没有定义的. 但考虑复合函数时, u 为中间变量, 增量 $\Delta u=\varphi(x+\Delta x)-\varphi(x)$ 是由 Δx 产生的, 当 $\Delta x\neq 0$ 时, Δu 也可能为 0. 为此补充定义: 当 $\Delta u=0$ 时, 取 $\alpha=0$. 这样, 无论 $\Delta u\neq 0$ 还是 $\Delta u=0$, (2.2.10) 式总是成立的.

当 $\Delta x\to 0$ 时, 由于 $u=\varphi(x)$ 连续, 此时必有 $\Delta u\to 0$ 或 $\Delta u=0$, 因而有 $\lim\limits_{\Delta u\to 0}\alpha=0$, 故

$$\frac{\mathrm{d}y}{\mathrm{d}x}=\lim_{\Delta x\to 0}\frac{\Delta y}{\Delta x}=\lim_{\Delta x\to 0}\frac{f'(u)\Delta u+\alpha\Delta u}{\Delta x}$$

$$=f'(u)\lim_{\Delta x\to 0}\frac{\Delta u}{\Delta x}+\lim_{\Delta x\to 0}\left(\alpha\cdot\frac{\Delta u}{\Delta x}\right)=f'(u)\cdot\varphi'(x).\qquad\text{证毕.}$$

复合函数的求导法则也称为**链式法则**, 它可以推广到多层复合函数的情况. 比如 $y=f(u)$, $u=\varphi(v)$, $v=g(x)$, 则只要满足相应的条件, 复合函数 $y=f[\varphi(g(x))]$ 就可导, 且有

$$\frac{\mathrm{d}y}{\mathrm{d}x}=\frac{\mathrm{d}y}{\mathrm{d}u}\cdot\frac{\mathrm{d}u}{\mathrm{d}v}\cdot\frac{\mathrm{d}v}{\mathrm{d}x}=f'(u)\cdot\varphi'(v)\cdot g'(x).$$

例 8　设 $y = \arctan \dfrac{1}{x}$,求 y'.

解　令 $y = \arctan u, u = \dfrac{1}{x}$,则

$$y' = \frac{\mathrm{d}y}{\mathrm{d}u} \cdot \frac{\mathrm{d}u}{\mathrm{d}x} = \frac{1}{1+u^2} \cdot \left(-\frac{1}{x^2}\right) = \frac{1}{1+\left(\dfrac{1}{x}\right)^2} \cdot \left(-\frac{1}{x^2}\right) = -\frac{1}{1+x^2}.$$

例 9　设 $y = \ln\tan x$,求 y'.

解　令 $y = \ln u, u = \tan x$,则

$$y' = \frac{\mathrm{d}y}{\mathrm{d}u} \cdot \frac{\mathrm{d}u}{\mathrm{d}x} = \frac{1}{u} \cdot \sec^2 x = \frac{1}{\tan x} \cdot \sec^2 x = \frac{1}{\sin x \cos x} = \frac{2}{\sin 2x}.$$

例 10　$y = \mathrm{e}^{\cos\frac{1}{x}}$,求 y'.

解　令 $y = \mathrm{e}^u, u = \cos v, v = \dfrac{1}{x}$,则

$$y' = \frac{\mathrm{d}y}{\mathrm{d}x} = \frac{\mathrm{d}y}{\mathrm{d}u} \cdot \frac{\mathrm{d}u}{\mathrm{d}v} \cdot \frac{\mathrm{d}v}{\mathrm{d}x} = \mathrm{e}^u(-\sin v)\left(-\frac{1}{x^2}\right)$$

$$= \frac{1}{x^2} \mathrm{e}^{\cos\frac{1}{x}} \sin \frac{1}{x}.$$

用链式法则求复合函数的导数时,首先要分清函数的复合层次,然后从外向里,逐层推进求导. 在求导的过程中,要明确所求的导数是哪个函数对哪个变量(是自变量或是中间变量)的导数. 在初学时可以先设中间变量,一步一步去做,当对复合函数的分解比较熟练后,中间变量可以省略不写,采用下列例题的方法来计算.

例 11　$y = \sqrt[3]{1-x^2}$,求 $\dfrac{\mathrm{d}y}{\mathrm{d}x}$.

解　$\dfrac{\mathrm{d}y}{\mathrm{d}x} = \left[(1-x^2)^{\frac{1}{3}}\right]' = \dfrac{1}{3}(1-x^2)^{-\frac{2}{3}}(1-x^2)' = \dfrac{-2x}{3\sqrt[3]{(1-x^2)^2}}.$

例 12　计算幂指函数 $y = x^x (x > 0)$ 的导数.

解　因为 $y = x^x = \mathrm{e}^{x\ln x}$,所以

$$y' = (\mathrm{e}^{x\ln x})' = \mathrm{e}^{x\ln x}(x\ln x)' = x^x(\ln x + 1).$$

例 13　$y = \ln(x + \sqrt{x^2+a^2})$,求 y'.

解　$y' = \left[\ln(x + \sqrt{x^2+a^2})\right]' = \dfrac{1}{x + \sqrt{x^2+a^2}}(x + \sqrt{x^2+a^2})'$

$$= \frac{1}{x + \sqrt{x^2+a^2}}\left[1 + \frac{1}{2\sqrt{x^2+a^2}}(x^2+a^2)'\right]$$

$$= \frac{1}{x + \sqrt{x^2 + a^2}} \left(1 + \frac{2x}{2\sqrt{x^2 + a^2}} \right)$$

$$= \frac{1}{x + \sqrt{x^2 + a^2}} \cdot \frac{\sqrt{x^2 + a^2} + x}{\sqrt{x^2 + a^2}} = \frac{1}{\sqrt{x^2 + a^2}}.$$

§2.2.4　基本导数公式与求导法则

基本初等函数的导数公式与本节中所推导的求导法则,在初等函数的求导运算中起着非常重要的作用.事实上,只要正确地运用它们,就可以求出所有初等函数的导数.因此,我们必须熟练地掌握它们.为方便读者复习与查阅,现在把这些导数公式和求导法则分类列举如下:

1. 基本初等函数的导数公式

$(1)\ (c)' = 0$;　　　　　　　　$(2)\ (x^\mu)' = \mu x^{\mu-1}$;

$(3)\ (\sin x)' = \cos x$;　　　　$(4)\ (\cos x)' = -\sin x$;

$(5)\ (\tan x)' = \sec^2 x$;　　　$(6)\ (\cot x)' = -\csc^2 x$;

$(7)\ (\sec x)' = \sec x \cdot \tan x$;　$(8)\ (\csc x)' = -\csc x \cdot \cot x$;

$(9)\ (a^x)' = a^x \ln a$;　　　　$(10)\ (e^x)' = e^x$;

$(11)\ (\log_a x)' = \dfrac{1}{x \ln a}$;　　$(12)\ (\ln x)' = \dfrac{1}{x}$;

$(13)\ (\arcsin x)' = \dfrac{1}{\sqrt{1-x^2}}$;　$(14)\ (\arccos x)' = -\dfrac{1}{\sqrt{1-x^2}}$;

$(15)\ (\arctan x)' = \dfrac{1}{1+x^2}$;　$(16)\ (\text{arccot} x)' = -\dfrac{1}{1+x^2}$.

2. 函数的和、差、积、商的求导法则

设 $u = u(x)$、$v = v(x)$ 可导,则

$(1)\ (u \pm v)' = u' \pm v'$;　　　　$(2)\ (cu)' = cu'$(c 为常数);

$(3)\ (uv)' = u'v + uv'$;　　　　$(4)\ \left(\dfrac{u}{v}\right)' = \dfrac{u'v - uv'}{v^2}$($v \neq 0$).

3. 反函数的求导法则

设可导函数 $x = \varphi(y)$ 的反函数为 $y = f(x)$,$\varphi'(y) \neq 0$,则

$$f'(x) = \frac{1}{\varphi'(y)}.$$

4. 复合函数的求导法则(链式法则)

设 $y = f(u)$ 和 $u = \varphi(x)$ 都可导,则复合函数 $y = f(\varphi(x))$ 的导数为

$$\frac{dy}{dx} = \frac{dy}{du} \cdot \frac{du}{dx} \ \text{或} \ y'(x) = f'(u) \cdot \varphi'(x).$$

应该注意的是，**初等函数的导数仍为初等函数**.

下面再举一些综合应用基本导数公式与求导法则的例题：

例 14　求下列函数的导数：

$(1)y = \dfrac{1}{2}\arctan\dfrac{2x}{1-x^2}$；　　　　　　$(2)y = \sin nx \cdot \sin^n x\,(n$ 为正整数$)$.

解　$(1)y' = \dfrac{1}{2}\cdot\dfrac{1}{1+\left(\dfrac{2x}{1-x^2}\right)^2}\cdot\left(\dfrac{2x}{1-x^2}\right)'$

$\qquad = \dfrac{1}{2}\cdot\dfrac{1}{1+\left(\dfrac{2x}{1-x^2}\right)^2}\cdot\dfrac{2(1-x^2)-2x(-2x)}{(1-x^2)^2}$

$\qquad = \dfrac{1}{1+x^2}.$

$(2)y' = (\sin nx)'\sin^n x + \sin nx \cdot (\sin^n x)'$

$\qquad = n\cos nx \cdot \sin^n x + \sin nx \cdot n\sin^{n-1}x \cdot \cos x$

$\qquad = n\sin^{n-1}x(\cos nx \cdot \sin x + \sin nx \cdot \cos x)$

$\qquad = n\sin^{n-1}x\sin(n+1)x.$

例 15　设 $f(x)$ 可导，求函数 $y = f(x^2)f(\arccos x)$ 的导数.

解　$y' = [f(x^2)]'f(\arccos x) + f(x^2)[f(\arccos x)]'$

$\qquad = f'(x^2)(x^2)'f(\arccos x) + f(x^2)f'(\arccos x)(\arccos x)'$

$\qquad = 2xf'(x^2)f(\arccos x) - \dfrac{f(x^2)}{\sqrt{1-x^2}}\cdot f'(\arccos x).$

习题 2.2(A)

1. 根据导数的定义证明：

$(1)(\cot x)' = -\csc^2 x$；　　　　　　$(2)(\csc x)' = -\csc x\cot x.$

2. 求下列函数的导数：

$(1)y = 2\sqrt{x} - 3\sqrt[3]{x} + \sqrt[5]{5}$；　　　　　　$(2)y = \dfrac{x^3 - x - 2\pi}{x^2}$；

$(3)y = \dfrac{x - \sqrt{x}}{x + \sqrt{x}}$；　　　　　　$(4)y = \dfrac{x - 1}{x^2 + 2x}$；

$(5)y = \mathrm{e}^x(\cos x + \sin x)$；　　　　　　$(6)y = x\ln x - x$；

$(7)y = \dfrac{\cos x}{1 - \sin x}$；　　　　　　$(8)y = \dfrac{\arctan x}{1 + x^2}.$

3. 求下列函数在给定点处的导数：

$(1)y = \sin x - \cos x$，求 $y'\big|_{x=\frac{\pi}{6}}$ 和 $y'\big|_{x=\frac{\pi}{4}}$；

$(2)\, y = x\sin x + \dfrac{1}{2}\cos x$，求 $\left.\dfrac{\mathrm{d}y}{\mathrm{d}x}\right|_{x=\frac{\pi}{4}}$ ；

$(3)\, f(t) = \dfrac{1-\sqrt{t}}{1-t}$，求 $f'(4)$ ；

$(4)\, f(x) = \dfrac{3}{5-x} + \dfrac{x^2}{5}$，求 $f'(0)$ 和 $f'(2)$.

4. 求下列函数的导数：

$(1)\, y = \arcsin(\sin x)$ ； $\qquad\qquad (2)\, y = \left(\arctan\dfrac{x}{2}\right)^2$ ；

$(3)\, y = x\arcsin\dfrac{x}{2}$ ； $\qquad\qquad (4)\, y = \arcsin\dfrac{2t}{1+t^2}$.

5. 求下列复合函数的导数：

$(1)\, y = \sqrt{x^2 - 2x + 5}$ ； $\qquad\quad (2)\, y = \cos x^2 + \cos^2 x$ ；

$(3)\, y = 4^{\sin x}$ ； $\qquad\qquad\qquad (4)\, y = \ln\ln x$ ；

$(5)\, y = \ln\cos x$ ； $\qquad\qquad\quad (6)\, y = \ln(x + \sqrt{x^2 - a^2})$ ；

$(7)\, y = \dfrac{1 - \ln x}{1 + \ln x}$ ； $\qquad\qquad (8)\, y = \dfrac{\sin 2x}{x}$ ；

$(9)\, y = \ln(\sec x + \tan x)$ ； $\qquad (10)\, y = \ln(\csc x - \cot x)$ ；

$(11)\, y = \sqrt{x\sqrt{x\sqrt{x}}}$ ； $\qquad\qquad (12)\, y = x^{\cos x}$.

习题 2.2(B)

1. 设 $f(2x + 1) = \mathrm{e}^x$，求 $f(x), f'(x)$.

2. 求下列函数的导数：

$(1)\, y = f(x^2)$ ； $\qquad\qquad\qquad (2)\, y = f(\sin^2 x) + f(\cos^2 x)$ ；

$(3)\, y = f(\ln x) + \ln f(x)$ ； $\qquad (4)\, y = f(\mathrm{e}^x)\mathrm{e}^{f(x)}$.

3. 若 $f(t) = \lim\limits_{x\to\infty} t\left(1 + \dfrac{1}{x}\right)^{2tx}$，则 $f'(t) = $ _____ .

4. 证明：可导的偶函数的导数是奇函数；可导的奇函数的导数是偶函数.

§ 2.3 高阶导数

我们知道，加速度 a 是速度 v 对于时间 t 的一阶导数：$a = v'(t)$ ；而速度 v 是位移 s 对于时间 t 的一阶导数：$v = s'(t)$. 因此，加速度 a 是位移 $s = s(t)$ 对于时间 t 的二阶导数：

$$a = v'(t) = (s'(t))' = s''(t).$$

例如,对自由落体运动有 $s = \frac{1}{2}gt^2$,

$$a = \left(\frac{1}{2}gt^2\right)'' = (gt)' = g,$$

这时,加速度 a 等于重力加速度 g.

一般地,函数 $y = f(x)$ 的导数 $y' = f'(x)$ 仍然是 x 的函数.如果函数 $f'(x)$ 可导,我们把它的导数 $[f'(x)]'$ 叫做函数 $y = f(x)$ 的**二阶导数**,记作 y'' 或 $\frac{\mathrm{d}^2 y}{\mathrm{d}x^2}$,即

$$y'' = (y')' = [f'(x)]' \text{ 或 } \frac{\mathrm{d}^2 y}{\mathrm{d}x^2} = \frac{\mathrm{d}}{\mathrm{d}x}\left(\frac{\mathrm{d}y}{\mathrm{d}x}\right).$$

类似地,二阶导数的导数,叫做**三阶导数**,三阶导数的导数叫做**四阶导数**,…. 一般地,$n-1$ 阶导数的导数叫做 n **阶导数**,分别记作

$$y''', y^{(4)}, \cdots, y^{(n)} \text{ 或 } \frac{\mathrm{d}^3 y}{\mathrm{d}x^3}, \frac{\mathrm{d}^4 y}{\mathrm{d}x^4}, \cdots, \frac{\mathrm{d}^n y}{\mathrm{d}x^n}.$$

函数 $f(x)$ 具有 n 阶导数,也常说成函数 $f(x)$ 为 n **阶可导**.如果 $f(x)$ 在点 x 处具有 n 阶导数,那么 $f(x)$ 在点 x 的某一邻域内必定具有一切低于 n 阶的导数. $f'(x)$ 称为 $f(x)$ 的**一阶导数**,二阶及二阶以上的导数都称为 $f(x)$ 的**高阶导数**.显然,求高阶导数只需要逐次求一阶导数,直到所求的阶数,并不需要什么新的方法.下面举例说明:

例 1 求函数 $y = \mathrm{e}^{-x}\sin x$ 的二阶及三阶导数.

解 $y' = -\mathrm{e}^{-x}\sin x + \mathrm{e}^{-x}\cos x$

$\qquad = \mathrm{e}^{-x}(\cos x - \sin x);$

$\quad y'' = -\mathrm{e}^{-x}(\cos x - \sin x) + \mathrm{e}^{-x}(-\sin x - \cos x)$

$\qquad = -2\mathrm{e}^{-x}\cos x;$

$\quad y''' = 2\mathrm{e}^{-x}\cos x - 2\mathrm{e}^{-x}(-\sin x)$

$\qquad = 2\mathrm{e}^{-x}(\cos x + \sin x).$

例 2 证明:函数 $y = \sqrt{2x - x^2}$ 满足关系式 $y^3 y'' + 1 = 0$.

证 对 $y = \sqrt{2x - x^2}$ 求导,得

$$y' = \frac{2 - 2x}{2\sqrt{2x - x^2}} = \frac{1 - x}{\sqrt{2x - x^2}},$$

$$y'' = \frac{-\sqrt{2x - x^2} - (1 - x)\dfrac{2 - 2x}{2\sqrt{2x - x^2}}}{2x - x^2}$$

$$=-\frac{1}{(2x-x^2)^{\frac{3}{2}}}=-\frac{1}{y^3},$$

于是
$$y^3 y''+1=0.$$

下面介绍几个初等函数的 n 阶导数:

例3   设指数函数 $y=\mathrm{e}^x$,求 $y^{(n)}$.

解 $y'=\mathrm{e}^x,y''=\mathrm{e}^x,y'''=\mathrm{e}^x,y^{(4)}=\mathrm{e}^x.$

一般地,可得

$$y^{(n)}=(\mathrm{e}^x)^{(n)}=\mathrm{e}^x.$$

例4   设 $y=\sin x$,求 $y^{(n)}$.

解 $y'=\cos x=\sin\left(x+\dfrac{\pi}{2}\right),$

$$y''=\cos\left(x+\frac{\pi}{2}\right)=\sin\left(x+\frac{2\pi}{2}\right),$$

$$y'''=\cos\left(x+\frac{2\pi}{2}\right)=\sin\left(x+\frac{3\pi}{2}\right).$$

一般地,可得

$$y^{(n)}=\sin\left(x+\frac{n\pi}{2}\right),$$

即
$$(\sin x)^{(n)}=\sin\left(x+\frac{n\pi}{2}\right).$$

用类似方法,可得

$$(\cos x)^{(n)}=\cos\left(x+\frac{n\pi}{2}\right).$$

例5   设 $y=\ln(1+x)$,求 $y^{(n)}$.

解 $y'=\dfrac{1}{1+x},\quad y''=-\dfrac{1}{(1+x)^2},$

$$y'''=\frac{1\cdot 2}{(1+x)^3},\quad y^{(4)}=-\frac{1\cdot 2\cdot 3}{(1+x)^4}.$$

一般地,可得

$$y^{(n)}=(-1)^{n-1}\frac{(n-1)!}{(1+x)^n}.$$

通常规定 $0!=1$,所以这个公式当 $n=1$ 时也成立.

例6   求幂函数 $y=x^a$ ($a\in\mathbf{R}$) 的 n 阶导数公式.

解 $y'=ax^{a-1},$

$$y''=a(a-1)x^{a-2},$$

$$y'''=a(a-1)(a-2)x^{a-3}.$$

一般地,可得
$$y^{(n)} = \alpha(\alpha-1)(\alpha-2)\cdots(\alpha-n+1)x^{\alpha-n},$$

即
$$(x^{\alpha})^{(n)} = \alpha(\alpha-1)(\alpha-2)\cdots(\alpha-n+1)x^{\alpha-n}.$$

当 $\alpha = n$ 时,得到
$$(x^n)^{(n)} = n(n-1)\cdots(n-n+1) = n!,$$

而
$$(x^n)^{(n+1)} = 0.$$

例 7　求多项式函数
$$f(x) = a_n x^n + a_{n-1}x^{n-1} + \cdots + a_1 x + a_0$$

在 $x = 0$ 处的各阶导数.

解　$f'(x) = na_n x^{n-1} + (n-1)a_{n-1}x^{n-2} + \cdots + 2a_2 x + a_1,$
$$f''(x) = n(n-1)a_n x^{n-2} + (n-1)(n-2)a_{n-1}x^{n-3} + \cdots + 2a_2.$$

一般地,可得

$$f^{(n-1)}(x) = n(n-1)\cdots 2a_n x + (n-1)(n-2)\cdots 2 \cdot 1a_{n-1},$$

$$f^{(n)}(x) = n(n-1)(n-2)\cdots 2 \cdot 1a_n = n!a_n,$$

$$f^{(m)}(x) = 0(\text{当 } m > n \text{ 时}).$$

因此,$f'(0) = a_1, f''(0) = 2a_2, \cdots, f^{(n-1)}(0) = (n-1)!a_{n-1}, f^{(n)}(0) = n!a_n,$
$f^{(m)}(0) = 0$(当 $m > n$ 时).

下面讨论函数的和、差与积的高阶导数运算规则:

如果函数 $u = u(x), v = v(x)$ 都在点 x 处具有 n 阶导数,那么显然 $u(x) + v(x)$ 及 $u(x) - v(x)$ 也在点 x 处具有 n 阶导数,且
$$(u \pm v)^{(n)} = u^{(n)} \pm v^{(n)}.$$

而乘积 $u(x) \cdot v(x)$ 的 n 阶导数并不如此简单. 由
$$(uv)' = u'v + uv'$$

得出
$$(uv)'' = u''v + 2u'v' + uv'',$$
$$(uv)''' = u'''v + 3u''v' + 3u'v'' + uv''',$$

用数学归纳法可以证明

$$(u \cdot v)^{(n)} = u^{(n)}v + nu^{(n-1)}v' + \frac{n(n-1)}{2!}u^{(n-2)}v'' + \cdots +$$

$$\frac{n(n-1)\cdots(n-k+1)}{k!}u^{(n-k)}v^{(k)} + \cdots + uv^{(n)},$$

或

$$(u \cdot v)^{(n)} = \sum_{k=0}^{n} C_n^k u^{(n-k)} \cdot v^{(k)}.$$

上式称为**莱布尼兹公式**. 此公式可以这样记忆:把 $(u + v)^n$ 按二项式定理展开

写成

$$(u+v)^n = u^n v^0 + n u^{n-1} v^1 + \frac{n(n-1)}{2!} u^{n-2} v^2 + \cdots + u^0 v^n,$$

然后把 k 次幂换成 k 阶导数(零阶导数理解为函数本身),再把左端的 $u+v$ 换成 $u \cdot v$,同时把上标 n 换成 (n),就可得到莱布尼兹公式.

例 8 求 $y = x^2 e^{ax}$ 的 10 阶导数.

解 令 $u = x^2, v = e^{ax}$,则

$$u' = 2x, u'' = 2, u^{(n)} = 0 (n \geqslant 3);$$
$$v^{(n)} = a^n e^{ax} (n \geqslant 1).$$

代入上面莱布尼兹公式,得

$$\begin{aligned}
y^{(10)} &= C_{10}^8 (x^2)'' (e^{ax})^{(8)} + C_{10}^9 (x^2)' (e^{ax})^{(9)} + x^2 (e^{ax})^{(10)} \\
&= 45 \cdot 2 \cdot a^8 e^{ax} + 10 \cdot 2x \cdot a^9 e^{ax} + x^2 \cdot a^{10} e^{ax} \\
&= a^8 e^{ax} (90 + 20ax + a^2 x^2).
\end{aligned}$$

习题 2.3(A)

1. 已知 $y = \cos x$,求 $y^{(20)}$.

2. 求下列函数的二阶导数:

(1) $y = 2x^2 + \ln x$;　　　　　　　(2) $y = e^{2x-1}$;

(3) $y = x \cos x$;　　　　　　　　　(4) $y = e^{-t} \sin t$;

(5) $y = \ln(1-x^2)$;　　　　　　　　(6) $y = (1+x^2) \arctan x$;

(7) $y = x e^{x^2}$;　　　　　　　　　(8) $y = \ln(x + \sqrt{1+x^2})$.

3. 设 $f(x) = (x+10)^6$,求 $f'''(2)$.

4. 若 $f''(x)$ 存在,求下列函数 y 的二阶导数 $\dfrac{d^2 y}{dx^2}$:

(1) $y = f(x^2)$;　　　　　　　　　(2) $y = \ln[f(x)]$.

5. 证明函数 $y = e^x \sin x$ 满足关系式:$y'' - 2y' + 2y = 0$.

6. 利用莱布尼兹公式求下列函数的高阶导数:

(1) $y = x^2 e^{2x}$,求 $y^{(20)}$;　　　　(2) $y = x \sin x$,求 $y^{(50)}$.

习题 2.3(B)

1. 求下列函数的 n 阶导数的一般表达式:

(1) $y = x e^x$;　　　　(2) $y = x \ln x$;　　　　(3) $y = \sin^2 x$.

2. 求下列函数的高阶导数:

(1) 设 $y = \arctan \dfrac{1}{x} + x \ln \sqrt{x}$,求 y'';　　　(2) 设 $y = \ln(1+2x)$,求 $y'''(0)$;

(3) 设 $y = \dfrac{1}{1+x}$，求 $y^{(n)}$；　　　　(4) 求 $(x^2\cos x)^{(100)}$.

3. 设 $y = (2x^3 + 3x + 1)e^{-x}$，求 $y^{(50)}$.

§2.4　隐函数与参数方程所确定的函数的导数

§2.4.1　隐函数的导数

函数的解析表达方式有两种. 一种用 $y = f(x)$ 的形式来表示，例如 $y = 2 + x\sin x$，$y = \ln\sqrt{1-x^2}$ 等，它们都是用变量 x 的表达式 $f(x)$ 来表示因变量 y，这样的函数叫做**显函数**. 但有些函数的表达式却不是这样. 例如，方程

$$x^2 - x + y^3 = 1 \text{ 和 } y = x + \sin(xy) = 0$$

分别确定了一个函数，即对自变量 x 在某个区间 I 上的任一取值，都有 y 的一个确定的值与之对应，使得 x,y 满足所考虑的方程. 这种由方程 $F(x,y) = 0$ 形式表示的因变量 y 与自变量 x 的(或因变量 x 与自变量 y 的)函数关系，称为**隐函数**.

有的隐函数可以化成显函数，例如从 $x^2 - x + y^3 = 1$ 可解出 $y = \sqrt[3]{1+x-x^2}$. 这种过程称为隐函数的**显化**. 但是，多数隐函数无法显化或者只能局部显化，例如 $y - x + \sin(xy) = 0$ 所确定的隐函数就不能显化. 而方程 $x^2 + y^2 = a^2 (a > 0)$ 确定的隐函数，当限制 $|x| \leqslant a, 0 \leqslant y \leqslant a$ 时可显化为 $y = \sqrt{a^2 - x^2}$，当限制 $|x| \leqslant a, -a \leqslant y \leqslant 0$ 时可显化为 $y = -\sqrt{a^2 - x^2}$.

由于前面介绍的求导方法都是针对显函数的，因此，我们面临的问题是：隐函数(不显化)是否能求导？如果能，应如何求导？

问题的答案是：对于隐函数，在一定条件下，可以直接从确定隐函数的方程中对含有自变量的各项求导来求函数的导数，而不需要先把它表为显函数再求导.

事实上，设 $y = y(x)$ 是由方程 $F(x,y) = 0$ 确定的隐函数，将 $y = y(x)$ 代入方程中，得到恒等式

$$F(x, y(x)) = 0.$$

利用复合函数的求导法则，在恒等式两边对自变量 x 求导数(这时，视 y 为中间变量)，就可以求得一个含有 $\dfrac{\mathrm{d}y}{\mathrm{d}x}$ 的方程，只要能从中解出 $\dfrac{\mathrm{d}y}{\mathrm{d}x}\left(\text{视}\dfrac{\mathrm{d}y}{\mathrm{d}x}\text{为未知量}\right)$ 即可.

例 1　求方程

$$xy - \cos(x - y) = 0$$

所确定的隐函数 $y = y(x)$ 对 x 的导数.

解　因方程中 y 是 x 的函数,方程两边对 x 求导,由导数的四则运算法则和复合函数求导法则得

$$y + xy' + [\sin(x - y)](1 - y') = 0,$$

从中解出 y',得

$$y' = \frac{\sin(x - y) + y}{\sin(x - y) - x}.$$

例 2　求由方程 $x^2 + xy + y^2 = 4$ 所确定的曲线 $y = f(x)$ 在点 $(2, -2)$ 处的切线方程.

解　先求切线的斜率 $y'(2)$.为此,在方程两边对 x 求导得

$$2x + y + xy' + 2yy' = 0,$$

从中解出 y',得

$$y' = -\frac{2x + y}{x + 2y}.$$

从而
$$y'(2) = -\frac{2x + y}{x + 2y}\bigg|_{x=2, y=-2} = 1.$$

于是,曲线在点 $(2, -2)$ 处的切线方程为

$$y - (-2) = 1 \times (x - 2),$$

即
$$y = x - 4.$$

例 3　求由方程 $x - y + \frac{1}{2}\sin y = 0$ 所确定的隐函数的二阶导数 $\dfrac{\mathrm{d}^2 y}{\mathrm{d}x^2}$.

解　方程两端对 x 求导,将 y 看作是 x 的函数得

$$1 - \frac{\mathrm{d}y}{\mathrm{d}x} + \frac{1}{2}\cos y \cdot \frac{\mathrm{d}y}{\mathrm{d}x} = 0,$$

于是
$$\frac{\mathrm{d}y}{\mathrm{d}x} = \frac{2}{2 - \cos y}.$$

上式两边再对 x 求导,得

$$\frac{\mathrm{d}^2 y}{\mathrm{d}x^2} = \frac{-2\sin y \cdot \dfrac{\mathrm{d}y}{\mathrm{d}x}}{(2 - \cos y)^2} = \frac{-4\sin y}{(2 - \cos y)^3}.$$

例 4　求 $y = x^{\sin x}(x > 0)$ 的导数.

解　该函数是特殊形式的幂指函数,它等价于 $y = \mathrm{e}^{\sin x \cdot \ln x}$,显然可采用复合函数求导法则求导.但这里采用另一种方法来做.

先在两边取对数,得

$$\ln y = \sin x \cdot \ln x,$$

然后在上式两端对 x 求导(应注意的是:左端的 y 是 x 的函数)得

$$\frac{1}{y}y' = \cos x \cdot \ln x + \sin x \cdot \frac{1}{x},$$

于是　　　　$y' = y\left(\cos x \cdot \ln x + \frac{\sin x}{x}\right) = x^{\sin x}\left(\cos x \cdot \ln x + \frac{\sin x}{x}\right).$

以上这种方法叫做**对数求导法**.

对于一般形式的幂指函数

$$y = u(x)^{v(x)}(\text{其中 } u(x) > 0),$$

如果 $u(x)$ 与 $v(x)$ 都可导,就可采用对数求导法求出该幂指函数的导数.另一方面,对于有限个可导函数的连乘积的求导,采用对数求导法能"化积为和",常可简化运算.

例 5　求 $y = \sqrt{\dfrac{(x-2)(x+3)}{x^2+4x+5}}$ 的导数.

解　先假定 $x > 2$.两边取对数得:

$$\ln y = \frac{1}{2}\big[\ln(x-2) + \ln(x+3) - \ln(x^2+4x+5)\big], \qquad (2.4.1)$$

上式两边对 x 求导得

$$\frac{1}{y}y' = \frac{1}{2}\left[\frac{1}{x-2} + \frac{1}{x+3} - \frac{2x+4}{x^2+4x+5}\right],$$

于是　　$y' = \dfrac{1}{2}y\left[\dfrac{1}{x-2} + \dfrac{1}{x+3} - \dfrac{2x+4}{x^2+4x+5}\right]$

$$= \frac{1}{2}\sqrt{\frac{(x-2)(x+3)}{x^2+4x+5}}\left[\frac{1}{x-2} + \frac{1}{x+3} - \frac{2x+4}{x^2+4x+5}\right].$$

当 $x < -3$ 时,求导的步骤相同,只是(2.4.1)式应改为

$$\ln y = \frac{1}{2}\big[\ln(2-x) + \ln(-x-3) - \ln(x^2+4x+5)\big], \qquad (2.4.2)$$

以保证真数为正数,但是最后的答案与 $x > 2$ 的情形一样.

§2.4.2　由参数方程所确定的函数的导数

若由参数方程

$$\begin{cases} x = \varphi(t) \\ y = \psi(t) \end{cases}, \qquad (2.4.3)$$

可确定 y 与 x 之间的函数关系,则称此函数为由参数方程(2.4.3)所确定的函数.

下面我们来求这类函数的导数.

设 $x = \varphi(t)$ 的反函数为 $t = \varphi^{-1}(x)$,并设它满足反函数求导的条件,于是视 y 为复合函数

$$y = \psi(t) = \psi[\varphi^{-1}(x)].$$

利用反函数和复合函数求导法则,得

$$\frac{\mathrm{d}y}{\mathrm{d}x} = \frac{\mathrm{d}y}{\mathrm{d}t} \cdot \frac{\mathrm{d}t}{\mathrm{d}x} = \frac{\dfrac{\mathrm{d}y}{\mathrm{d}t}}{\dfrac{\mathrm{d}x}{\mathrm{d}t}} = \frac{\psi'(t)}{\varphi'(t)}.$$

于是得到由参数方程(2.4.3)所确定的函数的求导公式:

$$\frac{\mathrm{d}y}{\mathrm{d}x} = \frac{\psi'(t)}{\varphi'(t)}. \tag{2.4.4}$$

如果 $\varphi''(t), \psi''(t)$ 存在,则按照复合函数求导法则和商的求导方法可得 y 对 x 的二阶导数

$$y'' = \frac{\mathrm{d}y'}{\mathrm{d}x} = \frac{\mathrm{d}y'}{\mathrm{d}t} \cdot \frac{\mathrm{d}t}{\mathrm{d}x} = \frac{\mathrm{d}}{\mathrm{d}t}\left(\frac{\psi'(t)}{\varphi'(t)}\right) \cdot \frac{1}{\varphi'(t)} = \frac{\psi''(t)\varphi'(t) - \psi'(t)\varphi''(t)}{[\varphi'(t)]^3}.$$

最后这个式子比较复杂,不便记忆和使用. 在实际计算中,当 $y' = \dfrac{\psi'(t)}{\varphi'(t)}$ 已求得且形式较简单时,常用最后第二式,即 $y'' = \dfrac{\mathrm{d}}{\mathrm{d}t}\left(\dfrac{\psi'(t)}{\varphi'(t)}\right) \cdot \dfrac{1}{\varphi'(t)}$ 来求 y''(见下面例7).

例 6　已知椭圆的参数方程为 $\begin{cases} x = a\cos t \\ y = b\sin t \end{cases}$,求椭圆在 $t = \dfrac{\pi}{4}$ 相应的点处的切线方程.

解　当 $t = \dfrac{\pi}{4}$ 时,椭圆上所对应的点 $M_0(x_0, y_0)$ 的坐标是

$$x_0 = a\cos\frac{\pi}{4} = \frac{a\sqrt{2}}{2}, y_0 = b\sin\frac{\pi}{4} = \frac{b\sqrt{2}}{2}.$$

曲线在点 M_0 的切线斜率为

$$\frac{\mathrm{d}y}{\mathrm{d}x}\bigg|_{t=\frac{\pi}{4}} = \frac{(b\sin t)'}{(a\cos t)'}\bigg|_{t=\frac{\pi}{4}} = \frac{b\cos t}{-a\sin t}\bigg|_{t=\frac{\pi}{4}} = -\frac{b}{a}.$$

代入点斜式方程,即得椭圆在点 M_0 处的切线方程

$$y - \frac{b\sqrt{2}}{2} = -\frac{b}{a}\left(x - \frac{a\sqrt{2}}{2}\right).$$

化简后得 $bx + ay - \sqrt{2}ab = 0$.

例 7　计算由摆线 $\begin{cases} x = a(t - \sin t) \\ y = a(1 - \cos t) \end{cases}$ 所确定的函数 $y = y(x)$ 的二阶导数.

解 $\dfrac{\mathrm{d}y}{\mathrm{d}x} = \dfrac{\dfrac{\mathrm{d}y}{\mathrm{d}t}}{\dfrac{\mathrm{d}x}{\mathrm{d}t}} = \dfrac{a\sin t}{a(1-\cos t)} = \dfrac{\sin t}{1-\cos t} = \cot\dfrac{t}{2}\,(t \neq 2n\pi, n \in \mathbf{Z});$

$$\dfrac{\mathrm{d}^2 y}{\mathrm{d}x^2} = \dfrac{\mathrm{d}}{\mathrm{d}t}\left(\cot\dfrac{t}{2}\right) \cdot \dfrac{1}{\dfrac{\mathrm{d}x}{\mathrm{d}t}} = -\dfrac{1}{2\sin^2\dfrac{t}{2}} \cdot \dfrac{1}{a(1-\cos t)}$$

$$= -\dfrac{1}{a(1-\cos t)^2}\,(t \neq 2n\pi, n \in \mathbf{Z}).$$

习题 2.4(A)

1. 下列方程中 y 是 x 的隐函数,试求 $\dfrac{\mathrm{d}y}{\mathrm{d}x}$:

(1)$x^2 + y^2 - xy + 3x = 1$;　　　(2)$xy - \mathrm{e}^x + \mathrm{e}^y = 1$;

(3)$\sin(x+y) + \mathrm{e}^{xy} = 4$;　　　(4)$x\ln y + y\ln x = 1$.

2. 求曲线 $x^{\frac{2}{3}} + y^{\frac{2}{3}} = a^{\frac{2}{3}}$ 在点 $\left(\dfrac{\sqrt{2}}{4}a, \dfrac{\sqrt{2}}{4}a\right)$ 处的切线方程和法线方程.

3. 用对数求导法,求下列函数的导数:

(1)$y = x^{\frac{1}{x}}$;　　　　　　　(2)$x^y = y^x$;

(3)$y = \dfrac{x^2}{1-x}\sqrt[3]{\dfrac{3-x}{(3+x)^2}}$;　　　(4)$y = \dfrac{\sqrt{1+x}\sin x}{(x^3+1)(x+2)}$.

4. 求由下列方程所确定的隐函数的二阶导数 $\dfrac{\mathrm{d}^2 y}{\mathrm{d}x^2}$:

(1)$x^2 - y^2 = 1$;　　　　　　(2)$y^2 + 2\ln y = x^4$;

(3)$y = \sin(x+y)$;　　　　　(4)$b^2 x^2 + a^2 y^2 = a^2 b^2$.

5. 求下列函数的 $\dfrac{\mathrm{d}y}{\mathrm{d}x}$:

(1)$\begin{cases} x = t^2 \\ y = 4t \end{cases}$;　　　　(2)$\begin{cases} x = \dfrac{a}{2}\left(t + \dfrac{1}{t}\right) \\ y = \dfrac{b}{2}\left(t - \dfrac{1}{t}\right) \end{cases}$;

(3)$\begin{cases} x = a\cos^3 t \\ y = a\sin^3 t \end{cases}$;　　　(4)$\begin{cases} x = 3\mathrm{e}^{-t} \\ y = 2\mathrm{e}^t \end{cases}$.

6. 验证 $y = \mathrm{e}^t\cos t, x = \mathrm{e}^t\sin t$ 所确定的函数 $y = f(x)$ 满足关系式 $y''(x+y)^2 = 2(xy' - y)$.

7. 计算由 $\begin{cases} x = a\cos^3 t \\ y = a\sin^3 t \end{cases}$ 所确定的函数 $y = y(x)$ 的二阶导数.

习题 2. 4(B)

1. 求下列方程所确定的隐函数的二阶导数 $\dfrac{\mathrm{d}^2 y}{\mathrm{d} x^2}$:

(1) $y = \tan(x + y)$; 　　　　　(2) $\arctan\left(\dfrac{y}{x}\right) = \ln \sqrt{x^2 + y^2}$.

2. 已知函数 $y = y(x)$ 由方程 $e^y + 6xy + x^2 - 1 = 0$ 所确定,求 $y''(0)$.

3. 设函数 $y = f(x)$ 由方程 $e^{2x+y} - \cos(xy) = e - 1$ 所确定,求曲线 $y = f(x)$ 在点 $(0, 1)$ 处的切线方程和法线方程.

4. 用对数求导法求下列函数的导数:

(1) $y = \left(\dfrac{x}{1 + x}\right)^x$; 　　　　　(2) $y = \sqrt{x \sin x \sqrt{1 - e^x}}$.

5. 设 $\begin{cases} x = f(t) - \pi \\ y = f(e^{2t} - 1) \end{cases}$,其中 f 可导,求 $\dfrac{\mathrm{d} y}{\mathrm{d} x}\Big|_{t=0}$.

6. 设 $\begin{cases} x = \ln(1 + t^2) \\ y = \arctan t \end{cases}$,求 $\dfrac{\mathrm{d} y}{\mathrm{d} x}$ 和 $\dfrac{\mathrm{d}^2 y}{\mathrm{d} x^2}$.

§2.5　函数的微分

§2.5.1　微分的概念

先观察两个例子:

例1　用 A 表示边长为 x 的正方形的面积,即 $A = x^2$. 如果给边长一个改变量 Δx ,则 A 有相应的改变量(图 2-5-1)

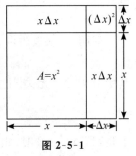

图 2-5-1

$$\Delta A = (x + \Delta x)^2 - x^2 = 2x \Delta x + (\Delta x)^2. \quad (2.5.1)$$

式 (2.5.1) 右边的第一项是 Δx 的线性函数,第二项是一个较 Δx 高阶的无穷小量(当 $\Delta x \to 0$ 时). 因此,当 Δx 很小时,我们可以把第二项忽略掉,而得到 ΔA 的近似值

$$\Delta A \approx 2x \cdot \Delta x.$$

值得注意的是,这里 $2x$ 刚好是 x^2 的导数.

例2　自由落体的路程 s 与时间 t 的关系是

$$s = \frac{1}{2} g t^2.$$

当时间从 t 变到 $t + \Delta t$ 时,路程 s 有相应的改变量

$$\Delta s = \frac{1}{2}g(t+\Delta t)^2 - \frac{1}{2}gt^2 = gt \cdot \Delta t + \frac{1}{2}g(\Delta t)^2. \qquad (2.5.2)$$

式(2.5.2)右边第一项是 Δt 的线性函数,第二项是一个高阶无穷小量(当 $\Delta t \to 0$ 时).因此,当 Δt 很小时,我们可以把第二项忽略掉,而得到路程的改变量 Δs 的近似值

$$\Delta s \approx gt \cdot \Delta t.$$

值得注意的是,这里 gt 刚好是 $\frac{1}{2}gt^2$ 的导数.

上面两例虽然具体意义不同,但它们有一个明显的共同点,即函数改变量的近似值,可表示为函数的导数与自变量改变量的乘积,而产生的误差是一个比自变量的改变量高阶的无穷小量.

定义　设函数 $y = f(x)$ 定义在某区间 I 上,在 $x_0 \in I$ 给自变量 x 以改变量 Δx,使得 $x_0 + \Delta x$ 仍在区间 I 中,那么,函数相应的改变量为

$$\Delta y = f(x_0 + \Delta x) - f(x_0);$$

如果 Δy 能表为

$$\Delta y = A\Delta x + o(\Delta x), \qquad (2.5.3)$$

其中 A 是不依赖于 Δx 的常数, $o(\Delta x)$(当 $\Delta x \to 0$ 时)是一个比 Δx 高阶的无穷小量,则称函数 $f(x)$ 在点 x_0 **可微**,并称 $A\Delta x$ 为 $f(x)$ 在点 x_0 相应于自变量增量 Δx 的**微分**,记作 $\mathrm{d}y$,即 $\mathrm{d}y = A\Delta x$.

下面讨论函数 $y = f(x)$ 在点 x_0 可微的条件.我们有下面的定理:

定理 1　函数 $y = f(x)$ 在点 x_0 可微的充分必要条件是函数 $f(x)$ 在点 x_0 可导;当 $f(x)$ 在点 x_0 可微时,其微分

$$\mathrm{d}y = f'(x_0)\Delta x. \qquad (2.5.4)$$

证明　**必要性**　设函数 $y = f(x)$ 在点 x_0 可微,即

$$\Delta y = A\Delta x + o(\Delta x),$$

其中 A 与 Δx 无关.上式两端同除以 $\Delta x(\Delta x \neq 0)$,得

$$\frac{\Delta y}{\Delta x} = A + \frac{o(\Delta x)}{\Delta x}.$$

于是,当 $\Delta x \to 0$ 时,由上式得到

$$f'(x_0) = \lim_{\Delta x \to 0} \frac{\Delta y}{\Delta x} = A + \lim_{\Delta x \to 0} \frac{o(\Delta x)}{\Delta x} = A,$$

即函数 $f(x)$ 在点 x_0 可导,且 $A = f'(x_0)$.

充分性　设函数 $f(x)$ 在点 x_0 可导,即

$$\lim_{\Delta x \to 0} \frac{\Delta y}{\Delta x} = f'(x_0),$$

或写作 $$\frac{\Delta y}{\Delta x} = f'(x_0) + \alpha, \quad \alpha \to 0(\Delta x \to 0),$$

从而 $$\Delta y = f'(x_0)\Delta x + \alpha\Delta x = f'(x_0)\Delta x + o(\Delta x),$$

其中 $f'(x_0)$ 与 Δx 无关，$o(\Delta x) = \alpha\Delta x$ 为比 Δx 高阶的无穷小量. 从而，由微分的定义可知，函数 $y = f(x)$ 在点 x_0 可微.   证毕.

本定理说明，函数 $y = f(x)$ 的可微性与可导性是等价的，故求导法又叫**微分法**. 于是，函数 $f(x)$ 在 x_0 的微分为

$$dy = f'(x_0)\Delta x.$$

一般地，函数 $f(x)$ 在 x 的微分记为 dy；把自变量 x 的增量 Δx 称为自变量的微分，记作 dx，即 $dx = \Delta x$. 于是函数 $y = f(x)$ 在 x 的微分又可记作

$$dy = f'(x)dx. \tag{2.5.5}$$

从而有 $\dfrac{dy}{dx} = f'(x)$. 这就是说函数的微分 dy 与自变量的微分 dx 之商等于该函数的导数. 因此，导数也叫做**微商**. 这也是 $f(x)$ 在 x 的导数可同时用 $f'(x)$ 和 $\dfrac{dy}{dx}$ 这两种记号来表示的原因.

由微分的定义及定理 1 知

$$\Delta y - dy = o(\Delta x).$$

所以当 $|\Delta x|$ 很小时，有近似等式

$$\Delta y \approx dy. \tag{2.5.6}$$

(2.5.6) 提供了利用微分来做近似计算的理论根据和实际办法.

例 3 求函数 $y = x^2$ 在 $x = 1, \Delta x = 0.01$ 时的改变量及微分.

解 $\Delta y = (1 + 0.01)^2 - 1^2 = 1.0201 - 1 = 0.0201,$

$$dy\big|_{x=1} = y'(1)\Delta x = 2 \cdot 0.01 = 0.02.$$

例 4 已知 $y = \ln x$，求 dy 和 $dy\big|_{x=3}$.

解 $dy = (\ln x)'\Delta x = \dfrac{1}{x}\Delta x,$

$$dy\big|_{x=3} = \frac{1}{x}\bigg|_{x=3}\Delta x = \frac{1}{3}\Delta x.$$

下面简要说明一下微分的几何意义.

如图 2-5-2 所示，在曲线 $y = f(x)$ 上取相邻两点 M、N，过点 M 作曲线的切线 MT 使之与过点 N 且平行于 y 轴的直线交于 T，设 MT 的倾角为 α，则在 x 处 $\tan\alpha = f'(x)$，而

$$QT = \tan\alpha \cdot \Delta x = f'(x) \cdot \Delta x = dy,$$

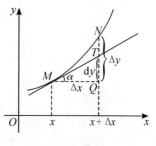

图 2-5-2

因此,当 Δy 是曲线的纵坐标增量时,微分 $\mathrm{d}y$ 就是切线纵坐标对应的增量(图 2-5-2).由于当 $|\Delta x|$ 很小时,$|\Delta y - \mathrm{d}y|$ 比 $|\Delta x|$ 要小得多,因此在点 M 的邻近处,我们可以用 $QT = \mathrm{d}y$ 近似地代替 $QN = \Delta y$.

§2.5.2　微分公式和运算法则

由 $\mathrm{d}y = f'(x)\mathrm{d}x$ 知,要计算函数的微分,只要计算函数的导数,再乘以自变量的微分.因此得如下的微分公式和微分运算法则:

1. 基本初等函数的微分公式

导数公式	微分公式
$\left(x^{\mu}\right)' = \mu x^{\mu-1};$	$\mathrm{d}\left(x^{\mu}\right) = \mu x^{\mu-1}\mathrm{d}x;$
$\left(\sin x\right)' = \cos x;$	$\mathrm{d}\left(\sin x\right) = \cos x\mathrm{d}x;$
$\left(\cos x\right)' = -\sin x;$	$\mathrm{d}\left(\cos x\right) = -\sin x\mathrm{d}x;$
$\left(\tan x\right)' = \sec^2 x;$	$\mathrm{d}\left(\tan x\right) = \sec^2 x\mathrm{d}x;$
$\left(\cot x\right)' = -\csc^2 x;$	$\mathrm{d}\left(\cot x\right) = -\csc^2 x\mathrm{d}x;$
$\left(\sec x\right)' = \sec x \cdot \tan x;$	$\mathrm{d}\left(\sec x\right) = \sec x \cdot \tan x\mathrm{d}x;$
$\left(\csc x\right)' = -\csc x \cdot \cot x;$	$\mathrm{d}\left(\csc x\right) = -\csc x \cdot \cot x\mathrm{d}x;$
$\left(a^x\right)' = a^x\ln a;$	$\mathrm{d}\left(a^x\right) = a^x\ln a\mathrm{d}x;$
$\left(\mathrm{e}^x\right)' = \mathrm{e}^x;$	$\mathrm{d}\left(\mathrm{e}^x\right) = \mathrm{e}^x\mathrm{d}x;$
$\left(\log_a x\right)' = \dfrac{1}{x\ln a};$	$\mathrm{d}\left(\log_a x\right) = \dfrac{1}{x\ln a}\mathrm{d}x;$
$\left(\ln x\right)' = \dfrac{1}{x};$	$\mathrm{d}\left(\ln x\right) = \dfrac{1}{x}\mathrm{d}x;$
$\left(\arcsin x\right)' = \dfrac{1}{\sqrt{1-x^2}};$	$\mathrm{d}\left(\arcsin x\right) = \dfrac{1}{\sqrt{1-x^2}}\mathrm{d}x;$
$\left(\arccos x\right)' = -\dfrac{1}{\sqrt{1-x^2}};$	$\mathrm{d}\left(\arccos x\right) = -\dfrac{1}{\sqrt{1-x^2}}\mathrm{d}x;$
$\left(\arctan x\right)' = \dfrac{1}{1+x^2};$	$\mathrm{d}\left(\arctan x\right) = \dfrac{1}{1+x^2}\mathrm{d}x;$
$\left(\operatorname{arccot}x\right)' = -\dfrac{1}{1+x^2};$	$\mathrm{d}\left(\operatorname{arccot}x\right) = -\dfrac{1}{1+x^2}\mathrm{d}x.$

2. 函数和、差、积、商的微分法则(表中 $u(x)$、$v(x)$ 都可导)

$(u \pm v)' = u' \pm v'$;	$\mathrm{d}(u \pm v) = \mathrm{d}u \pm \mathrm{d}v$;
$(Cu)' = Cu'$;	$\mathrm{d}(Cu) = C\mathrm{d}u$;
$(uv)' = u'v + uv'$;	$\mathrm{d}(u \cdot v) = v\mathrm{d}u + u\mathrm{d}v$;
$\left(\dfrac{u}{v}\right)' = \dfrac{u'v - uv'}{v^2}$ $(v \neq 0)$.	$\mathrm{d}\left(\dfrac{u}{v}\right) = \dfrac{v\mathrm{d}u - u\mathrm{d}v}{v^2}$ $(v \neq 0)$.

3. 复合函数的微分法则

由复合函数的求导法则可推导出如下的复合函数的微分法则：

设 $y = f(u)$ 及 $u = g(x)$ 都可导,则复合函数 $y = f[g(x)]$ 的微分为

$$\mathrm{d}y = \frac{\mathrm{d}y}{\mathrm{d}x}\mathrm{d}x = f'(u)g'(x)\mathrm{d}x.$$

因为 $g'(x)\mathrm{d}x = \mathrm{d}u$,所以复合函数 $y = f[g(x)]$ 的微分也可以表示成

$$\mathrm{d}y = f'(u)\mathrm{d}u \text{ 或 } \mathrm{d}y = \frac{\mathrm{d}y}{\mathrm{d}u}\mathrm{d}u.$$

由此可见,无论 u 是自变量还是中间变量,微分形式 $\mathrm{d}y = f'(u)\mathrm{d}u$ 保持不变,这个性质称为**微分形式不变性**. 这个性质表明,当变换自变量时,微分形式 $\mathrm{d}y = f'(u)\mathrm{d}u$ 并不改变.

例 5 $y = \cos(2x - 1)$,求 $\mathrm{d}y$.

解 设 $y = \cos u, u = 2x - 1$,那么

$$\mathrm{d}y = \mathrm{d}(\cos u) = -\sin u\mathrm{d}u = -\sin(2x - 1)\mathrm{d}(2x - 1)$$
$$= -2\sin(2x - 1)\mathrm{d}x.$$

在下面的例子中,不把中间变量写出来,直接利用微分形式的不变性求得微分.

例 6 $y = \sqrt{1 + \cos^2 x}$,求 $\mathrm{d}y$.

解 $\mathrm{d}y = \dfrac{\mathrm{d}(1 + \cos^2 x)}{2\sqrt{1 + \cos^2 x}} = \dfrac{2\cos x\mathrm{d}(\cos x)}{2\sqrt{1 + \cos^2 x}} = \dfrac{-2\cos x\sin x\mathrm{d}x}{2\sqrt{1 + \cos^2 x}}.$

$$= -\frac{\sin 2x}{2\sqrt{1 + \cos^2 x}}\mathrm{d}x.$$

例 7 $y = \ln\sqrt{1 + x^2}$,求 $\mathrm{d}y$.

解 将原式改写为 $y = \dfrac{1}{2}\ln(1 + x^2)$,于是

$$\mathrm{d}y = \mathrm{d}\frac{1}{2}\ln(1 + x^2) = \frac{1}{2}\mathrm{d}\ln(1 + x^2)$$

$$= \frac{1}{2}\frac{1}{1 + x^2}\mathrm{d}(1 + x^2) = \frac{1}{2}\frac{1}{1 + x^2}2x\mathrm{d}x = \frac{x}{1 + x^2}\mathrm{d}x.$$

§2.5.3 微分在近似计算中的应用

现在,我们在 §2.5.1 的基础上进一步讨论微分在近似计算中的应用.

1. 函数值的近似计算

由 §2.5.1 知,如果 $y = f(x)$ 在点 x_0 处导数 $f'(x_0) \neq 0$ 且 $|\Delta x|$ 很小时有

$$\Delta y \approx \mathrm{d}y = f'(x_0)\Delta x,$$

即

$$f(x_0 + \Delta x) - f(x_0) \approx f'(x_0)\Delta x,$$

从而

$$f(x_0 + \Delta x) \approx f(x_0) + f'(x_0)\Delta x. \tag{2.5.5}$$

在上式中,令 $x = x_0 + \Delta x$,即 $\Delta x = x - x_0$,得

$$f(x) \approx f(x_0) + f'(x_0)\Delta x. \tag{2.5.6}$$

利用上述公式可近似地求出 x_0 附近的点 x 的函数值 $f(x)$.

例 8 求 $\sqrt{0.97}$ 的近似值.

解 考虑函数 $f(x) = \sqrt{x}$,取 $x_0 = 1, \Delta x = -0.03$,于是由公式(2.5.6)得到

$$\sqrt{0.97} \approx \sqrt{1} + \left(\sqrt{x}\right)'\Big|_{x=1}(-0.03)$$

$$= 1 + \frac{1}{2}(-0.03) = 0.985.$$

例 9 求 $\sin 29°$ 的近似值.

解 考虑函数 $f(x) = \sin x$,令 $x_0 = 30° = \dfrac{\pi}{6}, \Delta x = -1° \approx -0.0175$ 弧度.
于是由公式(2.5.5)得到

$$\sin 29° \approx \sin\left(\frac{\pi}{6} - 0.0175\right) \approx \sin\frac{\pi}{6} + \left(\cos\frac{\pi}{6}\right)(-0.0175)$$

$$= \frac{1}{2} - \frac{\sqrt{3}}{2} \times 0.0175 \approx \frac{1}{2} - 0.0151 \approx 0.485.$$

2. 函数值的误差估计

设 y 是 x 的函数,即 $y = f(x)$,如果测得 x 的值为 x_0,且测量发生的误差为 Δx,那么计算 y 时将产生误差 $\Delta y = f(x_0 + \Delta x) - f(x_0)$. 我们把 $|\Delta x|$ 和 $|\Delta y|$ 分别称为 x 和 y 的**绝对误差**;而把 $\left|\dfrac{\Delta x}{x}\right|$ 和 $\left|\dfrac{\Delta y}{y}\right|$ 分别称为 x 和 y 的**相对误差**.下面利用微分来研究 x 的误差 Δx 与 y 的误差 Δy 之间的关系.

当 $|\Delta x|$ 很小时,由近似公式

$$\Delta y \approx \mathrm{d}y = f'(x_0)\Delta x,$$

得

$$|\Delta y| \approx |f'(x_0)||\Delta x|. \tag{2.5.7}$$

利用(2.5.7)式,我们可以解决应用中经常出现的一些误差估计问题,其中包括:

1)已知测量 x 所产生的误差,估计由 x 的误差所引起的 y 的误差;

2)根据 y 所允许的误差,近似地确定测量 x 所允许的误差(即误差限).

例10 多次测量一根圆钢,测得其直径平均值为 $D = 50(\mathrm{mm})$,绝对误差的平均值为 $0.04(\mathrm{mm})$,试计算其截面积的误差.

解 利用圆面积公式 $S = \dfrac{\pi}{4}D^2$,得出圆钢的截面积为

$$S = \frac{\pi}{4} \times (50)^2 \approx 1963.5(\mathrm{mm}^2),$$

S 的绝对误差

$$|\Delta S| \approx \left|\frac{\pi}{2}D \cdot \Delta D\right| = \frac{\pi}{2} \times 50 \times 0.04 \approx 3.14(\mathrm{mm}^2),$$

S 的相对误差

$$\left|\frac{\Delta S}{S}\right| \approx \left|\frac{\dfrac{\pi}{2}D \cdot \Delta D}{\dfrac{\pi}{4}D^2}\right| \approx \frac{1}{625} = 0.16\%.$$

例11 从一批密度均匀的钢球中,把所有直径等于 1 厘米的钢球挑出来,如果挑出来的球在半径上允许有 3% 的相对误差并且选择的方法是以重量为根据,试问在挑选时,秤量重量的相对误差应不超过多少?

解 设钢球的密度为 ρ,于是半径为 r 的钢球重量为

$$W = g\rho\,\frac{4}{3}\pi r^3.$$

由于 $dW = 4g\rho\pi r^2 \Delta r$,有

$$\left|\frac{\mathrm{d}W}{W}\right| = \left|\frac{4g\rho\pi r^2 \Delta r}{\dfrac{4}{3}g\rho\pi r^3}\right| = 3\left|\frac{\Delta r}{r}\right|,$$

从而

$$\left|\frac{\Delta r}{r}\right| = \frac{1}{3}\left|\frac{\mathrm{d}W}{W}\right| \approx \frac{1}{3}\left|\frac{\Delta W}{W}\right|.$$

要使 $\left|\dfrac{\Delta r}{r}\right| \leqslant 3\%$,只要 $\dfrac{1}{3}\left|\dfrac{\Delta W}{W}\right| \leqslant 3\%$,即秤量重量时的相对误差 $\left|\dfrac{\Delta W}{W}\right|$ 应不超过 9%.可以根据这个误差限度选择具有适当精确度的称量仪器.

§2.5.4 导数与微分在经济学上的应用

1. 边际函数 —— 函数的变化率

在§2.1我们已经知道,对于函数 $y = f(x)$,函数值的改变量 Δy 与自变量的改变量 Δx 之比

$$\frac{\Delta y}{\Delta x} = \frac{f(x_0 + \Delta x) - f(x_0)}{\Delta x}$$

就是 $f(x)$ 在 x_0 与 $x_0 + \Delta x$ 之间的平均变化率. 设函数 $y = f(x)$ 在点 x_0 可导,那么从导数的定义知, $f'(x_0)$ 就是 $f(x)$ 在点 x_0 的变化率.

在经济学上,若函数 $y = f(x)$ 在研究的区间上可导,就把导数(即导函数) $f'(x)$ 称为**边际函数**. 特别地,把需求函数的导数称为**边际需求函数**,成本函数的导数称为**边际成本函数**,收益函数的导数称为**边际收益函数**等等.

据公式(2.5.6),当 $|\Delta x|$ 很小时, $\Delta y \approx \mathrm{d}f(x)\big|_{x=x_0} = f'(x_0)\Delta x$. 这在经济学上解释为,当 x 产生一个单位(产品)的改变时,经济函数值 y(近似)地改变了 $f'(x_0)$ 个单位(在这类解释中,"近似"二字常被省略). 例如,收益函数 $R = R(Q)$(其中 R 表示总收益, Q 表示商品量)在 Q_0 的导数 $R'(Q_0)$ 表示,当产品的产量达到 Q_0 时,生产此前最后一个单位产品所增加的收益.

例 12 设某工厂生产一种轴承,每年产量为 Q(千粒),产量与销量一致,总成本函数为

$$C(Q) = 20 + 0.1Q^2 (单位:万元).$$

求当 $Q = 10$ 时的总成本、平均成本和边际成本.

解 由 $C(Q) = 20 + 0.1Q^2$ 得

$$\bar{C}(Q) = C(Q)/Q = \frac{20}{Q} + 0.1Q, C'(Q) = 0.2Q.$$

那么,当 $Q = 10$ 时,总成本 $C(10) = 20 + 0.1 \times 10^2 = 30$,平均成本 $\bar{C}(10) = 3$,边际成本 $C'(10) = 0.2 \times 10 = 2$.

2. 函数的弹性 —— 函数的相对变化率

上段讨论的边际函数涉及的改变量和变化率是绝对改变量和绝对变化率,而在经济学上经常还要研究相对改变量和相对变化率. 例如,在研究物价时,只知道某月食用油和白菜每公斤同时上涨了 1 元这样的信息(绝对改变量)还不够,因为食用油原价每公斤为 10 元,而白菜原价每公斤为 1 元,食用油的价格只上涨了 10%,而白菜上涨了 100%. 这时候,相对改变量具有更大的研究价值. 下面介绍的弹性的概念建立在相对改变量与相对变化率的基础上,在经济学研究中具有重要的意义.

定义 设函数 $y = f(x)$ 在点 x_0 可导,把函数的相对改变量 $\dfrac{\Delta y}{y_0} = \dfrac{f(x_0 + \Delta x) - f(x_0)}{f(x_0)}$ 与自变量的相对改变量 $\dfrac{\Delta x}{x_0}$ 之比 $\dfrac{\Delta y / y_0}{\Delta x / x_0}$ 在 $\Delta x \to 0$ 的极限

$$\lim_{\Delta x \to 0} \frac{\Delta y / y_0}{\Delta x / x_0} = \lim_{\Delta x \to 0} \frac{\Delta y}{\Delta x} \cdot \frac{x_0}{y_0} = f'(x_0) \frac{x_0}{f(x_0)}$$

称为 $f(x)$ 在 x_0 的**相对变化率**或**弹性**,并把它记作 $\left. \dfrac{Ey}{Ex} \right|_{x = x_0}$ 或 $\dfrac{E}{Ex} f(x_0)$,即

$$\left. \frac{Ey}{Ex} \right|_{x = x_0} = f'(x_0) \frac{x_0}{f(x_0)} \text{ 或 } \frac{E}{Ex} f(x_0) = f'(x_0) \frac{x_0}{f(x_0)}.$$

当 $x = x_0$ 取定时,它是一个定值;当 x 在区间上变动时,如果 $f(x)$ 可导,就得到了一个新的函数,称为 $f(x)$ 的**弹性函数**:

$$\frac{Ey}{Ex} = f'(x) \frac{x}{f(x)} \text{ 或 } \frac{E}{Ex} f(x) = f'(x) \frac{x}{f(x)}.$$

$f(x)$ 的弹性函数反映着随着 x 的变化 $f(x)$ 变化幅度的大小,即 $f(x)$ 对 x 变化的反应的敏感程度. 在经济学上,$f(x)$ 的弹性函数在 x_0 的值表示:当 x 在点 x_0 处产生 1% 的改变时,$f(x)$ 近似地改变了 $\dfrac{E}{Ex} f(x_0) \%$(在应用问题中,"近似地"常被省略).

在一些应用问题中,经常要研究需求与供给对价格的弹性. 如果某商品的需求函数 $Q = f(P)$ 在点 P_0 可导,则把极限

$$\lim_{\Delta P \to 0} \frac{\Delta Q / Q_0}{\Delta P / P_0} = f'(P_0) \frac{P_0}{f(P_0)}$$

称为该商品在点 P_0 的**需求弹性**,记作 $\eta \mid_{P = P_0}$ 或 $\eta(P_0)$.

例 13 某商品的需求函数为 $Q = P(80 - 35P)$,这里 Q 代表销售额(件),P 代表价格(元). 试求出在 1.00 元与 1.50 元的价格水平时的函数需求弹性,并说明其意义.

解 $\eta(P) = f'(P) \dfrac{P}{f(P)} = [P(80 - 35P)]' \dfrac{P}{P(80 - 35P)} = \dfrac{80 - 70P}{80 - 35P}.$

当 $P = 1.00$ 时,$\eta(1.00) = \dfrac{10}{45} \approx 0.22$;

当 $P = 1.50$ 时,$\eta(1.50) = \dfrac{80 - 70 \times 1.5}{80 - 35 \times 1.5} \approx -0.91.$

这说明了当价格在 1.00 元的水平时,若价格增加 1%,该商品的销售额将增加 0.22%;但当价格在 1.50 元的水平时,若价格增加 1%,则该商品的销售额将下降 0.91%,反之,若价格下降 1%,则该商品的销售额将增加 0.91%.

供给对价格的弹性称为**供给弹性**,其定义办法类似. 必须指出,有的文献把

上述 $\eta(P)$ 的相反数 $-\eta(P)$ 定义为需求弹性,其作用一样,只是在解释具体实例时要注意增减性的相应变更.有兴趣请参考书末列出的参考文献[3]或[4].

习题 2.5(A)

1. x 的值从 $x=1$ 变到 $x=1.01$,试求函数 $y=2x^2-x$ 的增量和微分.

2. 说明微分与导数的关系.

3. 求下列函数的微分:

$(1)y=x^7-\dfrac{1}{6}x^6-x-2;$ $(2)y=x^{\frac{3}{2}}(1-x^{\frac{5}{3}});$

$(3)y=(\mathrm{e}^x+\mathrm{e}^{-x})^2;$ $(4)y=\ln\sqrt{1-x^3};$

$(5)y=\dfrac{x}{\sqrt{1+x^2}};$ $(6)y=\mathrm{e}^{-x}\cos(3-x).$

4. 求下列函数 y 对自变量 x 的微分(u,v 是 x 的可微函数):

$(1)y=\sin u^2,u=\ln(3x+1);$

$(2)y=\mathrm{e}^{3u},u=\dfrac{1}{2}\ln v,v=x^3-2x+5;$

$(3)y=\ln\tan\dfrac{u}{2},u=\arcsin v,v=\cos 2x.$

5. 计算下列函数的近似值:

(1)$\cos 29°$;   (2)$\ln 1.01$;   (3)$\arctan 1.05$.

6. 为了使球的体积的相对误差不超过 1%,测量球半径时所允许发生的相对误差是多少?

7. 正方形边长 $x=2.4m\pm0.05m$,求由此计算所得的正方形的面积的相对误差和绝对误差.

8. 设某产品生产 x 单位时的总收益 R 为 x 的函数:$R=R(x)=200x-0.01x^2$,求生产 50 单位时的总收益、平均单位产品的收益和边际收益.

9. 设某商品的需求函数为 $Q=\mathrm{e}^{-\frac{P}{4}}$,求:(1)需求弹性函数;(2)$P=3$、$P=4$、$P=5$ 时的需求弹性.

10. 某商品的需求量与价格 P 的关系为 $f(P)=1600\left(\dfrac{1}{4}\right)^P$.求:(1)需求弹性函数;(2)$P=10$ 时的需求弹性,并说明其意义.

习题 2.5(B)

1. 求下列函数的微分:

(1) $\arctan\sqrt{x}$；　　　　　　　　(2) $\ln\cot 3x$；

(3) $\dfrac{\tan x}{1+\mathrm{e}^x}$；　　　　　　　(4) $y=\arcsin\sqrt{1-x^2}$.

2. 设函数 $f(u)$ 可微,求下列函数的微分:

(1) $y=f(\ln x)$；　　　　　　　(2) $y=\mathrm{e}^{f(x)}f(\mathrm{e}^x)$.

3. 求由方程 $\mathrm{e}^{x+y}-xy=0$ 所确定的函数 $y=f(x)$ 的微分.

4. 求由方程 $x=y^y$ 所确定的函数 $y=f(x)$ 的微分 $\mathrm{d}y$.

5. 设 $y=(1+\sin x)^x$,求 $\mathrm{d}y\,|_{x=\pi}$.

6. 设某商品的市场需求函数为 $D=15-\dfrac{p}{3}$,其中 P 的单位:百元,D 的单位:台,求:

(1) 需求价格弹性函数 $\dfrac{ED}{EP}$；

(2) $\dfrac{ED}{EP}\bigg|_{p=9}$,并说明其实际意义.

(3) $\dfrac{ED}{EP}=-1$ 时的价格,并说明这时的收益情况.

§2.6* 　数学实验

本实验中,通过对画图、求极限、求导数和求微分等命令的使用,对实验结果的观察和比较,使读者对导数和微分的概念及意义的理解更加深刻.

§2.6.1　导数概念的理解

1. 切线问题

光滑曲线 $y=f(x)$ 在点 $(x0,f(x0))$ 处的切线是过该点的一系列割线的极限位置,即割线的斜率的极限是切线的斜率,也就是 $(f(x0+h)-f(x0))/h\to f'(x0)(h\to 0)$. 可用如下的命令来观察曲线 $y=2x^3-1$ 在点 $(1,1)$ 的这种现象.

f[x_]:=2x³-1;g[x_]:=D[f[x],x];x0=1;h[d_]:=(f[x0+d]-f[x0])/d;

Plot[{f[x],h[1](x-x0)+f[x0],h[0.75](x-x0)+f[x0],h[0.5](x-x0)+f[x0],h[0.25](x-x0)+f[x0],g[x0](x-x0)+f[x0]},{x,0,2.5},PlotStyle→{{},{},{},{},{},{Thickness[0.01]}}]

可得如下图形(见图 2-6-1,其中粗线表示切线):

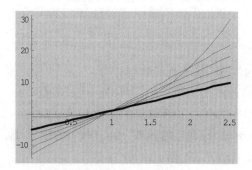

图 2-6-1　切线与割线位置关系图

表 2-6-1				表 2-6-2		
h	$(f(1+h)-f(1))/h$	$f'(1)$		h	$(f(1+h)-f(1))/h$	$f'(1)$
0.5	9.5	6		0.05	6.305	6
0.45	9.105	6		0.045	6.27405	6
0.4	8.72	6		0.04	6.2432	6
0.35	8.345	6		0.035	6.21245	6
0.3	7.98	6		0.03	6.1818	6
0.25	7.625	6		0.025	6.15125	6
0.2	7.28	6		0.02	6.1208	6
0.15	6.945	6		0.015	6.09045	6
0.1	6.62	6		0.01	6.0602	6
0.05	6.305	6		0.005	6.03005	6
				1.73472×10^{-18}	6	6

2. 导数的定义

对 $f(x)=2x^3-1$,我们来观察在 $x=1$ 处函数的增量与自变量的增量的商的变化情况. 使用如下命令：

f[x_] : $=2\mathrm{x}^3-1$;

Table[{h,(f[1+h]−f[1])/h,f′[1]},{h,0.5,0.05,−0.05}] // TableForm(见表 2-6-1)

而 h 取更小的正数时,

Table[{h,(f[1+h]−f[1])/h,f′[1]},{h,0.05,0,−0.005}] // TableForm(见表 2-6-2)

从表 2-6-1 和表 2-6-2,我们看到计算的数值结果与导数的定义是吻合的.

§ 2.6.2   计算导数和微分

1. 求导数和微分

格式 1：D[f[x],x] 或 D[f[x],{x,n}]   / 求 f[x] 的一阶或 n 阶导数

格式 2：D[f,x,y,z,…]   / 求 f 关于 x,y,z,… 的混合偏导数

格式 3：Dt[f]   / 求 f 的全微分

可以通过上面的各命令求出所需的导数或微分.

例如   求 $f(x) = \sin(x^2 + 1)$ 的微分.

解   利用 In[]：= Dt[Sin[x^2+1]]

Out[] = 2xCos[1 + x²]Dt[x]

可知,所求的微分为 $\mathrm{d}f = 2x\cos(x^2 + 1)\mathrm{d}x$.

2. 逼近导函数的演示

对 $f(x) = \sin 2x$,我们来观察 $(f(x+h) - f(x))/h$ 随着 $h \to 0$ 逼近 $f'(x)$ 的情形.

f[x_]：= Sin[2x];

h = 0.5;P1 = Plot[{f'[x],(f[x + h] - f[x])/h},{x,0,2Pi},PlotStyle → {{Thickness[0.015]},{}},PlotLabel → h" = h"]

将 h = 0.5 分别改为 h = 0.2、0.05、0.02,可分别得图形 P2、P3 和 P4. 为了方便观察,我们再将四个图形放在一起：

Show[GraphicsArray[{{P1,P2},{P3,P4}}]].

得到下图 2-6-2,其中粗线表示 $y = f'(x)$ 曲线的图形.

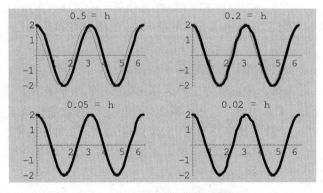

图 2-6-2   逼近导函数的演示图

观察和分析图形可以发现,函数 $(f(x+h) - f(x))/h$ 和 $f'(x)$ 表示的曲线有相同的走向,当 h 越来越小时,它们的图形越来越接近;$h \leqslant 0.05$ 时,两个函数

的图形几乎重合. 于是我们验证了结论:

$$\lim_{h \to 0} \frac{f(x+h) - f(x)}{h} = f'(x).$$

练习与思考

1. 令 $f(x) = [\sin(x+h) - \sin(x)]/h$,对 $h = 0.5$、0.2、0.05、0.02 分别绘制 $f(x)$ 的图形,并进行研究观察,你会发现什么?

2. 利用作图等方式并结合实例进行研究:奇(偶)函数的导函数的奇(偶)性. 对周期性函数又有什么结论呢?

§2.7* 导数与微分思想方法选讲

§2.7.1 用映射的观点认识求导数运算

若把区间 (a,b) 上的(实)函数的全体组成的集合记作 M,那么,M 中任何两个元素(函数)u 与 v 之和 $u+v = u(x) + v(x)$ 是 (a,b) 上的一个函数,即 $u+v \in M$. 同时,对任意实数 α,乘积 $\alpha u = \alpha u(x)$ 是 (a,b) 上的一个函数,即 $\alpha u \in M$. 因此 M 是一个(实)线性空间.

进一步,若把区间 (a,b) 上的可导(实)函数全体组成的集合记做 D,据函数的和差积商求导法则可知,任何两个可导函数 u 与 v 之和 $u+v$ 仍然是可导函数且

$$[u(x) + v(x)]' = u'(x) + v'(x); \tag{2.7.1}$$

同时,任一实数 α 与可导函数 u 的乘积 αu 仍然是可导函数且

$$[\alpha u(x)]' = \alpha u'(x). \tag{2.7.2}$$

因此 D 也是一个线性空间,它是 M 的子空间.

现在用映射的观点来看求导这种运算. 因为一个可导函数 u 求导后得到一个新的函数 u'(u' 未必可导,见下面第三点),于是可把求导运算看成是从 D 到 M 的一个映射 Φ(又称为算子). 显然 $(2.7.1)$ 和 $(2.7.2)$ 可改写作:

$$(u+v)' = u' + v', (\alpha u)' = \alpha u', \tag{2.7.3}$$

那么,这说明了这个映射 Φ 满足

$$\Phi(u+v) = \Phi(u) + \Phi(v), 且 \Phi(\alpha u) = \alpha\Phi(u),$$

因此求导映射(算子)是定义在线性空间 D 上的一个线性映射(**注**:设 X 是一个实线性空间,则 X 上的使得上式对任何 $u, v \in X$ 和实数 α 都成立的映射 Φ 称为线性映射.).

§ 2.7.2 　求导时应注意的几个问题

1. 函数乘积的求导规则异于线性运算

加的求导运算是线性的,即(2.7.1)和(2.7.2)或(2.7.3)成立.但是**上述法则不能形式地搬到乘积的求导上去**.

往往有一些初学者把乘法与加法运算做简单的类比,即由$(u+v)' = u' + v'$推想也有$(u \cdot v)' = u' \cdot v'$.

作为思考过程,这样猜测是允许的.不过,读者必须了解,类比作为一种思想方法属于合情推理,带有很强的或然性(偶然性),即类比得到的结论可能是对的,也可能是错的.因此,对于类比得出的结论要加以严格论证.如果类比成功,那是一个新创造的成果;如果类比的结论是错误的,就要否定,并找出错误的原因,加以防止.(关于类比法的介绍,可见于§7.8.4).

容易验证$(u \cdot v)' = u' \cdot v'$是错误的,即它不是普遍成立的公式.实际上,要指出它是错的,只要举出一个反例即可.设$u = x, v = x$,那么

$$(u \cdot v)' = (x \cdot x)' = (x^2)' = 2x; u' \cdot v' = x' \cdot x' = 1 \cdot 1 = 1.$$

左边是一个函数$2x$,右边是一个常数1,显然$2x \neq 1$.所以$(u \cdot v)' = u' \cdot v'$是错误的.

根据导数的定义可以证明,函数乘积的求导法则是:若函数$u = u(x)$和$v = v(x)$都可导,则它们的乘积的导数满足:

$$[u(x) \cdot v(x)]' = u'(x)v(x) + u(x)v'(x). \tag{2.7.4}$$

即两个可导函数的乘积可导,且其导数等于第一个函数的导数与第二个函数的积加上第二个函数的导数与第一个函数的积.

初学者产生上述错误的原因是,不知道求导运算(看成映射)是线性的,而函数的相乘不是线性运算,所以两函数之积的求导法则不同于两函数之和的求导法则.

为了帮助记忆公式(2.7.4),也可这样考虑:$u(x) \cdot v(x)$中两个函数是对称的(地位是平等的),每个函数都要求导一次,不分先后.对其中一个求导时,另一个不动(当常数),乘在一块成为一项,然后把两项相加.

2. 函数的商的求导公式可联系积的求导公式来记忆

$$\left[\frac{u(x)}{v(x)}\right]' = \frac{u'(x) \cdot v(x) - u(x) \cdot v'(x)}{[v(x)]^2} \text{(其中} v(x) \neq 0). \tag{2.7.5}$$

(A)记忆思考1:如忘了(2.7.5)式,也不难用(2.7.4)式直接推导.事实上,

$$\left(\frac{u}{v}\right)' = \left(u \cdot \frac{1}{v}\right)' = u' \cdot \frac{1}{v} + u \cdot \left(\frac{1}{v}\right)' = u' \cdot \frac{1}{v} + u\left(-\frac{1}{v^2}\right) \cdot v',$$

把它整理后就得到(2.7.5). 在这过程中, 把 $\dfrac{1}{v} = \dfrac{1}{v(x)}$ 看成复合函数, 应用链式法则求导(不要忘了要乘上 v').

（B）记忆思考 2（形式记忆）：在 $u \cdot v$ 中, 与 u 相乘的函数是 v; 在 $\dfrac{u}{v} = u \cdot \dfrac{1}{v}$ 中, 与 u 相乘的函数是 $\dfrac{1}{v}$; 而 $\dfrac{1}{v}$ 与 v 的比为 $\dfrac{1}{v^2}$, 即 $\dfrac{u}{v}$ 与 $(u \cdot v)$ 的比 $= \dfrac{1}{v^2}$. 这是 (2.7.5) 式分母是 v^2 的原因. (2.7.5) 的分子与 (2.7.4) 中那两个乘积项在不计符号时是一样的, 由于是积与商的差别, 连接两个乘积项的符号一加一减.

3. 运用链式法则对复合函数求导时要顾及每一个复合关系

例 2 设 $y = \ln \sin^2(3x+1)$, 求 y'.

分析 这函数可看成如下 4 个函数的复合: $y = \ln u, u = v^2, v = \sin w, w = 3x+1$. 五个变量组成一个链条:

$$y \to u \to v \to w \to x.$$

记号 $p \to q$ 的意思是, 箭尾 p 是箭头 q 的函数, u, v, w 都是双重身分, 即中间变量. 求 y' 时, 应依从左到右的次序, 每个函数 p 关于自变量 q 求导, 然后把各次所得的导数相乘:

$$\frac{\mathrm{d}y}{\mathrm{d}x} = \frac{\mathrm{d}y}{\mathrm{d}u}\frac{\mathrm{d}u}{\mathrm{d}v}\frac{\mathrm{d}v}{\mathrm{d}w}\frac{\mathrm{d}w}{\mathrm{d}x}. \tag{2.7.6}$$

但实际运算时, 只要心中有数, 不必写出中间变量; 而且, 上式右边的几个导数也可逐步求出.

解
$$\begin{aligned}
y' &= [\ln\sin^2(3x+1)]' \\
&= [\sin^{-2}(3x+1)](\sin^2(3x+1))' \\
&= [\sin^{-2}(3x+1)][2\sin(3x+1)](\sin(3x+1))' \\
&= 2\sin^{-1}(3x+1)[\cos(3x+1)](3x+1)' = 6\cot(3x+1).
\end{aligned}$$

4. 对隐函数求导时要注意的事项

对 $F(x,y) = 0$ 所表示的隐函数求导时, 要把其中一个变量看成自变量, 另一个变量看成它的函数, 并要注意复合函数的关系, 利用复合函数链式法则求导.

例 3 求由方程 $e^{\sin xy} + xy - 5 = 0$ 所确定的隐函数的导数 $\dfrac{\mathrm{d}y}{\mathrm{d}x}$.

解 先在两边分别对 x 求导得

$$e^{\sin(xy)} \cdot \cos(xy) \cdot (y + xy') + (y + xy') = 0,$$

整理得

$$xy'[1 + e^{\sin(xy)} \cdot \cos(xy)] = -y[1 + e^{\sin(xy)} \cdot \cos(xy)],$$

$$y' = -\frac{y}{x}.$$

注意 在上式两端对 x 求导时,应记住:y 是 x 的函数,因此 $\sin(xy)$ 应看成是 $\sin(xy(x))$,它是一个复合函数.

§2.7.3 反例证明法·连续而处处不可导的函数

反例证明法简称反例法,指的是这样的演绎推理形式:对于一个声明"某个命题 P 对某个集合 A 中所有元素都成立"的论断,举出特殊例子来证明命题 P 至少对 A 中某个元素不成立,从而推出该论断是错误的.

反例证明法就是利用矛盾证明,它的理论根据是形式逻辑的矛盾律.

上述所谓论断,在数学发展史上通常指的是猜想;在当今数学教学中,常指关于概念与概念、性质与性质之间的关系的命题或关于某个数学问题作出的猜测(小猜想).下面为了叙述的方便,我们把它们统称为猜想.于是,反例就是否定一个猜想的特例.它必须具备两个条件:(i) 反例必须满足猜想的所有条件;(ii) 从反例导出的结论与构成猜想的结论矛盾.

例如,通过观察与分析可知,一个平面可以将三维空间分为两个部分,两个平面最多把空间分成四个部分,三个平面最多将空间分成八个部分.于是有人给出如下猜想:

对任意自然数 n,n 个平面最多可以把空间分为 2^n 个部分.

对于这样一个猜想,若要判断其正确,需严格证明;而要否定该猜想,只需举出一个特殊的例子(即反例)来证明其结论不真即可.事实上,这个猜想当 $n = 4$ 时其结论就不成立了,因为四个平面至多将空间分成 15 个部分.

§2.7.2 的反例也起了同样的作用(指出猜测 $(u \cdot v)' = u' \cdot v'$ 是错误的).

在数学史上,反例对猜想的反驳在数学的发展中起了重大的作用.特别是,典型的反例的提出具有划时代的意义.

例如,数学史上记载古希腊的毕达哥拉斯学派(公元前 5 世纪至 3 世纪)对于数学的发展作出了巨大贡献(特别是算术和几何方面),但他们对数的认识仅限于有理数并用唯心主义的观点加以神化,宣称"万物皆数(指有理数)",且把它当成信条来维护.公元前五世纪末该学派一个名叫希帕苏斯的成员在研究正五边形的对角线与边长之比时,发现该比值是不可公度比,即不可用"数"表示出来(我们知道这个比是 $\dfrac{\sqrt{5}+1}{2}$).这一反例(现称为"无理数悖论")的提出,动摇并最后推翻了毕氏学派的信条,导致史学上第一次数学危机.虽然希帕苏斯不幸遭到毕氏学派严厉惩处,但这个反例促使了无理数理论的创立和发展,其功不可没.

又如,在 $17 \sim 18$ 世纪微积分初建阶段,由于人们接触的几乎都是初等函数,因此认为函数的连续性和可微性一致,即不仅可微函数必连续,而且相信连

续函数也是可微的. 自反例 $y = |x|$ 举出后, 人们一方面认识到连续未必可微, 另一方面, 他们从 $y = |x|$ 仅在 $x = 0$ 不可微的事实, 认为不可微的点很少, 把猜想修改成"连续函数在定义域上除有限个点外皆可微". 1872 年德国数学家外尔斯特拉斯举出一个反例, 证明了存在一个在定义域上处处连续但处处不可微的函数, 它可用级数 (见第十一章) 的形式表示为:

$$w(x) = \sum_{n=0}^{\infty} b^n \cos(a^n \pi x),$$

其中 a 是一个奇整数, $0 < b < 1$, 且 $ab > 1 + \dfrac{3}{2}\pi$ (关于这个函数处处连续但处处不可微的性质的验证见参考文献[12]).

该反例的提出在数学界引起巨大震动和反响, 他不仅澄清了人们头脑中的错误认识, 而且促进了人们对许多类似函数 (所谓"病态函数") 的重视和研究, 而病态函数的深入研究最终导致积分学的革命和新型积分 —— 勒贝格积分的创立.

§2.7.4　符号思想 —— 从导数的符号谈起

在 §2.1.1 为了引入导数的概念, 我们先介绍两个实例: (1) 直线运动的瞬时速度; (2) 曲线的切线问题. 这和微积分的发展史是一致的. 事实上, 作为微积分创始人的牛顿与莱布尼兹, 就是分别从运动的角度和曲线的切线问题出发引入导数的概念的. 为了表示导数, 牛顿采用记号 $\dot{x}$ 表示一阶导数, 即路程函数 $x = x(t)$ 的速度, $\ddot{x}$ 表示二阶导数, 即路程函数 $x = x(t)$ 的加速度; 而莱布尼兹分别采用 $\dfrac{\mathrm{d}y}{\mathrm{d}x}$ 和 $\dfrac{\mathrm{d}^2 y}{\mathrm{d}x^2}$ 表示函数 $y = f(x)$ 的一阶导数和二阶导数. 在历史上, 人们常把用点号表示导数的数学学派称为点派, 而把用字母 d 表示导数的数学学派称为 d 派. 虽然两种表示法各有优点, 但历史证明, 用字母 d 表示导数更有利于数学的进一步发展, 而点号表示导数却在许多情况下显得无力.

其实, 符号是数学语言的组成部分. 数学符号的合理使用对数学的发展具有重大的意义. 关于数学符号的研究已经形成了一套理论, 称为符号思想.

所谓符号思想是指, 用符号及符号组成的数学语言来表达数学的概念、命题及其运算的数学思想. 符号思想是导致数学脱离其实际内容并形成抽象化形式系统的关键思想.

数学家们都非常重视数学符号设计的科学性和合理性. 大数学家欧拉一生中的诸多贡献之一是发明了函数符号 $f(x)$, 自然对数的底 e, 求和符号 $\sum$ 和虚数单位 i, 并把 e、i 与 π 统一在一个重要的公式之中: $e^{i\pi} = -1$.

数学发展史表明, 不仅需要数学符号, 而且

（ⅰ）采用符号的不同,标志着抽象程度的高低差异,并在很大程度上反映了数学发展水平的高低.

（ⅱ）抽象程度的高低差异直接影响到数学的发展方向与速度.

由于每个数学符号与特定的对象建立对应关系.因此,对于数学知识的学习和掌握,必须先掌握每个符号的含义,然后才能理解数学语言所表达的意思.

数学是建立在概念的基础上的;概念利用符号来表达,但这并不意味着数学是建立在符号的基础上的.没有概念涵义的符号是没有意义的,不懂符号所表示的涵义,就无法了解数学的内容.有的人对数学的了解很少,看到数学中有许多符号,就说"数学是不可读懂的天书";有些初学者,包括部分数学系学生一看到稍微复杂的数学式子就感到头痛,其实这是还没有理解符号的概念涵义的缘故,是很正常的事.一旦破译了符号的秘密,就能体会其中的奥妙,就会认识到符号的重要性,甚至会感到符号太可爱了.因此,关键是要认识符号的重要性,解除畏惧心理;同时,把每个新出现的重要符号的涵义理解清楚,并尽可能地加以应用和记忆.这样,通过循序渐进的学习和积累,就可以逐步达到熟练掌握的地步.

§ 2.7.5　对于微分概念的认识

在 § 2.5 我们详细地介绍了微分概念与性质.这里做一些强调和补充.

1. 微分的两个特性

（1）自变量 x 的变化量 Δx 与是 x 无关的,称为自变量的微分,常记作 $\mathrm{d}x$,即 $\mathrm{d}x = \Delta x$. 而把函数 $y = f(x)$ 在点 x_0 的微分定义为

$$\mathrm{d}y = A\mathrm{d}x,$$

其中 A 是不依赖于 Δx 的常数,这说明 $\mathrm{d}y$ 是 $\mathrm{d}x$ 的齐次线性函数;

（2）由(2.5.3)$\Delta y = A\Delta x + o(\Delta x)$ 知,Δy 与 $\mathrm{d}y$ 之差是关于 Δx 的高阶无穷小量.

上面两个特性完全决定了 $f(x)$ 在点 x_0 的微分本身,即满足上述条件的 A 若存在(称函数 $y = f(x)$ 在点 x_0 可微),则 $A = f'(x_0)$,$\mathrm{d}y = f'(x_0)\mathrm{d}x$.

2. 微分与导数的关系

函数 $y = f(x)$ 在点 x_0 可微的充分必要条件是函数 $f(x)$ 在点 x_0 可导.

这说明:对于一元 $y = f(x)$ 函数来说,在点 x_0 可微与可导是等价的.但是,在第八章我们将看到,对于多元函数来说不再有类似的性质.

3. 微分的作用

微分具有双重意义:一方面它是一个无穷小量;另一方面,它表示一种与求导数密切相关的运算.下面列举它在三个方面的应用:

（1）以直代曲和近似计算:微分是在解决直与曲的矛盾中产生的,具体地

说,在微小的局部,可以用直线去近似地代替曲线(见§2.5.1中介绍的微分的几何意义).其直接应用是函数在局部范围内的线性化,这为近似计算提供了简捷的途径,即利用

$$f(x_0 + \Delta x) \approx f(x_0) + f'(x_0)\Delta x$$

来计算函数 $y = f(x)$ 在点 x_0 附近的点 $x_0 + \Delta x$ 处的函数值的近似值.

(2) 与积分建立联系:微分是把微分学与积分学联系起来的一个关键概念.求不定积分是求微分的逆运算.事实上,在第四章我们将看到

$$\int \mathrm{d}f(x) = \int f'(x)\mathrm{d}x = f(x) + C,$$

其中 C 是常数, $\int$ 是求不定积分的符号.

熟练掌握微分运算将有助于求不定积分的运算.

(3) 在一些数学分析运算中,运用微分比导数更方便:从理论上说,导数的概念比微分更基本.但从使用范围来说,微分似乎更广些.这是因为导数写成比式 $\dfrac{\mathrm{d}y}{\mathrm{d}x}$,其中 $\mathrm{d}y$ 与 $\mathrm{d}x$ 总是以比的形式出现;微分表成 $\mathrm{d}y = f'(x)\mathrm{d}x$,其中 $f'(x)\mathrm{d}x$ 可看成 $f'(x)$ 与 $\mathrm{d}x$ 的乘积,且 $\mathrm{d}y$ 与 $\mathrm{d}x$ 可以分别参加某些运算.所以微分在数学分析运算中表现出比导数更大的灵活性.比如微分可以像一般的无穷小量那样参加运算.又如,要检查§2.7.2中(2.7.6)式是否写得对,其中一种办法是,看所有中间变量的微分是否都可通过"分子与分母互相约简"而消去.

再如,有一些微分方程(见第六章)不写成导数的形式,而以微分的形式出现,因为这样更方便灵活.如 $(3x^2 + 4y)\mathrm{d}x = (4xy + y^2)\mathrm{d}y$,其中 $\mathrm{d}x$ 和 $\mathrm{d}y$ 的地位平等,既可以把 y 看成 x 的函数,也可以把 x 看成 y 的函数.我们已习惯于把 $\dfrac{\mathrm{d}y}{\mathrm{d}x}$ 看作函数 $y = y(x)$ 的导数,在微分方程中也常考虑 $\dfrac{\mathrm{d}x}{\mathrm{d}y}$,即函数 $x = x(y)$ 的导数.而且,一般说来,不是事先验证反函数是否存在,而是求出来后再检查它的存在区域.

4. 一阶微分形式的不变性

由§2.5.2知,对于可导函数 $y = f(u)$,根据微分的定义有: $\mathrm{d}y = f'(u)\mathrm{d}u$.

当 $u = g(x)$ 可导时,复合函数 $y = f[g(x)]$ 也可导.根据复合函数求导法则,

$$\frac{\mathrm{d}y}{\mathrm{d}x} = f'(u)\mid_{u=g(x)} g'(x) = f'[g(x)]g'(x),$$

从而

$$\mathrm{d}y = f'[g(x)]g'(x)\mathrm{d}x. \tag{2.7.7}$$

因为 $u = g(x), \mathrm{d}u = g'(x)\mathrm{d}x$,把它们代入(2.7.7),仍然得到 $\mathrm{d}y =$

$f'(u)\,\mathrm{d}u.$

这说明,u 不论作为自变量还是中间变量,微分形式 $\mathrm{d}y = f'(u)\,\mathrm{d}u$ 总是保持不变. 在第五章将介绍的一种称为"凑微分法"的求积分方法,就是根据微分形式的不变性导出的.

当考虑高阶微分时,把一阶微分(仍作为 x 的函数)的微分定义为原来函数的二阶微分,那么二阶微分就不再具有微分形式的不变性了(参见文献[15]).

第三章

微分中值定理与导数的应用

在这一章,我们将介绍导数和微分的一些更深刻的性质及其应用.首先介绍微分学的基本定理 —— 微分中值定理,它是微分学应用的理论基础.借助于它,我们引入求极限的重要方法 —— 洛必达法则,并应用导数来进一步研究函数及其图形的基本性态,讨论导数在几何、物理、经济上的应用,包括一些最优化问题.

§3.1　微分中值定理

§3.1.1　罗尔(Rolle)定理

罗尔中值定理是最基本的微分中值定理,利用它可以证明另外两个重要的中值定理.在叙述罗尔中值定理之前,先给出如下预备知识:

定义　设函数 $f(x)$ 在区间 I 内有定义,若点 x_0 存在邻域 $U(x_0) \subset I$ 使得对任何 $x \in \mathring{U}(x_0)$(去心邻域),都有

$$f(x_0) > f(x)(\text{或 } f(x_0) < f(x)),\tag{3.1.1}$$

则称 $f(x_0)$ 为函数的一个**极大值**(或**极小值**),称点 x_0 为**极大值点**(或**极小值点**).极大值与极小值统称为**极值**,极大值点与极小值点统称为**极值点**.

注　在上述定义中,若把(3.1.1)中的不等式改为

$$f(x_0) \geqslant f(x)(\text{或 } f(x_0) \leqslant f(x)),\tag{3.1.2}$$

则称 $f(x_0)$ 为函数的一个**局部最大值**(或**局部最小值**),称点 x_0 为**局部最大值点**(或**局部最小值点**).**局部最值**,**局部最值点**可以相应地定义.显然,极值必是局部最值,极值点必是局部最值点,反之则未必正确.

设函数 $f(x)$ 的图形如图 3-1-1 所示,它在点 x_2, x_4 处取极大值,在点 x_1, x_3 处取极小值.由极值定义可知,函数 $f(x)$ 在点 x_0 处取得的极值只是函数在该点的某个邻域内的最大值或最小值,因而函数极值的概念具有局部的性质.

函数在一个区间上可能有多个极大值或极小值,而其中的极大值不一定大于极小值,例如图 3-1-1 中的函数 $f(x)$,极大值 $f(x_4)$ 小于极小值 $f(x_1)$.从图 3-1-1 还可以直观地看出,曲线在极值点处的切线平行于 x 轴.这启发人们引入如下的费马(Fermat)引理:

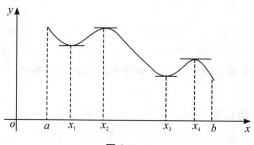

图 3-1-1

定理 1(费马引理) 设函数 $f(x)$ 在点 x_0 的某个邻域 $U(x_0)$ 有定义且在 x_0 可导,若对任意 $x \in U(x_0)$,有

$$f(x_0) \leqslant f(x)(或 f(x_0) \geqslant f(x)),$$

则 $f'(x_0) = 0$.

注 这定理等价于:若 x_0 是局部最值且 $f(x)$ 在点 x_0 可导,则 $f'(x_0) = 0$.

证 不妨假设对任意 $x \in U(x_0)$,有

$$f(x_0) \leqslant f(x),$$

那么,当 $x < x_0$ 时,有 $\dfrac{f(x) - f(x_0)}{x - x_0} \leqslant 0$;

当 $x > x_0$ 时,有 $\dfrac{f(x) - f(x_0)}{x - x_0} \geqslant 0$.

由函数 $f(x)$ 在点 x_0 处可导的条件及极限的保号性,可得到

$$f'(x_0) = f'_-(x_0) = \lim_{x \to x_0^-} \frac{f(x) - f(x_0)}{x - x_0} \leqslant 0,$$

$$f'(x_0) = f'_+(x_0) = \lim_{x \to x_0^+} \frac{f(x) - f(x_0)}{x - x_0} \geqslant 0.$$

所以 $f'(x_0) = f'_+(x_0) = f'_-(x_0) = 0$. 证毕.

导数等于零的点称为**驻点**.那么,由费马引理知,可导函数的局部最值点(包括极值点)必为驻点.其几何意义是:可导函数在局部最值点处的切线平行于 x 轴.

定理 2(罗尔定理) 若函数 $f(x)$ 满足:

(1) 在闭区间 $[a,b]$ 上连续;(2) 在开区间 (a,b) 内可导;(3) $f(a) = f(b)$,

则在 (a,b) 内至少存在一点 ξ,使得

$$f'(\xi) = 0. \tag{3.1.3}$$

证 因为 $f(x)$ 在 $[a,b]$ 上连续,所以 $f(x)$ 在 $[a,b]$ 上有最大值 M 与最小值 m.现分两种情况来讨论:

(1) 若 $m = M$,则 $f(x)$ 在 $[a,b]$ 上必为常数,这时取 (a,b) 内任一点作为 ξ,

就有 $f'(\xi) = 0$.

(2) 若 $m < M$,此时 m 和 M 至少一个不等于 $f(a)$.不妨设 $M \neq f(a)$,因为 $f(a) = f(b)$,故在 (a,b) 内至少有一点 ξ,满足 $f(\xi) = M$.从而存在 ξ 的邻域 $U(\xi) \subset (a,b)$,使得对任何 $x \in U(\xi)$ 都有 $f(x) \leqslant f(\xi)$.于是由费马引理知 $f'(\xi) = 0$.   证毕.

罗尔定理的几何意义是:闭区间 $[a,b]$ 上的连续曲线 $y = f(x)$ 若在两端点等值且在 (a,b) 内处处存在不垂直于 x 轴的切线,则在 (a,b) 内至少存在一点 ξ 使得在该点的切线平行于 x 轴(图 3-1-2).

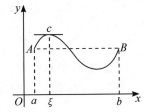

图 3-1-2

注意:罗尔定理的三个条件是驻点存在的充分条件.这就是说,这三个条件都成立,则 (a,b) 内必有驻点;若这三个条件中有一个不成立,则 (a,b) 内可能有驻点,也可能没驻点.

例如,下列三个函数在指定的区间内都不存在驻点:

(1) $f_1(x) = \begin{cases} 1 & x = 0 \\ x & 0 < x \leqslant 1 \end{cases}$;   (2) $f_2(x) = |x|, x \in [-1,1]$;

(3) $f_3(x) = x, x \in [0,1]$.

事实上,函数 $f_1(x)$ 在 $(0,1)$ 内可导,且 $f(0) = f(1) = 1$,但它在 $x = 0$ 间断,不满足在闭区间 $[0,1]$ 上连续的条件.该函数显然没有水平切线(参见图 3-1-3).

函数 $f_2(x)$ 在 $[-1,1]$ 上连续且 $f(-1) = f(1) = 1$,但它在 $x = 0$ 不可导,不满足在开区间可导的条件.该函数显然没有水平切线(参见图 3-1-4).

函数 $f_3(x)$ 在 $[0,1]$ 上连续,在 $(0,1)$ 内可导,但 $f(0) = 0 \neq 1 = f(1)$.该函数同样也没有水平切线(参见图 3-1-5).

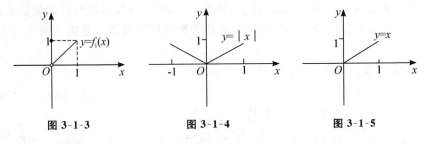

图 3-1-3   图 3-1-4   图 3-1-5

例 1 设函数 $f(x)$ 在 $[0,1]$ 上连续,在 $(0,1)$ 内可导,且 $f(1) = 0$.证明:存在 $\xi \in (0,1)$ 使得

$$f'(\xi) + \frac{1}{\xi}f(\xi) = 0.$$

分析   因为上述结论可改写为

$$\xi f'(\xi) + f(\xi) = \left[xf(x)\right]'_{x=\xi} = 0,$$

所以可考虑引入辅助函数 $F(x) = xf(x)$ 并对它应用罗尔定理.

证   令 $F(x) = xf(x)$,那么,$F(x)$ 在 $[0,1]$ 上连续、可导且满足 $F(0) = F(1) = 0$.这说明 $F(x)$ 在 $[0,1]$ 上满足罗尔定理条件,所以存在 $\xi \in (0,1)$ 使得

$$F'(\xi) = \xi f'(\xi) + f(\xi) = 0,$$

从而

$$f'(\xi) + \frac{1}{\xi}f(\xi) = 0.$$

§ 3.1.2   拉格朗日(Lagrange)中值定理

罗尔定理的条件 $f(a) = f(b)$ 使定理的适用范围大受局限.为此,著名数学家拉格朗日在取消 $f(a) = f(b)$ 这个限制而保留罗尔定理中其余两个条件的情形下进行推广(这种推广方法在数学思想方法中称为**弱抽象**),得到了在微分学中具有重要作用的拉格朗日中值定理.

定理 3(拉格朗日中值定理)   若函数 $f(x)$ 满足:

(1) 在闭区间 $[a,b]$ 上连续;(2) 在开区间 (a,b) 内可导,

则在 (a,b) 内至少存在一点 ξ,使得

$$f'(\xi) = \frac{f(b) - f(a)}{b - a}. \tag{3.1.4}$$

分析   从图 3-1-6 看出,过点 $A(a, f(a))$ 和 $B(b, f(b))$ 的直线 l 的方程为 $y = l(x)$,其中 $l(x) = f(a) + \dfrac{f(b) - f(a)}{b - a}(x - a)$,那么 (3.1.4) 式左边就是直线 l 的斜率.因此,拉格朗日中值定理的几何意义是:在满足定理条件的曲线 $y = f(x)$ 上至少存在一点 $P(\xi, f(\xi))$ $(\xi \in (a,b))$,使得曲线在该点的切线平行于弦 AB.特别地,当 $f(a) =$

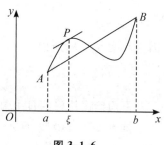

图 3-1-6

$f(b)$ 时,(3.1.4) 式就变成 (3.1.3) 式,因此,拉格朗日中值定理是罗尔定理的推广,罗尔定理是拉格朗日中值定理的特例.

数学思想方法启发我们,在一定条件下,可以把一般的问题转化为特殊问题去处理.现在,注意 $f(x)$ 与 $l(x)$ 在端点 a,b 处的值分别相等,只要把这两个函数相减,就可得到一个与 $f(x)$ 密切相关且满足罗尔定理条件的辅助函数 $F(x)$,再把由罗尔定理得到的关于 $F(x)$ 的结论转化成 $f(x)$ 的结论,就可推出 (3.1.4)

式.

证 作辅助函数

$$F(x) = f(x) - f(a) - \frac{f(b) - f(a)}{b - a}(x - a),$$

容易验证 $F(x)$ 在 $[a,b]$ 上满足罗尔中值定理的条件,故存在 $\xi \in (a,b)$,使得

$$F'(\xi) = f'(\xi) - \frac{f(b) - f(a)}{b - a} = 0.$$

移项后即得所要证明的 $(3.1.4)$ 式.证毕.

$(3.1.4)$ 式称为**拉格朗日中值公式**,它还有下面几种等价形式:

$$f(b) - f(a) = f'(\xi)(b - a), a < \xi < b; \tag{3.1.5}$$

$$f(b) - f(a) = f'[a + \theta(b - a)](b - a), 0 < \theta < 1; \tag{3.1.6}$$

$$f(a + h) - f(a) = f'(a + \theta h)h, 0 < \theta < 1. \tag{3.1.7}$$

值得注意的是,拉格朗日中值公式无论对于 $a < b$ 还是 $a > b$ 都成立,其中 ξ 是介于 a 与 b 之间的某一确定的数.

例 2 证明下面的不等式:

$$\frac{h}{1 + h^2} < \arctan h < h,\text{其中 } h > 0.$$

证 设 $f(x) = \arctan x$,则 $f(x)$ 在 $[0,h]$ 上满足拉格朗日中值定理的条件,所以存在 $\xi \in (0,h)$ 使得 $\arctan h - \arctan 0 = f'(\xi)h$.注意到 $f(0) = 0, f'(\xi) = \frac{1}{1 + \xi^2}$,故有

$$\arctan h = \frac{h}{1 + \xi^2},$$

因为 $0 < \xi < h$,所以

$$\frac{h}{1 + h^2} < \frac{h}{1 + \xi^2} < h,\text{即} \frac{h}{1 + h^2} < \arctan h < h.$$

下面给出拉格朗日中值定理的两个重要推论:

推论 1 设函数 $f(x)$ 在闭区间 $[a,b]$ 上连续,在开区间 (a,b) 内可导且 $f'(x) \equiv 0$,则 $f(x)$ 在 $[a,b]$ 上为常数.

证 设 x_1, x_2 为 $[a,b]$ 上任意两点且 $x_1 < x_2$,由拉格朗日中值定理得

$$f(x_2) - f(x_1) = f'(\xi)(x_2 - x_1), x_1 < \xi < x_2.$$

因 $f'(\xi) = 0$,故得 $f(x_1) = f(x_2)$,即 $f(x)$ 在 $[a,b]$ 上任意两点处的函数值相等,所以 $f(x)$ 为常数. 证毕.

推论 2 设函数 $f(x)$ 和 $g(x)$ 在闭区间 $[a,b]$ 上连续,在开区间 (a,b) 内可导且 $f'(x) \equiv g'(x)$,则在 $[a,b]$ 上有 $f(x) = g(x) + c$,其中 c 是常数.

令 $\varphi(x) = f(x) - g(x)$，对函数 $\varphi(x)$ 利用推论 1 即可证得推论 2.

推论 2 说明，有相同导数的两个函数，彼此只相差一个常数.

例 3 证明恒等式：

$$\arcsin x + \arccos x = \frac{\pi}{2}, \; -1 \leqslant x \leqslant 1.$$

证 因为函数 $f(x) = \arcsin x + \arccos x$ 在 $[-1,1]$ 上连续，在 $(-1,1)$ 内可导，且有

$$f'(x) = \frac{1}{\sqrt{1-x^2}} - \frac{1}{\sqrt{1-x^2}} = 0,$$

所以由推论 1 可知，$f(x)$ 在 $[-1,1]$ 上为常数，故 $f(x) = f(0) = \frac{\pi}{2}$.

§3.1.3 柯西(Cauchy) 中值定理

作为拉格朗日中值定理的推广，我们给出如下定理，它将为下一节介绍的求极限的新方法提供理论根据.

定理 4(柯西中值定理) 设函数 $f(x)$ 和 $g(x)$ 满足

(1) 在闭区间 $[a,b]$ 上都连续；

(2) 在开区间 (a,b) 内都可导；

(3) 对任一 $x \in (a,b)$, $g'(x) \neq 0$,

则在 (a,b) 内至少存在一点 ξ, 使得

$$\frac{f(b) - f(a)}{g(b) - g(a)} = \frac{f'(\xi)}{g'(\xi)}. \tag{3.1.8}$$

(3.1.8) 式称为**柯西中值公式**.

分析 注意到当 (3.1.8) 式中的 $g(x) = x$ 时，它就变成了拉格朗日中值公式. 因此，柯西中值定理是拉格朗日中值定理的推广，从而也是罗尔定理的推广. 参照拉格朗日中值定理的证明，我们从分析结论着手，把 (3.1.8) 适当变形，参照定理 2 的证明思路，再次构造相应的辅助函数来证明结论.

证 由假设 $g'(x) \neq 0$, $x \in (a,b)$, 利用罗尔中值定理，容易推得 $g(a) \neq g(b)$. 把要证明的 (3.1.8) 式改写为

$$f'(\xi) = \frac{f(b) - f(a)}{g(b) - g(a)} g'(\xi) \text{ 或 } f'(\xi) - \frac{f(b) - f(a)}{g(b) - g(a)} g'(\xi) = 0,$$

$$\tag{3.1.9}$$

引入辅助函数

$$\varphi(x) = f(x) - \frac{f(b) - f(a)}{g(b) - g(a)} [g(x) - g(a)], x \in [a,b],$$

容易验证 $\varphi(x)$ 在$[a,b]$ 上满足罗尔中值定理的条件,故在(a,b) 内至少存在一点 ξ,使得

$$\varphi'(\xi) = f'(\xi) - \frac{f(b) - f(a)}{g(b) - g(a)}g'(\xi) = 0.$$

那么,右边的等式与(3.1.9)一致,整理后即得要证明的(3.1.8)式.　　证毕.

习题 3.1(A)

1. 验证罗尔定理对函数 $f(x) = \sin x$ 在区间$[0,\pi]$ 上的正确性.

2. 证明函数恒等式:

$$\arctan x + \operatorname{arccot} x = \frac{\pi}{2}, -\infty < x < +\infty.$$

3. 应用拉格朗日中值定理证明下列不等式:

(1)$e^x > 1 + x, x > 0$;

(2)$\dfrac{x}{1+x} < \ln(1+x) < x, x > 0$;

(3)$|\sin x - \sin y| \leqslant |x - y|, x$ 与 y 为任意实数.

4. 对 $f(x) = \sin x, g(x) = \cos x$,在区间$\left[0, \dfrac{\pi}{2}\right]$ 上验证柯西中值定理的正确性.

习题 3.1(B)

1. 证明:对函数 $f(x) = px^2 + qx + r$ 应用拉格朗日中值定理时所求得的点 ξ 总位于区间的正中间.

2. 若方程 $a_0 x^n + a_1 x^{n-1} + \cdots + a_{n-1} x = 0$ 有一个正根 $x = x_0$,证明方程 $a_0 n x^{n-1} + a_1(n-1)x^{(n-2)} + \cdots + a_{n-1} = 0$ 必有一个小于 x_0 的正根.

3. 若函数 $f(x)$ 在(a,b) 内具有二阶导数,且 $f(x_1) = f(x_2) = f(x_3)$,其中 $a < x_1 < x_2 < x_3 < b$,证明:在(x_1, x_3) 内至少有一点 ξ,使得 $f''(\xi) = 0$.

4. 证明:若函数 $f(x)$ 在$(-\infty, +\infty)$ 内满足关系式 $f'(x) = f(x)$,且 $f(0) = 1$,则 $f(x) = e^x$.

5. 设 $f(x)$ 在$[0,1]$ 上连续,在$(0,1)$ 内可导,且 $f(0) = f(1) = 0, f\left(\dfrac{1}{2}\right) = 1$,试证在$(0,1)$ 内至少存在一点 ξ,使得 $f'(\xi) = 1$.

6. 若 $f(x)$ 在$[0,1]$ 上有二阶导数,且 $f(1) = f(0) = 0$,令 $F(x) = x^2 f(x)$,证明在$(0,1)$ 内至少有一点 ξ,使得 $F''(\xi) = 0$.

§3.2　洛必达法则

§3.2.1　洛必达法则

如果当 $x \to a$（或 $x \to \infty$ 或各种单侧极限过程）时，两个函数 $f(x)$ 与 $g(x)$ 都趋于零或都趋于无穷大，那么商 $\dfrac{f(x)}{g(x)}$ 的极限可能存在，也可能不存在．通常把两个无穷小之比和两个无穷大之比的式子分别称为 $\dfrac{0}{0}$ **待定型**和 $\dfrac{\infty}{\infty}$ **待定型**．求这两类待定型的极限时，不能用"商的极限等于极限的商"这一法则来计算．下面我们将根据柯西中值定理来论证这两类极限存在的条件，并给出一种简便且重要的求极限方法，这个方法称为**洛必达(L'Hospital)法则**．此外，本小节还介绍可转化为这两类极限的其他待定型极限的求法．

1. $\dfrac{0}{0}$ 待定型

定理 1　设函数 $f(x)$ 和 $g(x)$ 满足

(1) $\lim\limits_{x \to a} f(x) = 0$，$\lim\limits_{x \to a} g(x) = 0$；

(2) 在点 a 的某去心邻域 $\mathring{U}(a, \delta)$ 内都可导，且 $g'(x) \neq 0$；

(3) $\lim\limits_{x \to a} \dfrac{f'(x)}{g'(x)}$ 存在（或无穷大），

则 $\lim\limits_{x \to a} \dfrac{f(x)}{g(x)}$ 也存在（或无穷大），且

$$\lim_{x \to a} \frac{f(x)}{g(x)} = \lim_{x \to a} \frac{f'(x)}{g'(x)}. \tag{3.2.1}$$

证　因为极限 $\lim\limits_{x \to a} \dfrac{f(x)}{g(x)}$ 与 $f(a)$ 及 $g(a)$ 的取值无关，故可以假定 $f(a) = g(a) = 0$，于是 $f(x)$ 和 $g(x)$ 就在点 a 处连续．任取 $x \in (a - \delta, a) \bigcup (a, a + \delta)$，在区间 $[a, x]$（或 $[x, a]$）上应用柯西中值定理，得到

$$\frac{f(x)}{g(x)} = \frac{f(x) - f(a)}{g(x) - g(a)} = \frac{f'(\xi)}{g'(\xi)},$$

其中 ξ 介于 a 与 x 之间．当 $x \to a$ 时，也有 $\xi \to a$，故得

$$\lim_{x \to a} \frac{f(x)}{g(x)} = \lim_{\xi \to a} \frac{f'(\xi)}{g'(\xi)} = \lim_{x \to a} \frac{f'(x)}{g'(x)}. \qquad \text{证毕．}$$

值得指出的是，将定理中的自变量的趋向情况换成 $x \to a^+$，$x \to a^-$，$x \to +\infty$，$x \to -\infty$ 或 $x \to \infty$ 时，只要将条件(2)中的邻域作相应的修改，也可得到同样的结论．

例 1 求 $\lim\limits_{x\to 0}\dfrac{\sqrt[3]{1+x}-1}{x}$.

解 这是 $\dfrac{0}{0}$ 型待定式.利用洛必达法则得

$$\lim_{x\to 0}\frac{\sqrt[3]{1+x}-1}{x}=\lim_{x\to 0}\frac{\dfrac{1}{3}(1+x)^{-\frac{2}{3}}}{1}=\frac{1}{3}.$$

例 2 求 $\lim\limits_{x\to 0}\dfrac{x-\sin x}{x^3}$.

解 $\lim\limits_{x\to 0}\dfrac{x-\sin x}{x^3}=\lim\limits_{x\to 0}\dfrac{1-\cos x}{3x^2}=\lim\limits_{x\to 0}\dfrac{\sin x}{6x}=\dfrac{1}{6}.$

注 在例 2 中我们运用了两次洛必达法则.

例 3 求 $\lim\limits_{x\to 1}\dfrac{x^3-3x+2}{x^3-x^2-x+1}$.

解 $\lim\limits_{x\to 1}\dfrac{x^3-3x+2}{x^3-x^2-x+1}=\lim\limits_{x\to 1}\dfrac{3x^2-3}{3x^2-2x-1}$

$$=\lim_{x\to 1}\frac{6x}{6x-2}=\frac{3}{2}.$$

注意：上式中的 $\lim\limits_{x\to 1}\dfrac{6x}{6x-2}$ 已经不是待定式,不能再对它应用洛必达法则,否则会导致错误.

例 4 求 $\lim\limits_{x\to+\infty}\dfrac{\dfrac{\pi}{2}-\arctan x}{\dfrac{1}{x}}$.

解 $\lim\limits_{x\to+\infty}\dfrac{\dfrac{\pi}{2}-\arctan x}{\dfrac{1}{x}}=\lim\limits_{x\to+\infty}\dfrac{-\dfrac{1}{1+x^2}}{-\dfrac{1}{x^2}}=\lim\limits_{x\to+\infty}\dfrac{x^2}{1+x^2}=1.$

2. $\dfrac{\infty}{\infty}$ 待定型

对于 $\dfrac{\infty}{\infty}$ 待定型有类似于 $\dfrac{0}{0}$ 待定型的结论,叙述如下(这里省略了证明)：

定理 2 若函数 $f(x)$ 和 $g(x)$ 满足

(1) $\lim\limits_{x\to a}f(x)=\infty,\lim\limits_{x\to a}g(x)=\infty$;

(2) 在点 a 的某去心邻域 $\mathring{U}(a)$ 内都可导,且 $g'(x)\neq 0$;

(3) $\lim\limits_{x\to a}\dfrac{f'(x)}{g'(x)}$ 存在(或无穷大),

则 $\lim\limits_{x \to a} \dfrac{f(x)}{g(x)}$ 也存在(或无穷大),且

$$\lim_{x \to a} \frac{f(x)}{g(x)} = \lim_{x \to a} \frac{f'(x)}{g'(x)}. \tag{3.2.2}$$

将定理 2 中自变量的趋向情况换成 $x \to a^+, x \to a^-, x \to +\infty, x \to -\infty$ 和 $x \to \infty$ 中的任何一个,或将条件(1)中的 ∞ 同时换成 $+\infty$ 与 $-\infty$ 二者之一时,结论仍成立.

例 5 求 $\lim\limits_{x \to +\infty} \dfrac{\ln x}{x^a} (\alpha > 0)$.

解 $\lim\limits_{x \to +\infty} \dfrac{\ln x}{x^a} = \lim\limits_{x \to +\infty} \dfrac{\dfrac{1}{x}}{\alpha \cdot x^{a-1}} = \lim\limits_{x \to +\infty} \dfrac{1}{\alpha \cdot x^a} = 0.$

例 6 求 $\lim\limits_{x \to +\infty} \dfrac{x^a}{\mathrm{e}^x} (a > 0)$.

解 取正整数 k,使其满足 $a \leqslant k < a+1$,接连应用 k 次洛必达法则得

$$\lim_{x \to +\infty} \frac{x^a}{\mathrm{e}^x} = \lim_{x \to +\infty} \frac{a \cdot x^{a-1}}{\mathrm{e}^x} = \cdots$$

$$= \lim_{x \to +\infty} \frac{a(a-1) \cdots (a-k+1) x^{a-k}}{\mathrm{e}^x}$$

$$= \lim_{x \to +\infty} \frac{a(a-1) \cdots (a-k+1)}{\mathrm{e}^x x^{k-a}} = 0.$$

3. 其他待定型

除了 $\dfrac{0}{0}$ 和 $\dfrac{\infty}{\infty}$ 待定型外,还有 $\infty - \infty, 0 \cdot \infty, 0^0, 1^\infty$ 及 ∞^0 等待定型,它们都可以经过简单的变形后转化为 $\dfrac{0}{0}$ 或 $\dfrac{\infty}{\infty}$ 待定型. 以下举例来说明这类待定型的极限的求法:

例 7 求 $\lim\limits_{x \to 0} \left(\dfrac{1}{\sin x} - \dfrac{1}{x} \right)$.

解 这是 $\infty - \infty$ 待定型,经变形后有

$$\lim_{x \to 0} \left(\frac{1}{\sin x} - \frac{1}{x} \right) = \lim_{x \to 0} \frac{x - \sin x}{x \sin x},$$

上式右边是 $\dfrac{0}{0}$ 待定型,应用洛必达法则得

$$\lim_{x \to 0} \left(\frac{1}{\sin x} - \frac{1}{x} \right) = \lim_{x \to 0} \frac{1 - \cos x}{\sin x + x \cos x}$$

$$= \lim_{x \to 0} \frac{\sin x}{2 \cos x - x \sin x} = 0.$$

例 8 求 $\lim\limits_{x\to 0^+} x\ln x$.

解 这是 $0\cdot\infty$ 待定型,可变形为 $x\ln x = \dfrac{\ln x}{\dfrac{1}{x}}$,成了 $\dfrac{\infty}{\infty}$ 待定型. 于是

$$\lim_{x\to 0^+} x\ln x = \lim_{x\to 0^+} \frac{\ln x}{\dfrac{1}{x}} = \lim_{x\to 0^+}\frac{\dfrac{1}{x}}{-\dfrac{1}{x^2}} = \lim_{x\to 0^+}(-x) = 0.$$

例 9 求 $\lim\limits_{x\to 0^+} x^x$.

解 这是 0^0 待定型,由对数恒等式知,$x^x = \mathrm{e}^{x\ln x}$,应用例 8 可得

$$\lim_{x\to 0^+} x^x = \lim_{x\to 0^+}\mathrm{e}^{x\ln x} = \mathrm{e}^{\lim\limits_{x\to 0^+} x\ln x} = \mathrm{e}^0 = 1.$$

例 10 求 $\lim\limits_{x\to 0}(\cos x)^{\frac{1}{x^2}}$.

解 这是 1^∞ 待定型,经变形后有

$$\lim_{x\to 0}(\cos x)^{\frac{1}{x^2}} = \lim_{x\to 0}\mathrm{e}^{\frac{1}{x^2}\ln\cos x} = \mathrm{e}^{\lim\limits_{x\to 0}\frac{\ln\cos x}{x^2}},$$

其中最右边一式的指数是 $\dfrac{0}{0}$ 待定型,应用洛必达法则得

$$\lim_{x\to 0}\frac{\ln\cos x}{x^2} = \lim_{x\to 0}\frac{-\sin x}{2x\cos x} = -\frac{1}{2},$$

于是

$$\lim_{x\to 0}(\cos x)^{\frac{1}{x^2}} = \mathrm{e}^{-\frac{1}{2}}.$$

例 11 求 $\lim\limits_{x\to+\infty}\left(x+\sqrt{1+x^2}\right)^{\frac{1}{\ln x}}$.

解 这是 ∞^0 待定型,经变形得

$$\lim_{x\to+\infty}\left(x+\sqrt{1+x^2}\right)^{\frac{1}{\ln x}} = \lim_{x\to+\infty}\mathrm{e}^{\frac{\ln\left(x+\sqrt{1+x^2}\right)}{\ln x}},$$

而

$$\lim_{x\to+\infty}\frac{\ln\left(x+\sqrt{1+x^2}\right)}{\ln x} = \lim_{x\to+\infty}\frac{\dfrac{1}{\sqrt{1+x^2}}}{\dfrac{1}{x}} = \lim_{x\to+\infty}\frac{x}{\sqrt{1+x^2}} = 1,$$

故

$$\lim_{x\to+\infty}\left(x+\sqrt{1+x^2}\right)^{\frac{1}{\ln x}} = \mathrm{e}.$$

最后,我们指出应用洛必达法则时应注意的几个事项:

(1) 每次应用洛必达法则之前必须验证两个函数之商是否为 $\dfrac{0}{0}$ 或 $\dfrac{\infty}{\infty}$ 待定式;

(2) 洛必达法则是求 $\dfrac{0}{0}$ 或 $\dfrac{\infty}{\infty}$ 待定式的极限的有效方法,但还应注意与其他方法相配合,才能更好发挥作用. 特别地,在可能时先化简或做等价无穷小替换,

并注意利用已知的重要极限的结论等,常可大大简化运算.

例 12　求 $\lim\limits_{x\to 0}\dfrac{x\sin^2 x}{x-\tan x}$.

解　若直接应用洛必达法则,分子的导数比较复杂,特别当需要反复应用洛必达法则时,分子的高阶导数更复杂. 这时应先做等价无穷小替换,并在计算过程注意整理化简.

$$\lim\limits_{x\to 0}\frac{x\sin^2 x}{x-\tan x}=\lim\limits_{x\to 0}\frac{x^3}{x-\tan x}=\lim\limits_{x\to 0}\frac{3x^2}{1-\sec^2 x}=\lim\limits_{x\to 0}\frac{3x^2}{-\tan^2 x}=-3.$$

(3)洛必达法则并非万能,当不能应用洛必达法则求极限时,未必能肯定极限不存在,应试用其他办法来计算.

例 13　求 $\lim\limits_{x\to\infty}\dfrac{x-\sin x}{x+\cos x}$.

解　由于 $\lim\limits_{x\to\infty}\dfrac{1-\cos x}{1-\sin x}$ 不存在,因此洛必达法则失效.但可先做简单的恒等变换再来求得极限.

$$\lim\limits_{x\to\infty}\frac{x-\sin x}{x+\cos x}=\lim\limits_{x\to\infty}\frac{1-\dfrac{\sin x}{x}}{1+\dfrac{\cos x}{x}}=\frac{1-0}{1+0}=1.$$

习题 3.2(A)

1. 求下列待定型极限:

(1) $\lim\limits_{x\to 0}\dfrac{\ln(1+x)}{x}$;

(2) $\lim\limits_{x\to a}\dfrac{x^m-a^m}{x^n-a^n}(m,n$ 为正整数$,a\neq 0)$;

(3) $\lim\limits_{x\to 1}x^{\frac{1}{1-x}}$;

(4) $\lim\limits_{x\to\frac{\pi}{2}}\dfrac{\ln(\sin x)}{(\pi-2x)^2}$;

(5) $\lim\limits_{x\to 0}\dfrac{\tan x-x}{x-\sin x}$;

(6) $\lim\limits_{x\to+\infty}\dfrac{\ln x}{x}$;

(7) $\lim\limits_{x\to\frac{\pi}{2}}\dfrac{\tan x}{\tan 3x}$;

(8) $\lim\limits_{x\to 1}\left(\dfrac{1}{x-1}-\dfrac{1}{\ln x}\right)$;

(9) $\lim\limits_{x\to\infty}\left[x\left(e^{\frac{1}{x}}-1\right)\right]$;

(10) $\lim\limits_{x\to\infty}x\sin\dfrac{k}{x}(k\neq 0)$;

(11) $\lim\limits_{x\to 0^+}x^{\sin x}$;

(12) $\lim\limits_{x\to\frac{\pi}{4}}(\tan x)^{\tan 2x}$;

(13) $\lim\limits_{x\to+\infty}(\ln x)^{\frac{1}{x}}$.

2. 验证极限 $\lim\limits_{x\to\infty}\dfrac{x+\sin x}{x}$ 存在,但不能用洛必达法则计算.

3. 讨论函数 $f(x) = \begin{cases} \left(\dfrac{(1+x)^{\frac{1}{x}}}{e}\right)^{\frac{1}{x}} & x > 0 \\ e^{-\frac{1}{2}} & x \leqslant 0 \end{cases}$ 在点 $x = 0$ 处的连续性.

习题 3.2(B)

1. 求下列待定型极限：

(1) $\lim\limits_{x \to 0}\left(\dfrac{1}{x^2} - \dfrac{1}{x\tan x}\right)$;

(2) $\lim\limits_{x \to 0}\dfrac{\sqrt{1+x} + \sqrt{1-x} - 2}{x^2}$;

(3) $\lim\limits_{x \to 0}\dfrac{\sqrt{1+\tan x} - \sqrt{1+\sin x}}{x\ln(1+x) - x^2}$;

(4) $\lim\limits_{x \to \infty}\left(\sin\dfrac{2}{x} + \cos\dfrac{1}{x}\right)^x$.

2. 若 $\lim\limits_{x \to +\infty}\dfrac{\ln(1+ce^x)}{\sqrt{1+cx^2}} = 4$，求常数 c 的值.

3. 设当 $x \to 0$ 时 $f(x) = e^x - (ax^2 + bx + 1) = o(x^2)$，求常数 a, b.

4. 设函数 $f(x)$ 在 $x = 0$ 的某邻域内有一阶连续导数，且 $f(0) \neq 0$，$f'(0) \neq 0$，若 $af(h) + bf(2h) - f(0)$ 在 $h \to 0$ 时是比 h 高阶的无穷小，试确定 a, b 的值.

§3.3　泰勒公式

多项式是各类函数中最简单的一种，用多项式近似表示所研究的函数是近似计算和理论分析的重要内容之一.

由 §2.6 知，如果函数 $f(x)$ 在点 x_0 可导，则有

$$f(x) = f(x_0) + f'(x_0)(x - x_0) + o(x - x_0),$$

即在点 x_0 附近，用一次多项式 $f(x_0) + f'(x_0)(x - x_0)$ 近似表示 $f(x)$ 时，其误差为 $(x - x_0)$ 的高阶无穷小. 然而，用这个一次多项式来近似计算 $f(x)$ 时，其精确度往往还不能够满足实际需要；其次，用它来作近似计算不能具体估算误差的大小. 因此，我们希望能够找出一个关于 $(x - x_0)$ 的 n 次多项式

$$P_n(x) = a_0 + a_1(x - x_0) + a_2(x - x_0)^2 + \cdots + a_n(x - x_0)^n \quad (3.3.1)$$

来近似表示函数 $f(x)$，使得

1. 当 $x \to x_0$ 时，$f(x) - P_n(x)$ 是比 $(x - x_0)^n$ 高阶的无穷小；

2. 能够写出误差 $|f(x) - p_n(x)|$ 的具体表达式.

下面我们来讨论这个问题. 假设 $P_n(x)$ 和 $f(x)$ 满足

$$p_n(x_0) = f(x_0), \quad p'_n(x_0) = f'(x_0),$$

$$p''_n(x_0) = f''(x_0), \cdots, p_n^{(n)}(x_0) = f^{(n)}(x_0),$$

我们将用这些等式来确定多项式 (3.3.1) 的系数 $a_0, a_1, a_2, \cdots, a_n$. 为此，对

$(3.3.1)$ 式求各阶导数,然后分别代入以上等式,得

$$a_0 = f(x_0), 1 \cdot a_1 = f'(x_0),$$
$$2! a_2 = f''(x_0), \cdots, n! a_n = f^{(n)}(x_0).$$

于是,

$$a_0 = f(x_0), a_1 = f'(x_0), a_2 = \frac{1}{2!} f''(x_0), \cdots, a_n = \frac{1}{n!} f^{(n)}(x_0).$$

把求得的系数 $a_0, a_1, a_2, \cdots, a_n$ 代入 $(3.3.1)$ 式,就得到

$$P_n(x) = f(x_0) + f'(x_0)(x - x_0) + \frac{f''(x_0)}{2!}(x - x_0)^2 + \cdots$$
$$+ \frac{f^{(n)}(x_0)}{n!}(x - x_0)^n. \tag{3.3.2}$$

下面的定理表明,多项式 $(3.3.2)$ 的确是我们要找的 n 次多项式.

定理 1(泰勒(Taylor)中值定理) 如果函数 $f(x)$ 在含有 x_0 的某个开区间 (a, b) 内具有直到 $(n+1)$ 阶的导数,则对任一 $x \in (a, b)$,有

$$f(x) = f(x_0) + f'(x_0)(x - x_0) + \frac{f''(x_0)}{2!}(x - x_0)^2 + \cdots$$
$$+ \frac{f^{(n)}(x_0)}{n!}(x - x_0)^n + R_n(x), \tag{3.3.3}$$

其中

$$R_n(x) = \frac{f^{(n+1)}(\xi)}{(n+1)!}(x - x_0)^{n+1}, \tag{3.3.4}$$

这里 ξ 是 x_0 与 x 之间的某个值.

证 令 $R_n(x) = f(x) - P_n(x)$,这里 $P_n(x)$ 由 $(3.3.2)$ 表示,因此,只需证明 $(3.3.4)$ 式即可.

由假设可知,$R_n(x)$ 在 (a, b) 内具有直到 $(n+1)$ 阶的导数,且

$$R_n(x_0) = R'_n(x_0) = R''_n(x_0) = \cdots = R_n^{(n)}(x_0) = 0.$$

在以 x_0 及 x 为端点的区间上对函数 $R_n(x)$ 及 $(x - x_0)^{n+1}$ 应用柯西中值定理(显然,这两个函数满足柯西中值定理的条件),得

$$\frac{R_n(x)}{(x - x_0)^{n+1}} = \frac{R_n(x) - R_n(x_0)}{(x - x_0)^{n+1} - 0} = \frac{R'_n(\xi_1)}{(n+1)(\xi_1 - x_0)^n},$$

其中 ξ_1 在 x 与 x_0 之间. 再在以 x_0 和 ξ_1 为端点的区间上对函数 $R'_n(x)$ 与 $(n+1)(x - x_0)^n$ 应用柯西中值定理,得

$$\frac{R'_n(\xi_1)}{(n+1)(\xi_1 - x_0)^n} = \frac{R'_n(\xi_1) - R'_n(x_0)}{(n+1)(\xi_1 - x_0)^n - 0} = \frac{R''_n(\xi_2)}{n(n+1)(\xi_2 - x_0)^{n-1}},$$

其中 ξ_2 在 x_0 与 ξ_1 之间. 照此方法继续做下去,经过 $(n+1)$ 次后,得

$$\frac{R_n(x)}{(x-x_0)^{n+1}} = \frac{R_n^{(n+1)}(\xi)}{(n+1)!}, \tag{3.3.5}$$

其中 ξ 在 x_0 与 ξ_n 之间,从而也在 x_0 与 x 之间. 因为 $P_n^{(n+1)}(x)=0$,所以

$$R_n^{(n+1)}(x) = f^{(n+1)}(x),$$

由此及(3.3.5)式推出(3.3.4)式. 证毕.

多项式(3.3.2)称为函数 $f(x)$ 按 $(x-x_0)$ 的幂展开的 n 次近似多项式, $R_n(x)$ 的表达式(3.3.4)称为**拉格朗日型余项**,而公式(3.3.3)称为 $f(x)$ 按 $(x-x_0)$ 的幂展开的带有拉格朗日型余项的 n 阶**泰勒公式**.

当 $n=0$ 时,泰勒公式变成拉格朗日中值公式:

$$f(x) = f(x_0) + f'(\xi)(x-x_0) \quad (\xi \text{ 在 } x_0 \text{ 与 } x \text{ 之间}).$$

因此,泰勒中值定理是拉格朗日中值定理的推广.

由泰勒中值定理可知,在用多项式 $P_n(x)$ 近似表达函数 $f(x)$ 时,其误差为 $|R_n(x)|$. 如果对于某个固定的 n,当 $x \in (a,b)$ 时,$|f^{(n+1)}(x)| \leqslant M$,则有估计式:

$$|R_n(x)| = \left| \frac{f^{(n+1)}(\xi)}{(n+1)!}(x-x_0)^{n+1} \right| \leqslant \frac{M}{(n+1)!} |x-x_0|^{n+1} \tag{3.3.6}$$

及

$$\lim_{x \to x_0} \frac{R_n(x)}{(x-x_0)^n} = 0.$$

由此可见,当 $x \to x_0$ 时,误差 $|R_n(x)|$ 是比 $(x-x_0)^n$ 高阶的无穷小,即

$$R_n(x) = o[(x-x_0)^n]. \tag{3.3.7}$$

这样,就可以根据(3.3.6)来确定 n,使得(3.3.2)定义的 $P_n(x)$ 满足所需要的精确度.

在不需要写出余项的精确表达式时,n 阶泰勒公式也可表示成

$$f(x) = f(x_0) + f'(x_0)(x-x_0) + \cdots + \frac{f^{(n)}(x_0)}{n!}(x-x_0)^n + o[(x-x_0)^n]. \tag{3.3.8}$$

$R_n(x)$ 的表达式(3.3.7)称为**佩亚诺(Peano)型余项**,公式(3.3.8)称为 $f(x)$ 按 $(x-x_0)$ 的幂展开的**带有佩亚诺型余项的 n 阶泰勒公式**.

在泰勒公式(3.3.3)中,如果取 $x_0=0$,则 ξ 在 0 与 x 之间. 因此可令 $\xi = \theta x (0 < \theta < 1)$,从而泰勒公式变成较简单的形式,即所谓带有拉格朗日型余项的**麦克劳林(Maclaurin)公式**:

$$f(x) = f(0) + f'(0)x + \frac{f''(0)}{2!}x^2 + \cdots + \frac{f^{(n)}(0)}{n!}x^n$$

$$+ \frac{f^{(n+1)}(\theta x)}{(n+1)!}x^{n+1} \quad (0 < \theta < 1). \tag{3.3.9}$$

例 1　写出函数 $f(x) = e^x$ 的带有拉格朗日型余项的麦克劳林公式.

解　因为 $f(x) = f'(x) = f''(x) = \cdots = f^{(n)}(x) = f^{(n+1)}(x) = e^x$,所以

$$f(0) = f'(0) = f''(0) = \cdots = f^{(n)}(0) = 1, f^{(n+1)}(\theta x) = e^{\theta x}.$$

把它们代入公式(3.3.9)得到

$$e^x = 1 + x + \frac{x^2}{2!} + \cdots + \frac{x^n}{n!} + \frac{e^{\theta x}}{(n+1)!}x^{n+1}, 0 < \theta < 1, x \in (-\infty, +\infty).$$

例 2　写出函数 $f(x) = \sin x$ 的带有拉格朗日型余项的麦克劳林公式.

解　因为 $f^{(n)}(x) = \sin\left(x + \frac{n\pi}{2}\right)$,所以

$$f(0) = 0, f^{(2m)}(0) = 0, f^{(2m-1)}(0) = (-1)^{m-1}, m = 1, 2, 3, \cdots,$$

$$R_n(x) = R_{2m}(x) = \frac{\sin\left[\theta x + (2m+1)\dfrac{\pi}{2}\right]}{(2m+1)!}x^{2m+1}, 0 < \theta < 1.$$

把它们代入公式(3.3.9)得到

$$\sin x = x - \frac{x^3}{3!} + \frac{x^5}{5!} + \cdots + (-1)^{m-1}\frac{x^{2m-1}}{(2m-1)!}$$

$$+ \frac{\sin\left[\theta x + (2m+1)\dfrac{\pi}{2}\right]}{(2m+1)!}x^{2m+1}, 0 < \theta < 1, x \in (-\infty, +\infty).$$

类似地,还可以得到其他函数的带有拉格朗日型余项的麦克劳林公式:

$$\cos x = 1 - \frac{x^2}{2!} + \frac{x^4}{4!} + \cdots + (-1)^m \frac{x^{2m}}{(2m)!} +$$

$$\frac{\cos[\theta x + (m+1)\pi]}{(2m+2)!}x^{2m+2}, 0 < \theta < 1, x \in (-\infty, +\infty);$$

$$\ln(1+x) = x - \frac{x^2}{2} + \frac{x^3}{3} + \cdots + (-1)^{n-1}\frac{x^n}{n} + (-1)^n \frac{x^{n+1}}{(n+1)(1+\theta x)^{n+1}},$$

$$0 < \theta < 1, x > -1;$$

$$(1+x)^\alpha = 1 + \alpha x + \frac{\alpha(\alpha-1)}{2}x^2 + \cdots + \frac{\alpha(\alpha-1)\cdots(\alpha-n+1)}{n!}x^n$$

$$+ \frac{\alpha(\alpha-1)\cdots(\alpha-n)}{(n+1)!}(1+\theta x)^{\alpha-n-1}x^{n+1}, \quad 0 < \theta < 1, x > -1.$$

例 3　计算 e 的值,使其误差不超过 10^{-6}.

解　由例 1 求得的公式,当 $x = 1$ 时有

$$e = 1 + 1 + \frac{1}{2!} + \frac{1}{3!} + \cdots + \frac{1}{n!} + \frac{e^\theta}{(n+1)!}, 0 < \theta < 1.$$

故 $R_n(1) = \dfrac{e^\theta}{(n+1)!} < \dfrac{3}{(n+1)!}$,当 $n = 9$ 时,便有

$$R_9(1) < \frac{3}{10!} = \frac{3}{3628800} < 10^{-6}.$$

从而，e 的误差不超过 10^{-6} 的近似值为

$$e \approx 1 + 1 + \frac{1}{2!} + \frac{1}{3!} + \cdots + \frac{1}{9!} \approx 2.718282.$$

习题 3.3(A)

1. 按 $(x-4)$ 的幂展开多项式 $f(x) = x^4 - 5x^3 + x^2 - 3x + 4$.

2. 求函数 $f(x) = \frac{1}{x}$ 按 $(x+1)$ 的幂展开的带有拉格朗日型余项的 n 阶泰勒公式.

3. 写出函数 $f(x) = \frac{1}{1-x}$ 的带有拉格朗日型余项的麦克劳林公式.

4. 验证当 $0 < x \leqslant \frac{1}{2}$ 时，按公式 $e^x \approx 1 + x + \frac{x^2}{2} + \frac{x^3}{6}$ 计算 e^x 的近似值时，所产生的误差小于 0.01，并求出 $\sqrt{e}$ 的近似值，使误差小于 0.01.

5. 应用三阶泰勒公式求下列各数的近似值，并估计误差：

(1) $\sqrt[3]{30}$；　　　　(2) $\sin 18°$.

习题 3.3(B)

1. 利用泰勒公式求极限：

(1) $\lim\limits_{x\to 0} \dfrac{1 + \frac{1}{2}x^2 - \sqrt{1+x^2}}{(\cos x - e^{x^2})\sin x^2}$；　　　　(2) $\lim\limits_{x\to 0} \dfrac{\cos x - e^{-\frac{x^2}{2}}}{x^2[x + \ln(1-x)]}$；

(3) $\lim\limits_{x\to +\infty} \left(\sqrt[3]{x^3 + 3x^2} - \sqrt[4]{x^4 - 2x^3} \right)$.

2. 利用麦克劳林公式求函数 $f(x) = x^2\ln(1+x)$ 在 $x = 0$ 的 n 阶导数 $f^{(n)}(0)(n \geqslant 3)$.

3. 设函数 $f(x)$ 在 $[a,b]$ 上有 $f''(x) < 0$，任给 $x_1, x_2 \in [a,b]$，证明：

$$f\left(\frac{x_1 + x_2}{2}\right) > \frac{1}{2}[f(x_1) + f(x_2)].$$

4. 设函数 $f(x)$ 有二阶导数，且 $f(x) \leqslant \frac{1}{2}[f(x-h) + f(x+h)]$ 对所有充分小的 $h > 0$ 成立. 证明：$f''(x) \geqslant 0$.

5. 如果在 (a,b) 内，$f''(x) \geqslant 0$，则对 (a,b) 内任意 n 个点 $x_1, x_2, \cdots, x_n$ 有不等式

$$f\left(\frac{x_1 + x_2 + \cdots + x_n}{n}\right) \leqslant \frac{1}{n}\left[f(x_1) + f(x_2) + \cdots + f(x_n)\right].$$

§3.4　函数的单调性与曲线的凹凸性

在 §1.1,我们已经知道,单调性是函数的一个重要性质.直接运用定义来判定单调性的方法,虽然可以适用于基本初等函数,但把它用于判别一般的函数,却往往是困难或繁琐的.为此,需要寻求更有效的方法.本节将以导数为工具,介绍判定函数的单调性和曲线的凹凸性的简便且具有一般性的方法.

§3.4.1　函数单调性的判定法

先考察图 3-4-1,如果函数 $y = f(x)$ 在区间 $[a,b]$ 上单调增加(单调减少),那么它的图形是一条沿 x 轴正向上升(下降)的曲线.这时如图 3-4-1 所示,曲线上各点处的切线斜率是非负的(是非正的),即 $y' = f'(x) \geqslant 0(y' = f'(x) \leqslant 0)$,由此可见,函数的单调性与导数的符号有着密切的联系.

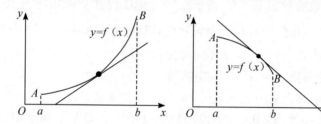

（a）函数图形上升时切线斜率非负　　（b）函数图形下降时切线斜率非正

图 3-4-1

那么,能否用导数的符号来判定函数的单调性呢?

一般地,根据拉格朗日中值定理可推出:

定理 1　设函数 $y = f(x)$ 在 $[a,b]$ 上连续,在 (a,b) 内可导,

(1) 如果在 (a,b) 内 $f'(x) > 0$,那么函数 $y = f(x)$ 在 $[a,b]$ 上单调增加;

(2) 如果在 (a,b) 内 $f'(x) < 0$,那么函数 $y = f(x)$ 在 $[a,b]$ 上单调减少.

证明　在 $[a,b]$ 上任取两点 x_1, x_2 使得 $x_1 < x_2$,据条件知,$f(x)$ 在 $[x_1, x_2]$ 上连续,在 (x_1, x_2) 上可导,根据拉格朗日中值定理推出

$$f(x_2) - f(x_1) = f'(\xi)(x_2 - x_1), (x_1 < \xi < x_2).$$

(1) 设在 (a,b) 内 $f'(x) > 0$,那么 $f'(\xi) > 0$;因为 $x_2 - x_1 > 0$,所以

$$f(x_2) - f(x_1) = f'(\xi)(x_2 - x_1) > 0,$$

即 $f(x_2) > f(x_1)$.因此 $f(x)$ 在 $[a,b]$ 上单调增加.

(2) 若在 (a,b) 内,$f'(x) < 0$,则 $f'(\xi) < 0$,所以 $f(x_2) < f(x_1)$,即 $y =$

$f(x)$ 在 $[a,b]$ 上单调减少.　　　　　　　　　　　　　　　　　　　证毕.

注　如果把这个定理的条件中使得 $f(x)$ 连续的闭区间换成其他区间 I,同时假定 $f'(x)$ 在 I 内恒正或恒负,那么相应的结论仍然在 I 上成立.

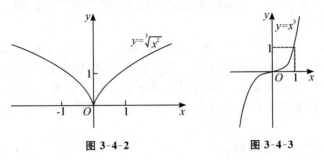

图 3-4-2　　　　　　　　　图 3-4-3

例 1　讨论函数 $y = \sqrt[3]{x^2}$ 的单调性.

解　这个函数在它的定义域 $(-\infty, +\infty)$ 内连续.当 $x \neq 0$ 时 $y' = \dfrac{2}{3\sqrt[3]{x}}$;当 $x = 0$ 时,函数的导数不存在.由于在 $(-\infty, 0)$ 内有 $y' < 0$,由定理 1 的附注知,函数 $y = \sqrt[3]{x^2}$ 在 $(-\infty, 0]$ 上单调减少;同理,由于在 $(0, +\infty)$ 内有 $y' > 0$,故函数 $y = \sqrt[3]{x^2}$ 在 $[0, +\infty)$ 上单调增加(见图 3-4-2).

例 2　讨论函数 $y = x^3$ 的单调性.

解　这个函数在它的定义域 $(-\infty, +\infty)$ 内连续.由 $y' = 3x^2$ 知当 $x \neq 0$ 时,$y' > 0$.因此,$y = x^3$ 在 $(-\infty, 0]$ 及 $[0, +\infty)$ 上都是单调增加的,从而在 $(-\infty, +\infty)$ 内单调增加(见图 3-4-3).

例 3　确定函数 $f(x) = x^3 + 3x^2 - 1$ 的单调区间.

解　这个函数在它的定义域 $(-\infty, +\infty)$ 内连续.求导数得
$$f'(x) = 3x^2 + 6x = 3x(x + 2).$$
解方程 $f'(x) = 0$ 得,$x_1 = -2, x_2 = 0$.这两个根把 $(-\infty, +\infty)$ 分成三个部分区间 $(-\infty, -2), [-2, 0]$ 及 $(0, +\infty)$.

由于在区间 $(-\infty, -2)$ 内有 $f'(x) > 0$,因此函数 $f(x)$ 在 $(-\infty, -2]$ 上单调增加;而在区间 $(-2, 0)$ 内 $f'(x) < 0$,因此函数 $f(x)$ 在 $[-2, 0]$ 上单调减少;由于在区间 $(0, +\infty)$ 内 $f'(x) > 0$,因此函数 $f(x)$ 在 $[0, +\infty)$ 上单调增加.

一般地,若 $f'(x)$ 在区间 I 上的有限个点处为零,在其余各点处均取正(或负)值,则 $f(x)$ 在 I 上仍是单调增加(或单调减少)的.

下面举一个利用函数的单调性证明不等式的例子:

例 4　证明:当 $x > 1$ 时,$2\sqrt{x} > 3 - \dfrac{1}{x}$.

证 令 $f(x) = 2\sqrt{x} - \left(3 - \dfrac{1}{x}\right)$, 则

$$f'(x) = \frac{1}{\sqrt{x}} - \frac{1}{x^2} = \frac{1}{x^2}(x\sqrt{x} - 1).$$

$f(x)$ 在 $[1, +\infty)$ 上连续, 在 $(1, +\infty)$ 内 $f'(x) > 0$, 因此, 函数 $f(x)$ 在 $[1, +\infty)$ 上单调增加, 从而当 $x > 1$ 时, $f(x) > f(1) = 0$, 移项后就得到所要的结论.   证毕.

§3.4.2 曲线的凹凸性与拐点

函数的单调性反映在图形上, 表现为曲线的上升或下降. 为了更精确地描述函数图形, 我们还要引入新的概念. 如图 3-4-4 中的两条曲线弧, 虽然都是单调上升, 但图形 $\overset{\frown}{ACB}$ 和 $\overset{\frown}{ADB}$ 的凹凸方向却有明显不同.

为了刻画曲线的这种特性, 下面利用切线给出曲线凹凸性的精确定义:

定义 1 设函数 $f(x)$ 在区间 I 上可导, 如果在区间 I 上曲线 $y = f(x)$ 位于它的每一点处切线的上方(或下方), 那么称曲线 $y = f(x)$ 在区间 I 上是**凹的(或凸的)**, 此时也称 $f(x)$ 为区间 I 上的**凹函数(或凸函数)**.

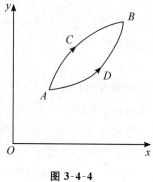

图 3-4-4

凹(凸)函数的图形见下面的图 3-4-5.

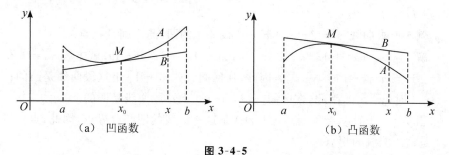

（a）凹函数 　　　　　　　　（b）凸函数

图 3-4-5

下面给出一个判别曲线凹凸性的定理, 仅就 I 为闭区间的情形来叙述定理.

定理 2 设函数 $f(x)$ 在 $[a,b]$ 上连续, 在 (a,b) 内具有二阶导数, 那么, (1) 若在 (a,b) 内 $f''(x) > 0$, 则曲线 $y = f(x)$ 在 $[a,b]$ 上是凹的; (2) 若在 (a,b) 内 $f''(x) < 0$, 则曲线 $y = f(x)$ 在 $[a,b]$ 上是凸的.

证 设 x_0 为 (a,b) 内任一点, x 为 (a,b) 内异于 x_0 的任一点, 由泰勒公式,

得到

$$f(x) = f(x_0) + f'(x_0)(x - x_0) + \frac{f''(\xi)}{2!}(x - x_0)^2, \qquad (3.4.1)$$

其中 ξ 在 x 与 x_0 之间. $f(x)$ 就是曲线上对应于 x 的点 A 的纵坐标(图 3-4-5).
而曲线在点 $M(x_0, f(x_0))$ 处的切线方程为

$$y - f(x_0) = f'(x_0)(x - x_0),$$

所以此切线上对应于 x 的点 B 的纵坐标(图 3-4-5)为

$$y = f(x_0) + f'(x_0)(x - x_0). \qquad (3.4.2)$$

将(3.4.1)、(3.4.2)两式相减,得

$$f(x) - y = \frac{f''(\xi)}{2!}(x - x_0)^2. \qquad (3.4.3)$$

当在 (a,b) 内 $f''(x) > 0$(或 < 0)时,有 $f''(\xi) > 0$(或 < 0),因此,由(3.4.3)
式得

$$f(x) > y(\text{或 } f(x) < y).$$

这表明曲线位于其上任一点 M 处的切线上方(或下方),也就是说曲线 $y = f(x)$
在 $[a,b]$ 上的图形是凹的(或凸的).　　　　　　　　　　　　　　　证毕.

　　定义 2　设 $f(x)$ 在区间 I 上连续,$x_0 \in I$(但 x_0 不是 I 的端点),如果曲线
$y = f(x)$ 在经过点 $(x_0, f(x_0))$ 时,曲线的凹凸性发生了改变,那么,称点
$(x_0, f(x_0))$ 为这条曲线的**拐点**.

　　简单地说,曲线的拐点就是曲线凹凸的分界点.类似于函数极值的必要条
件,我们有这样的结论:若点 $(x_0, f(x_0))$ 为曲线 $y = f(x)$ 的拐点,且 $f''(x_0)$ 存
在,则 $f''(x_0) = 0$.

　　例 5　求曲线 $y = 2x^3 + 6x^2 - 12x + 4$ 的凹、凸区间及拐点.

　　解　$y' = 6x^2 + 12x - 12$,$y'' = 12x + 12 = 12(x+1)$.解方程 $y'' = 0$ 得,
$x = -1$.当 $x < -1$ 时,$y'' < 0$,因此,在区间 $(-\infty, -1]$ 上这段曲线是凸的;当
$x > -1$ 时,$y'' > 0$,因此,在区间 $[-1, +\infty)$ 上这段曲线是凹的.

　　当 $x = -1$ 时 $y = 20$,点 $(-1, 20)$ 是这一曲线的凹凸分界点,因此,点 $(-1, 20)$ 是这一曲线的拐点.

　　例 6　求曲线 $y = \sqrt[3]{x}$ 的拐点.

　　解　这个函数在定义域 $(-\infty, +\infty)$ 内连续,当 $x \neq 0$ 时,

$$y' = \frac{1}{3\sqrt[3]{x^2}},\quad y'' = -\frac{2}{9x\sqrt[3]{x^2}},$$

当 $x < 0$ 时,$y'' > 0$,因此,在区间 $(-\infty, 0]$ 上这段曲线是凹的;当 $x > 0$ 时,$y'' < 0$,因此,在区间 $[0, +\infty)$ 上这段曲线是凸的.

当 $x = 0$ 时 $y = 0$，于是，由定义 2，点 $(0,0)$ 是该曲线的一个拐点.

注　本题虽然当 $x = 0$ 时，y'，y'' 都不存在，但点 $(0,0)$ 是曲线的拐点.

习题 3.4(A)

1. 确定下列函数的单调区间：

(1) $y = 2x - x^2$；　　　　　　(2) $y = 3x - x^3$；

(3) $y = 2e^x + e^{-x}$；　　　　　(4) $y = \dfrac{1}{x} + \ln x$.

2. 证明下列不等式：

(1) 当 $x > 0$ 时，$1 + \dfrac{1}{2}x > \sqrt{1 + x}$；

(2) 当 $x > 0$ 时，$\dfrac{x}{1 + x} < \ln(1 + x) < x$；

(3) 当 $0 < x < \dfrac{\pi}{2}$ 时，$\tan x > x + \dfrac{1}{3}x^3$.

3. 求下列函数图形的凹、凸区间及拐点：

(1) $y = 2x^3 - 3x^2 - 36x + 25$；　　(2) $y = \ln(1 + x^2)$；

(3) $y = \sqrt{1 + x^2}$；　　　　　　(4) $y = xe^{-x}$.

习题 3.4(B)

1. 证明下列不等式：

(1) 当 $x > 0$ 时，$1 + x\ln(x + \sqrt{1 + x^2}) > \sqrt{1 + x^2}$；

(2) 当 $0 < x < \dfrac{\pi}{2}$ 时，$\sin x + \tan x > 2x$；

(3) 当 $0 < x < \pi$ 时，有 $\sin \dfrac{x}{2} > \dfrac{x}{\pi}$.

2. 试证明曲线 $y = \dfrac{x - 1}{x^2 + 1}$ 有三个拐点位于同一直线上.

3. 试确定曲线 $y = ax^3 + bx^2 + cx + d$ 中的 a, b, c, d，使得 $x = -2$ 处曲线有水平切线，$(1, -10)$ 为拐点，且点 $(-2, 44)$ 在曲线上.

4. 设 $y = f(x)$ 在 $x = x_0$ 的某邻域内具有三阶连续导数，如果 $f'(x_0) = f''(x_0) = 0$，且 $f'''(x_0) \neq 0$，试问 $(x_0, f(x_0))$ 是否为拐点，为什么？

§3.5 函数的极值与最大值最小值

§3.5.1 函数极值的求法

在 §3.1 中,我们讲述了函数极值的概念和费马引理,由此可知,可导函数 $f(x)$ 的极值点 x_0 必满足 $f'(x_0)=0$,从而可导函数的极值点必是驻点.

但反过来,函数的驻点却不一定是极值点.例如,$f(x)=x^3$ 的导数 $f'(x)=3x^2$,$f'(0)=0$,因此,$x=0$ 是这个函数的驻点,但 $x=0$ 却不是这个函数的极值点.所以,函数的驻点只是有可能是极值点而已.此外,函数在它的导数不存在的点处也可能取得极值.例如,函数 $f(x)=|x|$ 在点 $x=0$ 处不可导,但函数在该点取得极小值.那么,怎样判别函数在驻点或不可导的点处究竟是否取得极值?下面给出判别极值的两个充分条件:

定理 1(判别极值的第一充分条件) 设函数 $f(x)$ 在 x_0 处连续,且在 x_0 的某去心邻域 $\mathring{U}(x_0,\delta)$ 内可导,

(1)若当 $x\in(x_0-\delta,x_0)$ 时,$f'(x)>0$,而当 $x\in(x_0,x_0+\delta)$ 时,$f'(x)<0$,则 $f(x)$ 在 x_0 处取得极大值;

(2)若当 $x\in(x_0-\delta,x_0)$ 时,$f'(x)<0$,而当 $x\in(x_0,x_0+\delta)$ 时,$f'(x)>0$,则 $f(x)$ 在 x_0 处取得极小值;

(3)若当 $x\in\mathring{U}(x_0,\delta)$ 时,$f'(x)$ 的符号不变,则 x_0 不是极值点.

证 下面只证情形(1),其他情形可以类似地证明(留给读者作为练习).

根据函数单调性的判别法,函数在 $(x_0-\delta,x_0]$ 上单调增加,而在 $[x_0,x_0+\delta)$ 上单调减少,故当 $x\in\mathring{U}(x_0,\delta)$ 时,总有 $f(x)<f(x_0)$,所以 $f(x_0)$ 是 $f(x)$ 的一个极大值. 证毕.

根据费马引理和定理 1,如果 $f(x)$ 在所讨论的区间内连续,除个别点外处处可导,则可按下列步骤来求函数在该区间内的极值点和极值:

(1)求出导数 $f'(x)$;

(2)解方程 $f'(x)=0$,求出 $f(x)$ 的全部驻点与不可导点;

(3)讨论 $f'(x)$ 在邻近驻点和不可导点左、右两侧符号变化的情况,确定函数的极大(小)值点;

(4)求出各极值点的函数值,就得到了函数 $f(x)$ 的全部极值.

例 1 求函数 $f(x)=(2x-5)\sqrt[3]{x^2}$ 的极值点与极值.

解 $f(x)=(2x-5)\sqrt[3]{x^2}=2x^{\frac{5}{3}}-5x^{\frac{2}{3}}$ 在定义域 $(-\infty,+\infty)$ 内连续,且

当 $x \neq 0$ 时,有

$$f'(x) = \frac{10}{3} x^{\frac{2}{3}} - \frac{10}{3} x^{-\frac{1}{3}} = \frac{10}{3} \frac{x-1}{\sqrt[3]{x}}.$$

易见,$x = 1$ 为 $f(x)$ 的驻点,$x = 0$ 为 $f(x)$ 的不可导点. 这两点是否为极值点,需作进一步讨论. 现列表如下(表中 ↗ 表示单调增加,↘ 表示单调减少):

x	$(-\infty, 0)$	0	$(0, 1)$	1	$(1, +\infty)$
$f'(x)$	$+$	不存在	$-$	0	$+$
$f(x)$	↗	0	↘	-3	↗

由上表可见:点 $x = 0$ 为 $f(x)$ 的极大值点,极大值为 $f(0) = 0$;$x = 1$ 为 $f(x)$ 的极小值点,极小值为 $f(1) = -3$.

定理 2(判别极值的第二充分条件)　设函数 $f(x)$ 在 x_0 处具有二阶导数且 $f'(x_0) = 0, f''(x_0) \neq 0$,那么

(1) 当 $f''(x_0) < 0$ 时,函数 $f(x)$ 在 x_0 处取得极大值;

(2) 当 $f''(x_0) > 0$ 时,函数 $f(x)$ 在 x_0 处取得极小值.

证　下面只证情形(1),情形(2)可类似地证明(留给读者作为练习).

由于 $f''(x_0) < 0$,按二阶导数的定义有

$$f''(x_0) = \lim_{x \to x_0} \frac{f'(x) - f'(x_0)}{x - x_0} < 0.$$

根据函数极限的局部保号性,当 x 在 x_0 的足够小的去心邻域内时,

$$\frac{f'(x) - f'(x_0)}{x - x_0} < 0.$$

由于 $f'(x_0) = 0$,所以 $f'(x)$ 与 $x - x_0$ 的符号相反. 从而,当 $x - x_0 < 0$ 即 $x < x_0$ 时,$f'(x) > 0$;当 $x - x_0 > 0$ 即 $x > x_0$ 时,$f'(x) < 0$. 于是根据定理 1 知道,$f(x)$ 在 x_0 处取得极大值.　　　　　　　　证毕.

注　若在驻点 x_0 处有 $f''(x_0) = 0$,则定理 2 失效. 那么 x_0 可能是极值点,也可能不是极值点. 这时,若 $f'(x)$ 在 x_0 的两旁的符号明确,则可用定理 1 来判定.

例 2　求函数 $f(x) = x^2 e^x$ 的极值.

解　求函数 $f(x)$ 在定义域 $(-\infty, +\infty)$ 内的一阶与二阶导数得

$$f'(x) = 2x e^x + x^2 e^x = e^x (x^2 + 2x),$$

$$f''(x) = e^x (x^2 + 2x) + e^x (2x + 2) = e^x (x^2 + 4x + 2).$$

解方程 $f'(x) = 0$ 得,驻点 $x_1 = -2, x_2 = 0$. 由于 $f''(-2) = -\frac{2}{e^2} < 0$,因此,

$f(-2) = \dfrac{4}{e^2}$ 为极大值；因为 $f''(0) = 2 > 0$，所以 $f(0) = 0$ 为极小值.

§3.5.2　最大值与最小值的求法

设函数 $f(x)$ 在区间 $[a,b]$ 上连续且在 (a,b) 内至多除有限个点外可导. 因为函数 $f(x)$ 在区间 $[a,b]$ 上连续，所以 $f(x)$ 在 $[a,b]$ 上一定有最大值与最小值（统称为**最值**）. 若最值点 x_0 在区间 (a,b) 内，则 x_0 必定是 $f(x)$ 的局部最值点. 若 $f(x)$ 在 (a,b) 的任何子区间上不是常数，则最值点 x_0 必定是极值点. 而极值点必定是驻点或不可导点. 此外，最值点也可能在区间 $[a,b]$ 的端点上取得. 据此，我们给出连续函数 $f(x)$ 在区间 $[a,b]$ 上最大值与最小值的求法如下：

（1）求出 $f(x)$ 在 (a,b) 内的所有驻点及不可导点；

（2）计算出 $f(x)$ 在所有驻点、不可导点、区间端点 a 与 b 的函数值；

（3）比较（2）中各值的大小，其中最大者就是最大值，最小者就是最小值.

在生产实践和科学实验中，常会遇到在一定条件下如何使得"产量最多"、"用料最省"、"成本最低"等问题，这类问题在数学上往往归结为求某一函数（通常称为**目标函数**）的最大值或最小值问题. 这类问题也称为最优化问题.

这些问题的目标函数 $f(x)$ 通常存在唯一的最值且具有下述特点：$f(x)$ 在由实际问题确定的定义域（一个有限或无限，开或闭区间）内可导且只有一个驻点 x_0，并且这个驻点 x_0 是函数 $f(x)$ 的极值点，那么，当 $f(x_0)$ 是极大值时，$f(x_0)$ 就是 $f(x)$ 在该区间上的最大值；当 $f(x_0)$ 是极小值时，$f(x_0)$ 就是 $f(x)$ 在该区间上的最小值.

例 3　若要制造一个容积为 $50\mathrm{m}^3$ 的圆柱形锅炉，问锅炉的高和底半径取什么值时用料最省？

解　用料最省就是锅炉的表面积最小. 设锅炉底半径为 r，高为 h，则它的表面积为

$$S(r) = 2\pi r^2 + 2\pi rh,\ r > 0.$$

因其容积 $v = 50\mathrm{m}^3$ 是固定的，把 $v = \pi r^2 h$ 即 $h = \dfrac{v}{\pi r^2}$ 代入上式，得

$$S(r) = 2\pi r^2 + 2\pi r \cdot \dfrac{v}{\pi r^2} = 2\pi r^2 + \dfrac{2v}{r}.$$

因 $S'(r) = 4\pi r - \dfrac{2v}{r^2} = 0$，此方程只有一个根 $r = \sqrt[3]{\dfrac{v}{2\pi}}$.

而这个实际问题有最小表面积（也可判定 $r = \sqrt[3]{\dfrac{v}{2\pi}}$ 为极小值点），所以当 r

$= \sqrt[3]{\dfrac{v}{2\pi}}$ 时，$S(r)$ 为最小，这时相应的高为

$$h = \frac{v}{\pi r^2} = \frac{2\pi r^3}{\pi r^2} = 2r.$$

把 $v = 50\text{m}^3$ 代入，得 $h = 2\sqrt[3]{\dfrac{50}{2\pi}} \approx 4\text{m}$，所以，当圆柱形锅炉的高和底直径相等时，用料最省，此时高为 4m，底半径为 2m.

例 4　已知某商品的成本函数为 $C(x) = 900 + 2x + 0.25x^2$，其中 x 表示产量，求最低平均成本和相应产量的边际成本.

解　平均成本为：$\bar{C}(x) = \dfrac{900}{x} + 2 + 0.25x.$ 于是 $\bar{C}'(x) = -\dfrac{900}{x^2} + 0.25.$ 令 $\bar{C}'(x) = 0$，得 $x = 60$. 由于 $\bar{C}''(x) = \dfrac{1800}{x^3} > 0$，所以 $x = 60$ 为最小值点，最低平均成本 $\bar{C}(60) = 32$.

由于 $C'(x) = 2 + 0.5x$，所以，当产量 $x = 60$ 时，边际成本

$$C'(60) = 2 + 0.5 \times 60 = 32.$$

事实上，不难证明（请读者自行验证），对任何成本函数 $C(x)$，最低平均成本都和对应的产量的边际成本相等，即 $\bar{C}(x_0) = C'(x_0)$，其中 x_0 为 $\bar{C}(x)$ 的最小值点.

例 5　某民营企业生产一种食品罐头，固定成本为 30000 元，每多生产一箱罐头，成本增加 200 元. 已知总收益函数为

$$R = R(x) = \begin{cases} 600x - 0.5x^2 & 0 \leqslant x \leqslant 600 \\ 120000 & x > 600 \end{cases},$$

其中 x 表示产量（单位：箱），问产量为多少时，总利润最大？此时总利润是多少？

解　根据题意，成本函数为 $C(x) = 30000 + 200x.$ 由总利润计算公式 $L(x) = R(x) - C(x)$ 知

$$L(x) = \begin{cases} 400x - 0.5x^2 - 30000 & 0 \leqslant x \leqslant 600 \\ 90000 - 200x & x > 600 \end{cases},$$

那么

$$L'(x) = \begin{cases} 400 - x & 0 \leqslant x \leqslant 600 \\ -200 & x > 600 \end{cases}.$$

令 $L'(x) = 0$，得 $x = 400$. 因 $L''(400) < 0$，所以当 $x = 400$ 时总利润 $L(x)$ 达到最大值. 此时

总利润 $L(400) = 400 \times 400 - 0.5 \times 400^2 - 30000 = 50000$（元）.

例 6　企业界常采用"整批间隔进货"的经营方式以节省库存管理的总费用，即一年之内分批购买某种原料（每次订货批量 Q 一样），原料的库存量为零时

马上订购(可随即到货),库存量由零立即恢复到最高库存量,再保证每天等量出货供应生产需要.

假定某家企业对一种原料的年需用量为 D,单价为 P,平均一次的订购(手续)费为 C,日保管费率为 I,那么,一年库存管理的总费用 Z 由两部分组成:

(1) 总订货费 $Z_1 =$ 一次的订购费 $C \times$ 订购次数 D/Q;

(2) 保管费 $Z_2 =$ 平均每天库存量$(Q/2) \times$ 单价 $P \times$ 保管费率 I.

于是 $Z = Z_1 + Z_2 = \dfrac{CD}{Q} + \dfrac{1}{2}QPI.$

问:如何订货才能使库存管理的总费用最省(即求最优订货批量,或与它相关的最优订货次数或最优订货周期)?这时总费用是多少(即求最小费用 $Z_{\min}$)?

解 对库存管理的总费用函数 $Z(Q) = \dfrac{CD}{Q} + \dfrac{1}{2}QPI$.求导,并令 $Z'(Q) = 0$ 得

$$-\frac{CD}{Q^2} + \frac{1}{2}PI = 0.$$

于是可求出

最优订货批量 $Q^* = \sqrt{\dfrac{2CD}{PI}}$,最优订货次数 $E = \dfrac{D}{Q^*} = \sqrt{\dfrac{PID}{2C}}$;

最优订货周期 $= 365/E$;

最小总费用为

$$Z_{\min} = \frac{CD}{Q^*} + \frac{1}{2}Q^* PI = CD\sqrt{\frac{PI}{2CD}} + \frac{1}{2}\sqrt{\frac{2CD}{PI}}PI = \sqrt{2CDPI}.$$

习题 3.5(A)

1. 求下列函数的极值:

(1) $y = 2x^3 - 6x^2 - 18x + 7$;　　　　(2) $y = x - \ln(1+x)$;

(3) $y = \sqrt[3]{(x^2-a^2)^2}$ $(a>0)$;　　(4) $y = \dfrac{1+3x}{\sqrt{4+5x^2}}$;

(5) $y = 2 - (x-1)^{\frac{2}{3}}$;　　　　　(6) $y = x + \tan x$.

2. 求下列函数在给定区间上的最大值与最小值:

(1) $y = x^5 - 5x^4 + 5x^3 + 1, [-1, 2]$;　(2) $y = \sin 2x - x, \left[-\dfrac{\pi}{2}, \dfrac{\pi}{2}\right]$;

(3) $y = \dfrac{x-1}{x+1}, [0, 4]$;　　　　　(4) $y = \sqrt[3]{(x^2-2x)^2}, [0, 3]$.

3. 把长为 L 的线段截成两段,问怎样截法能使以两条线段的长为边长的矩

形面积最大?

4. 要作一个带盖的长方体箱子,其容积为 72cm^3,其底边成 $1:2$ 的关系,问长方体各边边长为多少才能使表面积为最小?

5. 平面上通过一个已知点 $P(1,4)$ 引一条直线,要使它在两个坐标轴上的截距都取正值,且它们的和为最小,求直线方程.

6. 用某仪器进行测量时,测得的 n 次数据为 $x_1,x_2,\cdots,x_n$. 问以怎样的数值 x 表示测量值,才能使它与这 n 个数之差的平方和为最小?

7. 已知某商品的成本函数为 $C(x)=7500+5x+\dfrac{1}{3}x^2$,其中 x 表示产量,求最低平均成本的产量和相应产量的边际成本.

8. 某企业生产 x 单位的某种商品的成本为 $C(x)=5x+200$(元),得到的收益为 $R(x)=10x-0.01x^2$(元).问生产多少单位商品时总利润最大?此时总利润是多少?

9. 某种物质一年的需要量为 24000 件,单价为 40 元,每次的订购费为 64 元,保管费率为 12%.求最优订货批量、最优订货次数、最优订货周期和库存管理的最小总费用.

习题 3.5(B)

1. 单项选择题:

(1) 设函数 $f(x)$ 在 x_0 处取到极大值,则(　　　).

(A) $f'(x_0)=0$;　　　　　　　　　(B) $f''(x_0)<0$;

(C) $f'(x_0)=0$ 且 $f''(x_0)<0$;　　　(D) $f'(x_0)=0$ 或不存在.

(2) 设 $f(x)$ 的导数在点 $x=a$ 连续,$\lim\limits_{x\to a}\dfrac{f'(x)}{x-a}=-1$,则(　　　).

(A) $x=a$ 是 $f(x)$ 的极小值点;

(B) $x=a$ 是 $f(x)$ 的极大值点;

(C) $(a,f(a))$ 是曲线 $y=f(x)$ 的拐点;

(D) $x=a$ 不是 $f(x)$ 的极值点,$(a,f(a))$ 也不是曲线 $y=f(x)$ 的拐点.

2. 已知函数 $y=f(x)$ 对一切 x 都满足 $xf''(x)+3x[f'(x)]^2=1-e^{-x}$,证明:若 $f'(x_0)=0(x_0\neq 0)$,则 $f(x_0)$ 为 $f(x)$ 的极小值.

3. 求下列函数的极值:

(1) $y=|x(x^2-1)|$;　　　　　　　(2) $y=\dfrac{x(x^2+1)}{x^4-x^2+1}$.

4.设 $y = a\ln x + bx^2 + x$ 在 $x_1 = 1$ 与 $x_2 = 2$ 时都取得极值,试确定 a 与 b 的值,并回答:这时 $f(x)$ 在 x_1 与 x_2 是取得极大值还是极小值?

5.某商品进价为 a(元 / 件),根据以往经验,当销售价为 b(元 / 件) 时,销售量为 c 件 $\left(a, b, c\ 均为正的常数,且\ b \geqslant \frac{4}{3}a\right)$.市场调查表明,销售价每下降 10%,销售量可增加 40%.现决定一次性降价.试问:当售价定为多少时,可获得最大利润?并求出最大利润.

§3.6 函数图形的描绘

§3.6.1 曲线的渐近线

为了进一步描述曲线在接近无穷远处的形态,现引入渐近线的概念.

定义 若曲线 C 上的点 P 沿着曲线无限地远离原点 O 时,点 P 与某一定直线 L 的距离趋于零,则称直线 L 为曲线 C 的**渐近线**.

通常根据图形的倾斜程度,把曲线 $C: y = f(x)$ 的渐近线分为三类:

(1) 若 $\lim\limits_{x \to x_0^-} f(x) = \infty$ 或 $\lim\limits_{x \to x_0^+} f(x) = \infty$,则称直线 $x = x_0$ 为曲线 $y = f(x)$ 的**铅直渐近线**(图 3-6-1).

(2) 若 $\lim\limits_{x \to -\infty} f(x) = b$ 或 $\lim\limits_{x \to +\infty} f(x) = b$,则称直线 $y = b$ 为曲线 $y = f(x)$ 的**水平渐近线**(图 3-6-1).

(3) 若 $\lim\limits_{x \to -\infty} [f(x) - (ax + b)] = 0$ 或 $\lim\limits_{x \to +\infty} [f(x) - (ax + b)] = 0$,其中 $a(a \neq 0)$ 和 b 是常数,则称直线 $y = ax + b$ 是曲线 $y = f(x)$ 的**斜渐近线**(图 3-6-2).

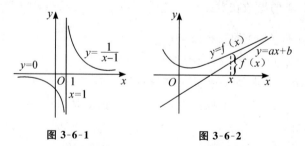

图 3-6-1　　　　　　　　图 3-6-2

注 若(1)中的极限过程改为 $x \to x_0$,(2)或(3)中的极限过程改为 $x \to \infty$ 时仍存在同样的极限,则原来条件显然都成立,因此仍分别得到该类的渐近线.

从定义可知,$x = x_0$ 为曲线的铅直渐近线的充分必要条件是 $f(x)$ 为 $x \to x_0$、x_0^+ 或 x_0^- 时的无穷大量;直线 $y = b$ 为曲线的水平渐近线的充分必要条件是 $f(x)$ 当 $x \to \infty$、$-\infty$ 或 $+\infty$ 时以 b 为极限.因此,铅直渐近线和水平渐近线分别为无穷大量和上述以 b 为极限的函数提供了几何解释.

例 1 求曲线 $y = \dfrac{1}{x-1}(x > 1)$ 的渐近线.

解 因为

$$\lim_{x \to 1^+} \frac{1}{x-1} = +\infty,$$

所以直线 $x = 1$ 是曲线 $y = \dfrac{1}{x-1}$ 的一条铅直渐近线(如图 3-6-1).

又因为 $\lim\limits_{x \to +\infty} \dfrac{1}{x-1} = 0$,所以 $y = 0$ 为曲线 $y = \dfrac{1}{x-1}$ 的一条水平渐近线.

类似地易知,$y = e^x$ 和 $y = e^{-x}$ 具有水平渐近线 $y = 0$,$y = \ln x$ 具有铅直渐近线 $x = 0$;另一方面,$x = \pm \dfrac{\pi}{2}$ 是 $y = \tan x$ 的铅直渐近线,$y = \pm \dfrac{\pi}{2}$ 为 $y = \arctan x$ 的水平渐近线.

那么我们怎样来判断曲线 $y = f(x)$ 是否有斜渐近线?在有斜渐近线 $y = ax + b(a \neq 0)$ 的情况下,又怎样来确定常数 a 和 b 呢?

若 $y = ax + b$ 为曲线 $y = f(x)$ 的渐近线,不妨假定

$$\lim_{x \to \infty} [f(x) - (ax + b)] = 0 \tag{3.6.1}$$

(由于下面推导过程与结论对于 $x \to \infty$、$x \to -\infty$ 或 $x \to +\infty$ 三种情形完全类似,所以不妨设 $x \to \infty$),于是 $\lim\limits_{x \to \infty} [f(x) - ax] = b$.因为 x 为无穷大量,所以有

$$\lim_{x \to \infty} \left[\frac{f(x)}{x} - a \right] = \lim_{x \to \infty} \frac{1}{x} [f(x) - ax] = \lim_{x \to \infty} \frac{b}{x} = 0,$$

即

$$a = \lim_{x \to \infty} \frac{f(x)}{x}. \tag{3.6.2}$$

由(3.6.2)求出 a 后,将它代入(3.6.1)即可确定 b,即

$$b = \lim_{x \to \infty} [f(x) - ax]. \tag{3.6.3}$$

反过来,如果我们能从(3.6.2)和(3.6.3)求出 a 和 b,则 $y = ax + b$ 就是曲线 $y = f(x)$ 的渐近线.

例 2 求曲线 $y = \dfrac{x^2}{x+1}$ 的渐近线.

解　(1) 由 $\lim\limits_{x \to -1} \dfrac{x^2}{x+1} = \infty$ 知 $x = -1$ 是曲线的铅直渐近线.

(2) 设 $f(x) = \dfrac{x^2}{x+1}$，那么，由 $a = \lim\limits_{x \to \infty} \dfrac{f(x)}{x} = \lim\limits_{x \to \infty} \dfrac{x}{x+1} = 1$ 和

$$b = \lim_{x \to \infty}[f(x) - ax] = \lim_{x \to \infty}\left(\dfrac{x^2}{x+1} - x\right) = \lim_{x \to \infty}\dfrac{-x}{x+1} = -1$$

可知，$y = x - 1$ 是曲线的斜渐近线.

从例 2 不难看出，设 $y = f(x)$ 是两个非常数的多项式 g 与 h 之商 $\dfrac{g(x)}{h(x)}$，那么当且仅当 $g(x)$ 的次数刚好比 $h(x)$ 的次数高 1 时曲线 $y = f(x)$ 有斜渐近线.

§3.6.2　函数图形的描绘

在中学里，我们主要通过描点作图画出一些初等函数的图形. 一般来说，这样得到的图形比较粗糙，不能较好地反映函数的性态(如单调区间、极值点、凹凸区间和拐点等). 在这一节里，我们将综合应用本章学过的知识，再结合周期性、奇偶性等知识，较准确地描绘函数的图形.

作函数图形的一般步骤如下：

1. 确定函数 $y = f(x)$ 的定义域、奇偶性、周期性和有界性等；

2. 求出一阶导数 $f'(x)$ 和二阶导数 $f''(x)$ 在定义域内的全部零点及一阶导数与二阶导数不存在的点，用这些点把定义域划分成几个子区间，同时算出 $f(x)$ 在这些点的值；

3. 确定在这些子区间内 $f'(x)$ 和 $f''(x)$ 的符号，并由此确定函数图形的升降与凹凸性，极值点与拐点；

4. 确定函数图形的渐近线；

5. 根据以上讨论在平面坐标系上描出相应点(极限点、拐点等)，作出函数的图形. 为了把函数图形作得更准确些，必要时还要补充一些点，如图形与坐标轴的交点. 然后用平滑曲线连接上述的点.

例 3　描绘函数 $f(x) = \mathrm{e}^{-x^2}$ 的图形.

解　函数的定义域为 $(-\infty, +\infty)$，且是偶函数，图形关于 y 轴对称. 先研究函数在 $[0, +\infty)$ 上的图形.

求出一阶导数和二阶导数得

$$f'(x) = -2x\mathrm{e}^{-x^2}, \quad f''(x) = 2\mathrm{e}^{-x^2}(2x^2 - 1),$$

故 $f'(x)$ 的零点为 $x = 0$，$f''(x)$ 的零点为 $x = \dfrac{\sqrt{2}}{2}$. 用这些零点将 $[0, +\infty)$ 分成

两个子区间,列表讨论函数在$[0,+\infty)$上的性态:

x	0	$\left(0,\dfrac{\sqrt{2}}{2}\right)$	$\dfrac{\sqrt{2}}{2}$	$\left(\dfrac{\sqrt{2}}{2},+\infty\right)$
$f'(x)$	0	—	—	—
$f''(x)$	—	—	0	+
$f(x)$	极大值 1	↘凸	拐点 $\left(\dfrac{\sqrt{2}}{2},\dfrac{\sqrt{e}}{e}\right)$	↘凹

因为$\lim\limits_{x\to\infty}e^{-x^2}=0$,所以$y=0$是图形的水平渐近线,图形无垂直渐近线.

由上面的讨论,再利用图形关于y轴对称性,便可得到函数的图形(图 3-6-3).

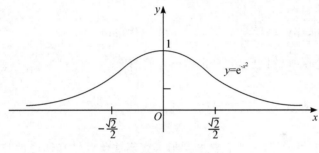

图 3-6-3

习题 3.6(A)

1. 求出下列函数的图形的渐近线:

(1)$xy=1$;　　　　　　　　(2)$y=\dfrac{1-2x}{3x^2+1}$;

(3)$y=\dfrac{-x+x^2}{2x+1}$;　　　　　(4)$y=x-\dfrac{x^2-2x}{x+1}$.

2. 描绘下列函数的图形:

(1)$y=x^4-2x^2-5$;　　　　(2)$y=x-\ln(x+1)$;

(3)$y=e^{-\frac{1}{x}}$;　　　　　　(4)$y=\dfrac{x}{1+x^2}$.

习题 3.6(B)

1. 已知函数$y=\dfrac{2x^2}{(1-x)^2}$,试求其单调区间、极值及图形的凹凸区间、拐点和渐近线,并画出函数的图形.

2.设某厂家打算生产一批商品投放市场,已知该商品的需求函数为

$$p = p(x) = 10e^{-\frac{x}{2}}$$

且最大需求量为 6,其中 x 表示需求量, p 表示价格.

(1)求该商品的收益函数和边际收益函数;

(2)求收益最大时的产量、最大收益和相应的价格;

(3)画出收益函数的图形.

3. 在工程技术学科,常用到如下**双曲函数**:

双曲正弦:$\text{sh}x = \dfrac{e^x - e^{-x}}{2}$(或记作 $\sinh x$);

双曲余弦:$\text{ch}x = \dfrac{e^x + e^{-x}}{2}$(或记作 $\cosh x$);

双曲正切:$\text{th}x = \dfrac{\text{sh}x}{\text{ch}x} = \dfrac{e^x + e^{-x}}{2}$(或记作 $\tanh x$).

请研究这三个函数的性质,并分别做出它们图像.

§3.7* 数学实验

本实验中,我们将利用直观的图形考察函数单调性和凹凸性与它的导数之间的关系,研究确定函数的单调区间和凹凸范围的方法;应用相关的命令,求连续函数极值或某区间上的最大、最小值.

§3.7.1 利用导数研究函数的单调性和凹凸性

1. 观察函数的单调性、凹凸性与它的导函数的关系

例如研究函数 $f(x) = x^3 + 3x^2 - 1$ 单调性和凹凸性.

解　我们先作函数 $f(x)$ 与其导函数的图形(图 3-7-1)及函数 $f(x)$ 与其二阶导函数的图形(图 3-7-2),其中,用实线表示的是函数 $f(x)$ 的图形.

f[x_] = x^3 + 3x^2 - 1;g[x_] = D[f[x],x];h[x_] = D[f[x],{x,2}]

Plot[{f[x],g[x]}, {x, -3,2},PlotStyle → {{}, {Dashing[{0.005, 0.02}]}}](图 3-7-1)

Plot[{f[x],h[x]}, {x, -3,2},PlotStyle → {{}, {Dashing[{0.005, 0.02}]}}](图 3-7-2)

仔细观察图 3-7-1 可得:在 $f'(x) > 0$ 的区间上,$f(x)$ 是单调增加的;在 $f'(x) < 0$ 的区间上,$f(x)$ 是单调减少的.再看图 3-7-2 可知:在 $f''(x) > 0$ 的区

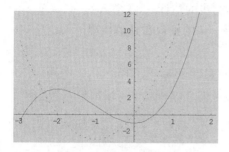 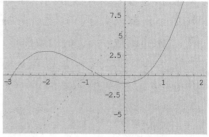

图 3-7-1　函数与其导函数的图形　　图 3-7-2　函数与其二阶导函数的图形

间上，$f(x)$ 是凹函数；在 $f''(x)<0$ 的区间上，$f(x)$ 是凸函数. 这就验证了 §3.4 的判别函数单调性和凹凸性的有关结论的正确性. 那么又怎样确定单调和凹凸区间呢？下面将继续介绍.

2. **确定单调和凹凸区间**

因为函数 $f(x)$ 的单调性和凹凸性分别与 $f'(x)$ 和 $f''(x)$ 的符号有关，所以确定 $f'(x)$ 和 $f''(x)$ 的零点尤其重要. 我们可以利用方程求根命令，确定它们的零点，然后根据零点分割所讨论的区间，再分别观察各区间上 $f'(x)$ 和 $f''(x)$ 的符号，就可确定函数的单调和凹凸区间了.

例如对于函数 $f(x)=x^3+3x^2-1$（上面例子）来说，可用如下命令：

In[]: = Solve[g[x] == 0, x]　　　　Out[] = {{x->-2},{x->0}}

In[]: = Solve[h[x] == 0, x]　　　　Out[] = {{x->-1}}

结合图 3-7-1 和图 3-7-2，可判断各区间上 $f'(x)$ 和 $f''(x)$ 的符号，从而可知：函数 $f(x)$ 在 $(-\infty,-2)$ 或 $(0,+\infty)$ 内单调增加，在 $(-2,0)$ 内单调减少；在 $(-\infty,-1)$ 上是凸函数，在 $(-1,+\infty)$ 上是凹函数.

注：对于非代数方程，求根时要用 FindRoot 函数（参见附录）.

§3.7.2　求函数的极值与最值

1. **直接法（直接使用命令法）**

格式 1：Maximize[f[x], x] 或 Minimize[f[x], x]　　　/求 f[x] 的最大或最小值

格式 2：Maximize[{f[x], 约束条件}, x] 或 Minimize[{f[x], 约束条件}, x]　　　/求 f[x] 在约束条件下的最（极）大或最（极）小值

格式 3：FindMinimum[f[x], {x, x₀}] 或 FindMinimum[f[x], {x, x₀, a, b}]　　　/以 x_0 为初始点，数值求解 f[x]（或在 [a,b] 内）的局部极小值

注：格式 2 或格式 3 都可用于求 f[x] 的极大、极小值，但需确定好极值点所

在的邻域,这通常要结合函数的图形,作初步的估计.

例如　研究函数 $f(x) = x^3 + 3x^2 - 1$ 的极值和最值情况.

解　先作函数 $f(x)$ 的大致图形:

f[x_] = x^3 + 3x^2 - 1;Plot[f[x],{x, -20,20}](图 3-7-3)

Plot[f[x],{x, -5,5}](图 3-7-4)

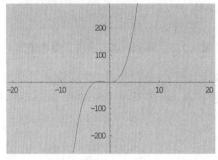

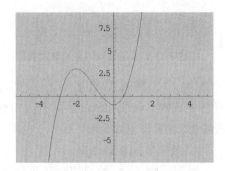

图 3-7-3　函数 $f(x)$ 的远景图　　　图 3-7-4　函数 $f(x)$ 的近景图

再利用求极值和最值的相应命令:

In[]: = Maximize[f[x],x]　　　　　　　Out[] = $\{\infty,\{x -> \infty\}\}$

In[]: = Minimize[f[x],x]　　　　　　　Out[] = $\{-\infty,\{x->-\infty\}\}$

In[]: = Maximize[{f[x],x >= -3 && x <= 2},x]

　　　　　　　　　　　　　　　　　　Out[] = $\{19,\{x -> 2\}\}$

In[]: = Minimize[{f[x],x >= -3 && x <= 2},x]

　　　　　　　　　　　　　　　　　　Out[] = $\{-1,\{x->-3\}\}$

In[]: = Maximize[{f[x],x >= -3 && x <= 0},x]

　　　　　　　　　　　　　　　　　　Out[] = $\{3,\{x->-2\}\}$

In[]: = Minimize[{f[x],x >= -1 && x <= 1},x]

　　　　　　　　　　　　　　　　　　Out[] = $\{-1,\{x -> 0\}\}$

In[]: = FindMinimum[f[x],{x,0.5}]　　Out[] = $\{-1,\{x -> 0\}\}$

In[]: = FindMinimum[-f[x],{x, -0.5}]Out[] = $\{-3,\{x->-2\}\}$

分析上面的输出结果可知:函数 $f(x)$ 在 $(-\infty, +\infty)$ 内无最大、最小值,若限定在 $[-3,2]$ 上,则 $f(x)$ 的最大值是 19,最小值是 -1;$x = -2$ 是 $f(x)$ 的极大值点,极大值为 $f(-2) = 3$,$x = 0$ 是 $f(x)$ 的极小值点,极小值为 $f(0) = -1$.

2. 间接法

因为函数的极值只能在驻点(导数为零的点)或不可导点上取得,所以我们只要先求出驻点和不可导点,再根据函数的图形,即可确定出函数的极值点和极值.

例如对于函数 $f(x) = x^3 + 3x^2 - 1$ 来说,可用命令

f[x_] = x^3 + 3x^2 - 1; g[x_] = D[f[x], x];

Solve[g[x] == 0, x]

求出驻点 $x = -2$ 和 $x = 0$ 后,再根据函数的图形,即可确定出函数极大值为 $f(-2) = 3$,极小值为 $f(0) = -1$.

3. 数值观察法

要确定函数 $f(x)$ 在某一区间 $[a, b]$ 上的最值,可将 $[a, b]$ 等分(如十等分),列出分点处的各函数值,然后观察最值可能在的某一小区间 $[a_1, b_1]$. 再对 $[a_1, b_1]$ 等分,列出分点处的各函数值,观察最值可能在的某一小区间 $[a_2, b_2]$. … 依此法继续下去,最后可得到具有一定精度的最值点和最值,即反复使用如下命令:

Do[Print[{x, f[x]//N}, {x, a, b, (b-a)/10}]　/a,b 根据观察的情况越取越小

注:数值观察法一般适用于函数的图形或导函数复杂的情形.

练习与思考

1. 利用作图等方式研究函数 $f(x) = 3x - x^3$ 的单调性和凹凸性.

2. 研究函数 $f(x) = 4\sin(2x) - 2\cos(x)$ 在 $[0, 6]$ 内的极值和最值情况.

3. 你能利用作图等方式验证微分中值定理的结论吗?

§3.8*　　微分中值定理与导数应用的思想方法选讲

§3.8.1　　一般化与特殊化

在 §3.1.2 介绍拉格朗日(Lagrange)中值定理时,我们简要提及一般化与特殊化方法在发现新定理和证明新定理过程中的作用. 实际上,一般化与特殊化是数学研究中最通用的思想方法之一. 它不仅是论证的基本方法,也是发现和应用过程中经常采用的重要方法. 因此,我们有必要进一步加深认识.

著名的数学教育家波利亚在《数学与猜想》中指出:"像一般化、特殊化和作类比这样一些基本的思考过程,不论在初等数学、高等数学中的发现,或者在任何别的学科中的发现,恐怕都不能没有这些思考过程."

一般化与特殊化是用辨证的观点来观察和处理问题的两个思维方向相反的思想方法.

1. 一般化思想与方法

一般化就是从考虑一个对象过渡到考虑包含该对象的一个集合,或者从考虑一个较小的集合过渡到考虑一个包含该较小集合的更大集合的思想方法.

一般化思想在数学上的应用大致可从四个不同层次或范围来体现:

(A) 在大范围上,从整体看,每个数学理论及其应用的主要发展方向之一是其适用范围的扩大.通常,通过数学模式的抽象化层次不断提高和寻求在更大范围内的新的统一性来实现这种可能性,抽象法、概括法、归纳与类比、联想方法都是实现一般化的具体措施.因此,一般化是数学创造的基本思想.

(B) 在小范围内,就某个具体数学分支的某些具体问题,通过削弱充分条件来推广一个或一组命题,并使其结论的基本特征不变(通常限制在原来条件下由新命题仍能推出原结论成立),即一般化思想指导人们将一个或一组数学命题的条件从各个方面加以推广.这种方法对于活跃思维、激发兴趣,加强对数学知识的理解与掌握很有好处,这也是数学研究的一种重要形式,数学发现的一个重要手段.

例如,在平面几何中,我们从三角形开始进而研究任意多边形的性质,例如从一个三角形的三个内角和 $180°$ 出发进而获知 n 边形的 n 个内角和为 $(n-2)180°$.

在 §3.1,拉格朗日定理把洛尔定理的第三个条件 $f(a) = f(b)$ 舍去,得到的结论改为:则在 (a,b) 上至少存在一点 ξ 使得

$$f'(\xi) = \frac{f(b) - f(a)}{b - a}. \tag{3.8.1}$$

这个结论在形式上发生了变化,但当 $f(b) = f(a)$ 时仍然得到 $f'(\xi) = 0$,即罗尔定理的结论.这说明拉格朗日定理的条件比罗尔定理更一般,而且当罗尔定理条件成立时,由拉格朗日定理也可以得到罗尔定理的结论.这就是一个实质的一般化推广.

而后,柯西中值定理的条件形式上比前两个定理都复杂,与拉格朗日定理比,增加了一个函数 g,除了要求 g 与 f 同样具有连续、可导性外,还要求 $g'(x)$ 在 (a,b) 上不为 0,以保证(3.1.8)式左右两边的分母不为 0.此外,结论也较复杂了.实际上,柯西看出了(3.8.1),即(3.1.4)式中一个隐含的条件,即 $g(x) = x$ 的情况,并把 $g(x) = x$ 这样的特殊情况推广为较一般的、如定理条件所描述的函数.因此,实际上定理的条件是削弱的.所以,柯西定理包含了拉格朗日中值定理,是拉格朗日定理的一般化.

(C) 通过类比与联想把某一个范围内成立的数学命题与理论移植到另一个范围上去,并加以发展和提高.

(D) 在具体解题中,采用所谓一般化方法或把一般化方法与特殊化方法结

合使用,常可取得出奇的效果.

2. 特殊化思想方法

杰出的数学家希尔伯特指出:"在讨论数学问题时,我相信特殊化比一般化起着更为重要的作用.可能在大多数场合,我们寻找一个问题的答案而未获成功的原因,就在于这样的事实,即有一些更简单、更容易的问题没有解决,或者没有完全解决.这一切都有赖于找出这些比较容易的问题,并且用尽可能完善的方法和能够推广的概念来解决它们,这种方法是克服数学困难的最重要杠杆之一."

特殊化方法不论在科学研究,还是在数学教学中,都具有十分重要的作用.

特殊化通常指通过对所考虑问题的特殊例子的研究,求得该问题的解决,或为该问题的最终解决提供关键信息的思想方法

G. 波利亚在《数学与猜想》一书中指出:"特殊化是从考虑对象的一个给定集合过渡到考虑它的一个较小子集,或仅仅一个对象的转化.例如我们从多边形转而特别考虑正 n 边形,我们还可以从正 n 边形转而特别考虑等边三角形 ⋯⋯"

特殊化以研究对象的一般性为基础,进而肯定个别对象具有个别属性.

显然,仅就一般问题的特例进行验证或计算,并不能解决该一般问题.但是,当面对复杂问题而无从着手时,不妨先采取"随意特殊化"的方法.通过研究较为简单的特例,可使我们对一般问题有个初步了解,获得对其中有关概念的认识,从中获得某些启示.如能因此获得解决问题的思路,当然最好;如尚未达到此地步,也可能为更进一步的特殊化探讨提出方案.例如,在用数学归纳法证明命题时,人们常在验证 $n=1$ 时命题成立后,再验证 $n=2$ 甚至 $n=3$ 时的情况.这样做的目的在于了解"由 $n=1$ 时命题成立如何去推导 $n=2$ 时命题成立(相应地,$n=3$ 时命题成立)".这往往能为"由假设 $n=k$ 时命题成立去推证 $n=k+1$ 时命题成立"提供解题思路和方法.

另一方面,由于事物的共性存在于个性之中,要发现共性往往需要从先发现一部分个性着手.因此若采用"系统特殊化",即对若干典型的(有代表性的)特殊个体进行深入探讨,常常可以找出问题的关键,从而有助于揭示一般问题的本质,进而使一般问题的解决有所突破.

3. 用一般化与特殊化指导解题

由特殊到一般和由一般到特殊,是两个方向相反的思维过程,尽管如此,这两者在实际的数学研究中却又是密切相关、互相依赖的.

梅森指出,特殊化与一般化贯穿于整个解题过程之中.下面举例说明一般化和特殊化方法在解题中的作用.应该指出的是,一般化与特殊化在解题中的应用都是转化思想(化归)的一种体现.

在高等数学中,人们常将离散型问题(如关于 $f(n)$(n 为自然数)的问题)与

连续型问题(如关于$(0,+\infty)$内的函数的问题)互相转化,以求问题的解决并力求简捷明了.因为自然数集 $\mathbf{N}$ 可看成$(0,+\infty)$内的一个子集,$f(n)$可看成$f(x)$在 $\mathbf{N}$ 上的限制,$f(x)$可看成$f(n)$的扩张.从$f(n)$到$f(x)$的过程是一般化过程,从$f(x)$到$f(n)$的过程是特殊化过程.

例 1 在 §1.4.1,我们介绍了重要极限

$$\lim_{n\to\infty}\left(1+\frac{1}{n}\right)^n = \mathrm{e}, \tag{3.8.2}$$

然后指出,我们可以证明

$$\lim_{x\to\infty}\left(1+\frac{1}{x}\right)^x = \mathrm{e}. \tag{3.8.3}$$

您是否想过如何证明(3.8.3)呢?我们现在借助于一般化与特殊化来分析这个问题.

为了研究函数 $f(x) = \left(1+\dfrac{1}{x}\right)^x$ 在 $x\to+\infty$ 时的极限,很自然地就联想起它的一个特例(3.8.2).因为$\left(1+\dfrac{1}{n}\right)^n$是$\left(1+\dfrac{1}{x}\right)^x$的子列,所以,若$\lim\limits_{n\to\infty}\left(1+\dfrac{1}{x}\right)^x$存在且为 L,则 $L = \mathrm{e}$,否则将导致矛盾.事实上,这个特例不仅为我们提供了可能的答案也提供了证明的工具.

具体证明时,可把 $x\to+\infty$ 的过程先特殊化为考虑任意取定的趋于$+\infty$的单调增的点列$\{x_k\}$,然后对每个自然数 k,取自然数 n_k 使得 $n_k \leqslant x_k < n_k+1$,得到自然数列$\{n\}$的一个单调不减的子列$\{n_k\}$,$n_k\to\infty(k\to\infty)$,于是

$$a_k := \left(1+\frac{1}{n_k+1}\right)^{n_k} < \left(1+\frac{1}{x_k}\right)^{x_k} < b_k := \left(1+\frac{1}{n_k}\right)^{n_k+1}.$$

因 $\left\{\left(1+\dfrac{1}{n_k}\right)^{n_k}\right\}$ 和 $\left\{\left(1+\dfrac{1}{n_k+1}\right)^{n_k+1}\right\}$ 是 $\left\{\left(1+\dfrac{1}{n}\right)^n\right\}$ 的子列,故都以 e 为极限$(k\to\infty)$,由此推出 $a_k\to\mathrm{e}$,$b_k\to\mathrm{e}$.再由两边夹的求极限的定理就推出,当 $k\to\infty$ 时,

$$\left(1+\frac{1}{x_k}\right)^{x_k} \to \mathrm{e}.$$

由$\{x_k\}$的任意性就证明了,当 $x\to\infty$ 时 $\left(1+\dfrac{1}{x}\right)^x$ 的极限存在且为 e(注:最后一步,又实现了从特殊到一般的转化了).

例 2 求极限$\lim\limits_{n\to\infty}n(\mathrm{e}^{\frac{1}{n}}-1)$.

分析 若把它一般化为

$$\lim_{x\to+\infty}x(\mathrm{e}^{\frac{1}{x}}-1),$$

则可利用洛必达法则得 $\lim\limits_{x\to+\infty}x(\mathrm{e}^{\frac{1}{x}}-1) = 1$. 从而,它的子列也有同样的极限,即

$$\lim_{n \to \infty} n \left(e^{\frac{1}{n}} - 1 \right) = 1.$$

§3.8.2　微分中值定理的应用的例子(补充)

回忆§2.5函数 $f(x)$ 的增量(差分) $f(a+\Delta x) - f(a)$ 当用微分来近似表示时,只是在点 a 的邻域有效:

$$f(a+\Delta x) - f(a) \approx f'(a)\Delta x.$$

当然这时只要求 $f'(a)$ 存在.如果函数 $f(x)$ 在区间 $[a, a+\Delta x]$ (当 $\Delta x > 0$)或 $[a+\Delta x, a]$ (当 $\Delta x < 0$)上连续且在区间内部可导,就有拉格朗日中值定理:

$$f(a+\Delta x) - f(a) = f'(a+\theta\Delta x)\Delta x (0 < \theta < 1),$$

这是增量的准确表达式,且不论 $|\Delta x|$ 的大小.因此中值定理比微分式具有更大的作用.实际上,它被广泛应用于函数的研究.除了用于研究函数的单调性、函数与它的导数的关系、推导洛必达法则外,下面再举出一些例子.

1. 证明方程的根的存在性

例3　设函数 $f(x)$ 在 $[a,b]$ 上连续且在 (a,b) 上可导,则方程

$$2x[f(b) - f(a)] = (b^2 - a^2)f'(x)$$

在 (a,b) 上至少存在一个根.

证　令 $F(x) = x^2[f(b) - f(a)] - (b^2 - a^2)f(x)$,那么,由条件知,$F(x)$ 在 $[a,b]$ 上连续且在 (a,b) 可导.因为 $F(a) = a^2 f(b) - b^2 f(a) = F(b)$,所以根据罗尔定理知,存在 $\xi \in (a,b)$ 使得 $F'(\xi) = 0$,即

$$2\xi[f(b) - f(a)] = (b^2 - a^2)f'(\xi).$$

那么 $\xi \in (a,b)$ 就是所要找的一个根.

2. 证明等式

例4　证明恒等式:$3\arccos x - \arccos(3x - 4x^3) = \pi, x \in \left[-\dfrac{1}{2}, \dfrac{1}{2}\right]$.

证明　设 $f(x) = 3\arccos x - \arccos(3x - 4x^3)$,那么,当 $x \in \left(-\dfrac{1}{2}, \dfrac{1}{2}\right)$ 时,

$$f'(x) = -\frac{3}{\sqrt{1-x^2}} + \frac{3 - 12x^2}{\sqrt{1 - (3x - 4x^3)^2}}$$

$$= -\frac{3}{\sqrt{1-x^2}} + \frac{3 - 12x^2}{\sqrt{(1 - x^2)(1 - 4x^2)^2}} = 0.$$

因此,$f(x) = C, x \in \left(-\dfrac{1}{2}, \dfrac{1}{2}\right)$.令 $x = 0$,代入 $f(x)$ 得 $C = \pi$,即

$$f(x) = \pi, x \in \left(-\frac{1}{2}, \frac{1}{2}\right).$$

因为 $f(x)$ 在 $x=-\dfrac{1}{2}$ 右连续,在 $x=\dfrac{1}{2}$ 左连续,所以,当 $x=-\dfrac{1}{2}$ 和 $x=$ $\dfrac{1}{2}$ 时,仍有 $f(x)=\pi$,故

$$3\arccos x-\arccos(3x-4x^2)=\pi,x\in\left[-\frac{1}{2},\frac{1}{2}\right].$$

3. 证明不等式

例 5　设函数 $f(x)$ 在 $[a,b]$ 上可导且 $f'(x)$ 单调增加,$f(a)=f(b)$,则对任意 $x\in(a,b)$,都有如下不等式:$f(x)<f(a)=f(b)$.

证明　对任意取定的 $x\in(a,b)$,因为函数 $f(x)$ 在 $[a,x]$ 和 $[x,b]$ 上都满足拉格朗日中值定理的条件,所以存在 $\xi\in(a,x)$,$\eta\in(x,b)$ 使得

$$\frac{f(x)-f(a)}{x-a}=f'(\xi),\frac{f(b)-f(x)}{b-x}=f'(\eta).$$

因为 $f'(x)$ 单调增加且 $\xi<\eta$,所以 $f'(\xi)<f'(\eta)$,于是得

$$\frac{f(x)-f(a)}{x-a}<\frac{f(b)-f(x)}{b-x}=\frac{f(a)-f(x)}{b-x},$$

整理后得 $f(x)<f(a)$.

§3.8.3　应用数学的目标 —— 最优化

在 §3.5 介绍了函数的最大值、最小值及其应用.求最大值、最小值其实是最优化思想的一种表现形式.广义的数学最优化思想是指在建立数学理论、解决数学问题时力求最佳效果(包括条件、结论、方法、计算精确度等)的思想观点;狭义的最优化思想是指应用数学的一个学科 ——"最优化"的指导思想,在这思想指导下,人们研究在一定约束(条件)之下如何选取某些因素的值使得某项(或某些)指标达到最优.

所谓最优化方法就是可通过改进某些因素的取值来获得最优结果的方法.在实际生活中,这些数量值可以是经济效益、速度、温度、一项对策的支付,武器的破坏力等等.我国著名经济学家孙冶方曾经说过,计划经济的最大问题就是只讲费用不讲效果,因而大声疾呼要用最小的劳动消耗取得最大的经济效果.实际上,"最优"这一概念在各种问题中都存在,相应的方法也是变化无穷的.运筹学中所处理的问题绝大部分都是最优问题.用来解决这些问题的方法,例如数学规划、排队论、决策分析、模拟技术等等,均属最优化方法这一范畴.此外,最优化还包括工程控制、最优控制、系统科学等.计算机的发展为最优化的许多方法的实施提供了可能,同时促进了最优化的数学理论的建立.

运用最优化思想解决实际问题的一般步骤为:

（1）将问题表述为一个数学问题，或归结为一个数学模型；

（2）制定出判定解决问题的各种方案的"优"与"劣"的标准，并把这个标准数量化；

（3）求出问题的最优解.

第一步是关键，往往也是难点.

最优化思想是应用数学的核心思想.

§ 3.8.4　分类思想

本章多处应用分类思想和分类方法来处理研究对象，如函数性质的研究（增减性判别，最值判别，渐进线分类）和极限的求法等.

下面，我们先介绍分类思想，再就具体分类进行探讨.

1. 分类思想的含义与作用

分类思想指的是根据所考虑的一些对象的某种共同性和差异性将它们分类来进行研究的一种指导思想. 根据分类思想，人们把这些对象全体组成的集合划分成若干个子集（类），使得具有共性的对象属于同一个子集，而不具有这种共性的对象属于别的子集. 分类以比较为基础，将研究对象进行比较整理. 同样一些东西构成的集合可依不同法则（标准）分类. 每个类（子类）看成一个整体（集），也可以再次分类（下一个等级的类）. 例如，一个学校里的学生，可以按年级来分类，也可以按性别来分类. 同一个年级的同学还可以分成班级，同一个班级的同学还可按小组来分类. 这些都是大家熟悉的常识. 值得注意的是，要正确选择分类标准，也就是说，分类标准必须使得由它产生的分类服从如下规则：

（1）在同一次分类时，标准必须统一；

（2）分类必须不重复且不遗漏（在同一次分类中每个对象必属且只属于一类）；

（3）分类必须按照一定层次逐级进行，不能越级.

分类思想来源于逻辑学，但从欧几里得起就成为一种重要的数学思想，现代数学的每一分支无不体现出分类思想的作用.

分类有如下作用：一方面可使有关的知识系统化、完整化；另一方面能对该概念的外延得到较深刻的认识. 分类不仅描述了对象的统一性，也刻画了个体差异性. 分类思想是序化思想的一种体现. 根据研究对象的特性分类常可帮助我们获得就各类分别处理和解决问题的办法.

数学研究对象的分类通常要先确定分类标准，然后按照此标准来分类. 为了得出有意义的分类，应该根据对象的内容及研究的目的来选择恰当的分类标准. 这里所谓的"恰当"，就是要使得根据该标准做出的分类能较好地反映（被分类后的）各类数学对象的本质特性.

　　分类的最简单的例子如:正整数按照"是否是 2 的倍数"为标准分成"偶数"和"奇数"两类. 又如,把大于 1 的整数按照"能否被其他(大于 1 的)整数整除"的标准分成"合数"和"质数"两类.

　　对较为复杂的数学对象做分类时,为了获得恰当的分类标准,通常要先对数学对象有较深刻的了解,并做必要的分析和比较,再做出选择. 例如,在研究一元二次方程 $ax^2 + bx + c = 0$ 时,如果仅根据系数 a、b、c 各自的符号作为标准进行分类,就得不到有用的结果;而根据"判别式 $b^2 - 4ac$ 的取值为正数、负数或 0"作为标准来分类,就能把方程完美地分成三类:(1) 有两个不同的实根者;(2) 有两个相同的实根者;(3) 无实根者. 这种的分类法就是恰当的,它能充分反映各类方程的本质特性. 又如,在研究函数 $f(x)$ 图像的特征时,把"导数 $f'(x)$ 在一个区间是否大于 1、小于 1 或其他"的命题作为标准,固然也可以分类,但在一般情况下,这样分类得不出本质性的结论. 但是,如果把"导数 $f'(x)$ 在一个区间是否大于 0、小于 0 或其他"作为标准来分类,就可以得出如下判断函数 $f(x)$ 单调性的有用结论,下面是 §3.4 定理 1 的改写:

　　定理 *　　设函数 $y = f(x)$ 在 $[a,b]$ 上连续,在 (a,b) 内可导,

　　(1) 如果在 (a,b) 内 $f'(x) > 0$,那么函数 $y = f(x)$ 在 $[a,b]$ 上单调增加;

　　(2) 如果在 (a,b) 内 $f'(x) < 0$,那么函数 $y = f(x)$ 在 $[a,b]$ 上单调减少;

　　(3) 如果不是(1) 或(2) 的情形,$f(x)$ 在 $[a,b]$ 上单调性需要进一步判别.

　　分类思想不仅在数学知识的整理和概念学习中十分重要,而且对数学及其研究的认识、数学证明、参数讨论以及数值计算也非常有用. 在许多问题上,分类的问题解决了,研究对象的性质也就显露出来了.

　　2. **数学上常用的分类方法**

　　数学上最常用的分类方法有两种:一种是"二分法",按是否具有某一种性质来进行分类. 不过在实际应用中也发展成"多分法",如上面定理 *,分成 $f'(x) > 0$,$f'(x) < 0$ 和非这两种情形的其他情形. 下面例 7 兼用二分法和多分法.

　　另一种常用分类法是按等价关系分类:首先在一个集合 A 上建立等价关系,然后按等价关系将集合 A 划分为若干个等价类,这种分类结果把同一类的对象同一化,即视为同一个对象. 按等价关系分类又称**等置抽象**,是高等数学中一种非常重要的分类法. 例如,在讨论整数的同余关系时,把所有余数相同的数看成是同一类的数.

　　3. **分类处理的若干例子**

　　(A) 一个问题的分类处理(内分类):当面临的问题不能以统一的形式处理时,可以适当地将一个问题分成若干个子问题,然后分别就各子问题求出解答. 这种做法常被称为分类讨论法.

例 6　设实常数 $\mu \neq 0, \mu \neq 1$,讨论函数 $y = x^{\mu}$ 的图像在 $(0, +\infty)$ 内的凹凸性.

分析　因为 μ 的不同取值对图像在 $(0, +\infty)$ 内的凹凸性发生影响,所以必须对 μ 的不同取值分别进行处理.因为该函数在 $(0, +\infty)$ 内有二阶导数,可根据 § 3.4 定理 2 来分别进行处理.

解　设 $f(x) = x^{\mu}, x \in (0, +\infty)$,求得导数 $f'(x) = \mu x^{\mu-1}, f''(x) = \mu(\mu-1)x^{\mu-2}$.

因为在 $(0, +\infty)$ 内 $x^{\mu-2} > 0$,所以 $f''(x)$ 的符号由 $\mu(\mu-1)$ 来决定.那么,

当 $\mu > 1$ 或 $\mu < 0$ 时,$\mu(\mu-1) > 0$,从而 $f''(x) > 0, x \in (0, +\infty)$,故函数 $y = x^{\mu}$ 的图像是凹的;

当 $0 < \mu < 1$ 时,$\mu(\mu-1) < 0$,从而 $f''(x) < 0, x \in (0, +\infty)$,故函数 $y = x^{\mu}$ 的图像是凸的.

(B) 多个不同问题的分类处理(外定位):当面临着多个情况不同的问题时,可以找出一个包含其中每个问题(每个问题为一个元素)的集合,将这个集合中的元素按照一定的标准分类,然后分别就各类问题给出解答方案或者探讨它们的性质.就其中一个问题而言,这就是判别它所属类型的定位问题.

例 7　讨论以下几个极限的求法:

(1) $\lim\limits_{x \to +\infty} \dfrac{e^x - e^{-x}}{e^x + e^{-x}}$;
　　　　(2) $\lim\limits_{x \to 0} \dfrac{1 - \cos x}{\sin x}$;

(3) $\lim\limits_{x \to 0^+} \dfrac{\ln \sin 3x}{\ln \sin 4x}$;
　　　　(4) $\lim\limits_{x \to 0} \left(\dfrac{1}{\sin x} - \dfrac{1}{x} \right)$;

(5) 求 $\lim\limits_{x \to 0^+} x \ln x$;
　　　　(6) $\lim\limits_{x \to 0} \ln \dfrac{\sin x}{x}$;

(7) $\lim\limits_{x \to 1} \dfrac{2x - 3}{x^2 - 5x + 4}$;
　　　　(8) $\lim\limits_{x \to \infty} \dfrac{\sin x}{x}$;

(9) $\lim\limits_{x \to 0} \dfrac{x^2 \sin \dfrac{1}{x}}{\sin x}$;
　　　　(10) $\lim\limits_{x \to \infty} (x - \ln x)$.

因为洛必达法则比较好用且常用,我们可以参照是否可使用洛必达法则的标准来分类.下面的分类讨论仅供参考,读者自己可以设计更有特色的分类法.

研究对象	一级分类：是否为未定式	二级分类：对未定式具体分类	三级分类：解法分类讨论，把属于该类解法的题目对号入座	
上述 10 个求极限的题目	是未定式	$\dfrac{0}{0}$	可用洛必达法则求极限：(2)	
			不能用洛必达法则求极限：(9)（可采用其他办法求解或判断极限不存在）	
		$\dfrac{\infty}{\infty}$	可用洛必达法则求极限：(3)	
			不能用洛必达法则求极限：(1)（应采用其他办法求解或判断）	
		非 $\dfrac{0}{0}$ 且非 $\dfrac{\infty}{\infty}$ 的未定式	可转化为 $\dfrac{0}{0}$ 或 $\dfrac{\infty}{\infty}$ 型，再检验能否运用洛必达法则	直接通过加减乘除变形来转化：(4)，(5)
				非直接通过加减乘除变形（如通过函数）来转化：(6)
			不可转化为 $\dfrac{0}{0}$ 或 $\dfrac{\infty}{\infty}$ 未定式：(10)	
	不是未定式	不能用洛必达法则求极限：(7)，(8)（应采用其他办法求解或判断）		

注意 有时使用其他方法更简便，或出现不易判断是否可用洛必达法则的未定式，应采用其他办法或结合使用其他方法来求极限（见 §3.2 例 12）.

(C) 学习过程的分类总结：在学习过程中注意知识、方法的总结和归类，对于强化理解和复习提高很有必要．初学者要逐步学会这一点，作为练习，可以本章的学习内容为例，做一个简要的分类.

第四章

不定积分

我们已经熟悉的数学运算大多都有它的逆运算,如加法与减法、乘法与除法、取对数与取反对数等都是互逆的运算.那么,求导(或微分)运算是否也有逆运算呢?这个问题的提出,不仅是理论研究的需要,也是解决实际问题的需要.在相当一般的条件下,问题的答案是肯定的,也就是说,求导(或微分)运算的逆运算就是求不定积分.正因为如此,微分与积分在互相对立的矛盾中统一成为完美的微积分学理论.

本章介绍不定积分的概念、性质及其计算方法.掌握好本章的基本理论与计算方法,对今后定积分和其他知识的学习和掌握都是非常重要的.

§ 4.1　不定积分的概念与性质

§ 4.1.1　原函数与不定积分的概念

在微分学中,导数是作为函数的变化率引进的,当已知变速直线运动物体的路程函数 $s = s(t)$ 时,可求出在时刻 t 的瞬时速度为 $v(t) = s'(t)$.它的反问题是,已知运动物体在任意时刻 t 的瞬时速度 $v = v(t)$,如何求出路程函数 $s(t)$ 的问题.也就是说,已知一个函数的导数,如何求出这个函数的问题.对这个反问题的研究导致了原函数与不定积分概念的引入.

定义 1　设 $f(x)$ 是定义在某区间 I 上的已知函数,如果存在函数 $F(x)$ 使得在区间 I 上的任何一点 x 上都有

$$F'(x) = f(x) \text{ 或 } \mathrm{d}F(x) = f(x)\mathrm{d}x,$$

则称 $F(x)$ 是函数 $f(x)$ 在区间 I 上的一个**原函数**.

例如,由 $(x^2)' = 2x, (\sin x)' = \cos x$ 在 $(-\infty, +\infty)$ 内成立,可知 x^2 和 $\sin x$ 分别是 $2x$ 和 $\cos x$ 在 $(-\infty, +\infty)$ 内的一个原函数;又,因为 $(\ln x)' = \dfrac{1}{x}$ 在 $(0, +\infty)$ 内成立,故 $\ln x$ 是 $\dfrac{1}{x}$ 在 $(0, +\infty)$ 内的一个原函数.

关于原函数,我们自然要考虑如下三个问题:

(1) $f(x)$ 应具备什么条件,才能保证它的原函数一定存在?

(2) 如果 $f(x)$ 有原函数,那么它的原函数是否只有一个?

（3）如果 $f(x)$ 有多个原函数,那么这些原函数之间有什么关系?

对此有如下三个定理:

定理 1　如果 $f(x)$ 在某一区间上连续,那么它在该区间上的原函数一定存在.

该定理称为**原函数存在性定理**,我们将在 §5.2 中给出证明.因为一切初等函数在其定义区间内都是连续的,所以初等函数在其定义区间内都有原函数.

因为 $(x^2)' = 2x, (x^2 + 1)' = 2x, \cdots$,进一步,对任何常数 C 有 $(x^2 + C)' = 2x$,所以函数 $2x$ 的原函数不是唯一的.一般地,我们有如下结论:

定理 2　如果 $f(x)$ 在某区间 I 上有一个原函数 $F(x)$,那么对于任意的一个常数 $C, F(x) + C$ 也是 $f(x)$ 在 I 上的原函数.

证　因为 $F'(x) = f(x)$,所以 $[F(x) + C]' = F'(x) = f(x)$.故 $F(x) + C$ 也是 $f(x)$ 的原函数.　　　　　　　　　　　　　　　　　　　　　　证毕.

由定理 2 知,如果 $f(x)$ 有一个原函数,那么 $f(x)$ 就有无穷多个原函数.

定理 3　如果 $G(x)$ 和 $F(x)$ 都是 $f(x)$ 在区间 I 上的原函数,那么它们在区间 I 上相差一个常数.

证　因为 $G'(x) = F'(x) = f(x), x \in I$,所以

$$[G(x) - F(x)]' = G'(x) - F'(x) = 0, x \in I.$$

由拉格朗日中值定理的推论知

$$G(x) - F(x) = C_0, x \in I,$$

其中 C_0 是某个常数.　　　　　　　　　　　　　　　　　　　　　　　　证毕.

由定理 2 和定理 3 知,若 $F(x)$ 是 $f(x)$ 的一个原函数,则 $f(x)$ 的原函数全体就是所有形如 $F(x) + C$ 的函数构成的集合,其中 C 为任意常数.因此可认为, $F(x) + C$ 是 $f(x)$ 的原函数的一般表达式.从而得到如下概念:

定义 2　若 $F(x)$ 是函数 $f(x)$ 在区间 I 上的一个原函数,则 $f(x)$ 的原函数的一般表达式 $F(x) + C$ 称为 $f(x)$ 的**不定积分**,记作 $\int f(x) \mathrm{d}x$,即

$$\int f(x) \mathrm{d}x = F(x) + C, \tag{4.1.1}$$

其中 $\int$ 称为**积分号**, $f(x)$ 称为**被积函数**, $f(x)\mathrm{d}x$ 称为**被积表达式**, x 称为**积分变量**, C 称为**积分常数**.

因此,求已知函数的不定积分,就归结为求出它的一个原函数,再加上任意常数 C.

例 1　求 $\int x^3 \mathrm{d}x$.

解　因为 $\left(\dfrac{x^4}{4}\right)' = x^3$,所以 $\dfrac{x^4}{4}$ 是 x^3 的一个原函数,因此

$$\int x^3 \mathrm{d}x = \frac{x^4}{4} + C.$$

例 2　求 $\int \dfrac{1}{1+x^2}\mathrm{d}x$.

解　因为 $(\arctan x)' = \dfrac{1}{1+x^2}$,所以 $\arctan x$ 是 $\dfrac{1}{1+x^2}$ 的一个原函数,因此

$$\int \frac{1}{1+x^2}\mathrm{d}x = \arctan x + C.$$

例 3　求 $\int \mathrm{e}^x \mathrm{d}x$.

解　因为 $(\mathrm{e}^x)' = \mathrm{e}^x$,所以 e^x 是 e^x 的一个原函数,因此

$$\int \mathrm{e}^x \mathrm{d}x = \mathrm{e}^x + C.$$

通常我们把 $f(x)$ 的一个原函数 $F(x)$ 的图形叫做 $f(x)$ 的一条**积分曲线**,它的方程是 $y = F(x)$.于是,在几何上,不定积分 $\int f(x)\mathrm{d}x$ 就是 $f(x)$ 的积分曲线的一般表达式,它的方程是 $y = F(x) + C$,当其中常数 C 取遍所有实数时,就得到 $f(x)$ 的积分曲线全体(所构成的曲线族).由

$$y' = \left[F(x) + C \right]' = f(x)$$

可知,经过其中任意积分曲线上横坐标相同的点的切线互相平行.容易看出,$f(x)$ 的任何一条积分曲线 $y = F(x) + C$ 都可以由曲线 $y = F(x)$ 沿 y 轴方向上下平移得到(图 4-1-1).

如果给定一个条件(称为初始条件)指明所求的积分曲线上的一个点,就可以确定一个 C 值,从而确定这条积分曲线.

例 4　求经过点 $(1,3)$,且其上任意一点处的切线斜率等于这点横坐标的两倍的曲线方程.

解　设所求曲线方程为 $y = f(x)$,按题设,曲线上任意一点 (x,y) 处的切线斜率为

$$\frac{\mathrm{d}y}{\mathrm{d}x} = 2x.$$

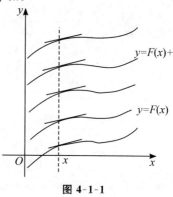

图 4-1-1

由 $\int 2x \mathrm{d}x = x^2 + C$,得 $y = x^2 + C$.由于点 $(1,3)$ 在积分曲线上,可将 $x = 1$, $y = 3$ 代入 $y = x^2 + C$,求得 $C = 2$.

于是所求曲线的方程为 $y = x^2 + 2$.

§ 4.1.2　基本积分表

由原函数与不定积分的定义知,不定积分是微分的逆运算.因此,由每一个

求导公式可得到一个不定积分公式. 于是,由基本导数公式表可直接得出表 4-1-1 所列的基本不定积分公式表.

这 13 个基本积分公式是求不定积分的基础,必须熟记. 要验证这些公式的正确性,显然只要验证"公式右端的函数(不必考虑常数 C)的导数是否等于左端的被积函数". 现以表中的公式(3)为例加以说明.

由于当 $x > 0$ 时,$(\ln | x |)' = (\ln x)' = \dfrac{1}{x}$;

当 $x < 0$ 时,$(\ln | x |)' = [\ln(-x)]' = \dfrac{1}{-x} \cdot (-1) = \dfrac{1}{x}$,

故当 $x \neq 0$ 时,总有 $(\ln | x | + C)' = \dfrac{1}{x}$,于是(3)成立,即

$$\int \frac{1}{x} \mathrm{d}x = \ln | x | + C.$$

表 4-1-1　基本不定积分公式表

$(1) \displaystyle\int 0 \mathrm{d}x = C;$

$(2) \displaystyle\int x^a \mathrm{d}x = \dfrac{1}{a+1} x^{a+1} + C, (a \neq -1);$

$(3) \displaystyle\int \dfrac{1}{x} \mathrm{d}x = \ln | x | + C, (x \neq 0);$

$(4) \displaystyle\int a^x \mathrm{d}x = \dfrac{a^x}{\ln a} + C, (a > 0, a \neq 1);$

$(5) \displaystyle\int \mathrm{e}^x \mathrm{d}x = \mathrm{e}^x + C;$

$(6) \displaystyle\int \sin x \mathrm{d}x = -\cos x + C;$

$(7) \displaystyle\int \cos \mathrm{d}x = \sin x + C;$

$(8) \displaystyle\int \dfrac{\mathrm{d}x}{\cos^2 x} = \int \sec^2 x \mathrm{d}x = \tan x + C;$

$(9) \displaystyle\int \dfrac{\mathrm{d}x}{\sin^2 x} = \int \csc^2 x \mathrm{d}x = -\cot x + C;$

$(10) \displaystyle\int \sec x \tan x \mathrm{d}x = \sec x + C;$

$(11) \displaystyle\int \csc x \cot x \mathrm{d}x = -\csc x + C;$

$(12) \displaystyle\int \dfrac{\mathrm{d}x}{1 + x^2} = \arctan x + C;$

$(13) \displaystyle\int \dfrac{\mathrm{d}x}{\sqrt{1 - x^2}} = \arcsin x + C.$

§ 4.1.3　不定积分的性质

由不定积分的定义,可得如下的性质:

性质 1　$\left[\int f(x)\mathrm{d}x\right]' = f(x)$,或 $\mathrm{d}\left[\int f(x)\mathrm{d}x\right] = f(x)\mathrm{d}x;$　　　(4.1.2)

性质 2　$\int F'(x)\mathrm{d}x = F(x) + C$,或 $\int \mathrm{d}F(x) = F(x) + C.$　　　(4.1.3)

这两个性质表明微分运算与积分运算互为逆运算.两个运算连在一起时,$\mathrm{d}\int$ 完全抵消,$\int \mathrm{d}$ 抵消后相差一常数.如下口诀可供记忆时参考:"先积后导,作用抵消;先导后积,别忘了加 C."

性质 3　设函数 $f_1(x)$ 和 $f_2(x)$ 在区间 I 上的不定积分都存在,则

$$\int [f_1(x) \pm f_2(x)]\mathrm{d}x = \int f_1(x)\mathrm{d}x \pm \int f_2(x)\mathrm{d}x.$$　　　(4.1.4)

证　因为

$$\left[\int f_1(x)\mathrm{d}x \pm \int f_2(x)\mathrm{d}x\right]' = \left[\int f_1(x)\mathrm{d}x\right]' \pm \left[\int f_2(x)\mathrm{d}x\right]'$$
$$= f_1(x) \pm f_2(x),$$

所以(4.1.4)式右端和左端一样,都是 $f_1(x) \pm f_2(x)$ 的不定积分,故性质 3 成立.　　　证毕.

利用数学归纳法,可以把性质 3 推广到任意有限个函数的代数和的情形,即 n 个函数代数和的不定积分等于各个函数不定积分的代数和:

$$\int [f_1(x) \pm f_2(x) \pm \cdots \pm f_n(x)]\mathrm{d}x = \int f_1(x)\mathrm{d}x \pm \int f_2(x)\mathrm{d}x \pm \cdots \pm \int f_n(x)\mathrm{d}x,$$

条件是,每个 $f_i(x)$ 在区间 I 上的不定积分都存在$(i = 1,2,3,\cdots,n)$.

性质 4　被积函数的非零常数因子可以提到积分号外面来,即

$$\int kf(x)\mathrm{d}x = k\int f(x)\mathrm{d}x (k \text{ 为常数且 } k \neq 0).$$　　　(4.1.5)

读者可依照性质 3 的证明方法给出证明.

综合性质 3 和性质 4 得到**不定积分的线性性质**:有限个函数 $f_i(x)(i = 1,2,3,\cdots,n)$ 的线性组合的不定积分等于各个函数的不定积分的线性组合,即

$$\int \sum_{i=1}^{n} k_i f_i(x)\mathrm{d}x = \sum_{i=1}^{n} k_i \int f_i(x)\mathrm{d}x.$$

直接利用基本积分表和不定积分的线性性质来求不定积分的方法称为**直接积分法**.用直接积分法可以求出一些较简单的函数的不定积分.

例5　求 $\displaystyle\int\left(1+\sqrt{x}\right)^2\mathrm{d}x$.

解　$\displaystyle\int\left(1+\sqrt{x}\right)^2\mathrm{d}x=\int\left(1+2\sqrt{x}+x\right)\mathrm{d}x=\int 1\mathrm{d}x+\int 2\sqrt{x}\mathrm{d}x+\int x\mathrm{d}x$

$$=x+\frac{4}{3}x^{\frac{3}{2}}+\frac{1}{2}x^2+C.$$

注意　在计算有限个不定积分之和时，每个不定积分中都含有一个任意常数，但由于有限个任意常数之和仍是任意常数，因此只要写出一个任意常数就行了.

例6　求 $\displaystyle\int\sin^2\frac{x}{2}\mathrm{d}x$.

解　$\displaystyle\int\sin^2\frac{x}{2}\mathrm{d}x=\int\frac{1}{2}\left(1-\cos x\right)\mathrm{d}x=\frac{1}{2}\left[\int\mathrm{d}x-\int\cos x\mathrm{d}x\right]$

$$=\frac{1}{2}\left(x-\sin x\right)+C.$$

例7　求 $\displaystyle\int\frac{1+\cos^2 x}{1+\cos 2x}\mathrm{d}x$.

解　$\displaystyle\int\frac{1+\cos^2 x}{1+\cos 2x}\mathrm{d}x=\int\frac{1+\cos^2 x}{2\cos^2 x}\mathrm{d}x=\frac{1}{2}\int\left(\sec^2 x+1\right)\mathrm{d}x$

$$=\frac{1}{2}\left(\tan x+x\right)+C.$$

例8　求 $\displaystyle\int\frac{x^4}{1+x^2}\mathrm{d}x$.

解　$\displaystyle\int\frac{x^4}{1+x^2}\mathrm{d}x=\int\frac{x^4-1+1}{1+x^2}\mathrm{d}x=\int\frac{\left(x^2+1\right)\left(x^2-1\right)+1}{1+x^2}\mathrm{d}x$

$$=\int\left(x^2-1+\frac{1}{1+x^2}\right)\mathrm{d}x=\int x^2\mathrm{d}x-\int\mathrm{d}x+\int\frac{1}{1+x^2}\mathrm{d}x$$

$$=\frac{x^3}{3}-x+\arctan x+C.$$

从以上的解题过程读者不难看出，在求这些函数的不定积分时，我们总是设法将被积函数转化为基本积分表中所列的被积函数或它们的线性组合的形式，以便运用基本积分公式求得不定积分.

习题 4.1(A)

1. 求下列不定积分：

(1) $\displaystyle\int\frac{\sqrt{x}-x+x^2\mathrm{e}^x}{x^2}\mathrm{d}x$;　　　(2) $\displaystyle\int\left(2^x+3^x\right)^2\mathrm{d}x$;　　　(3) $\displaystyle\int\frac{1+2x^2}{x^2\left(1+x^2\right)}\mathrm{d}x$;

$(4)\displaystyle\int\frac{x^2}{1+x^2}\mathrm{d}x;$ $\qquad(5)\displaystyle\int\cos^2\frac{x}{2}\mathrm{d}x;$ $\qquad(6)\displaystyle\int\tan^2x\mathrm{d}x.$

2. 一曲线通过点$(\mathrm{e}^2,3)$,且在任一点处的切线的斜率等于该点横坐标的倒数,求该曲线的方程.

3. 已知某物体沿直线运动,在时刻t的加速度为t^2+1,其中t为时间,且当$t=0$时,速度$v=1$,距离$s=0$,试求该物体运动的路程函数$s(t)$.

4. 已知$\displaystyle\int f(x)\mathrm{d}x=F(x)+C$,求证:

$$\int f(ax+b)\mathrm{d}x=\frac{1}{a}F(ax+b)+C.$$

习题 4.1(B)

1. 求下列不定积分:

$(1)\displaystyle\int\frac{\cos2x}{\cos x-\sin x}\mathrm{d}x;$ $\qquad(2)\displaystyle\int\frac{\mathrm{d}x}{1+\cos2x};$

$(3)\displaystyle\int\frac{\mathrm{d}x}{1+\sin x};$ $\qquad(4)\displaystyle\int x^3\sqrt{x^4+x^{-4}-2}\mathrm{d}x.$

2. 设$f(x)=\mathrm{e}^{-x}$,求$\displaystyle\int\frac{f'(\ln x)}{x}\mathrm{d}x.$

3. 设$f'(\ln x)=1+2x$,求$f(x).$

4. 函数$f(x)$的导函数$f'(x)$的图形是一条二次抛物线,开口向上,且与x轴交于点$x=0$和$x=2$.若$f(x)$的极大值为4,极小值为0,求函数$f(x).$

5. 已知$f'(x)=\begin{cases}\mathrm{e}^x & x>0\\ x & x\leqslant0\end{cases}$,且$f(1)=2\mathrm{e}$,求$f(x).$

§ 4.2　换元积分法

采用直接积分法(利用基本积分表和积分的线性性质)来积分,所能求得的不定积分是非常有限的.因此,必须进一步研究求不定积分的方法.本节介绍的换元积分法是一种非常有用的积分法.这种方法的基本思想是,把一些较为复杂的积分,通过适当的变量替换,转化为可采用直接积分法来积分的形式,求出(新的被积函数的)原函数后,再代回原来的变量.

换元积分法的理论根据是复合函数的求导法则,即链式法则,只不过现在用它不是为了求导数,而是为了求不定积分或验证不定积分.

§4.2.1　第一换元积分法(凑微分法)

考察不定积分 $\int \cos 3x \, \mathrm{d}x$.

显然 $\cos 3x$ 的原函数不能由基本积分公式直接求出,但是 $\cos 3x$ 是基本初等函数 $f(u) = \cos u$ 与 $u = 3x$ 的复合函数,而对于 $\cos u$,可以由基本积分公式求出 $\int \cos u \, \mathrm{d}u = \sin u + C$. 这时,若把 $u = 3x$ 代入 $\sin u$,就得到 $\sin 3x$,而 $(\sin 3x)' = 3\cos 3x$,于是 $\frac{1}{3}\sin 3x$ 就是 $\cos 3x$ 的一个原函数. 可见 $\cos 3x$ 的原函数与 $\cos u$ 的原函数关系密切,前者可以通过后者求得. 实际上,如果把 $\cos 3x \, \mathrm{d}x$ 改写成 $\frac{1}{3}\cos 3x (3x)' \mathrm{d}x = \frac{1}{3}\cos u \, \mathrm{d}u$(因为 $u = 3x, \mathrm{d}u = (3x)' \mathrm{d}x$),代入被积表达式,就得到

$$\int \cos 3x \, \mathrm{d}x = \int \frac{1}{3}\cos 3x (3x)' \mathrm{d}x = \frac{1}{3}\int \cos u \, \mathrm{d}u$$
$$= \frac{1}{3}\sin u + C = \frac{1}{3}\sin 3x + C.$$

这个例子通过设置中间变量 u,使欲求的复合函数 $f(\varphi(x))$ 的积分转化为 $f(u)$ 的积分,后者是基本积分公式中已有的形式或其线性组合. 求出 $f(u)$ 的原函数后,再代回原来的变量,就得到了 $f(\varphi(x))$ 的不定积分.

下面定理对上述推导过程从理论上进行严格论证,由此进一步归纳成求不定积分的一个十分重要的方法 — 第一换元法.

定理 1　设函数 $f(u)$ 在区间 I 上有原函数 $F(u)$,而函数 $u = \varphi(x)$ 在区间 J 上可导且 $\varphi(J) \subseteq I$,则 $F[\varphi(x)]$ 是 $f[\varphi(x)]\varphi'(x)$ 在 J 上的原函数,即有换元公式

$$\int f[\varphi(x)]\varphi'(x)\mathrm{d}x = \int f(u)\mathrm{d}u = F(u) + C = F[\varphi(x)] + C. \qquad (4.2.1)$$

证　因为 $F(u)$ 是 $f(u)$ 的原函数,所以 $\dfrac{\mathrm{d}F}{\mathrm{d}u} = f(u)$. 又因为 $u = \varphi(x)$ 在区间 J 上可导且 $\varphi(J) \subseteq I$,所以,根据复合函数求导法则得到

$$\frac{\mathrm{d}}{\mathrm{d}x}F[\varphi(x)] = \frac{\mathrm{d}F}{\mathrm{d}u} \cdot \frac{\mathrm{d}u}{\mathrm{d}x} = f(u)\varphi'(x) = f[\varphi(x)]\varphi'(x).$$

故 (4.2.1) 成立.　　　　　　　　　　　　　　　　　　　　　　　　　　证毕.

如何应用公式 (4.2.1) 来求不定积分呢?假定不定积分 $\int g(x)\mathrm{d}x$ 不易直接求出,如果函数 $g(x)$ 可以化为 $g(x) = f[\varphi(x)]\varphi'(x)$ 的形式,那么,令 $u =$

$\varphi(x)$,就得到

$$\int g(x)\mathrm{d}x = \int f[\varphi(x)]\varphi'(x)\mathrm{d}x = \int f(u)\mathrm{d}u.$$

这样,求函数 $g(x)$ 的不定积分即转化为求函数 $f(u)$ 的不定积分. 如果能较容易地求得 $f(u)$ 的原函数,那么也就得到了 $g(x)$ 的原函数. 因此,问题归结为适当选取中间变量 u(即做适当的变量替换 $u = \varphi(x)$) 把 $g(x)\mathrm{d}x$ 化为 $f[\varphi(x)]\varphi'(x)\mathrm{d}x = f(u)\mathrm{d}u$(根据微分形式不变性),使得 $\int f(u)\mathrm{d}u$ 易于求得. 这里,由于中间变量 u 的适当选取凑出了两个微分式:(1)$\mathrm{d}u = \varphi'(x)\mathrm{d}x$,(2)$\mathrm{d}F = f(u)\mathrm{d}u$,因此,这种方法又名为"**凑微分法**".

在实际计算中,常先从 $g(x)$ 中分解出能凑成微分 $\varphi'(x)\mathrm{d}x = \mathrm{d}\varphi(x)$ 的因子 $\varphi'(x)$ 来,再令 $u = \varphi(x)$. 为了较快地选好中间变量 u,读者应当熟悉便于凑成微分的各种常见形式,并记住较多的易于积分的函数(见表 4-2-1 及以下例子).

例 1　求 $\int 2x\mathrm{e}^{x^2}\mathrm{d}x$.

解　因为 $2x\mathrm{d}x = \mathrm{d}(x^2)$,所以可设 $u = x^2$,从而 $\mathrm{d}u = 2x\mathrm{d}x$,于是

$$\int 2x\mathrm{e}^{x^2}\mathrm{d}x = \int \mathrm{e}^u\mathrm{d}u = \mathrm{e}^u + C = \mathrm{e}^{x^2} + C.$$

在我们对变量替换比较熟练后,可不必把中间变量写出来,而简单地写成:

$$\int 2x\mathrm{e}^{x^2}\mathrm{d}x = \int \mathrm{e}^{x^2}\mathrm{d}(x^2) = \mathrm{e}^{x^2} + C.$$

例 2　求 $\int x\sqrt{1-x^2}\mathrm{d}x$.

解　设 $u = 1 - x^2$,则 $\mathrm{d}u = -2x\mathrm{d}x, x\mathrm{d}x = -\dfrac{1}{2}\mathrm{d}u$,于是

$$\int x\sqrt{1-x^2}\mathrm{d}x = -\frac{1}{2}\int u^{\frac{1}{2}}\mathrm{d}u = -\frac{1}{3}u^{\frac{3}{2}} + C = -\frac{1}{3}(1-x^2)^{\frac{3}{2}} + C.$$

上面过程可简单地写成:

$$\int x\sqrt{1-x^2}\mathrm{d}x = -\frac{1}{2}\int (1-x^2)^{\frac{1}{2}}\mathrm{d}(1-x^2) = -\frac{1}{3}(1-x^2)^{\frac{3}{2}} + C.$$

以下是务必要记住的部分凑微分公式:

表 4-2-1　常用的凑微分公式表

$(1) a\mathrm{d}x = \mathrm{d}(ax) = \mathrm{d}(ax+b)$, 其中 a、b 均为常数;

$(2) x^m\mathrm{d}x = \dfrac{\mathrm{d}(x^{m+1})}{m+1} = \dfrac{1}{a(m+1)}\mathrm{d}(ax^{m+1}+b)$, 其中 $m \neq -1$;

$(3) \dfrac{1}{\sqrt{x}}\mathrm{d}x = 2\mathrm{d}\sqrt{x}$;

$(4) \dfrac{1}{x^2}\mathrm{d}x = -\mathrm{d}\dfrac{1}{x}$;

$(5) \mathrm{e}^x\mathrm{d}x = \mathrm{d}(\mathrm{e}^x)$;

$(6) \cos x\mathrm{d}x = \mathrm{d}(\sin x)$;

$(7) \sin x\mathrm{d}x = -\mathrm{d}(\cos x)$;

$(8) \sec^2 x\mathrm{d}x = \mathrm{d}(\tan x)$;

$(9) \csc^2 x\mathrm{d}x = -\mathrm{d}(\cot x)$;

$(10) \dfrac{1}{x}\mathrm{d}x = \mathrm{d}(\ln x)$;

$(11) \dfrac{1}{\sqrt{1-x^2}}\mathrm{d}x = \mathrm{d}(\arcsin x)$;

$(12) \dfrac{1}{1+x^2}\mathrm{d}x = \mathrm{d}(\arctan x)$.

例 3　求 $\displaystyle\int \tan x\mathrm{d}x$.

解　$\displaystyle\int \tan x\mathrm{d}x = \int \dfrac{\sin x}{\cos x}\mathrm{d}x = -\int \dfrac{\mathrm{d}(\cos x)}{\cos x} = -\ln|\cos x| + C$.

类似地可得 $\displaystyle\int \cot x\mathrm{d}x = \ln|\sin x| + C$.

例 4　求 $\displaystyle\int \sin 2x\mathrm{d}x$.

解一　$\displaystyle\int \sin 2x\mathrm{d}x = \dfrac{1}{2}\int \sin 2x\mathrm{d}(2x) = -\dfrac{1}{2}\cos 2x + C$.

解二　$\displaystyle\int \sin 2x\mathrm{d}x = \int 2\sin x\cos x\mathrm{d}x = 2\int \sin x\mathrm{d}(\sin x) = \sin^2 x + C$.

解三　$\displaystyle\int \sin 2x\mathrm{d}x = \int 2\sin x\cos x\mathrm{d}x = -2\int \cos x\mathrm{d}(\cos x) = -\cos^2 x + C$.

从本例可以看到,同一个不定积分,三种解法得出三种形式不同的答案. 实际上,不难用三角公式检验, $-\dfrac{1}{2}\cos 2x$, $-\cos^2 x$ 与 $\sin^2 x$ 只是相差一个常数. 因此，它们均为 $\sin 2x$ 的原函数，即三个答案都是正确的. 对于不定积分，这种情形常会发生.

例 5 求 $\displaystyle\int \frac{\mathrm{d}x}{a^2 + x^2}$.

解 $\displaystyle\int \frac{\mathrm{d}x}{a^2 + x^2} = \frac{1}{a^2}\int \frac{\mathrm{d}x}{1 + \left(\dfrac{x}{a}\right)^2} = \frac{1}{a}\int \frac{\mathrm{d}\left(\dfrac{x}{a}\right)}{1 + \left(\dfrac{x}{a}\right)^2} = \frac{1}{a}\arctan \frac{x}{a} + C.$

例 6 求 $\displaystyle\int \frac{1}{x^2 - a^2}\mathrm{d}x$.

解 $\displaystyle\int \frac{1}{x^2 - a^2}\mathrm{d}x = \int \frac{\mathrm{d}x}{(x-a)(x+a)} = \frac{1}{2a}\int \left(\frac{1}{x-a} - \frac{1}{x+a}\right)\mathrm{d}x$

$$= \frac{1}{2a}\left[\int \frac{1}{x-a}\mathrm{d}(x-a) - \int \frac{1}{x+a}\mathrm{d}(x+a)\right]$$

$$= \frac{1}{2a}\big[\ln|x-a| - \ln|x+a|\big] + C$$

$$= \frac{1}{2a}\ln\left|\frac{x-a}{x+a}\right| + C.$$

例 7 求 $\displaystyle\int \frac{1}{1 + \mathrm{e}^x}\mathrm{d}x$.

解 $\displaystyle\int \frac{1}{1 + \mathrm{e}^x}\mathrm{d}x = \int \frac{1 + \mathrm{e}^x - \mathrm{e}^x}{1 + \mathrm{e}^x}\mathrm{d}x = \int \mathrm{d}x - \int \frac{\mathrm{e}^x}{1 + \mathrm{e}^x}\mathrm{d}x$

$$= x - \int \frac{\mathrm{d}(1 + \mathrm{e}^x)}{1 + \mathrm{e}^x} = x - \ln(1 + \mathrm{e}^x) + C.$$

凑微分法可以灵活运用. 类似于例 4，本例有多种解法，请读者自行练习.

例 8 求 $\displaystyle\int \csc x\,\mathrm{d}x$.

解 $\displaystyle\int \csc x\,\mathrm{d}x = \int \frac{1}{\sin x}\mathrm{d}x = \int \frac{\mathrm{d}x}{2\sin \dfrac{x}{2}\cos \dfrac{x}{2}} = \int \frac{\mathrm{d}\left(\dfrac{x}{2}\right)}{\tan \dfrac{x}{2}\cos^2 \dfrac{x}{2}}$

$$= \int \frac{\mathrm{d}\left(\tan \dfrac{x}{2}\right)}{\tan \dfrac{x}{2}} = \ln\left|\tan \frac{x}{2}\right| + C.$$

因为 $\tan \dfrac{x}{2} = \dfrac{\sin \dfrac{x}{2}}{\cos \dfrac{x}{2}} = \dfrac{2\sin^2 \dfrac{x}{2}}{\sin x} = \dfrac{1 - \cos x}{\sin x} = \csc x - \cot x,$

所以

$$\int \csc x \mathrm{d}x = \ln|\csc x - \cot x| + C.$$

类似地可得

$$\int \sec x \mathrm{d}x = \ln|\sec x + \tan x| + C.$$

例 9 求 $\int \sin^2 x \mathrm{d}x$.

解

$$\int \sin^2 x \mathrm{d}x = \int \frac{1 - \cos 2x}{2} \mathrm{d}x = \frac{1}{2}\left(\int \mathrm{d}x - \int \cos 2x \mathrm{d}x\right)$$

$$= \frac{1}{2}\int \mathrm{d}x - \frac{1}{4}\int \cos 2x \mathrm{d}2x = \frac{x}{2} - \frac{1}{4}\sin 2x + C.$$

类似地可得

$$\int \cos^2 x \mathrm{d}x = \frac{x}{2} + \frac{\sin 2x}{4} + C.$$

例 10 求 $\int \frac{\sin x}{1 + \sin x} \mathrm{d}x$.

解

$$\int \frac{\sin x}{1 + \sin x} \mathrm{d}x = \int \frac{\sin x(1 - \sin x)}{1 - \sin^2 x} \mathrm{d}x = \int \frac{\sin x}{\cos^2 x} \mathrm{d}x - \int \frac{\sin^2 x}{\cos^2 x} \mathrm{d}x$$

$$= -\int \frac{\mathrm{d}\cos x}{\cos^2 x} + \int (1 - \sec^2 x) \mathrm{d}x$$

$$= \frac{1}{\cos x} + x - \tan x + C.$$

例 11 求 $\int \cos 2x \cos 3x \mathrm{d}x$.

解

$$\int \cos 2x \cos 3x \mathrm{d}x = \frac{1}{2}\int (\cos 5x + \cos x) \mathrm{d}x$$

$$= \frac{1}{2}\left[\int \cos x \mathrm{d}x + \frac{1}{5}\int \cos 5x \mathrm{d}(5x)\right]$$

$$= \frac{1}{2}\sin x + \frac{1}{10}\sin 5x + C.$$

例 12 求 $\int \sin^3 x \cos^2 x \mathrm{d}x$.

解

$$\int \sin^3 x \cos^2 x \mathrm{d}x = -\int \sin^2 x \cos^2 x \mathrm{d}\cos x = \int (1 - \cos^2 x) \cos^2 x \mathrm{d}\cos x$$

$$= \int (\cos^4 x - \cos^2 x) \mathrm{d}\cos x = \frac{1}{5}\cos^5 x - \frac{1}{3}\cos^3 x + C.$$

§4.2.2 第二换元积分法

如果不定积分 $\int f(x)\mathrm{d}x$ 用直接积分法或第一换元法都不易积分,我们得另想办法.例如,不定积分

$$\int \sqrt{1-x^2}\,\mathrm{d}x$$

就是这种情形.这时难点在于如何化去根式 $\sqrt{1-x^2}$.注意到被积函数的定义域是 $\{x \mid |x| \leqslant 1\}$,联想起正余弦函数之间的平方关系,若令 $x = \sin t, -\dfrac{\pi}{2} \leqslant t \leqslant \dfrac{\pi}{2}$,则

$$\sqrt{1-x^2} = \sqrt{1-\sin^2 t} = \cos t, \mathrm{d}x = \cos t\,\mathrm{d}t,$$

从而

$$\int \sqrt{1-x^2}\,\mathrm{d}x = \int \cos^2 t\,\mathrm{d}t.$$

这样一来,不仅化去了根式,而且转化成熟悉的积分(见本节例9).这题的解法启发我们引入另一种变量替换法 —— 第二换元法.

定理 2 设函数 $f(x)$ 在区间 I 上连续,函数 $x = \varphi(t)$ 在区间 J 上可导,其导数 $\varphi'(t)$ 连续,$\varphi(J) \subseteq I$ 且 $\varphi'(t) \neq 0$,又设 $f[\varphi(t)]\varphi'(t)$ 在区间 J 上具有原函数 $\Phi(t)$,则 $\Phi[\varphi^{-1}(x)]$ 是 $f(x)$ 的原函数,即有换元公式

$$\int f(x)\mathrm{d}x = \int f[\varphi(t)]\varphi'(t)\mathrm{d}t = \Phi(t) + C = \Phi[\varphi^{-1}(x)] + C, \qquad (4.2.2)$$

其中 $\varphi^{-1}(x)$ 是 $x = \varphi(t)$ 的反函数,即 $t = \varphi^{-1}(x)$.

证 因 $\varphi'(t)$ 在区间 I 上连续且 $\varphi'(t) \neq 0$,故 $\varphi'(t)$ 不变号,于是 $x = \varphi(t)$ 是单调连续的,从而其反函数 $t = \varphi^{-1}(x)$ 存在且单调,并有

$$\frac{\mathrm{d}t}{\mathrm{d}x} = \frac{1}{\varphi'(t)}.$$

于是,根据复合函数求导的链式法则有

$$\frac{\mathrm{d}}{\mathrm{d}x}\Phi[\varphi^{-1}(x)] = \frac{\mathrm{d}\Phi}{\mathrm{d}t} \cdot \frac{\mathrm{d}t}{\mathrm{d}x} = f[\varphi(t)]\varphi'(t) \cdot \frac{1}{\varphi'(t)} = f(x).$$

故 (4.2.2) 式成立. 证毕.

应用第二换元积分公式 (4.2.2) 求不定积分的关键是选取适当的变换 $x = \varphi(t)$.但如何选取,并无常法,需根据被积函数的特点而定.一般地说,对于含有根式的被积函数,常设法化去根式.

例 13 求 $\int \sqrt{a^2-x^2}\,\mathrm{d}x \quad (a > 0)$.

解 设 $x = a\sin t\left(-\dfrac{\pi}{2} < t < \dfrac{\pi}{2}\right)$，则 $\mathrm{d}x = a\cos t\,\mathrm{d}t$，于是

$$\int \sqrt{a^2 - x^2}\,\mathrm{d}x = \int a^2\cos^2 t\,\mathrm{d}t = \frac{a^2}{2}\int(1 + \cos 2t)\,\mathrm{d}t$$

$$= \frac{a^2}{2}\left(t + \frac{\sin 2t}{2}\right) + C = \frac{a^2}{2}(t + \sin t\cos t) + C.$$

由 $x = a\sin t\left(-\dfrac{\pi}{2} < t < \dfrac{\pi}{2}\right)$ 得出 $\sin t = \dfrac{x}{a}$，$\cos t = \sqrt{1 - \sin^2 t}$

$= \sqrt{1 - \left(\dfrac{x}{a}\right)^2}$，$t = \arcsin\dfrac{x}{a}$，代入上式得

$$\int \sqrt{a^2 - x^2}\,\mathrm{d}x = \frac{a^2}{2}\left[\arcsin\frac{x}{a} + \frac{x}{a}\sqrt{1 - \left(\frac{x}{a}\right)^2}\right] + C.$$

$$= \frac{a^2}{2}\arcsin\frac{x}{a} + \frac{x}{2}\sqrt{a^2 - x^2} + C.$$

例 14 求 $\displaystyle\int \frac{\mathrm{d}x}{\sqrt{x^2 + a^2}}$ $(a > 0)$.

解 设 $x = a\tan t\left(-\dfrac{\pi}{2} < t < \dfrac{\pi}{2}\right)$，则 $\mathrm{d}x = a\sec^2 t\,\mathrm{d}t$，于是

$$\int \frac{\mathrm{d}x}{\sqrt{x^2 + a^2}} = \int \frac{a\sec^2 t}{a\sec t}\,\mathrm{d}t = \int \sec t\,\mathrm{d}t = \ln|\sec t + \tan t| + C.$$

为了把 $\sec t$ 换成 x 的函数，可根据 $\tan t = \dfrac{x}{a}$ 作辅助三角形

（图 4-2-1），于是有 $\sec t = \dfrac{\sqrt{x^2 + a^2}}{a}$，因此

$$\int \frac{\mathrm{d}x}{\sqrt{x^2 + a^2}} = \ln\left|\frac{\sqrt{x^2 + a^2}}{a} + \frac{x}{a}\right| + C_1$$

$$= \ln\left|x + \sqrt{x^2 + a^2}\right| + C,$$

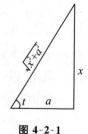

图 4-2-1

其中 $C = C_1 - \ln a$.

注 利用三角函数作变换 $x = a\sin t$，$x = a\tan t$ 或 $x = a\sec t$ 进行换元积分时，在求出原函数 $\Phi(t)$ 后，为了将新变量 t 换成原来的变量 x，可作一个辅助直角三角形，把 t 设为它的一个锐角，适当选取其中一边为 a，通常可达到直观和方便计算的目的. 由例 14 和下面例 15，读者不难理解这种方法. 作为练习，读者不妨试着作一作例 13 的辅助三角形.

例 15 求 $\displaystyle\int \frac{\mathrm{d}x}{\sqrt{x^2 - a^2}}$ $(a > 0)$.

解 注意到被积函数的定义域为 $|x| > a$，下面按两个区间分别处理：

(1) 当 $x > a$ 时,设 $x = a\sec t\left(0 < t < \dfrac{\pi}{2}\right)$,则 $\mathrm{d}x = a\sec t\tan t\,\mathrm{d}t$,于是

$$\int \frac{\mathrm{d}x}{\sqrt{x^2 - a^2}} = \int \frac{a\sec t \cdot \tan t}{a\tan t}\mathrm{d}t = \int \sec t\,\mathrm{d}t$$

$$= \ln|\sec t + \tan t| + C_1.$$

为了把 $\tan t$ 换成 x 的函数,可根据 $\sec t = \dfrac{x}{a}$ 作辅助三角

形(图 4-2-2),得 $\tan t = \dfrac{\sqrt{x^2 - a^2}}{a}$,因此

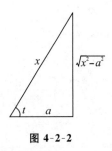

图 4-2-2

$$\int \frac{\mathrm{d}x}{\sqrt{x^2 - a^2}} = \ln\left[\frac{x}{a} + \frac{\sqrt{x^2 - a^2}}{a}\right] + C_1$$

$$= \ln\left[x + \sqrt{x^2 - a^2}\right] + C,$$

其中 $C = C_1 - \ln a$.

注 由于 C 和 C_1 都表示任意常数,今后若无区分之必要,都记作 C.

(2) 当 $x < -a$ 时,令 $u = -x$,则 $u > a$.再利用(1)的结论得

$$\int \frac{\mathrm{d}x}{\sqrt{x^2 - a^2}} = -\int \frac{\mathrm{d}u}{\sqrt{u^2 - a^2}} = -\ln\left[u + \sqrt{u^2 - a^2}\right] + C$$

$$= \ln\left[-x + \sqrt{x^2 - a^2}\right]^{-1} + C = \ln\left[-x - \sqrt{x^2 - a^2}\right] + C.$$

综合(1)和(2)得到 $\displaystyle\int \frac{\mathrm{d}x}{\sqrt{x^2 - a^2}} = \ln\left|x + \sqrt{x^2 - a^2}\right| + C$.

合并例 14 和例 15,可得

$$\int \frac{\mathrm{d}x}{\sqrt{x^2 \pm a^2}} = \ln\left|x + \sqrt{x^2 \pm a^2}\right| + C. \qquad (4.2.3)$$

上面三个例子的被积函数都是 $\sqrt{Ax^2 + C}$ 或其倒数的特殊形式,当它以 $\sqrt{a^2 - x^2}$ 的形式出现(即 $C > 0, A = -1$)时,可作代换 $x = a\sin t$ 化去根式;当以 $\sqrt{x^2 + a^2}$ 的形式出现(即 $C > 0, A = 1$)时,可作代换 $x = a\tan t$;而当以 $\sqrt{x^2 - a^2}$ 的形式出现(即 $C < 0, A = 1$)时,可作代换 $x = a\sec t$.这三种代换统称为**三角代换**.

需要指出的是,对于被积函数比上面 3 个例子稍复杂或含有其他根式的情形,三角代换就未必有效或未必简捷(参看下面例 16).为此,我们还要寻找其他合适的替换.

下面介绍另一种很有用的变换,称为**倒代换**,即令 $x = \dfrac{1}{t}$,利用它常可消去被积函数的分母中与根式相乘的变量因子 x.

例 16 求 $\displaystyle\int \frac{\mathrm{d}x}{x^2\sqrt{1+x^2}}$.

解 设 $x = \dfrac{1}{t}$，则 $\mathrm{d}x = -\dfrac{\mathrm{d}t}{t^2}$，于是

$$\int \frac{\mathrm{d}x}{x^2\sqrt{1+x^2}} = \int \frac{-\dfrac{1}{t^2}\mathrm{d}t}{\dfrac{1}{t^2}\sqrt{1+\dfrac{1}{t^2}}} = -\int \frac{|t|}{\sqrt{t^2+1}}\mathrm{d}t.$$

当 $x > 0$ 时，有

$$\int \frac{\mathrm{d}x}{x^2\sqrt{1+x^2}} = -\int \frac{t\mathrm{d}t}{\sqrt{t^2+1}} = -\int \frac{\mathrm{d}(t^2+1)}{2\sqrt{t^2+1}} = -\sqrt{t^2+1} + C$$

$$= -\sqrt{\frac{1}{x^2}+1} + C = -\frac{\sqrt{1+x^2}}{x} + C.$$

当 $x < 0$ 时，有

$$\int \frac{\mathrm{d}x}{x^2\sqrt{1+x^2}} = \int \frac{t\mathrm{d}t}{\sqrt{t^2+1}} = \int \frac{\mathrm{d}(t^2+1)}{2\sqrt{t^2+1}} = \sqrt{t^2+1} + C.$$

$$= \sqrt{\frac{1}{x^2}+1} + C = -\frac{\sqrt{1+x^2}}{x} + C.$$

故无论何种情形，均有

$$\int \frac{\mathrm{d}x}{x^2\sqrt{1+x^2}} = -\frac{\sqrt{1+x^2}}{x} + C.$$

除了三角代换和倒代换之外，还有许多具体有效的替换办法. 例如，当被积函数含有根式 $\sqrt[n]{ax+b}$ 且不能直接应用基本积分表进行积分时，可令 $\sqrt[n]{ax+b} = t$，那么 $x = \dfrac{t^n-b}{a}$，代入被积表达式，先化去根式，再进行计算.

例 17 求 $\displaystyle\int \frac{\sin\sqrt{x}}{\sqrt{x}}\mathrm{d}x$.

解 1 令 $\sqrt{x} = t$，即 $x = t^2$，则 $\mathrm{d}x = 2t\mathrm{d}t$. 于是

$$\int \frac{\sin\sqrt{x}}{\sqrt{x}}\mathrm{d}x = \int \frac{\sin t}{t} \cdot 2t\mathrm{d}t = 2\int \sin t\mathrm{d}t$$

$$= -2\cos t + C = -2\cos\sqrt{x} + C.$$

解 2 因为 $\dfrac{\mathrm{d}x}{\sqrt{x}}$ 可凑成微分 $2\mathrm{d}\sqrt{x}$，所以

$$\int \frac{\sin\sqrt{x}}{\sqrt{x}}\mathrm{d}x = 2\int \sin\sqrt{x}\mathrm{d}\sqrt{x} = -2\cos\sqrt{x} + C.$$

在以上的例题中,有几个有代表性的积分也常被当成公式使用,现把它们列出如下,作为基本积分表的增补.

表 4-2-2　增补基本积分公式

$$(14)\int \tan x \mathrm{d}x = -\ln|\cos x| + C = \ln|\sec x| + C;$$

$$(15)\int \cot x \mathrm{d}x = \ln|\sin x| + C = -\ln|\csc x| + C;$$

$$(16)\int \sec x \mathrm{d}x = \ln|\sec x + \tan x| + C;$$

$$(17)\int \csc x \mathrm{d}x = \ln|\csc x - \cot x| + C;$$

$$(18)\int \frac{\mathrm{d}x}{a^2 + x^2} = \frac{1}{a}\arctan \frac{x}{a} + C;$$

$$(19)\int \frac{\mathrm{d}x}{x^2 - a^2} = \frac{1}{2a}\ln\left|\frac{x-a}{x+a}\right| + C;$$

$$(20)\int \frac{\mathrm{d}x}{a^2 - x^2} = \frac{1}{2a}\ln\left|\frac{a+x}{a-x}\right| + C;$$

$$(21)\int \frac{\mathrm{d}x}{\sqrt{a^2 - x^2}} = \arcsin \frac{x}{a} + C;$$

$$(22)\int \frac{\mathrm{d}x}{\sqrt{x^2 \pm a^2}} = \ln\left|x + \sqrt{x^2 \pm a^2}\right| + C.$$

因为有相当一类不定积分可化成这些公式的形式,熟记它们,将为这些积分的计算提供方便. 例如,当被积函数是 $\sqrt{Ax^2 + Bx + C}$ 的倒数时,若 $B^2 - 4AC \neq 0$,结合第一换元法,可化成上述(21)或(22)的形式.

例 18　求 $\displaystyle\int \frac{\mathrm{d}x}{\sqrt{x^2 + 6x + 5}}$.

解　$\displaystyle\int \frac{\mathrm{d}x}{\sqrt{x^2 + 6x + 5}} = \int \frac{\mathrm{d}(x+3)}{\sqrt{(x+3)^2 - 4}}$

$$= \ln\left|x + 3 + \sqrt{x^2 + 6x + 5}\right| + C.$$

这里,我们视 $x + 3 = u$(第一换元法),运用了公式(22).

习题 4.2(A)

用换元积分法求下列不定积分:

$(1)\displaystyle\int (2x - 3)^{100} \mathrm{d}x;$ 　　　　　　　　$(2)\displaystyle\int \frac{1}{x^2}\mathrm{e}^{\frac{1}{x}} \mathrm{d}x;$

$(3)\displaystyle\int\frac{\cos\sqrt{x}}{\sqrt{x}}\mathrm{d}x;$

$(4)\displaystyle\int\frac{\mathrm{d}x}{x\ln x};$

$(5)\displaystyle\int\frac{\cos x}{\sin^2 x}\mathrm{d}x;$

$(6)\displaystyle\int x\mathrm{e}^{-x^2}\mathrm{d}x;$

$(7)\displaystyle\int\mathrm{e}^x\sin\mathrm{e}^x\mathrm{d}x;$

$(8)\displaystyle\int\frac{\mathrm{d}x}{\sqrt{x}(1+x)};$

$(9)\displaystyle\int\frac{1}{\sin t\cos t}\mathrm{d}t;$

$(10)\displaystyle\int\frac{\sin x\cos x}{1+\sin^4 x}\mathrm{d}x;$

$(11)\displaystyle\int\frac{\mathrm{d}x}{x\sqrt{x^2-1}};$

$(12)\displaystyle\int\tan^3 x\mathrm{d}x;$

$(13)\displaystyle\int\cos^5 x\mathrm{d}x;$

$(14)\displaystyle\int\frac{1-x}{\sqrt{9-4x^2}}\mathrm{d}x;$

$(15)\displaystyle\int\tan^3 x\sec x\mathrm{d}x;$

$(16)\displaystyle\int\frac{1+\ln x}{(x\ln x)^2}\mathrm{d}x;$

$(17)\displaystyle\int\frac{x}{x^2+2x+1}\mathrm{d}x;$

$(18)\displaystyle\int\cos x\cos 2x\mathrm{d}x;$

$(19)\displaystyle\int\sin 5x\sin 7x\mathrm{d}x;$

$(20)\displaystyle\int\frac{\mathrm{d}x}{\sqrt{(a^2-x^2)^3}}\quad(a>0);$

$(21)\displaystyle\int\frac{\mathrm{d}x}{x^2\sqrt{1+x^2}};$

$(22)\displaystyle\int\frac{\sqrt{x^2-9}}{x}\mathrm{d}x;$

$(23)\displaystyle\int\frac{\sqrt{x}}{\sqrt[3]{x^2}-\sqrt{x}}\mathrm{d}x;$

$(24)\displaystyle\int\frac{\mathrm{d}x}{(x+2)\sqrt{x+1}};$

$(25)\displaystyle\int\frac{\mathrm{d}x}{\sqrt{1+\mathrm{e}^x}}.$

习题 4.2(B)

1.已知 $f'(\mathrm{e}^x)=x\mathrm{e}^{-x}$,且 $f(1)=0$,求 $f(x)$.

2.设 $f(x^2-1)=\ln\dfrac{x^2}{x^2-2}$,且 $f[\varphi(x)]=\ln x$,求 $\displaystyle\int\varphi(x)\mathrm{d}x$.

3.求下列不定积分:

$(1)\displaystyle\int\frac{x\tan\sqrt{1+x^2}}{\sqrt{1+x^2}}\mathrm{d}x;$

$(2)\displaystyle\int\frac{\ln(1+x)-\ln x}{x(1+x)}\mathrm{d}x;$

$(3)\displaystyle\int\frac{\mathrm{d}x}{1+\sqrt{1-x^2}};$

$(4)\displaystyle\int\frac{\mathrm{d}x}{x\sqrt{x^2+a^2}};$

$(5)\displaystyle\int\frac{1}{x(x^5+1)}\mathrm{d}x$　(提示:利用倒代换);

$(6)\displaystyle\int\frac{\mathrm{d}x}{\sqrt{1+x-x^2}}.$

4. 若 $f(x)$ 具有一阶连续的导数,且满足: $f'(x)+xf'(-x)=x$,求 $f(x)$.

5. 设 $F(x)$ 为 $f(x)$ 的原函数,且当 $x\geqslant 0$ 时, $f(x)F(x)=\dfrac{x\mathrm{e}^x}{2(1+x)^2}$,已知 $F(0)=1,F(x)>0$,求 $f(x)$.

§4.3 分部积分法

由于积分与微分互为逆运算,上一节我们得以利用复合函数微分法来推出换元积分法,这一节我们将利用两个函数乘积的微分公式,来推导另一种求积分的基本方法 —— 分部积分法.

定理 1 设函数 $u=u(x)$ 及 $v=v(x)$ 具有连续导数,则

$$\int u\mathrm{d}v=uv-\int v\mathrm{d}u. \tag{4.3.1}$$

证 因为 $\mathrm{d}(uv)=u\mathrm{d}v+v\mathrm{d}u,$

所以 $u\mathrm{d}v=\mathrm{d}(uv)-v\mathrm{d}u,$

两边积分,得 $\int u\mathrm{d}v=uv-\int v\mathrm{d}u.$ 证毕.

公式 $(4.3.1)$ 称为**分部积分公式**.当直接求 $\int f(x)\mathrm{d}x$ 有困难时,可考虑把 $f(x)\mathrm{d}x$ 表示成为 $u\mathrm{d}v$ 的形式.这时,如果 u 和 v(即 u 和 $\mathrm{d}v$)选择得好,就能利用公式 $(4.3.1)$ 达到化难为简的目的.

例 1   求 $\int x\sin x\mathrm{d}x$.

解   设 $u=x,\mathrm{d}v=\sin x\mathrm{d}x$,则 $\mathrm{d}u=\mathrm{d}x,v=\int\sin x\mathrm{d}x=-\cos x$.于是

$$\int x\sin x\mathrm{d}x=-x\cos x-\int(-\cos x)\mathrm{d}x$$
$$=-x\cos x+\sin x+C.$$

上面我们将求 $\int x\sin x\mathrm{d}x$ 的问题转化为求 $\int\sin x\mathrm{d}x$ 与 $\int\cos x\mathrm{d}x$,而后面两个积分容易求出,这说明这样选择 $u,\mathrm{d}v$ 是可行的.

若设 $u=\sin x,\mathrm{d}v=x\mathrm{d}x$,则 $\mathrm{d}u=\cos x\mathrm{d}x,v=\dfrac{x^2}{2}$.于是

$$\int x\sin x\mathrm{d}x=\dfrac{x^2}{2}\sin x-\int\dfrac{x^2}{2}\cos x\mathrm{d}x.$$

上式右端的积分较原积分更不易求出,这说明如此选择 u 和 $\mathrm{d}v$ 是不妥的.

由此可见,恰当地选取 u 和 $\mathrm{d}v$ 是使用分部积分法的一个关键.通常选取的 u 和 $\mathrm{d}v$ 应满足下面两个要求:

(I) 由 $\mathrm{d}v$ 求 v 较容易;

(II) $\int v\mathrm{d}u$ 要比 $\int u\mathrm{d}v$ 容易计算.

下列类型的积分常考虑使用分部积分法:

(1) $\int x^{n}\mathrm{e}^{mx}\mathrm{d}x$; (2) $\int x^{n}\sin mx\,\mathrm{d}x$ 或 $\int x^{n}\cos mx\,\mathrm{d}x$;

(3) $\int x^{n}\ln^{m}x\,\mathrm{d}x$; (4) $\int x^{n}\arcsin x\,\mathrm{d}x$ 或 $\int x^{n}\arctan x\,\mathrm{d}x$;

(5) $\int \mathrm{e}^{nx}\sin mx\,\mathrm{d}x$ 或 $\int \mathrm{e}^{nx}\cos mx\,\mathrm{d}x$.

根据经验,在解上述五种类型的积分时,u 和 $\mathrm{d}v$ 的选取有定法:在(1)、(2)两类中,可设 $u=x^{n}$,被积表达式的其余部分为 $\mathrm{d}v$;在(3)、(4)两类中,可设 $u=\ln^{m}x$ 或 $u=\arcsin x$ 或 $u=\arctan x$,$\mathrm{d}v=x^{n}\mathrm{d}x$,换句话说,幂函数不作 u;在第(5)类中,指数函数与三角函数二者均可作为 u.

例 2　求 $\int x^{2}\mathrm{e}^{-x}\mathrm{d}x$.

解
$$\int x^{2}\mathrm{e}^{-x}\mathrm{d}x = -\int x^{2}\mathrm{d}(\mathrm{e}^{-x}) = -\left[x^{2}\mathrm{e}^{-x} - \int \mathrm{e}^{-x}\mathrm{d}(x^{2})\right]$$
$$= -x^{2}\mathrm{e}^{-x} + 2\int x\mathrm{e}^{-x}\mathrm{d}x$$
$$= -x^{2}\mathrm{e}^{-x} - 2\int x\mathrm{d}(\mathrm{e}^{-x})$$
$$= -x^{2}\mathrm{e}^{-x} - 2\left(x\mathrm{e}^{-x} - \int \mathrm{e}^{-x}\mathrm{d}x\right)$$
$$= -x^{2}\mathrm{e}^{-x} - 2(x\mathrm{e}^{-x} + \mathrm{e}^{-x}) + C$$
$$= -\mathrm{e}^{-x}(x^{2} + 2x + 2) + C.$$

例 2 的计算运用了两次分部积分公式.这里需要强调的是,第一次使用分部积分公式把 $\int u\mathrm{d}v$ 化为 $uv - \int v\mathrm{d}u$ 后,通常应求出 u 的导数 $u'(x)$,将 $\int v\mathrm{d}u$ 表成 $\int v(x)u'(x)\mathrm{d}x$,以便选择新一轮分部积分的 u 和 v(见例 2 解答过程的第 3 个和第 4 个等式).

例 3　求 $\int x^{3}\ln x\mathrm{d}x$.

解
$$\int x^{3}\ln x\mathrm{d}x = \int \ln x\mathrm{d}\left(\frac{x^{4}}{4}\right) = \frac{1}{4}x^{4}\ln x - \frac{1}{4}\int x^{4}\cdot\frac{1}{x}\mathrm{d}x$$

$$= \frac{1}{4}x^4\ln x - \frac{1}{16}x^4 + C.$$

例 4 求 $\int x\arctan x\mathrm{d}x$.

解 $\int x\arctan x\mathrm{d}x = \int \arctan x\mathrm{d}\left(\frac{x^2}{2}\right) = \frac{x^2}{2}\arctan x - \frac{1}{2}\int\frac{x^2}{1+x^2}\mathrm{d}x$

$$= \frac{x^2}{2}\arctan x - \frac{1}{2}\int\frac{1+x^2-1}{1+x^2}\mathrm{d}x$$

$$= \frac{x^2}{2}\arctan x - \frac{1}{2}\int\left(1-\frac{1}{1+x^2}\right)\mathrm{d}x$$

$$= \frac{x^2}{2}\arctan x - \frac{1}{2}(x-\arctan x) + C$$

$$= \frac{x^2+1}{2}\arctan x - \frac{x}{2} + C.$$

例 5 求 $\int \arccos x\mathrm{d}x$.

解 本例是类型(4)中 $n = 0$ 的情形,故得

$$\int\arccos x\mathrm{d}x = x\arccos x - \int\frac{-x}{\sqrt{1-x^2}}\mathrm{d}x = x\arccos x - \int\frac{\mathrm{d}(1-x^2)}{2\sqrt{1-x^2}}$$

$$= x\arccos x - \sqrt{1-x^2} + C.$$

由本例可以看出,从形式上说,被积函数仅为一个基本初等函数时,也可应用分部积分法.类似地可求得

$$\int\ln x\mathrm{d}x = x\ln x - x + C,$$

$$\int\arcsin x\mathrm{d}x = x\arcsin x + \sqrt{1-x^2} + C,$$

$$\int\arctan x\mathrm{d}x = x\arctan x - \frac{1}{2}\ln(1+x^2) + C,$$

$$\int\mathrm{arccot}x\mathrm{d}x = x\mathrm{arccot}x + \frac{1}{2}\ln(1+x^2) + C,$$

$$\int\mathrm{arcsec}x\mathrm{d}x = x\mathrm{arcsec}x - \ln\left|x+\sqrt{x^2-1}\right| + C,$$

$$\int\mathrm{arccsc}x\mathrm{d}x = x\mathrm{arccsc}x + \ln\left|x+\sqrt{x^2-1}\right| + C.$$

例 6 求 $\int \mathrm{e}^x\sin x\mathrm{d}x$.

解 $\int \mathrm{e}^x\sin x\mathrm{d}x = \int\sin x\mathrm{d}(\mathrm{e}^x) = \mathrm{e}^x\sin x - \int \mathrm{e}^x\cos x\mathrm{d}x = \mathrm{e}^x\sin x - \int\cos x\mathrm{d}(\mathrm{e}^x)$

$$= e^x \sin x - \left[e^x \cos x - \int e^x (- \sin x) dx \right]$$

$$= e^x \sin x - e^x \cos x - \int e^x \sin x dx.$$

移项得
$$2 \int e^x \sin x dx = e^x \sin x - e^x \cos x + C_1,$$

所以
$$\int e^x \sin x dx = \frac{1}{2} e^x (\sin x - \cos x) + C (其中 C = \frac{C_1}{2}).$$

求像例 6 这种类型的积分要注意如下两点：

(1) 若被积函数是指数函数与正 (余) 弦函数的乘积, u 和 dv 可随意选取, 但在二次分部积分中, 必须选择用同类型的 u;

(2) 在连续两次应用分部积分法后出现了原来所求的积分式, 这时可通过解方程得出所求的不定积分, 但应注意, 必须加上任意常数 C.

例 7　求 $\int \sec^3 x dx$.

解　本题不属于 P174 所列五类积分, 应考虑选取 u 和 dv 的两个要求.

设 $u = \sec x, dv = \sec^2 x dx$ (那么 v 易求), 则
$$du = \sec x \tan x dx, v = \tan x.$$

于是 $\int \sec^3 x dx = \sec x \tan x - \int \sec x \tan^2 x dx = \sec x \tan x - \int \sec x (\sec^2 x - 1) dx$

$$= \sec x \tan x - \int \sec^3 x dx + \int \sec x dx$$

$$= \sec x \tan x + \ln | \sec x + \tan x | - \int \sec^3 x dx,$$

移项得
$$2 \int \sec^3 x dx = \sec x \tan x + \ln | \sec x + \tan x | + C_1,$$

所以　$\int \sec^3 x dx = \frac{1}{2} (\sec x \tan x + \ln | \sec x + \tan x |) + C (其中 C = \frac{C_1}{2}).$

例 8　求 $\int \ln (x + \sqrt{x^2 + 1}) dx$.

解　$\int \ln (x + \sqrt{x^2 + 1}) dx = x \ln (x + \sqrt{x^2 + 1}) - \int x d \ln (x + \sqrt{x^2 + 1})$

$$= x \ln (x + \sqrt{x^2 + 1}) - \int \frac{x \left(1 + \frac{x}{\sqrt{x^2 + 1}} \right)}{x + \sqrt{x^2 + 1}} dx$$

$$= x \ln (x + \sqrt{x^2 + 1}) - \int \frac{x}{\sqrt{x^2 + 1}} dx$$

$$= x \ln (x + \sqrt{x^2 + 1}) - \sqrt{x^2 + 1} + C.$$

例 9 求 $I_n = \int \dfrac{\mathrm{d}x}{(x^2 + a^2)^n} (a > 0)$，其中 n 为正整数.

解 $I_{n-1} = \int \dfrac{\mathrm{d}x}{(x^2 + a^2)^{n-1}} = \dfrac{x}{(x^2 + a^2)^{n-1}} - 2(1-n) \int \dfrac{x^2}{(x^2 + a^2)^n} \mathrm{d}x$

$\qquad = \dfrac{x}{(x^2 + a^2)^{n-1}} + 2(n-1) \int \dfrac{\mathrm{d}x}{(x^2 + a^2)^{n-1}} -$

$\qquad\quad 2(n-1)a^2 \int \dfrac{\mathrm{d}x}{(x^2 + a^2)^n},$

即 $\qquad I_{n-1} = \dfrac{x}{(x^2 + a^2)^{n-1}} + 2(n-1)I_{n-1} - 2(n-1)a^2 I_n.$

于是，得到该积分的递推公式：

$$I_n = \dfrac{x}{2a^2(n-1)(x^2 + a^2)^{n-1}} + \dfrac{2n-3}{2a^2(n-1)}I_{n-1} (n \geqslant 2),$$

其中 $\qquad I_1 = \int \dfrac{1}{x^2 + a^2} \mathrm{d}x = \dfrac{1}{a} \arctan \dfrac{x}{a} + C.$

在积分过程中，必要时，应将换元积分法和分部积分法结合使用.

例 10 求 $\int \arctan \sqrt{x} \mathrm{d}x.$

解 令 $\sqrt{x} = t$，则 $x = t^2$，$\mathrm{d}x = 2t\mathrm{d}t$，于是

$$\int \arctan \sqrt{x} \mathrm{d}x = 2 \int t \arctan t \mathrm{d}t.$$

利用例 4 的结果，并用 $t = \sqrt{x}$ 代回，便求得积分

$$\int \arctan \sqrt{x} \mathrm{d}x = (t^2 + 1) \arctan t - t + C$$

$$= (x+1) \arctan \sqrt{x} - \sqrt{x} + C.$$

习题 4.3(A)

1. 用分部积分法求下列不定积分：

(1) $\int x \sin 2x \mathrm{d}x$；　　　(2) $\int x \mathrm{e}^{-x} \mathrm{d}x$；　　　(3) $\int \ln x \mathrm{d}x$；

(4) $\int x^2 \cos 3x \mathrm{d}x$；　　(5) $\int \mathrm{e}^{-t} \sin t \mathrm{d}t$；　　(6) $\int x^2 \arctan x \mathrm{d}x$；

(7) $\int \dfrac{(\ln x)^3}{x^2} \mathrm{d}x$；　　(8) $\int (\arcsin x)^2 \mathrm{d}x$；　　(9) $\int x \tan^2 x \mathrm{d}x$；

(10) $\int \cos(\ln x) \mathrm{d}x$；　　(11) $\int \dfrac{\arcsin \sqrt{x}}{\sqrt{1-x}} \mathrm{d}x$；　　(12) $\int \ln(x + \sqrt{1 + x^2}) \mathrm{d}x.$

2. 求下列不定积分：

(1) $\displaystyle\int \frac{\mathrm{d}x}{\mathrm{e}^x - \mathrm{e}^{-x}}$;　　　　(2) $\displaystyle\int \frac{1 + \cos x}{x + \sin x}\mathrm{d}x$;　　　　(3) $\displaystyle\int \frac{\sin 2x \,\mathrm{d}x}{\sqrt{1 + \sin^2 x}}$;

(4) $\displaystyle\int \sin 3\theta \cos\theta \,\mathrm{d}\theta$;　　(5) $\displaystyle\int \frac{x^2}{a^6 - x^6}\mathrm{d}x$;　　(6) $\displaystyle\int \frac{\mathrm{d}x}{x^4 \sqrt{1 + x^2}}$;

(7) $\displaystyle\int \frac{x^2 + 1}{x^4 + 1}\mathrm{d}x$;　　(8) $\displaystyle\int \frac{\sin^2 x}{\cos^3 x}\mathrm{d}x$;　　(9) $\displaystyle\int \ln(1 + x^2)\mathrm{d}x$;

(10) $\displaystyle\int \sqrt{x} \sin \sqrt{x}\,\mathrm{d}x$.

3. 证明下列积分公式：

(1) $\displaystyle\int x^m \mathrm{e}^x \mathrm{d}x = x^m \mathrm{e}^x - m\int x^{m-1}\mathrm{e}^x \mathrm{d}x$;

(2) $\displaystyle\int \cos^m x \,\mathrm{d}x = \frac{\cos^{m-1}x \cdot \sin x}{m} + \frac{m-1}{m}\int \cos^{m-2}x \,\mathrm{d}x$.

习题 4.3(B)

1. 用分部积分法求下列不定积分：

(1) $\displaystyle\int \frac{\arctan x}{x^2(1 + x^2)}\mathrm{d}x$;　　(2) $\displaystyle\int \frac{1 - \ln x}{(x - \ln x)^2}\mathrm{d}x$;

(3) $\displaystyle\int \frac{x^2 \,\mathrm{d}x}{(x\sin x + \cos x)^2}$;　(4) $\displaystyle\int \frac{x\mathrm{e}^{\arctan x}}{(1 + x^2)^{\frac{3}{2}}}\mathrm{d}x$.

2. 建立下列不定积分的递推公式：

(1) $I_n = \displaystyle\int \sin^n x \,\mathrm{d}x$　$(n \geqslant 2$ 为整数$)$;　　(2) $I_n = \displaystyle\int x^n \cos x \,\mathrm{d}x$　$(n \geqslant 2$ 为整数$)$.

3. 设 $f(\ln x) = \dfrac{\ln(1 + x)}{x}$, 计算 $\displaystyle\int f(x)\mathrm{d}x$.

4. 计算 $\displaystyle\int xf''(x)\mathrm{d}x$, 并利用其结果求 $\displaystyle\int x\left(\frac{\sin x}{x}\right)''\mathrm{d}x$.

§4.4　有理函数的积分

　　前面三节介绍了一些求不定积分的基本方法, 它们适用于各类函数. 灵活地应用它们, 就能求出许多的不定积分. 本节特别针对有理函数的特点来研究它的积分方法, 并讨论可化为有理函数的积分的类型.

§4.4.1　有理函数的积分

　　有理函数是指由两个多项式的商表示的函数, 其一般形式为：

$$R(x) = \frac{P(x)}{Q(x)} = \frac{a_0 x^n + a_1 x^{n-1} + \cdots + a_n}{b_0 x^m + b_1 x^{m-1} + \cdots + b_m}, \qquad (4.4.1)$$

其中 m, n 为非负整数，$a_0, a_1, \cdots, a_n$ 及 $b_0, b_1, \cdots, b_m$ 都是实常数，且 $a_0 \neq 0, b_0 \neq 0$. 我们总假定分子多项式 $P(x)$ 与分母多项式 $Q(x)$ 之间没有公因式. 当 $n < m$ 时，称它为真分式；当 $n \geqslant m$ 时，称它为假分式. 利用多项式的除法，总可以把一个假分式化成一个多项式与一个真分式之和的形式，例如

$$\frac{x^3 + 2x + 1}{x^2 + 1} = x + \frac{x + 1}{x^2 + 1}.$$

多项式的积分我们已经会求，因此只需讨论真分式的积分.

根据代数学的结论，任何实系数多项式 $Q(x)$ 在实数范围内总可以唯一地分解成一次因式和二次质因式的乘积，即

$$Q(x) = b_0 (x-a)^\alpha \cdots (x-b)^\beta (x^2 + px + q)^\lambda \cdots (x^2 + rx + s)^\mu, \quad (4.4.2)$$

其中 $\alpha, \cdots, \beta, \lambda, \cdots, \mu$ 均为正整数，$\alpha + \cdots + \beta + 2(\lambda + \cdots + \mu) = m$，$p^2 - 4q < 0, \cdots, r^2 - 4s < 0$. 如果 $Q(x)$ 已化成 (4.4.2) 式，那么真分式 $\dfrac{P(x)}{Q(x)}$ 可以唯一地分解为如下部分分式（简单分式）之和：

$$\begin{aligned}
\frac{P(x)}{Q(x)} = {} & \frac{A_1}{x-a} + \frac{A_2}{(x-a)^2} + \cdots + \frac{A_\alpha}{(x-a)^\alpha} + \cdots + \frac{B_1}{x-b} \\
& + \frac{B_2}{(x-b)^2} + \cdots + \frac{B_\beta}{(x-b)^\beta} + \frac{M_1 x + N_1}{x^2 + px + q} + \frac{M_2 x + N_2}{(x^2 + px + q)^2} + \cdots \\
& + \frac{M_\lambda x + N_\lambda}{(x^2 + px + q)^\lambda} + \cdots + \frac{R_1 x + S_1}{x^2 + rx + s} \\
& + \frac{R_2 x + S_2}{(x^2 + rx + s)^2} + \cdots + \frac{R_\mu x + S_\mu}{(x^2 + rx + s)^\mu}, \qquad (4.4.3)
\end{aligned}$$

其中 $A_i (i = 1, 2, \cdots, \alpha), B_j (j = 1, 2, \cdots, \beta), M_k, N_k (k = 1, 2, \cdots, \lambda), R_l, S_l (l = 1, 2, \cdots, \mu)$ 均为常数，可用待定系数法求出.

对于 (4.4.3) 式应注意下列两点：

(1) 当分母 $Q(x)$ 有因子 $(x-a)^k$ 时，分解后就有下列 k 个简单分式之和：

$$\frac{A_1}{x-a} + \frac{A_2}{(x-a)^2} + \cdots + \frac{A_k}{(x-a)^k};$$

(2) 当 $Q(x)$ 有因子 $(x^2 + px + q)^k$，其中 $p^2 - 4q < 0$ 时，分解后就有下列 k 个简单分式之和：

$$\frac{M_1 x + N_1}{x^2 + px + q} + \frac{M_2 x + N_2}{(x^2 + px + q)^2} + \cdots + \frac{M_k x + N_k}{(x^2 + px + q)^k}.$$

通过上面的讨论可知，当有理函数分解为多项式及部分分式之和时，只出现多项式及下列四种简单分式：

（Ⅰ） $\dfrac{A}{x-a}$；

（Ⅱ） $\dfrac{A}{(x-a)^n}$ $(n>1)$；

（Ⅲ） $\dfrac{Ax+B}{x^2+px+q}$ $(p^2-4q<0)$；

（Ⅳ） $\dfrac{Ax+B}{(x^2+px+q)^n}$ $(p^2-4q<0,n>1)$.

对（Ⅰ），（Ⅱ）两类函数的积分,通过第一类换元法即可求得,即

$$\int\frac{A}{x-a}\mathrm{d}x=A\ln\mid x-a\mid+C,$$

$$\int\frac{A}{(x-a)^n}\mathrm{d}x=\frac{A}{(1-n)(x-a)^{n-1}}+C.$$

类型（Ⅲ）的积分可计算如下：

$$\int\frac{Ax+B}{x^2+px+q}\mathrm{d}x=\int\frac{\dfrac{A}{2}(2x+p)+B-\dfrac{Ap}{2}}{x^2+px+q}\mathrm{d}x$$

$$=\frac{A}{2}\int\frac{\mathrm{d}(x^2+px+q)}{x^2+px+q}+\int\frac{B-\dfrac{Ap}{2}}{(x+\dfrac{p}{2})^2+q-\dfrac{p^2}{4}}\mathrm{d}x$$

$$=\frac{A}{2}\ln(x^2+px+q)$$

$$+(B-\frac{Ap}{2})\frac{1}{\sqrt{q-\dfrac{p^2}{4}}}\arctan\frac{x+\dfrac{p}{2}}{\sqrt{q-\dfrac{p^2}{4}}}+C.$$

对类型（Ⅳ）积分计算如下：

把分母的二次质因式配方得

$$x^2+px+q=(x+\frac{p}{2})^2+q-\frac{p^2}{4},$$

故令 $x+\dfrac{p}{2}=t$，并记 $x^2+px+q=t^2+a^2$，$Ax+B=At+b$，其中 $a^2=q-\dfrac{p}{4}$，$b=B-\dfrac{Ap}{2}$. 于是，

$$\int\frac{Ax+B}{(x^2+px+q)^n}\mathrm{d}x=\int\frac{At}{(t^2+a^2)^n}\mathrm{d}t+\int\frac{b}{(t^2+a^2)^n}\mathrm{d}t$$

$$=-\frac{A}{2(n-1)(t^2+a^2)^{n-1}}+b\int\frac{1}{(t^2+a^2)^n}\mathrm{d}t,$$

上式后一个积分可用 §4.3 例 9 的递推公式求得.

这样,有理真分式分解为简单分式之后,再分别求它们的原函数. 这些原函数都是初等函数. 因此,有理函数的原函数都是初等函数.

例 1   求 $\displaystyle\int \frac{x}{1+x^3}\mathrm{d}x$.

解   将分母因式分解:
$$1+x^3 = (x+1)(x^2-x+1).$$
设
$$\frac{x}{1+x^3} = \frac{A}{x+1} + \frac{Bx+C}{x^2-x+1},$$
其中 A,B,C 为待定常数. 等式两端去分母后得
$$x = A(x^2-x+1) + (x+1)(Bx+C),$$
即
$$x = (A+B)x^2 + (B+C-A)x + A+C.$$
比较两端 x 的同次幂系数得
$$\begin{cases} A+B=0 \\ B+C-A=1. \\ A+C=0 \end{cases}$$

解这个方程组得
$$A=-\frac{1}{3}, B=C=\frac{1}{3}.$$

所以 $\dfrac{x}{x+x^3} = -\dfrac{1}{3}\left(\dfrac{1}{x+1} - \dfrac{x+1}{x^2-x+1}\right)$,从而

$$\int \frac{x}{x+x^3}\mathrm{d}x = -\frac{1}{3}\int\left(\frac{1}{x+1} - \frac{x+1}{x^2-x+1}\right)\mathrm{d}x$$

$$= -\frac{1}{3}\int \frac{1}{x+1}\mathrm{d}x + \frac{1}{6}\int \frac{\mathrm{d}(x^2-x+1)}{x^2-x+1} + \frac{1}{2}\int \frac{1}{x^2-x+1}\mathrm{d}x$$

$$= -\frac{1}{3}\ln|x+1| + \frac{1}{6}|x^2-x+1| + \frac{1}{\sqrt{3}}\arctan\frac{2x-1}{\sqrt{3}} + C.$$

注   例 1 讨论的部分分式法是求有理函数积分的一般方法.

在计算有理函数的积分时,可先根据被积函数的特点,采用适当的变换,然后再进行积分计算.

例 2   求 $\displaystyle\int \frac{8x^7+1}{x^8+x+1}\mathrm{d}x$.

解 $\displaystyle\int \frac{8x^7+1}{x^8+x+1}\mathrm{d}x = \int \frac{\mathrm{d}(x^8+x+1)}{x^8+x+1} = \ln|x^8+x+1| + C.$

例 3   求 $\displaystyle\int \frac{x^3}{(x-1)^{10}}\mathrm{d}x$.

解   设 $x-1=t$,即 $x=t+1$,则 $\mathrm{d}x=\mathrm{d}t$,于是

$$\int \frac{x^3}{(x-1)^{10}} \mathrm{d}x = \int \frac{(t+1)^3}{t^{10}} = \int \frac{t^3 + 3t^2 + 3t + 1}{t^{10}} \mathrm{d}t$$

$$= \int t^{-7} \mathrm{d}t + 3\int t^{-8} \mathrm{d}t + 3\int t^{-9} \mathrm{d}t + \int t^{-10} \mathrm{d}t$$

$$= -\frac{1}{6} t^{-6} - \frac{3}{7} t^{-7} - \frac{3}{8} t^{-8} - \frac{1}{9} t^{-9} + C$$

$$= -\left[\frac{1}{6(x-1)^6} + \frac{3}{7(x-1)^7} + \frac{3}{8(x-1)^8} + \frac{1}{9(x-1)^9} \right] + C.$$

§4.4.2 可化为有理函数的积分的类型

在上面讨论有理函数的积分的基础上,接下来讨论可以化为有理函数的一些函数的积分问题.

1. 三角函数有理式的积分

由三角函数和常数经过有限次四则运算所构成的函数称为**三角函数有理式**. 由于 $\tan x, \cot x, \sec x, \csc x$ 都可表为 $\sin x$ 与 $\cos x$ 的有理函数,因此我们只需讨论 $\sin x$ 与 $\cos x$ 的有理式(记为 $R(\sin x, \cos x)$)的积分.

处理积分 $\int R(\sin x, \cos x) \mathrm{d}x$ 的基本思想是,设法通过变量代换将其化为一个变量的有理函数的积分. 由于

$$\sin x = \frac{2\sin \frac{x}{2} \cos \frac{x}{2}}{\sin^2 \frac{x}{2} + \cos^2 \frac{x}{2}} = \frac{2\tan \frac{x}{2}}{1 + \tan^2 \frac{x}{2}};$$

$$\cos x = \frac{\cos^2 \frac{x}{2} - \sin^2 \frac{x}{2}}{\cos^2 \frac{x}{2} + \sin^2 \frac{x}{2}} = \frac{1 - \tan^2 \frac{x}{2}}{1 + \tan^2 \frac{x}{2}},$$

故作变量代换 $t = \tan \frac{x}{2}, -\pi < x < \pi$,于是

$$\sin x = \frac{2t}{1+t^2}, \cos x = \frac{1-t^2}{1+t^2}, x = 2\arctan t, \mathrm{d}x = \frac{2\mathrm{d}t}{1+t^2}. \text{ 于是}$$

$$\int R(\sin x, \cos x) \mathrm{d}x = \int R\left(\frac{2t}{1+t^2}, \frac{1-t^2}{1+t^2} \right) \cdot \frac{2}{1+t^2} \mathrm{d}t.$$

由于公式右端被积函数是变量 t 的有理函数,而有理函数的原函数都是初等函数,所以不定积分 $\int R(\sin x, \cos x) \mathrm{d}x$ 都有初等表示式. 通常把代换 $\tan \frac{x}{2} = t$ 称为**万能代换**.

例 4 求 $I = \displaystyle\int \frac{\mathrm{d}x}{5 + 4\sin 2x}$.

解 令 $u = 2x$，则 $\mathrm{d}x = \dfrac{\mathrm{d}u}{2}$，$I = \dfrac{1}{2}\displaystyle\int \frac{\mathrm{d}u}{5 + 4\sin u}$.

再令 $t = \tan\dfrac{u}{2}$，则 $u = 2\arctan t$，$\mathrm{d}u = \dfrac{2\mathrm{d}t}{1 + t^2}$. 于是

$$I = \frac{1}{2}\int \frac{\dfrac{2}{1 + t^2}}{5 + 4 \times \dfrac{2t}{1 + t^2}}\mathrm{d}t = \frac{1}{5}\int \frac{\mathrm{d}t}{t^2 + \dfrac{8}{5}t + 1}$$

$$= \frac{1}{5}\int \frac{\mathrm{d}\left(t + \dfrac{4}{5}\right)}{\left(t + \dfrac{4}{5}\right)^2 + \dfrac{9}{25}} = \frac{1}{5} \cdot \frac{5}{3}\arctan \frac{5\left(t + \dfrac{4}{5}\right)}{3} + C$$

$$= \frac{1}{3}\arctan \frac{5t + 4}{3} + C = \frac{1}{3}\arctan \frac{5\tan x + 4}{3} + C.$$

万能代换是求三角函数有理式的积分的一般方法，但使用这种代换时，往往计算量很大，所以，在解题时，不应拘泥于万能代换；相反地，应根据被积函数的特点，灵活地结合其他方法（例如凑微分法等）.

例 5 求 $\displaystyle\int \frac{\mathrm{d}x}{a^2\sin^2 x + b^2\cos^2 x}$.

解 令 $t = \tan x$，于是

$$\int \frac{\mathrm{d}x}{a^2\sin^2 x + b^2\cos^2 x} = \int \frac{\dfrac{1}{\cos^2 x}\mathrm{d}x}{a^2\tan^2 x + b^2} = \int \frac{\mathrm{d}(\tan x)}{a^2\tan^2 x + b^2}$$

$$= \frac{1}{a}\int \frac{\mathrm{d}(at)}{a^2 t^2 + b^2} = \frac{1}{ab}\arctan \frac{at}{b} + C$$

$$= \frac{1}{ab}\arctan \frac{a\tan x}{b} + C.$$

2. 简单无理函数的积分

这里，我们讨论 $R\left(x, \sqrt[n]{ax + b}\right)(a \neq 0)$ 及 $R\left(x, \sqrt[n]{\dfrac{ax + b}{px + q}}\right)(n \geqslant 2, aq - bp \neq 0)$ 这两类函数的积分，其中 $R(x, u)$ 表示关于变量 x, u 的有理式.

设 $t = \sqrt[n]{\dfrac{ax + b}{px + q}}$，则 $x = \dfrac{qt^n - b}{a - pt^n}$，$\mathrm{d}x = \dfrac{n(aq - bp)}{(a - pt^n)^2}t^{n-1}\mathrm{d}t$.

于是

$$\int R\left(x, \sqrt[n]{\dfrac{ax + b}{px + q}}\right)\mathrm{d}x = \int R\left(\frac{qt^n - b}{a - pt^n}, t\right) \cdot \frac{n(aq - bp)}{(a - pt^n)^2}t^{n-1}\mathrm{d}t.$$

因为其被积函数是变量 t 的有理函数,而有理函数的原函数都是初等函数,所以 $R\left(x,\sqrt[n]{\dfrac{ax+b}{px+q}}\right)$ 的原函数是初等函数.

注意到函数 $\sqrt[n]{ax+b}$ 是函数 $\sqrt[n]{\dfrac{ax+b}{px+q}}$ 当 $p=0,q=1$ 时的特例,所以 $R(x,\sqrt[n]{ax+b})$ 的原函数也是初等函数.

例 6　求 $\displaystyle\int\dfrac{\sqrt{x}}{1+\sqrt[3]{x}}\mathrm{d}x.$

解　设 $x=t^6$,于是 $\mathrm{d}x=6t^5\mathrm{d}t$,那么

$$\int\frac{\sqrt{x}}{1+\sqrt[3]{x}}\mathrm{d}x=\int\frac{t^3}{1+t^2}6t^5\mathrm{d}t=6\int\frac{t^8-1+1}{1+t^2}\mathrm{d}t$$

$$=6\int(t^4+1)(t^2-1)\mathrm{d}t+6\int\frac{1}{1+t^2}\mathrm{d}t$$

$$=\frac{6}{7}t^7-\frac{6}{5}t^5+2t^3-6t+6\arctan t+C$$

$$=\frac{6}{7}x^{\frac{7}{6}}-\frac{6}{5}x^{\frac{5}{6}}+2x^{\frac{1}{2}}-6x^{\frac{1}{6}}+6\arctan x^{\frac{1}{6}}+C.$$

例 7　求 $\displaystyle\int\dfrac{\mathrm{d}x}{\sqrt[3]{(x-1)^2(x+2)}}.$

解　由于

$$\sqrt[3]{(x-1)^2(x+2)}=(x+2)\sqrt[3]{\left(\frac{x-1}{x+2}\right)^2},$$

因此,若令 $t^3=\dfrac{x-1}{x+2}$,则有 $x=\dfrac{1+2t^3}{1-t^3},\mathrm{d}x=\dfrac{9t^2}{(1-t^3)^2}\mathrm{d}t.$ 代入原式,化简得

$$\int\frac{\mathrm{d}x}{\sqrt[3]{(x-1)^2(x+2)}}=\int\frac{3}{1-t^3}\mathrm{d}t=\int\left(\frac{1}{1-t}+\frac{t+2}{1+t+t^2}\right)\mathrm{d}t$$

$$=-\ln|1-t|+\frac{1}{2}\int\frac{1+2t}{1+t+t^2}\mathrm{d}t+\frac{3}{2}\int\frac{\mathrm{d}t}{\frac{3}{4}+\left(\frac{1}{2}+t\right)^2}$$

$$=-\ln|1-t|+\frac{1}{2}\ln(1+t+t^2)+\sqrt{3}\arctan\frac{1+2t}{\sqrt{3}}+C'$$

$$=-\frac{3}{2}\ln|\sqrt[3]{x+2}-\sqrt[3]{x-1}|$$

$$+\sqrt{3}\arctan\frac{2\sqrt[3]{x-1}+\sqrt[3]{x+2}}{\sqrt{3}\sqrt[3]{x+2}}+C.$$

习题 4.4(A)

1. 求下列函数的积分：

(1) $\displaystyle\int \frac{x\mathrm{d}x}{(x+1)(x+2)(x+3)}$；

(2) $\displaystyle\int \frac{3x}{x^3+1}\mathrm{d}x$；

(3) $\displaystyle\int \frac{\mathrm{d}x}{x(x+1)^2}$；

(4) $\displaystyle\int \frac{x^3+x^2+2}{(x^2+2)^2}\mathrm{d}x$；

(5) $\displaystyle\int \frac{\mathrm{d}x}{(x^2+1)(x^2+x+1)}$；

(6) $\displaystyle\int \frac{\mathrm{d}x}{x^4+1}$；

(7) $\displaystyle\int \frac{5x^4-4}{x^5-4x+7}\mathrm{d}x$.

2. 求下列三角函数的积分：

(1) $\displaystyle\int \frac{\mathrm{d}x}{3+\cos x}$；

(2) $\displaystyle\int \frac{\mathrm{d}x}{2+\sin x}$；

(3) $\displaystyle\int \frac{\mathrm{d}x}{1+\sin x+\cos x}$；

(4) $\displaystyle\int \frac{\mathrm{d}x}{2\sin x-\cos x+5}$；

(5) $\displaystyle\int \sin^4 x\cos^5 x\mathrm{d}x$；

(6) $\displaystyle\int \frac{\sin^2 x}{\cos^3 x}\mathrm{d}x$；

(7) $\displaystyle\int \frac{\sin^3 x}{\cos^4 x}\mathrm{d}x$；

(8) $\displaystyle\int \frac{\mathrm{d}x}{\sin x\cos^4 x}$；

3. 求下列无理函数的积分：

(1) $\displaystyle\int \frac{\mathrm{d}x}{1+\sqrt[3]{x+1}}$；

(2) $\displaystyle\int \frac{\mathrm{d}x}{\sqrt{x}+\sqrt[4]{x}}$；

(3) $\displaystyle\int \frac{\sqrt{x+1}-1}{\sqrt{x+1}+1}\mathrm{d}x$；

(4) $\displaystyle\int \frac{1}{x}\sqrt{\frac{1-x}{1+x}}\mathrm{d}x$.

习题 4.4(B)

1. 求下列不定积分：

(1) $\displaystyle\int \frac{\mathrm{d}x}{\sqrt[3]{(x+1)^2(x-1)^4}}$；

(2) $\displaystyle\int e^x\sqrt{3+2e^x}\mathrm{d}x$；

(3) $\displaystyle\int \frac{\mathrm{d}x}{3+\sin^2 x}$；

(4) $\displaystyle\int \frac{x+\arcsin x}{\sqrt{1-x^2}}\mathrm{d}x$；

(5) $\displaystyle\int \frac{\mathrm{d}x}{(x+a)(x+b)}$；

(6) $\displaystyle\int \frac{\mathrm{d}x}{x^2-x-6}$；

(7) $\displaystyle\int x^3(1-x^2)^{\frac{1}{2}}\mathrm{d}x$；

(8) $\displaystyle\int [f(x)+xf'(x)]\mathrm{d}x$，其中 $f'(x)$ 连续；

(9) $\int \left[\ln \left(x + \sqrt{1 + x^2} \right) \right]^2 \mathrm{d}x$；　(10) $\int \dfrac{x + 4}{x^2 + 2x - 3} \mathrm{d}x$.

2. 填空

(1) $\int \dfrac{f'(\ln x)}{x \sqrt{f(\ln x)}} \mathrm{d}x =$ _____.

(2) 若 $\int \sin f(x) \mathrm{d}x = x \sin f(x) - \int \cos f(x) \mathrm{d}x$，则 $f(x) =$ _____.

§4.5* 数学实验

本实验的目的是熟练掌握在 Mathematica 环境下一元函数的积分方法.

1. 求不定积分

格式：Integrate［函数，自变量］

说明：计算不定积分，也可利用基本计算面板（菜单项"File → Palettes → 4BasicInput"）进行.

2. 例题

用 Mathematica 求下列不定积分：

(1) $\int x^2 \mathrm{e}^x \mathrm{d}x$；　　　　　　(2) $\int \sin^3 x \cos^2 x \mathrm{d}x$；

(3) $\int \dfrac{x}{x^3 - x^2 + x - 1} \mathrm{d}x$；　(4) $\int \dfrac{1}{x^3 + x + 1} \mathrm{d}x$；

(5) $\int \mathrm{e}^{-x^2} \mathrm{d}x$.

解　可用如下命令：

In[1]：= Integrate[x^ 2 * E^ x,x]　　　Out[1] = $\mathrm{e}^x(2 - 2x + x^2)$

In[2]：= Integrate[Sin[x]^ 3 * Cos[x]^ 2,x]

Out[2] = $-\dfrac{\mathrm{Cos}[x]}{8} - \dfrac{1}{48}\mathrm{Cos}[3x] + \dfrac{1}{80}\mathrm{Cos}[5x]$

In[3]：= $\int \dfrac{x}{x^3 - x^2 + x - 1} \mathrm{d}x$

Out[3] = $\dfrac{\mathrm{ArcTan}[x]}{2} + \dfrac{1}{2}\mathrm{Log}[-1 + x] - \dfrac{1}{4}\mathrm{Log}[1 + x^2]$

In[4]：= $\int \dfrac{1}{x^3 + x + 1} \mathrm{d}x$

Out[4] = RootSum[1 + #1 + #1³ &, $\dfrac{\mathrm{Log}[x - \#1]}{1 + 3\#1^2}$ &]

$$\mathrm{In}[5]:=\int \mathrm{e}^{-x^2}\,\mathrm{d}x$$

$$\mathrm{Out}[5]=\frac{1}{2}\sqrt{\pi}\,\mathrm{Erf}[x]$$

说明：

（1）用 Mathematica 计算不定积分，结果只给出一个原函数（不带任意常数）；

（2）对于有理函数的积分，若它的分母多项式的根 Mathematica 不能直接给出它的计算公式，则不能得出积分的直接结果（如上面题（4））；

（3）若被积函数的原函数不能用初等函数来表示，那么积分的结果是一些特定的符号（如上面题（5））.

练习与思考

使用 Mathematica 计算下列不定积分：

（1）$\displaystyle\int \frac{\mathrm{d}x}{x^2-x-6}$；　　　（2）$\displaystyle\int \frac{x+4}{x^2+2x+3}\,\mathrm{d}x$；　　　（3）$\displaystyle\int \frac{\mathrm{d}x}{3+\sin^2 x}$.

§4.6*　　不定积分思想方法与化归法选讲

§4.6.1　　逆运算与逆向思维

数学发展的历史告诉我们，一种数学运算的产生都伴随着它的逆运算. 这是数学研究和发展的需要，是人们逆向思维的结果.

例如，伴随加法运算产生了减法，伴随乘法的是除法，而伴随于正整数次乘方的是开方.

通过观察，人们不难看到逆运算的一些特点. 逆运算不是简单的反方向操作，做逆运算一般说来比原来的运算的难度大，更重要的是，逆运算常可引导出新的研究成果，促进数学的发展. 例如，由整数的减法引出了负数，从而形成新的数系 — 整数；同样，整数的除法引出了有理数，正数的开方引出了无理数，导致实数体系的形成；负数的开方引出了虚数，促使复数体系的建立.

如果说，伴随求函数导数这种运算的逆运算是求原函数，那么，当把求函数导数这种运算看成一种映射时（见§2.8），这种映射是单值的，但它的逆映射是多值的.

为了更好地描述逆运算，人们引入不定积分的概念. 一个函数的不定积分如果存在，它是唯一的，尽管它代表一族（原）函数. 这样一来，不定积分就可以看成微分的逆运算，而且是单值的：

$$\int F'(x)\mathrm{d}x = \int \mathrm{d}F = \int \mathrm{d}(F+C) = F+C,$$

$$\mathrm{d}\int f(x)\mathrm{d}x = f(x)\mathrm{d}x,$$

这里假定 $F'(x)$ 和 $f(x)$ 连续.

不定积分这种逆运算还能引出新的成果 — 在第五章我们将看到,不定积分与定积分有密切的关系,并能由此导出微积分基本定理.

逆向思维是发散思维的一种重要形式,而培养发散思维是培养创新能力的重要环节.其中的道理可从上述关于逆运算的作用的初步讨论中得到启发.

§4.6.2　转化思想指导下的方法 — 化归法

化归法是转化思想这一重要的数学思想在数学方法论上的体现,是数学中普遍适用的重要方法.

化归法指的是人们研究某个数学对象时采用的迂回法,即不从该对象本身直接求解,而是转去考虑另一个相关对象,并由研究后者得到的结果去推出(或给出)关于原对象的解答的思想方法.

化归的过程可分为三个步骤:一是"化",即把对原对象的研究转化为对另一个对象 —— 称为"目标对象"的研究;二是"解",即对目标对象进行研究并从中求出相应的解答;三是"归",即返回原对象,由第二步得出的结果导出原对象的解答.人们把原对象与目标对象之间的内在的联系途经称为化归途径.原对象、目标对象及化归途径三者合称为"化归三要素".

我们看到,运用化归法时,实际的求解过程是关于目标对象进行的.因此确定目标对象是关键.目标对象必须满足两个起码的条件:其一是,目标对象要具有"规范性".所谓"规范性"指的是相关的问题具有已知的可解性或某种易解性,人们对有关的因素较为了解,对有关的解决办法较有把握,有关问题较为简单,线索较为明显等等;其二是,目标对象与原对象之间具有必要的内在联系,即关于目标对象的解答与关于原对象的解答之间有某种同一性或有确定的对应关系,它可以通过化归途径来实现这个联系或建立对应关系.

例如,当我们已经掌握了求不定积分的直接积分法之后,对于一般的,更复杂的不定积分,我们都设法运用化归法,把它们化为可用直接积分法的不定积分.类似地,在第六章,当我们已掌握了一阶微分方程的性质和各种解法,接着学习二阶或高阶微分方程时,通常采用化归法,把二阶或高阶微分方程降阶化成一阶方程或方程组来求解.

在上述讨论的基础上进行归纳概括,可得到下面所谓"化归三原则":

(1) **熟悉化原则**:把新遇到的生疏的问题转化为旧的、熟悉的问题,关于后

者人们已了解其本身或相类似问题的有关的解决方法或思路;

（2）**简单化原则**:把复杂的问题转化成较简单的问题,使问题变得容易解决;

（3）**和谐化原则**:把杂乱无序的形式转化成较符合数学内部固有的和谐统一特点的表现形式,以达到有条理地对原对象进行研究的目的.

这三个原则都体现了化未知为已知的目的和要求.此外,和谐化原则还实现了把相关的研究对象进行系统整理的有序化过程.

著名数学家兼教育家 G. 波利亚指出,在面对一个需要解决的问题时,从一般的角度来说,我们应考虑:"这是什么类型的问题?它与某个已知问题有关吗?它像某个已知问题吗?有一个同样类型的未知量问题(特别是过去解过的问题)吗?有一个具有相同结论的定理(特别是过去证明过的定理)吗?你知道一个相关问题吗?你知道或你能够设想一个同一类型的问题、一个类似问题、一个更一般的问题、一个更特殊的问题吗?"这样,就可以在原来问题中引出"可用的相关问题"来作为目标对象进行化归.

为了叙述方便,我们把化归法分成两大类:第一类是典型模式,即关系 - 映射 - 反演法(亦称 RMI 方法或法则);第二类是非典型模式,如下面介绍的变形转移归一法等.下面两小节分别对它们进行讨论.

§ 4.6.3 关系 - 映射 - 反演法（RMI 原则）

1.关系 - 映射 - 反演法的含义

关系、映射和反演都是集合论的概念.关系 - 映射 - 反演法实际上是用现代数学的语言加以描述的一种典型的化归法.

设映射 $f:A \to B$ 是一对一的,那么逆映射 $f^{-1}:B \to A$ 在数学方法论中被称为 f 的**反演**.

下面回忆一下 § 4.2 介绍的求不定积分的换元法.当我们用直接积分法求一个不定积分有困难时,可以试探用这种方法.

例 1 求 $\int \dfrac{\mathrm{d}x}{x\ln x}$.

解   令 $u = \ln x$,则 $\dfrac{1}{x}\mathrm{d}x$ 可替换成 $\mathrm{d}u$,于是原积分化为

$$\int \frac{\mathrm{d}x}{x\ln x} = \int \frac{\mathrm{d}u}{u} = \ln \mid u \mid + C.$$

再把 u 还原为 $\ln x$,得

$$\int \frac{\mathrm{d}x}{x\ln x} = \ln \mid \ln x \mid + C.$$

现在把上述换元法的操作过程用图 4-6-1 表示.

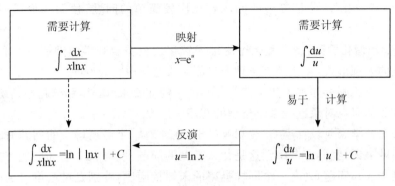

图 4-6-1

这时,我们利用了化归法,把求 $\int \dfrac{\mathrm{d}x}{x\ln x}$ 的计算(因为不能采用直接积分法计算)转化为求 $\int \dfrac{\mathrm{d}u}{u}$ 的计算,这时就可采用直接积分法求出新的被积函数的原函数 $\ln|u|+C$.

然后,把 u 换回它所表示的函数 $\ln x$,这一步称为反演.经过反演,就得到了原来问题的解,即

$$\int \frac{\mathrm{d}x}{x\ln x} = \ln|\ln x| + C.$$

一般地,数学中的关系 - 映射 - 反演法可表述为:

设 S 为含有目标原像 x、具有某种关系结构的集,若在 S 中直接求 x 有困难,则可通过建立一个可逆映射 φ,它满足:(1)S 在 φ 下的像 $\varphi(S)$ 包含于另一个具有关系结构的集 S^* 之中;(2) 在 S^* 中可以较容易地确定目标映像 $x^* = \varphi(x)$(这一步称为定映). 这样一来, 就可通过反演 φ^{-1} 来确定 x(即 $x = \varphi^{-1}(x^*)$).这个过程可用图 4-6-2 表示.

图 4-6-2

关系 - 映射 - 反演法实质上是一种典型的化归法.上述映射 φ 就是化归途径,S(或 x)就是原对象,S^*(或 x^*)就是目标对象.与一般化归法相比,特殊之

处就在于,这里的化归途径可明确地用一个映射 φ 表述出来,且当在 S^* 求出 x^* 之后,可通过反演把 $x = \varphi^{-1}(x^*)$ 明确表示出来.

在实际应用中,人们的主要任务就是去寻找满足上述要求的、合适的映射 φ.应强调的是,在 φ 之下 S 与 S^* 中的关系结构具有必需的一致性且使得在 S^* 中容易定映,即容易求 x^*.

2.关系–映射-反演法举例

(A) 数学建模:把各学科和工农业生产中的实际问题抽象为数学问题,用数学方法求出数学结论,再由数学结论给出原来问题的回答(见 §6.10).

(B) 形数结合:一方面,把几何问题化成代数问题来解决,在代数领域求出解答后,把它反演为几何结论.这是解析几何基本方法(见 §7.9).另一方面,许多代数问题也可借助于几何,用几何方法来解决,然后反演为代数问题的结论.

(C) 在其他常见数学解题中的应用:下面列举一些常见方法.

(1) 变换法

变换常指一种具有特别重要的意义的映射.所谓变换法就是利用变换实现关系–映射-反演法.数学中的变换极多,如坐标变换、正交变换、线性变换、共形变换(映射)、拉普拉斯变换等等.

(1a) 求积分的第一换元法(或凑微分法)

在求不定积分或定积分时,变量替换是将不易积分的被积函数转化为容易积分的被积函数的一种有效方法.采用第一换元法时,被积函数中一个函数式用一个新变量来代替.

例 2 求 $\int \sin x \cos x \mathrm{d}x$.

分析 用变量 u 代替 $\sin x$,则 $\cos x \mathrm{d}x$ 可替换成 $\mathrm{d}u$,于是原积分化为

$$\int u \mathrm{d}u = \frac{1}{2} u^2 + C.$$

然后把 u 还原为 $\sin x$,得

$$\int \sin x \cos x \mathrm{d}x = \frac{1}{2} \sin^2 x + C.$$

一般地,在积分式 $\int g(x) \mathrm{d}x$ 中,若能把被积函数 $g(x)$ 分解成两个因子的乘积,使得其中一个因子可看成 $f[\phi(x)]$ 这样一个复合函数,同时使另一个因子可看成 $\phi'(x) \mathrm{d}x$(用变量 u 代替 $\phi(x)$,则 $\phi'(x) \mathrm{d}x$ 可替换成 $\mathrm{d}u$),就可以得到

$$\int f[\phi(x)]\phi'(x) \mathrm{d}x = \int f(u) \mathrm{d}u,$$

这时最重要的是要使新的积分即上式右边的积分比原来的积分容易求出. 求出 $f(u)$ 的原函数 $F(u)+C$ 后, 再把 u 还原为 $\phi(x)$, 得到 $\int g(x)\mathrm{d}x = F[\phi(x)]+C$.

当然, 当我们已经熟练掌握凑微分法时, 我们可以不必写出 $u = \phi(x)$ 的过程.

(1b) 不定积分的第二换元法

把 $\int f(x)\mathrm{d}x$ 中的积分变量 x 用一个合适的函数 $\phi(t)$ 来替换, 使得 $f[\phi(t)]\phi'(t)$ 的积分易求. 令 $x = \phi(t)$, 那么 $\mathrm{d}x = \phi'(t)\mathrm{d}t$,

$$\int f(x)\mathrm{d}x = \int f[\phi(t)]\phi'(t)\mathrm{d}t.$$

当用右边的积分求出 $f[\phi(t)]\phi'(t)$ 的原函数 $G(t)$ 后, 我们必须把它反演为 $f(x)$ 的原函数. 为此, 要求 $x = \phi(t)$ 的反函数存在且连续. 因此, 通常要求 $\phi(t)$ 在区间 I 的导数连续且在 I 的内部不等于 0. 于是, 得到 $\int f(x)\mathrm{d}x = G(\phi^{-1}(x))+C$, 其中 $\phi^{-1}(x)$ 是 $\phi(t)$ 的反函数.

（2）递推与递归法

据实际问题的需要, 常多重联用关系 - 映射 - 反演, 特别地, 递推与递归法就是如此. 例如 §4.3 中例 10, 为了求

$$I_n = \int \frac{\mathrm{d}x}{(x^2+a^2)^n}\,(a>0), \text{其中 } n \text{ 为正整数},$$

首先求出 $I_1 = \int \frac{1}{x^2+a^2}\mathrm{d}x = \frac{1}{a}\arctan\frac{x}{a}+C$. 当 $n>1$ 时, 建立一个映射 $\varphi_n: I_n \to I_{n-1}$, 把求 I_n 转化为 I_{n-1}, 这时, φ_n 的反演 φ_n^{-1} 就是递推公式:

$$I_n = \frac{x}{2a^2(n-1)(x^2+a^2)^{n-1}} + \frac{2n-3}{2a^2(n-1)}I_{n-1}\,(n\geq 2).$$

那么连续进行 $n-1$ 映射直到 I_1, 只要 I_1 能求得出, 就可以通过 $n-1$ 次反演来求得 I_n.

就这个问题而言, 我们很容易求出 I_1, 因此, 对任何 n, 都可以求出 I_n.

3. 关 系 - 映 射 - 反 演 法 的 作 用

上述的关系 - 映射 - 反演法就是著名数学家徐利治教授在《数学方法论选讲》中提出的 RMI 原则. 他指出:"数学上的 RMI 原则对数学工作者很有用. 小而言之, 可利用该原则解个别的数学问题, 大而言之, 可利用该原则作出数学上的重要贡献. 一般说来, 如果谁能对一些十分重要的关系结构 S, 巧妙地引进非常有用且具有可行性反演 φ^{-1} 的可逆映射 φ, 谁就能作出较重要的贡献."

具体地, RMI 原则的作用可从以下四个方面体现:

(1)RMI 原则是探索思路的手段和解题的方法；

(2)RMI 原则是数学创造的一种重要方法；

(3)RMI 原则可以解决数学中某些理论的整体性结构问题；

(4)RMI 原则可论证数学上某些不可能性的问题.

详细请参见书末所列参考书[10].

§4.6.4 变形转移归一法

除了关系-映射-反演法外,化归的具体方法很多.对问题进行转换时,既可变换已知条件,也可变换问题的结论;既可实行等价变换,也可实行非等价变换.只要通过变换,所得新问题比原问题来得容易,这样的变换就是可取的.下面着重介绍"变形转移归一法".这种方法指的是:把需要求出的某个困难问题的解,利用已知的理论和方法化成求另一个较为易于处理或已获解决的问题的解.这里,前后两个问题的解一致,无需像关系-映射-反演法那样,还要把在像空间 S^* 中求得的解反演成原问题的解.

例如,在§3.1证明拉格朗日中值定理和柯西中值定理时,为了证明所考虑的函数 $f(x)$ 具有的性质,先利用分别 $f(x)$ 构造一个满足罗尔定理的条件的辅助函数 $F(x)$,于是根据已知的罗尔定理找到一个中间值 ξ,稍做整理即得到所要的结论.这里 ξ 既保证 $F(x)$ 满足罗尔定理,也保证 $f(x)$ 满足拉格朗日中值定理或柯西中值定理的值,即前后两个问题所求的中间值 ξ 一致.这时,我们把研究对象从 $f(x)$ 转移到由它构造的辅助函数 $F(x)$ 上去了.

这个例子说明了这种化归方法的重要性,也说明了要实现这种转化,必需找到能联系已知结论(罗尔定理)的途径与合适的目标对象,在这两个证明中,辅助函数发挥了关键的作用,既提供了化归的途径,也提供了化归的目标对象的载体.下面再举一些例子.

1. 简单变形法 — 简单恒等变形与等价变形

无论是数学表达式的化简或整理,最常用的转换形式就是恒等变形.然而,在解题过程中也常考虑其他类型的变形,因为恒等变形并非总是必要和可能的.在许多问题中常用到等价变形,如解方程和不等式时常使用的同解变形.在解一个具体方程时,常常需要通过多次同解变形和恒等变形,来达到最终求解的目的.

2. 定积分的变量替换

上面§4.6.3(1a)、(1b)介绍过不定积分的变量替换,对于定积分 $\int_a^b f(x)\mathrm{d}x$,也有变量替换法.以第二换元法为例,把积分变量 x 用一个合适的函

数 $\phi(t)$ 来替换,使得 $f[\phi(t)]\phi'(t)$ 的积分易求.令 $x=\phi(t)$,那么 $\mathrm{d}x=\phi'(t)\mathrm{d}t$,

$$\int_a^b f(x)\mathrm{d}x = \int_\alpha^\beta f[\phi(t)]\phi'(t)\mathrm{d}t. \tag{4.6.1}$$

这时,只要求 $\phi(t)$ 在区间 $[\alpha,\beta]$ 上连续、可导,$\phi(\alpha)=a$,$\phi(\beta)=b$,且 t 在 $[\alpha,\beta]$ 上变化时,$\phi(t)$ 值域包含在 $[a,b]$ 内;但是,不要求反函数存在,因为不必把关于新变量的原函数反演为 $f(x)$ 的原函数,(4.6.1) 式右边积分的值就是答案.

　　3. 运算对象的转移

　　转移研究对象本来就是化归法的特征.分部积分法是通过转换被积函数来使难于直接求积分的问题得以解决的一种好方法.假定一元函数 $u(x),v(x)$ 的导数存在且连续,这时有如下分部积分公式:

$$\int u(x)v'(x)\mathrm{d}x = u(x)v(x) - \int v(x)u'(x)\mathrm{d}x, \tag{4.6.2}$$

它把求 $u(x)v'(x)$ 的原函数问题转化为分别求 v' 和 $v(x)u'(x)$ 的原函数问题.这里的前提条件是 v 和 $\int v(x)u'(x)\mathrm{d}x$ 容易求得,通过这种转换可使问题得到解决或简化.

　　因此,采用分部积分的关键是,要善于选取 u、v,把被积函数分解成 $u(x)v'(x)$ 的形式,使得 v' 的原函数和 vu' 的原函数都较易求出.

　　应该指出,分部积分所采用的这种转化与换元积分法有根本性区别.例如第一换元积分法是通过令 $u=\varphi(x)$ 来进行的,结果 $\mathrm{d}u=\varphi'(x)\mathrm{d}x$,从而 $f(u)\mathrm{d}u = f[\varphi(x)]\varphi'(x)$,这是被积表达式之间的恒等变换;而分部积分法中的新旧被积函数 $u(x)v'(x)$ 与 $u'(x)v(x)$ 通常并无相等关系,(4.6.2) 只是积分结果的恒等关系.所以我们采用了"转移"这一术语来描述分部积分的这种转化关系.事实上,这里"分部"含有"分步"之意:第一步是求 v' 的原函数,第二步是求 vu' 的原函数 g,最后得出 uv' 的原函数.

　　读者只要细心观察,认真分析,就会发现数学中的化归法无处不有,无处不发挥重要作用.下面各章最后一节,我们还会结合新学习的内容,给出化归法的一些典型例子.

第五章

定积分及其应用

由于生产、生活和科学研究的需要,古代的数学家早就对平面图形的面积、空间立体的体积、曲线的弧长等问题的计算感兴趣,并得出许多重要成果.例如,古希腊的数学家阿基米德就得出了用逼近法求抛物弓形面积的方法;同时,中国古代的数学家刘徽用圆内接正多边形的面积来逼近该圆的面积,也就是用边数尽可能多的正多边形的面积来作为该圆的面积的近似值.只可惜他们都只停留在"有限"的范围内,未能突破"有限"的束缚并认识极限的概念,因此未能达到准确的境界.微积分学之所以被认为是一个伟大的发明,在于它形成了无限(无穷)的概念,建立了极限理论,并进而创建了微分和积分的概念.特别地,可以用定积分来准确地解决上述问题和其他应用领域的类似问题(如运动问题等).于是,常见的平面图形的面积就被定义为逼近于它的一些较为简单的图形的面积的极限.具体地,曲边梯形的面积就定义为以曲边为图像的函数的定积分,它是由一些矩形组成的图形的面积的极限.定积分的这种定义同时在理论上提供了(1)判断一个图形的面积是否存在和(2)当图形的面积存在时的计算方法.

在处理应用问题时,人们以定积分的概念为基础,形成了根据实际问题建立相应的积分表达式的有效方法 —"微元法".它和定积分的定义一样,深刻地体现了"化整为零 — 在局部处以直代曲 — 聚零为整"的微积分思想方法.初学者应注意理解并努力掌握这种数学思想方法.

定积分及其应用是积分学的基本内容和重要组成部分.不定积分虽然也属于积分学,但实际上是为定积分的计算服务的.在上一章,不定积分原是作为微分(求导)的逆运算引入的,在本章将看到,由于牛顿 - 莱布尼兹公式揭示了定积分与不定积分的紧密联系,不定积分因此得到了充分发挥作用的平台.

本章先从面积的计算和变速运动等实际问题出发引进定积分的概念,然后讨论它的性质和计算方法,最后介绍定积分在几何、物理和经济管理等方面的应用.

§5.1 定积分的概念和性质

§5.1.1 定积分的实际背景

1. 曲边梯形的面积

设 $y = f(x)$ 为区间 $[a,b]$ 上的连续函数且 $f(x) \geqslant 0$，由曲线 $y = f(x)$，直线 $x = a, x = b$，以及 x 轴所围成的图形 T（如图 5-1-1）称为**曲边梯形**，其中曲线弧，即曲线 $y = f(x)$ 在 $[a,b]$ 上方的部分称为**曲边**，区间 $[a,b]$ 视为线段时称为**底边**. 那么，如何求曲边梯形 T 的面积呢？

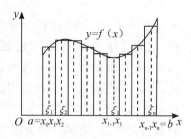

图 5-1-1

显然，这个问题的困难就出在曲边 $y = f(x)$ 上. 如果 $f(x)$ 恒为常数，那么曲边梯形便成为矩形，它的面积可用"矩形面积 ＝ 高×底"的公式来计算. 但对于一般的曲边梯形，它在底边上各点处的"高" $f(x)$ 是变动的，因此不能直接采用矩形面积公式来计算.

由于 $f(x)$ 在 $[a,b]$ 上连续，所以当自变量 x 变化很小时，如在 $[a,b]$ 的一个很小的子区间上，$f(x)$ 的值变化也很小，可以说是近似于不变. 因此，当我们把 $[a,b]$ 分割成长度都很小的 n 个子区间时，以每个子区间 I 为底，以曲线 $y = f(x)$ 为曲边的小曲边梯形的面积，就可以用以 I 为底的小矩形的面积来近似代替——这个小矩形的高是 I 上任意取定的一点 ξ 的函数值 $f(\xi)$. 因此，按这种办法得到的 n 个小矩形的面积之和就是原曲边梯形 T 的面积的近似值.

观察与分析告诉我们，当把 $[a,b]$ 分割得越细时，由这类小矩形的面积之和得到的近似值的精确度越高. 因此认为，当 $[a,b]$ 的分割无限加细时，对应的近似值的极限就是曲边梯形 T 的面积. 基于这种认识，人们给出如下计算曲边梯形的面积的方法：

(1) **分割**：在 $[a,b]$ 上取分点 $x_i (i = 0,1,2,\cdots,n)$，使得
$$a = x_0 < x_1 < x_2 < \cdots < x_n = b,$$
将底边 $[a,b]$ 分成 n 个子区间 $[x_{i-1}, x_i]$，其长度 $\Delta x_i = x_i - x_{i-1} (i = 1,2,\cdots,n)$；相应地，曲边梯形 T 分成 n 个小曲边梯形 $T_i (i = 1,2,\cdots,n)$. 那么，T 的面积 A 等于这 n 个 T_i 的面积 A_i 之和：

(2) **近似代替**：因为 $f(x)$ 连续，所以当 $\Delta x_i (i = 1,2,\cdots,n)$ 很小时，$f(x)$ 在 $[x_{i-1}, x_i]$ 上变化很小，因此可任取 $\xi_i \in [x_{i-1}, x_i] (i = 1,2,\cdots,n)$，并用以 $[x_{i-1}, x_i]$ 为底、$f(\xi_i)$ 为高的矩形的面积 $f(\xi_i)\Delta x_i$ 来近似表示第 i 个小曲边梯

形 T_i 的面积 A_i，即

$$A_i \approx f(\xi_i)\Delta x_i (i = 1, 2, \cdots, n);$$

（3）**作和**：将 n 个小矩形面积相加，就得到曲边梯形 T 的面积 A 的近似值，即

$$A = \sum_{i=1}^{n} A_i \approx \sum_{i=1}^{n} f(\xi_i)\Delta x_i;$$

（4）**取极限**：把分割无限加细，即分点个数 n 无限增多且使其中每次分割的诸小区间的最大长度变得任意小，严格地说，让 $\lambda = \max\limits_{1 \leqslant i \leqslant n}\{\Delta x_i\} \to 0$. 这时，把极限

$$\lim_{\lambda \to 0} \sum_{i=1}^{n} f(\xi_i)\Delta x_i$$

定义为曲边梯形 T 的面积 A，即

$$A = \lim_{\lambda \to 0} \sum_{i=1}^{n} f(\xi_i)\Delta x_i.$$

2. **变速直线运动的位移**

设某物体作直线运动，已知速度 $v = v(t)$ 是时间间隔 $[T_1, T_2]$ 上的连续函数，且 $v(t) \geqslant 0$，要计算在这段时间内物体所经过的路程 s.

如果物体作匀速运动，则路程 $s = v(T_2 - T_1)$. 当 $v(t)$ 是变量时，路程就不能直接用上述公式来计算. 假定在很小的时间间隔中，速度变化不大，那么我们仍可用求曲边梯形面积的思想方法来解决这个问题. 其步骤是：

（1）**分割**：任取分点 $T_1 = t_0 < t_1 < t_2 < \cdots < t_{n-1} < t_n = T_2$，把 $[T_1, T_2]$ 分成 n 个小段，每小段为

$$\Delta t_i = t_i - t_{i-1} (i = 1, 2, \cdots, n);$$

（2）**近似代替**：把每小段 $[t_{i-1}, t_i]$ 上的运动视为匀速，任取时刻 $\xi_i \in [t_{i-1}, t_i]$，作乘积 $v(\xi_i)\Delta t_i$，那么，在这小段时间所走路程 Δs_i 可近似表示为：

$$\Delta s_i \approx v(\xi_i)\Delta t_i (i = 1, 2, \cdots, n);$$

（3）**作和**：把 n 个小段时间上的路程相加，就得到总路程 s 的近似值，即

$$s = \sum_{i=1}^{n} \Delta s_i \approx \sum_{i=1}^{n} v(\xi_i)\Delta t_i;$$

（4）**取极限**：设 $\lambda = \max\limits_{1 \leqslant i \leqslant n}\{\Delta t_i\}$，当 $\lambda \to 0$ 时，取上述和式的极限，就得到变速直线运动的路程：

$$s = \lim_{\lambda \to 0} \sum_{i=1}^{n} v(\xi_i)\Delta t_i.$$

§5.1.2 定积分的定义

上述两例虽然实际意义不同,前者是几何量,后者是物理量,但分析问题和解决问题的思路和方法却完全相同,最终都可以归结为求同一结构的和式的极限.抛开这些问题的具体含义,抓住它们在数量关系上的本质与特性加以概括,使之能适用于比连续函数更一般的函数,人们抽象出下述定积分的定义:

定义 设函数 $f(x)$ 在区间 $[a,b]$ 上有定义,任意选取分点

$$a = x_0 < x_1 < \cdots < x_{n-1} < x_n = b,$$

将区间 $[a,b]$ 划分成 n 个小区间,在每个小区间 $[x_{i-1},x_i]$ 上任意选取一点 $\xi_i(i=1,2,\cdots,n)$,作积分和 $S = \sum\limits_{i=1}^{n} f(\xi_i)\Delta x_i$(其中 $\Delta x_i = x_i - x_{i-1}, i=1,2,\cdots,n$),令 $\lambda = \max\limits_{1\leqslant i\leqslant n}\{\Delta x_i\}$.如果不论对 $[a,b]$ 如何划分,点 ξ_i 如何选取,只要当 $\lambda \to 0$ 时,积分和 S 总趋于同一个极限,则称 $f(x)$ **在** $[a,b]$ **上可积**,并称此极限为 $f(x)$ **在** $[a,b]$ **上的定积分**,简称积分,记作 $\int_a^b f(x)\mathrm{d}x$,即

$$\int_a^b f(x)\mathrm{d}x = \lim_{\lambda \to 0}\sum_{i=1}^{n} f(\xi_i)\Delta x_i, \tag{5.1.1}$$

其中 $f(x)$ 叫做**被积函数**,$f(x)\mathrm{d}x$ 叫做**被积表达式**,x 叫做**积分变量**,数 a,b 分别叫做**积分的下限**和**上限**,$[a,b]$ 叫做**积分区间**,和 $\sum\limits_{i=1}^{n} f(\xi_i)\Delta x_i$ 叫做**积分和**.

注1 上述定义包含两重意思:

(1)可积性判断:对 $[a,b]$ 上一个给定的函数 $f(x)$,一般说来,其定积分未必存在,即 $f(x)$ 未必可积.这时需要检验积分和式的极限(5.1.1)是否存在.这种存在指的是,与区间的分法及每个子区间 $[x_{i-1},x_i]$ 上的代表点 ξ_i 的选取方法无关(即极限都存在且为同一数值).如是,才能肯定 $f(x)$ 可积,即要求对所有可能的分法和代表点 ξ_i 的所有可能的选取方法都做检验.只要有一种特殊分法和代表点的特殊选法使得极限不存在,或者虽然极限存在但与另一种的特殊分法和代表点的特殊选法所得的极限不同,就说明 $f(x)$ 不可积;

(2)可积函数的定积分计算方法:如果已经知道 $f(x)$ 可积,那么,任意选用一种分法和代表点的选取方法来计算(5.1.1)式的极限,其结果都一样.因此,我们可以选用一种最便于计算的分法和代表点的选取方法来求定积分.

注2 定积分 $\int_a^b f(x)\mathrm{d}x$ 是一个数,它由积分区间和被积函数唯一确定,不依赖于积分变量的选择,即 $\int_a^b f(x)\mathrm{d}x = \int_a^b f(t)\mathrm{d}t$.

根据定积分的定义,我们可将前面讨论的曲边梯形的面积 A 表示为

$$A = \int_a^b f(x)\mathrm{d}x,$$

变速直线运动的路程 s 表示为

$$s = \int_{T_1}^{T_2} v(t)\mathrm{d}t.$$

给出了定积分的概念之后,自然会考虑这样的问题:是不是任何函数都是可积的呢?答案是否定的.那么什么样的函数才是可积的呢?可积函数具有什么特征?关于这些问题,我们不加证明地指出以下事实:

定理 1 若函数 $f(x)$ 在 $[a,b]$ 上可积,则 $f(x)$ 在 $[a,b]$ 上有界.

定理 2 若函数 $f(x)$ 在区间 $[a,b]$ 上连续,则 $f(x)$ 在 $[a,b]$ 上可积.

定理 3 若函数 $f(x)$ 在区间 $[a,b]$ 上只有有限个间断点且它们都是第一类间断点,则 $f(x)$ 在 $[a,b]$ 上可积.

例 1 试求 $\int_0^1 x^2 \mathrm{d}x$.

解 由于 $f(x) = x^2$ 在 $[0,1]$ 上连续,根据上述定理 2 知,$f(x)$ 在 $[0,1]$ 上可积.于是,由注 1,我们可以选用一种最便于计算的分法和代表点的选取方法来求定积分.为此,将区间 $[0,1]$ 分成 n 等份,即取分点为:$x_i = \dfrac{i}{n}(i = 0,1,2,\cdots,n)$;在 $[x_{i-1},x_i]$ 上取 $\xi_i = x_i = \dfrac{i}{n}(i = 1,2,\cdots,n)$,这时 $\Delta x_i = \dfrac{1}{n} = \lambda$,从而积分和为

$$\sum_{i=1}^n f(\xi_i)\Delta x_i = \sum_{i=1}^n \left(\frac{i}{n}\right)^2 \cdot \frac{1}{n} = \frac{1}{n^3}\sum_{i=1}^n i^2$$

$$= \frac{1}{n^3} \cdot \frac{n(n+1)(2n+1)}{6} = \frac{(n+1)(2n+1)}{6n^2}.$$

所以,

$$\int_0^1 x^2 \mathrm{d}x = \lim_{\lambda \to 0}\sum_{i=1}^n f(x_i)\Delta x_i = \lim_{n \to \infty}\frac{(n+1)(2n+1)}{6n^2} = \frac{1}{3}.$$

定积分的几何意义 设 $f(x)$ 在 $[a,b]$ 上连续.当 $f(x) \geqslant 0$ 时,定积分 $\int_a^b f(x)\mathrm{d}x$ 在几何上表示由曲线 $y = f(x)$,直线 $x = a,x = b$ 以及 x 轴所围成的曲边梯形的面积(如图 5-1-1 所示);当 $f(x) \leqslant 0$ 时,$\int_a^b f(x)\mathrm{d}x$ 则表示该曲边梯形面积的相反数(如图 5-1-2 所示).

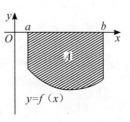

图 5-1-2

当 $f(x)$ 在区间 $[a,b]$ 上兼取正、负值时，由曲线 $y = f(x)$、直线 $x = a$、$x = b$ 以及 x 轴所围成的图形一部分在 x 轴上方，另一部分在 x 轴下方. 这时，$\displaystyle\int_a^b f(x)\mathrm{d}x$ 等于图形在 x 轴上方的总面积减去在 x 轴下方的总面积所得的差（如图 5-1-3 所示）.

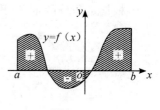

图 5-1-3

例 2　利用定积分的几何意义计算 $\displaystyle\int_0^1 \sqrt{1-x^2}\,\mathrm{d}x$.

解　由于被积函数 $\sqrt{1-x^2} \geqslant 0$，故根据定积分的几何意义知 $\displaystyle\int_0^1 \sqrt{1-x^2}\,\mathrm{d}x$ 在几何上表示上半圆周 $y = \sqrt{1-x^2}$ 与 x 轴、y 轴所围成的图形（在第 Ⅰ 象限）的面积，显然该图形为四分之一单位圆盘，从而有 $\displaystyle\int_0^1 \sqrt{1-x^2}\,\mathrm{d}x = \dfrac{\pi}{4}$.

§5.1.3　定积分的基本性质

为了今后讨论的方便，我们补充规定：

当 $a = b$ 时，$\displaystyle\int_a^a f(x)\mathrm{d}x = 0$；

当 $a > b$ 时，$\displaystyle\int_b^a f(x)\mathrm{d}x = -\int_b^a f(x)\mathrm{d}x$.

下面介绍定积分的基本性质. 假定各性质中所列出的定积分都是存在的，且其中积分上下限的大小如不特别指明，均不加限制.

性质 1　两个函数的代数和的积分等于这两个函数的积分的代数和，即

$$\int_a^b \big[f(x) \pm g(x)\big]\mathrm{d}x = \int_a^b f(x)\mathrm{d}x \pm \int_a^b g(x)\mathrm{d}x.$$

证　根据定积分的定义与极限运算法则，

$$\int_a^b \big[f(x) \pm g(x)\big]\mathrm{d}x = \lim_{\lambda \to 0} \sum_{i=1}^n \big[f(\xi_i) \pm g(\xi_i)\big]\Delta x_i$$

$$= \lim_{\lambda \to 0} \sum_{i=1}^n f(\xi_i)\Delta x_i \pm \lim_{\lambda \to 0} \sum_{i=1}^n g(\xi_i)\Delta x_i$$

$$= \int_a^b f(x)\mathrm{d}x \pm \int_a^b g(x)\mathrm{d}x. \qquad 证毕.$$

类似地可以证明下面两个性质.

性质 2　被积函数的常数因子可以提到积分号外来，即

$$\int_a^b kf(x)\mathrm{d}x = k\int_a^b f(x)\mathrm{d}x, \text{其中 } k \text{ 为常数}.$$

综合性质 1 和性质 2 得到**定积分的线性性质**：有限个函数 $f_i(x)(i = 1, 2,$

$\cdots,n$) 的线性组合的定积分等于各个函数的定积分的线性组合, 即

$$\int_a^b \sum_{i=1}^n k_i f_i(x)\mathrm{d}x = \sum_{i=1}^n k_i \int_a^b f_i(x)\mathrm{d}x.$$

性质 3 若在 $[a,b]$ 上 $f(x) \equiv 1$, 则

$$\int_a^b f(x)\mathrm{d}x = \int_a^b 1 \cdot \mathrm{d}x = b - a.$$

性质 4(定积分的区间可加性) 若 $a < c < b$, 则 $f(x)$ 在区间 $[a,b]$ 上的积分等于它分别在子区间 $[a,c]$ 与 $[c,b]$ 上的积分之和, 即

$$\int_a^b f(x)\mathrm{d}x = \int_a^c f(x)\mathrm{d}x + \int_c^b f(x)\mathrm{d}x. \tag{5.1.2}$$

证 由于 $f(x)$ 在一个区间上可积时, 其积分值作为积分和的极限与该区间的划分无关, 因此可特取 $[a,b]$ 上的一列划分来作积分和, 使得点 c 是其中每个划分的分点且这一列划分对应的 $\lambda \to 0$. 于是 $[a,b]$ 上的这种积分和都可表成 $[a,c]$ 与 $[c,b]$ 上的积分和之和, 它们对应的 λ 也同时趋于 0. 因此

$$\int_a^b f(x)\mathrm{d}x = \lim_{\lambda \to 0} \sum_{[a,b]} f(\xi_i)\Delta x_i = \lim_{\lambda \to 0}\Big[\sum_{[a,c]} f(\xi_i)\Delta x_i + \sum_{[c,b]} f(\xi_i)\Delta x_i\Big]$$

$$= \lim_{\lambda \to 0} \sum_{[a,c]} f(\xi_i)\Delta x_i + \lim_{\lambda \to 0} \sum_{[c,b]} f(\xi_i)\Delta x_i$$

$$= \int_a^c f(x)\mathrm{d}x + \int_c^b f(x)\mathrm{d}x. \qquad\qquad 证毕.$$

上述 (5.1.2) 式当 c 不介于 a 与 b 之间时也成立. 例如, 当 $c < a < b$ 时, 由性质 4 知,

$$\int_c^b f(x)\mathrm{d}x = \int_c^a f(x)\mathrm{d}x + \int_a^b f(x)\mathrm{d}x.$$

于是 $\quad \int_a^b f(x)\mathrm{d}x = \int_c^b f(x)\mathrm{d}x - \int_c^a f(x)\mathrm{d}x = \int_a^c f(x)\mathrm{d}x + \int_c^b f(x)\mathrm{d}x.$

性质 5 设 $a < b$, 若 $f(x), g(x)$ 在区间 $[a,b]$ 上可积且 $f(x) \leqslant g(x)$ 在 $[a,b]$ 上成立, 则

$$\int_a^b f(x)\mathrm{d}x \leqslant \int_a^b g(x)\mathrm{d}x. \tag{5.1.3}$$

证 记 $F(x) = g(x) - f(x)$, 那么, $F(x) \geqslant 0$, 且由性质 1 得知, $F(x)$ 在 $[a,b]$ 上可积. 于是有

$$\int_a^b F(x)\mathrm{d}x = \lim_{\lambda \to 0} \sum_{i=1}^n F(\xi_i)\Delta x_i \geqslant 0,$$

即

$$\int_a^b [g(x) - f(x)]\mathrm{d}x = \int_a^b g(x)\mathrm{d}x - \int_a^b f(x)\mathrm{d}x \geqslant 0,$$

因此
$$\int_a^b f(x)\mathrm{d}x \leqslant \int_a^b g(x)\mathrm{d}x.$$
证毕.

性质 6 设 $a < b$,则 $\left|\int_a^b f(x)\mathrm{d}x\right| \leqslant \int_a^b |f(x)|\mathrm{d}x.$

注意到 $-|f(x)| \leqslant f(x) \leqslant |f(x)|$ 及性质 5 即可得证.

性质 7 若 $f(x)$ 在区间 $[a,b]$ 上可积,M,m 分别是 $f(x)$ 在 $[a,b]$ 上的最大值和最小值,则

$$m(b-a) \leqslant \int_a^b f(x)\mathrm{d}x \leqslant M(b-a) \quad (a < b). \tag{5.1.4}$$

证 因为 $m \leqslant f(x) \leqslant M$,故由(5.1.3)式可得

$$\int_a^b m \cdot \mathrm{d}x \leqslant \int_a^b f(x)\mathrm{d}x \leqslant \int_a^b M \cdot \mathrm{d}x,$$

再根据性质 2 和性质 3 即可证得(5.1.4). 证毕.

性质 8(积分中值定理) 设 $f(x)$ 在闭区间 $[a,b]$ 上连续,则在 (a,b) 内至少存在一点 ξ,使得下式成立

$$\int_a^b f(x)\mathrm{d}x = f(\xi)(b-a). \tag{5.1.5}$$

证 根据闭区间上连续函数的性质得知,$f(x)$ 在 $[a,b]$ 上存在最大值 M 与最小值 m. 利用(5.1.4)式可得

$$m \leqslant \frac{1}{b-a}\int_a^b f(x)\mathrm{d}x \leqslant M,$$

再由连续函数的介值定理知,在 (a,b) 内至少有一点 ξ,使得

$$f(\xi) = \frac{1}{b-a}\int_a^b f(x)\mathrm{d}x,$$

因此,(5.1.5)成立. 证毕.

积分中值定理有着明显的几何意义,从图 5-1-4 看出,定积分 $\int_a^b f(x)\mathrm{d}x$ 表示曲边梯形 $AabB$ 的面积,而 $f(\xi)(b-a)$ 则是以 $b-a$ 为底,$f(\xi)$ 为高的矩形 $DabE$ 的面积. 积分中值定理的结论表明:在 (a,b) 内必存在一点 ξ,使得以 $f(\xi)$ 为高,$[a,b]$ 为底边的矩形和以 $y = f(x)$ 为曲边、$[a,b]$ 为底边的曲边梯形具有相同的面积. 因此,

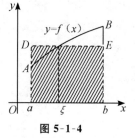

图 5-1-4

$$f(\xi) = \frac{1}{b-a}\int_a^b f(x)\mathrm{d}x$$

可看成是曲边梯形的"平均高度",并称它为 $f(x)$ 在 $[a,b]$ 上的**积分平均值**.

习题 5.1(A)

1. 利用定积分的定义计算 $\displaystyle\int_0^1 e^x dx$.

2. 利用定积分的几何意义,证明下列等式:

(1) $\displaystyle\int_{-a}^a x^2 dx = 2\int_0^a x^2 dx \quad (a > 0)$;　　　(2) $\displaystyle\int_{-a}^a x^3 dx = 0$;

(3) $\displaystyle\int_{-\pi}^\pi \sin x dx = 0$;　　　　　　　(4) $\displaystyle\int_{-\frac{\pi}{2}}^{\frac{\pi}{2}} \cos x dx = 2\int_0^{\frac{\pi}{2}} \cos x dx$.

3. 不计算积分的值,比较下列各组积分的大小:

(1) $\displaystyle\int_0^{\frac{\pi}{2}} x dx$ 与 $\displaystyle\int_0^{\frac{\pi}{2}} \sin x dx$;　　　　(2) $\displaystyle\int_1^2 \ln x dx$ 与 $\displaystyle\int_1^2 (\ln x)^2 dx$;

(3) $\displaystyle\int_0^1 x dx$ 与 $\displaystyle\int_0^1 \ln(1+x) dx$;　　　(4) $\displaystyle\int_0^1 e^{-x} dx$ 与 $\displaystyle\int_0^1 e^{-x^2} dx$.

4. 估计下列各积分的值:

(1) $\displaystyle\int_1^3 (x^2 + 1) dx$;　　　　　　(2) $\displaystyle\int_0^1 \frac{x^5}{\sqrt{1+x}} dx$;

(3) $\displaystyle\int_{\frac{1}{\sqrt{3}}}^{\sqrt{3}} x \arctan x dx$;　　　　　(4) $\displaystyle\int_2^0 e^{x^2 - x} dx$.

习题 5.1(B)

1. 用定积分表示下列和式的极限:

(1) $\displaystyle\lim_{n\to\infty} \frac{\sin \dfrac{\pi}{n} + \sin \dfrac{2\pi}{n} + \cdots + \sin \dfrac{(n-1)\pi}{n}}{n}$;

(2) $\displaystyle\lim_{n\to\infty} \frac{1}{n} \ln \frac{(n+1)(n+2)\cdots \cdot (n+n)}{n^n}$.

2. 设 $f(x)$ 和 $g(x)$ 在 $[a,b]$ 连续,证明:

(1) 若在 $[a,b]$ 上有 $f(x) \geqslant 0$ 且 $\displaystyle\int_a^b f(x) dx = 0$,则在 $[a,b]$ 上 $f(x) \equiv 0$;

(2) 若在 $[a,b]$ 上有 $f(x) \geqslant g(x)$ 且 $\displaystyle\int_a^b f(x) dx = \int_a^b g(x) dx$,则在 $[a,b]$ 上 $f(x) \equiv g(x)$.

3. 证明积分不等式: $\dfrac{3}{e^4} \leqslant \displaystyle\int_{-1}^2 e^{-x^2} dx < 3$.

§5.2 微积分的基本定理

要计算一个定积分的值,若按照定义所规定的步骤来做,一般说来是很困难的,即使被积函数相当简单,计算过程也是十分繁琐的.因而必须另辟途径,寻求定积分的计算方法.先看一个例子.

若质点作变速直线运动,其速度 $v(t)$ 为连续函数,则由定积分的定义可知,质点从时刻 a 到时刻 $b(a < b)$ 所通过的路程为

$$s = \int_a^b v(t)\mathrm{d}t.$$

若同时得知质点的位置函数为 $s = s(t)$,则质点从时刻 a 到时刻 b 所通过的路程为

$$s = s(b) - s(a),$$

由此得到

$$\int_a^b v(t)\mathrm{d}t = s(b) - s(a).$$

另一方面,我们已知速度函数 $v(t)$ 是位置函数 $s(t)$ 的导数,即 $s(t)$ 是 $v(t)$ 的一个原函数.因此,由上式可知,$v(t)$ 在 $[a,b]$ 上的定积分等于 $v(t)$ 的一个原函数 $s(t)$ 在 $[a,b]$ 上的增量 $s(b) - s(a)$.

下面将证明,对于一般的连续函数 $f(x)$ 也有同样的结论,即 $f(x)$ 在 $[a,b]$ 上的定积分等于它的一个原函数 $F(x)$ 在 $[a,b]$ 上的增量 $F(b) - F(a)$.为此,我们先来考察一类新型的函数 —— 积分上限的函数.

§5.2.1 积分上限的函数

假定 $f(t)$ 在 $[a,b]$ 上可积,任取 $x \in [a,b]$,由于 $f(t)$ 在 $[a,x]$ 上仍然可积,故定积分 $\int_a^x f(t)\mathrm{d}t$ 存在.于是按照函数的定义得知,当 x 在 $[a,b]$ 上变动时,$\int_a^x f(t)\mathrm{d}t$ 确定了一个函数 $\Phi(x)$,即

$$\Phi(x) = \int_a^x f(t)\mathrm{d}t, x \in [a,b],$$

称 $\Phi(x)$ 为积分上限的函数或变上限积分.

关于积分上限的函数,有如下重要结论:

定理1 如果 $f(x)$ 在 $[a,b]$ 上连续,则积分上限的函数 $\Phi(x) = \int_a^x f(t)\mathrm{d}t$ 在 $[a,b]$ 上可导,并且

$$\Phi'(x) = \frac{\mathrm{d}}{\mathrm{d}x}\int_a^x f(t)\mathrm{d}t = f(x). \qquad (5.2.1)$$

证 当上限 x 获得增量 Δx 时，$\Phi(x)$ 便得到增量 $\Delta\Phi(x)$：

$$\Delta\Phi(x) = \Phi(x + \Delta x) - \Phi(x) = \int_a^{x+\Delta x} f(t)\mathrm{d}t - \int_a^x f(t)\mathrm{d}t$$

$$= \left(\int_a^x f(t)\mathrm{d}t + \int_x^{x+\Delta x} f(t)\mathrm{d}t\right) - \int_a^x f(t)\mathrm{d}t$$

$$= \int_x^{x+\Delta x} f(t)\mathrm{d}t.$$

根据积分中值定理可得 $\Delta\Phi(x) = f(\xi)\Delta x$，其中 ξ 为 x 与 $x + \Delta x$ 之间的一点. 于是有 $\dfrac{\Delta\Phi(x)}{\Delta x} = f(\xi)$. 注意到当 $\Delta x \to 0$ 时有 $\xi \to x$，由 $f(x)$ 的连续性知，

$$\Phi'(x) = \lim_{\Delta x \to 0}\frac{\Delta\Phi(x)}{\Delta x} = \lim_{\xi \to x}f(\xi) = f(x). \qquad 证毕.$$

由定理 1 可知：如果 $f(x)$ 在 $[a,b]$ 上连续，则积分上限的函数 $\Phi(x) = \int_a^x f(t)\mathrm{d}t$ 是 $f(x)$ 在 $[a,b]$ 上的一个原函数. 这不仅证明连续函数的原函数必然存在（§4.1 定理 2 的结论），而且揭示了定积分与原函数之间的内在联系，提供了通过原函数来计算定积分的途径.

由（5.2.1）式可得

$$\frac{\mathrm{d}}{\mathrm{d}x}\left[\int_x^b f(t)\mathrm{d}t\right] = -f(x).$$

当上限是可导函数 $u = \varphi(x)$ 时，由复合函数求导法则得

$$\frac{\mathrm{d}}{\mathrm{d}x}\left[\int_a^{\varphi(x)} f(t)\mathrm{d}t\right] = \frac{\mathrm{d}}{\mathrm{d}u}\left[\int_a^u f(t)\mathrm{d}t\right]\frac{\mathrm{d}u}{\mathrm{d}x} = f(u)\cdot\varphi'(x)$$

$$= f[\varphi(x)]\cdot\varphi'(x).$$

即

$$\frac{\mathrm{d}}{\mathrm{d}x}\left[\int_a^{\varphi(x)} f(t)\mathrm{d}t\right] = f[\varphi(x)]\cdot\varphi'(x). \qquad (5.2.2)$$

进一步，若下限也是可导函数时，设它为 $\psi(x)$，则

$$\frac{\mathrm{d}}{\mathrm{d}x}\int_{\psi(x)}^{\varphi(x)} f(t)\mathrm{d}t = f(\varphi(x))\cdot\varphi'(x) - f(\psi(x))\cdot\psi'(x). \qquad (5.2.3)$$

例 1 计算下列函数的导数：

$$(1)\int_x^0 \sqrt{1+t^2}\mathrm{d}t; \qquad\qquad (2)\int_{\cos x}^{\sin x} \mathrm{e}^{-t^2}\mathrm{d}t.$$

解 （1）$\dfrac{\mathrm{d}}{\mathrm{d}x}\int_x^0 \sqrt{1+t^2}\mathrm{d}t = -\dfrac{\mathrm{d}}{\mathrm{d}x}\int_0^x \sqrt{1+t^2}\mathrm{d}t = -\sqrt{1+x^2}.$

$$(2)\ \frac{\mathrm{d}}{\mathrm{d}x}\int_{\cos x}^{\sin x}\mathrm{e}^{-t^2}\mathrm{d}t = \mathrm{e}^{-\sin^2 x}\cdot(\sin x)' - \mathrm{e}^{-\cos^2 x}\cdot(\cos x)'$$

$$= \mathrm{e}^{-\sin^2 x}\cos x + \mathrm{e}^{-\cos^2 x}\sin x.$$

例 2　计算 $\lim\limits_{x\to 0}\dfrac{1}{x\sin x}\displaystyle\int_0^{x^2}\mathrm{e}^{2t}\mathrm{d}t.$

解　这是一个 $\dfrac{0}{0}$ 的待定型的极限. 应用洛必达法则并做等价无穷小替换得

$$\lim_{x\to 0}\frac{1}{x\sin x}\int_0^{x^2}\mathrm{e}^{2t}\mathrm{d}t = \lim_{x\to 0}\frac{\displaystyle\int_0^{x^2}\mathrm{e}^{2t}\mathrm{d}t}{x^2} = \lim_{x\to 0}\frac{2x\mathrm{e}^{2x^2}}{2x} = \lim_{x\to 0}\mathrm{e}^{2x^2} = 1.$$

§5.2.2　微积分基本公式

定理 2　如果 $f(x)$ 在 $[a,b]$ 上连续, 并且 $F(x)$ 是 $f(x)$ 在 $[a,b]$ 上的一个原函数, 则

$$\int_a^b f(x)\mathrm{d}x = F(b) - F(a). \tag{5.2.4}$$

证　因为 $f(x)$ 在 $[a,b]$ 上连续, 故由定理 1 知 $\varPhi(x) = \displaystyle\int_a^x f(t)\mathrm{d}t$ 也是 $f(x)$ 在 $[a,b]$ 上的一个原函数. 从而根据 §4.1 的定理 3 得

$$F(x) = \int_a^x f(t)\mathrm{d}t + C.$$

在上式中令 $x = a$, 因 $\varPhi(a) = 0$, 故 $C = F(a)$. 然后在上式中令 $x = b$, 便得到

$$F(b) = \int_a^b f(x)\mathrm{d}x + F(a),$$

即

$$\int_a^b f(x)\mathrm{d}x = F(b) - F(a). \qquad\qquad 证毕.$$

为方便起见, (5.2.4) 式中的差 $F(b) - F(a)$ 也记作 $F(x)\Big|_a^b$ 或 $[F(x)]_a^b$, 这样, (5.2.4) 式便可改写成如下形式:

$$\int_a^b f(x)\mathrm{d}x = F(x)\Big|_a^b\ (或[F(x)]_a^b). \tag{5.2.5}$$

公式 (5.2.4) 或 (5.2.5) 称为**牛顿-莱布尼兹 (Newton-Leibniz) 公式**. 这个公式给定积分的计算提供了一个十分有效的方法. 按照这个办法, 计算定积分可分为两步:

第一步, 先求出被积函数的一个原函数 $F(x)$;

第二步, 计算原函数 $F(x)$ 在 $[a,b]$ 上的增量 $F(b) - F(a)$.

因此,人们把牛顿 - 莱布尼兹公式称为**微积分基本公式**,并把定理 1 和定理 2 合称为**微积分的基本定理**.

例 3　计算 $\displaystyle\int_{-4}^{-1} \frac{1}{x}\mathrm{d}x$.

解　因为 $\ln|x|$ 是 $\dfrac{1}{x}$ 在 $[-4,-1]$ 上的一个原函数,由牛顿 - 莱布尼兹公式,

$$\int_{-4}^{-1} \frac{1}{x}\mathrm{d}x = \left[\ln|x|\right]_{-4}^{-1} = \ln1 - \ln4 = -2\ln2.$$

思考题:如果题目改为 $\displaystyle\int_{-4}^{4} \frac{1}{x}\mathrm{d}x$,应该得出什么结论?是否可按同样办法计算?

例 4　计算 $\displaystyle\int_{0}^{1} \frac{x^2}{1+x^2}\mathrm{d}x$.

解　由定积分的线性性质和牛顿 - 莱布尼兹公式得,

$$\int_{0}^{1} \frac{x^2}{1+x^2}\mathrm{d}x = \int_{0}^{1}\left[1 - \frac{1}{1+x^2}\right]\mathrm{d}x = \int_{0}^{1}\mathrm{d}x - \int_{0}^{1} \frac{1}{1+x^2}\mathrm{d}x$$

$$= 1 - \left[\arctan x\right]_{0}^{1} = 1 - \frac{\pi}{4}.$$

例 5　计算定积分 $\displaystyle\int_{0}^{5} |x-3|\mathrm{d}x$.

解　由于 $|x-3|$ 在区间 $[0,3]$ 和 $[3,5]$ 上具有不同的表达式,为了去掉绝对值,必须分别在两个区间积分.

$$\int_{0}^{5} |x-3|\mathrm{d}x = \int_{0}^{3}(3-x)\mathrm{d}x + \int_{3}^{5}(x-3)\mathrm{d}x$$

$$= \left[3x - \frac{x^2}{2}\right]_{0}^{3} + \left[\frac{x^2}{2} - 3x\right]_{3}^{5} = 6\frac{1}{2}.$$

我们在 §3.1 介绍了微分中值定理,在 §5.1 又介绍了积分中值定理. 这两者之间有什么联系呢?下面的例题将给出一个回答.

例 6　用微分中值定理证明积分中值定理(见 §5.1):设 $f(x)$ 在闭区间 $[a,b]$ 上连续,则在 (a,b) 内至少存在一点 ξ,使得下式成立:

$$\int_{a}^{b} f(x)\mathrm{d}x = f(\xi)(b-a).$$

证　因设 $f(x)$ 在 $[a,b]$ 上连续,故它的原函数存在. 设 $F(x)$ 为它的一个原函数,那么 $F'(x) = f(x), x \in [a,b]$. 同时,根据牛顿 - 莱布尼兹公式有

$$\int_{a}^{b} f(x)\mathrm{d}x = F(b) - F(a).$$

另一方面,由于 $F(x)$ 在闭区间 $[a,b]$ 上满足微分中值定理的条件,故在 (a,b) 内

至少存在一点 ξ,使得

$$F(b) - F(a) = F'(\xi)(b-a) = f(\xi)(b-a).$$

所以 $\int_a^b f(x)\mathrm{d}x = f(\xi)(b-a).$ 证毕.

例7 设函数 $f(x)$ 在 $[0,1]$ 上连续且 $f(x) = x + 2\int_0^1 f(t)\mathrm{d}t$,求 $f(x)$.

解 因为定积分是一个常数,所以可设 $\int_0^1 f(t)\mathrm{d}t = A.$ 那么,由条件得到

$$f(x) = x + 2A.$$

把上式两边从 0 到 1 积分得 $\int_0^1 f(x)\mathrm{d}x = \int_0^1 (x+2A)\mathrm{d}x.$ 于是

$$A = \left[\frac{x^2}{2} + 2Ax\right]_0^1 = \frac{1}{2} + 2A,$$

从而得出 $A = -\frac{1}{2}.$ 所以

$$f(x) = x - 1.$$

习题 5.2(A)

1. 求下列导数(a,b,c 均为常数):

(1) $\dfrac{\mathrm{d}}{\mathrm{d}x}\int_a^b \sin^2 t\mathrm{d}t;$ (2) $\dfrac{\mathrm{d}}{\mathrm{d}x}\int_x^c \cos^2 t\mathrm{d}t;$

(3) $\dfrac{\mathrm{d}}{\mathrm{d}x}\int_0^{e^x} \dfrac{\ln(t+1)}{t}\mathrm{d}t;$ (4) $\dfrac{\mathrm{d}}{\mathrm{d}x}\int_{ax}^{bx} \dfrac{\sin t}{t}\mathrm{d}t.$

2. 计算下列积分:

(1) $\int_0^1 \sqrt[3]{x}(1+\sqrt{x})\mathrm{d}x;$ (2) $\int_1^2 \left(x+\dfrac{1}{x}\right)^2\mathrm{d}x;$

(3) $\int_{-1}^1 e^{|x|}\mathrm{d}x;$ (4) $\int_0^\pi |\cos x|\mathrm{d}x;$

(5) $\int_0^{\frac{\pi}{2}} \sin x\cos 3x\mathrm{d}x;$ (6) $\int_0^{\frac{\pi}{4}} \tan^2 x\mathrm{d}x.$

3. 设 $f(x) = \begin{cases} x+1 & x \leqslant 1 \\ \dfrac{1}{2}x^2 & x > 1 \end{cases}$,计算定积分 $\int_0^2 f(x)\mathrm{d}x.$

4. 求下列极限:

(1) $\lim\limits_{x\to 0} \dfrac{\int_0^x t\cdot\sqrt{1+t^2}\mathrm{d}t}{x^2};$ (2) $\lim\limits_{x\to 0} \dfrac{\int_0^x \cos t^2\mathrm{d}t}{x}.$

5. 当 x 为何值时,函数 $I(x) = \int_0^x t\mathrm{e}^{-t^2}\,\mathrm{d}t$ 有极值?

6. 求由 $\int_0^y \mathrm{e}^{t^2}\,\mathrm{d}t + \int_0^{x^2} t\mathrm{e}^t\,\mathrm{d}t = 0$ 所确定的隐函数 $y = y(x)$ 的导数 $\dfrac{\mathrm{d}y}{\mathrm{d}x}$.

7. 设 k, l 为止整数且 $k \neq l$. 证明:

(1) $\displaystyle\int_{-\pi}^{\pi} \sin kx\,\mathrm{d}x = 0$; (2) $\displaystyle\int_{-\pi}^{\pi} \cos kx\,\mathrm{d}x = 0$;

(3) $\displaystyle\int_{-\pi}^{\pi} \cos^2 kx\,\mathrm{d}x = \pi$; (4) $\displaystyle\int_{-\pi}^{\pi} \sin kx \cos lx\,\mathrm{d}x = 0$;

习题 5.2(B)

1. 设 **R** 上的连续函数 $f(x) = x^2 - x\int_0^2 f(x)\,\mathrm{d}x + 2\int_0^1 f(x)\,\mathrm{d}x$,求 $f(x)$.

2. 设 $f(x) = \begin{cases} x^2 & x \in [0,1) \\ x & x \in [1,2] \end{cases}$,求 $\varphi(x) = \int_0^x f(t)\,\mathrm{d}t$ 在 $[0,2]$ 上的表达式,并讨论 $\varphi(x)$ 在 $[0,2]$ 上的连续性.

3. 设 $f(x)$ 在 $[a,b]$ 上连续,在 (a,b) 可导,$f'(x) \leqslant 0$ 且

$$F(x) = \frac{1}{x-a}\int_a^x f(t)\,\mathrm{d}t \quad (a < x \leqslant b),$$

求证:(1) $0 \leqslant F(x) - f(x) \leqslant f(a) - f(b)$;(2) 在 (a,b) 内有 $F'(x) \leqslant 0$.

§5.3 定积分的计算

运用微积分基本公式来计算定积分时,需要先求出被积函数的原函数. 而求这些原函数时,虽然可以直接按照求不定积分的办法去做,但是,若能注意结合定积分的特点,则计算更简捷方便. 下面我们就来介绍定积分的换元积分法与分部积分法,它们是上一章介绍的换元积分法与分部积分法在计算定积分时的具体使用办法. 以后我们将看到,由于通常的定积分是一个数,利用定积分的换元积分法与分部积分法还能灵活地处理一些相关问题.

§5.3.1 定积分的换元积分法

定理 1 设 $f(x)$ 在 $[a,b]$ 上连续,如果变换 $x = \varphi(t)$ 满足下列三个条件:

(1) $\varphi(\alpha) = a, \varphi(\beta) = b$;

(2) $\varphi(t)$ 在 $[\alpha, \beta]$(当 $\alpha < \beta$ 时)或 $[\beta, \alpha]$(当 $\beta < \alpha$ 时)上有连续的导数;

（3）$a \leqslant \varphi(t) \leqslant b$ 对 α 与 β 之间的任何实数 t 成立，

则如下**换元公式**成立：

$$\int_a^b f(x)\mathrm{d}x = \int_\alpha^\beta f[\varphi(t)]\varphi'(t)\mathrm{d}t. \tag{5.3.1}$$

证　根据所设条件，(5.3.1) 式两边的被积函数都是连续的，故两边的定积分均存在．

假设 $F(x)$ 是 $f(x)$ 在 $[a,b]$ 上的一个原函数，于是由牛顿-莱布尼兹公式可得

$$\int_a^b f(x)\mathrm{d}x = F(b) - F(a).$$

另一方面，利用复合函数的求导法则可得

$$\frac{\mathrm{d}}{\mathrm{d}t}F[\varphi(t)] = \frac{\mathrm{d}}{\mathrm{d}x}F(x) \cdot \frac{\mathrm{d}}{\mathrm{d}t}\varphi(t) = f(x)\varphi'(t) = f[\varphi(t)]\varphi'(t).$$

这表明 $F[\varphi(t)]$ 是 $f[\varphi(t)]\varphi'(t)$ 在 $[\alpha,\beta]$ 上的一个原函数，因此

$$\int_\alpha^\beta f[\varphi(t)]\varphi'(t)\mathrm{d}t = F[\varphi(\beta)] - F[\varphi(\alpha)]$$
$$= F(b) - F(a).$$

从而得到

$$\int_a^b f(x)\mathrm{d}x = \int_\alpha^\beta f[\varphi(t)]\varphi'(t)\mathrm{d}t. \qquad \text{证毕.}$$

注意　（1）上述定理中的函数 $\varphi(t)$ 通常可取为单调函数，此时 $\varphi'(t)$ 在 $[\alpha,\beta]$ 或 $[\beta,\alpha]$ 上保持符号（即不改变符号）．在这个条件下，当 t 在 $[\alpha,\beta]$ 或 $[\beta,\alpha]$ 上取值时，$\varphi(t)$ 的变化范围必定是 $[a,b]$；

（2）**定积分换元必换限**：做了变量替换后，原来的积分上下限 b,a 要换成新变量对应的上下限 β,α，其中 β 可能小于 α；

（3）与不定积分的换元法一样，定积分的换元公式 (5.3.1) 也可以作两种理解：(1) 从右到左使用，说成是定积分的第一换元法；(2) 从左到右使用，说成是定积分的第二换元法，即

$$\overset{\text{第一换元法}}{\underset{\text{第二换元法}}{\int_a^b f(x)\mathrm{d}x = \int_\alpha^\beta f[\varphi(t)]\varphi'(t)\mathrm{d}t.}}$$

例 1　计算 $\displaystyle\int_1^{\mathrm{e}} \frac{\sqrt{1+\ln x}}{x}\mathrm{d}x.$

解 1（用第一换元法）　令 $u = 1 + \ln x$，那么 $\mathrm{d}u = \dfrac{1}{x}\mathrm{d}x$．当 $x = 1$ 时 $u = 1$，当 $x = \mathrm{e}$ 时 $u = 2$．于是

$$\int_1^e \frac{\sqrt{1+\ln x}}{x}\mathrm{d}x = \int_1^2 \sqrt{u}\,\mathrm{d}u = \frac{2}{3}u^{\frac{3}{2}}\Big|_1^2 = \frac{2}{3}\left(2\sqrt{2}-1\right).$$

在上述解答过程中,做了 $u=1+\ln x$ 这一变量替换后,必须按照定积分换元必换限的原则,对上下限做相应改变.本例也可以采用凑微分法求原函数,不必写出中间变量 u,从而也不必换限,即

解 2(用凑微分法) $\displaystyle\int_1^e \frac{\sqrt{1+\ln x}}{x}\mathrm{d}x = \int_1^e \sqrt{1+\ln x}\,\mathrm{d}(1+\ln x)$

$$= \frac{2}{3}(1+\ln x)^{\frac{3}{2}}\Big|_1^e = \frac{2}{3}\left(2\sqrt{2}-1\right).$$

例 2 计算 $\displaystyle\int_0^a \sqrt{a^2-x^2}\,\mathrm{d}x\ \ (a>0)$.

解(用第二换元法) 令 $x=a\sin t, 0\leqslant t\leqslant \dfrac{\pi}{2}$,则 $\mathrm{d}x=a\cos t\,\mathrm{d}t$,且当 $x=0$ 时 $t=0$,当 $x=a$ 时 $t=\dfrac{\pi}{2}$.于是

$$\int_0^a \sqrt{a^2-x^2}\,\mathrm{d}x = \int_0^{\frac{\pi}{2}} a^2\cos^2 t\,\mathrm{d}t = a^2\int_0^{\frac{\pi}{2}} \frac{1+\cos 2t}{2}\mathrm{d}t$$

$$= a^2\left[\frac{1}{2}t+\frac{1}{4}\sin 2t\right]_0^{\frac{\pi}{2}} = \frac{\pi}{4}a^2.$$

例 3 计算 $\displaystyle\int_0^\pi \sqrt{\sin x-\sin^3 x}\,\mathrm{d}x$.

解 因为 $\sqrt{\sin x-\sin^3 x} = \sqrt{\sin x\cos^2 x} = |\cos x|\sqrt{\sin x}$,那么,在 $\left[0,\dfrac{\pi}{2}\right]$ 上 $|\cos x|=\cos x$,在 $\left[\dfrac{\pi}{2},\pi\right]$ 上 $|\cos x|=-\cos x$,所以

$$\int_0^\pi \sqrt{\sin x-\sin^3 x}\,\mathrm{d}x = \int_0^{\frac{\pi}{2}} \cos x\sqrt{\sin x}\,\mathrm{d}x + \int_{\frac{\pi}{2}}^\pi (-\cos x)\sqrt{\sin x}\,\mathrm{d}x$$

$$= \int_0^{\frac{\pi}{2}} \sin^{\frac{1}{2}}x\,\mathrm{d}\sin x - \int_{\frac{\pi}{2}}^\pi \sin^{\frac{1}{2}}x\,\mathrm{d}\sin x$$

$$= \left[\frac{2}{3}\sin^{\frac{3}{2}}x\right]_0^{\frac{\pi}{2}} - \left[\frac{2}{3}\sin^{\frac{3}{2}}x\right]_{\frac{\pi}{2}}^\pi$$

$$= \frac{2}{3} - \left(-\frac{2}{3}\right) = \frac{4}{3}.$$

注意 本题若忽略了 $\cos x$ 在 $\left[\dfrac{\pi}{2},\pi\right]$ 上取值非正,而按 $\sqrt{\sin x\cos^2 x} = \cos x\sqrt{\sin x}$ 来计算,就产生错误.

例 4 已知 $f(x)$ 在 $[-a,a]$ 上连续 $(a>0)$,证明:

(1) 若 $f(x)$ 是偶函数,则 $\int_{-a}^{a} f(x)\mathrm{d}x = 2\int_{0}^{a} f(x)\mathrm{d}x$;

(2) 若 $f(x)$ 是奇函数,则 $\int_{-a}^{a} f(x)\mathrm{d}x = 0$.

证 因为 $\int_{-a}^{a} f(x)\mathrm{d}x = \int_{-a}^{0} f(x)\mathrm{d}x + \int_{0}^{a} f(x)\mathrm{d}x$,对积分 $\int_{-a}^{0} f(x)\mathrm{d}x$ 作变换 $x=-t$,可得

$$\int_{-a}^{0} f(x)\mathrm{d}x = -\int_{a}^{0} f(-t)\mathrm{d}t = \int_{0}^{a} f(-t)\mathrm{d}t = \int_{0}^{a} f(-x)\mathrm{d}x.$$

于是 $\int_{-a}^{a} f(x)\mathrm{d}x = \int_{0}^{a} f(-x)\mathrm{d}x + \int_{0}^{a} f(x)\mathrm{d}x = \int_{0}^{a} [f(x)+f(-x)]\mathrm{d}x.$

(1) 当 $f(x)$ 是偶函数时有 $f(-x)=f(x)$,故

$$\int_{-a}^{a} f(x)\mathrm{d}x = \int_{0}^{a} 2f(x)\mathrm{d}x = 2\int_{0}^{a} f(x)\mathrm{d}x.$$

(2) 当 $f(x)$ 是奇函数时有 $f(-x)=-f(x)$,故

$$\int_{-a}^{a} f(x)\mathrm{d}x = 0.$$

利用例 4 的结论,可简化奇偶函数在对称区间上的定积分计算.

例 5 计算 $\int_{-\frac{\pi}{2}}^{\frac{\pi}{2}} \dfrac{\cos x + \sin x}{1+\sin^2 x}\mathrm{d}x$.

解 $\int_{-\frac{\pi}{2}}^{\frac{\pi}{2}} \dfrac{\cos x + \sin x}{1+\sin^2 x}\mathrm{d}x = \int_{-\frac{\pi}{2}}^{\frac{\pi}{2}} \dfrac{\cos x}{1+\sin^2 x}\mathrm{d}x + \int_{-\frac{\pi}{2}}^{\frac{\pi}{2}} \dfrac{\sin x}{1+\sin^2 x}\mathrm{d}x.$

因为 $\dfrac{\cos x}{1+\sin^2 x}$ 是偶函数,而 $\dfrac{\sin x}{1+\sin^2 x}$ 是奇函数,由例 4 知,

$$\int_{-\frac{\pi}{2}}^{\frac{\pi}{2}} \dfrac{\cos x + \sin x}{1+\sin^2 x}\mathrm{d}x = 2\int_{0}^{\frac{\pi}{2}} \dfrac{\cos x}{1+\sin^2 x}\mathrm{d}x + 0 = 2\int_{0}^{\frac{\pi}{2}} \dfrac{\mathrm{d}\sin x}{1+\sin^2 x}$$

$$= 2[\arctan(\sin x)]_{0}^{\frac{\pi}{2}} = 2 \cdot \dfrac{\pi}{4} = \dfrac{\pi}{2}.$$

例 6 设 $f(x)$ 在 $[0,1]$ 连续,证明:

(1) $\int_{0}^{\frac{\pi}{2}} f(\sin x)\mathrm{d}x = \int_{0}^{\frac{\pi}{2}} f(\cos x)\mathrm{d}x$;

(2) $\int_{0}^{\pi} xf(\sin x)\mathrm{d}x = \dfrac{\pi}{2}\int_{0}^{\pi} f(\sin x)\mathrm{d}x$,并由此计算 $\int_{0}^{\pi} \dfrac{x\sin x}{1+\cos^2 x}\mathrm{d}x$.

证 (1) 令 $x = \dfrac{\pi}{2} - t$,则 $\mathrm{d}x = -\mathrm{d}t$,且当 $x=0$ 时 $t=\dfrac{\pi}{2}$,当 $x=\dfrac{\pi}{2}$ 时 $t=0$.于是,

$$\int_{0}^{\frac{\pi}{2}} f(\sin x)\mathrm{d}x = -\int_{\frac{\pi}{2}}^{0} f\left[\sin\left(\dfrac{\pi}{2}-t\right)\right]\mathrm{d}t = \int_{0}^{\frac{\pi}{2}} f(\cos t)\mathrm{d}t$$

$$= \int_0^{\frac{\pi}{2}} f(\cos x) \mathrm{d}x.$$

(2) 令 $x = \pi - t$，则 $\mathrm{d}x = -\mathrm{d}t$，且当 $x = 0$ 时 $t = \pi$，当 $x = \pi$ 时 $t = 0$.

于是

$$\int_0^\pi x f(\sin x)\mathrm{d}x = -\int_\pi^0 (\pi - t) f[\sin(\pi - t)]\mathrm{d}t = \int_0^\pi (\pi - t) f(\sin t)\mathrm{d}t$$

$$= \pi \int_0^\pi f(\sin t)\mathrm{d}t - \int_0^\pi t f(\sin t)\mathrm{d}t$$

$$= \pi \int_0^\pi f(\sin x)\mathrm{d}x - \int_0^\pi x f(\sin x)\mathrm{d}x.$$

注意到右边最后一个积分就是左边的积分，移项合并后可求出

$$\int_0^\pi x f(\sin x)\mathrm{d}x = \frac{\pi}{2}\int_0^\pi f(\sin x)\mathrm{d}x.$$

利用上述结论得

$$\int_0^\pi \frac{x\sin x}{1 + \cos^2 x}\mathrm{d}x = \frac{\pi}{2}\int_0^\pi \frac{\sin x}{1 + \cos^2 x}\mathrm{d}x = -\frac{\pi}{2}\int_0^\pi \frac{\mathrm{d}\cos x}{1 + \cos^2 x}$$

$$= -\frac{\pi}{2}\big[\arctan(\cos x)\big]_0^\pi = -\frac{\pi}{2}\Big[-\frac{\pi}{4} - \frac{\pi}{4}\Big] = \frac{\pi^2}{4}.$$

§5.3.2　分部积分法

设函数 $u(x)$、$v(x)$ 在 $[a,b]$ 上具有连续的导数，那么，根据导数运算法则有

$$(uv)' = u'v + uv'.$$

上式两端同时在 $[a,b]$ 上积分，得

$$\int_a^b (uv)'\mathrm{d}x = \int_a^b u'v\mathrm{d}x + \int_a^b uv'\mathrm{d}x.$$

即

$$\big[uv\big]_a^b = \int_a^b u'v\mathrm{d}x + \int_a^b uv'\mathrm{d}x.$$

从而

$$\int_a^b uv'\mathrm{d}x = \big[uv\big]_a^b - \int_a^b u'v\mathrm{d}x, \tag{5.3.2}$$

或

$$\int_a^b u\mathrm{d}v = \big[uv\big]_a^b - \int_a^b v\mathrm{d}u. \tag{5.3.3}$$

这就是定积分的**分部积分公式**.

应用定积分的分部积分公式的关键是适当地选择 u 与 v，选择办法和求不定积分时的情形类似. 在应用定积分的分部积分公式时，对已经积出的部分 uv，可以先用上、下限代入，不必等求 $\int v\mathrm{d}u$ 后再一起代入上、下限.

例 7 计算 $\int_0^{\frac{\pi}{4}} x\sin x \mathrm{d}x$.

解 $\int_0^{\frac{\pi}{4}} x\sin x \mathrm{d}x = \int_0^{\frac{\pi}{4}} x \mathrm{d}(-\cos x) = -x\cos x \Big|_0^{\frac{\pi}{4}} + \int_0^{\frac{\pi}{4}} \cos x \mathrm{d}x$

$$= -\frac{\pi}{4}\cos\frac{\pi}{4} + \sin x \Big|_0^{\frac{\pi}{4}} = -\frac{\pi}{4}\frac{\sqrt{2}}{2} + \frac{\sqrt{2}}{2} = \frac{\sqrt{2}}{2}\left(1 - \frac{\pi}{4}\right).$$

例 8 计算 $\int_1^e \ln^2 x \mathrm{d}x$.

解 $\int_1^e \ln^2 x \mathrm{d}x = \left[x\ln^2 x\right]_1^e - \int_1^e x \mathrm{d}(\ln^2 x)$ （第一次分部积分）

$$= e - 2\int_1^e \ln x \mathrm{d}x$$

$$= e - 2\left(\left[x\ln x\right]_1^e - \int_1^e x \mathrm{d}\ln x\right) \quad （第二次分部积分）$$

$$= e - 2\left(e - \int_1^e \mathrm{d}x\right)$$

$$= e - 2(e - e + 1) = e - 2.$$

例 9 计算 $I_n = \int_0^{\frac{\pi}{2}} \sin^n x \mathrm{d}x$ 和 $J_n = \int_0^{\frac{\pi}{2}} \cos^n x \mathrm{d}x$，其中 n 为正整数.

解 $I_n = \int_0^{\frac{\pi}{2}} \sin^n x \mathrm{d}x = \int_0^{\frac{\pi}{2}} \sin^{n-1} x \mathrm{d}(-\cos x)$

$$= \left[-\cos x \sin^{n-1} x\right]_0^{\frac{\pi}{2}} + \int_0^{\frac{\pi}{2}} \cos^2 x \cdot (n-1)\sin^{n-2} x \mathrm{d}x$$

$$= (n-1)\int_0^{\frac{\pi}{2}} \sin^{n-2} x (1 - \sin^2 x) \mathrm{d}x$$

$$= (n-1)\left(\int_0^{\frac{\pi}{2}} \sin^{n-2} x \mathrm{d}x - \int_0^{\frac{\pi}{2}} \sin^n x \mathrm{d}x\right)$$

$$= (n-1)(I_{n-2} - I_n),$$

故得到 $I_n = \dfrac{n-1}{n} I_{n-2}$.

利用这个递推公式，可得

$$I_n = \frac{n-1}{n} I_{n-2} = \frac{n-1}{n} \cdot \frac{n-3}{n-2} I_{n-4} = \cdots.$$

注意到每次应用这公式时，I_n 用下标减少 2 的 I_{n-2} 来表示，因此根据 n 的奇偶性，递推过程可以直至 I_1 或 I_0 时为止. 显然 $I_0 = \dfrac{\pi}{2}$，$I_1 = 1$，于是最后得到

$$I_n = \int_0^{\frac{\pi}{2}} \sin^n x \, \mathrm{d}x = \begin{cases} \dfrac{n-1}{n} \dfrac{n-3}{n-2} \cdots \dfrac{3}{4} \cdot \dfrac{1}{2} \cdot \dfrac{\pi}{2}, & n \text{ 为偶数} \\ \dfrac{n-1}{n} \dfrac{n-3}{n-2} \cdots \dfrac{4}{5} \cdot \dfrac{2}{3} \cdot 1, & n \text{ 为奇数} \end{cases}.$$

由本节例 $6(1)$ 可知,$J_n = \int_0^{\frac{\pi}{2}} \cos^n x \, \mathrm{d}x = \int_0^{\frac{\pi}{2}} \sin^n x \, \mathrm{d}x.$

习题 5.3(A)

1. 计算下列定积分:

(1) $\displaystyle\int_0^1 \frac{\sqrt{x}}{1 + \sqrt{x}} \mathrm{d}x$;　　　　(2) $\displaystyle\int_0^1 x^2 \sqrt{1 - x^2} \, \mathrm{d}x$;

(3) $\displaystyle\int_0^\pi \sin^3 \frac{x}{2} \mathrm{d}x$;　　　　(4) $\displaystyle\int_0^{\frac{\pi}{2}} \sin^4 x \cos^4 x \mathrm{d}x$;

(5) $\displaystyle\int_{-1}^1 \frac{\mathrm{d}x}{\mathrm{e}^x + \mathrm{e}^{-x}}$;　　　　(6) $\displaystyle\int_0^{\frac{\pi}{2}} \frac{\mathrm{d}x}{2 + \sin x}$;

(7) $\displaystyle\int_0^1 x \mathrm{e}^{-x} \mathrm{d}x$;　　　　(8) $\displaystyle\int_0^1 x \arctan x \mathrm{d}x$;

(9) $\displaystyle\int_1^e x(\ln x) \mathrm{d}x$;　　　　(10) $\displaystyle\int_0^{2\pi} \mathrm{e}^{2x} \cos x \mathrm{d}x$;

(11) $\displaystyle\int_{-\frac{\pi}{2}}^{\frac{\pi}{2}} x^2 \sin x \mathrm{d}x$;　　　　(12) $\displaystyle\int_{\mathrm{e}^{-1}}^e |\ln x| \, \mathrm{d}x$.

2. 利用函数的奇偶性计算下列积分:

(1) $\displaystyle\int_{-\pi}^\pi \sin^3 x \cos x \mathrm{d}x$;　　　(2) $\displaystyle\int_{-\frac{\pi}{2}}^{\frac{\pi}{2}} 2\cos^4 \theta \mathrm{d}\theta$;

(3) $\displaystyle\int_{-\frac{\sqrt{3}}{2}}^{\frac{\sqrt{3}}{2}} \frac{(\arcsin x)^2}{\sqrt{1 - x^2}} \mathrm{d}x$;　(4) $\displaystyle\int_{-4}^4 \frac{x^2 \sin^3 x}{2x^4 + 3x^2 + 1} \mathrm{d}x$.

3. 已知 $f(x)$ 是定义在 $(-\infty, +\infty)$ 内的周期为 T 的连续函数,试证明对于任何实数 a,均有

$$\int_a^{a+T} f(x) \mathrm{d}x = \int_0^T f(x) \mathrm{d}x.$$

4. 假定 $f(x)$ 在 $[-l, l]$ 上连续,且 $\Phi(x) = \displaystyle\int_0^x f(t) \mathrm{d}t (-l \leqslant x \leqslant l)$,证明:

(1) 若 $f(x)$ 为偶函数,则 $\Phi(x)$ 是 $[-l, l]$ 上的奇函数;

(2) 若 $f(x)$ 为奇函数,则 $\Phi(x)$ 是 $[-l, l]$ 上的偶函数.

5. 证明 $\displaystyle\int_0^1 x^m (1-x)^n \mathrm{d}x = \int_0^1 x^n (1-x)^m \mathrm{d}x$,其中 m, n 是非负整数.

6. 证明 $\int_0^\pi \sin^n x \, \mathrm{d}x = 2\int_0^{\frac{\pi}{2}} \sin^n x \, \mathrm{d}x$，其中 n 是非负整数.

习题 5.3(B)

1. 计算下列定积分：

(1) $\int_1^{\sqrt{3}} \dfrac{1}{x^2 \sqrt{1+x^2}} \mathrm{d}x$； (2) $\int_{-\frac{\pi}{2}}^{\frac{\pi}{2}} \sqrt{\cos x - \cos^3 x} \, \mathrm{d}x$；

(3) $\int_0^\pi \sqrt{1-\sin x} \, \mathrm{d}x$； (4) $\int_0^1 \sqrt{2x-x^2} \, \mathrm{d}x$；

(5) $\int_1^e \sin(\ln x) \mathrm{d}x$； (6) $\int_{-1}^1 (|x|+x)\mathrm{e}^{-|x|} \mathrm{d}x$.

2. 设 $f(x)$ 在 $[-1,1]$ 上连续且满足方程 $f(x) + \int_0^1 f(x)\mathrm{d}x = \dfrac{1}{2} - x^3$，求 $\int_{-1}^1 f(x)\sqrt{1-x^2}\,\mathrm{d}x$.

3. 设连续函数 $f(x)$ 满足方程 $\int_0^x f(x-t)\mathrm{d}t = \mathrm{e}^{-2x} - 1$，求 $\int_0^1 f(x)\mathrm{d}x$.

4. 计算 $\int_0^1 \dfrac{x^n}{\sqrt{1-x^2}}\mathrm{d}x$，其中 n 是正整数.

5. 设函数 $f(x)$ 在 $(-\infty,\infty)$ 内满足 $f(x) = f(x-\pi) + \sin x$，且 $f(x) = x$，$x \in [0,\pi)$，计算 $\int_\pi^{3\pi} f(x)\mathrm{d}x$.

§5.4   广义积分

前三节讨论的定积分，积分区间是有限的，被积函数是有界的.但在实际应用和理论研究中，还会遇到一些在无限区间上定义的函数或有界区间上的无界函数，对它们也需要考虑类似于定积分的问题.因此，有必要对定积分的概念加以推广，使之能适用于上述两类函数.本节将介绍这种推广的积分.由于它异于通常的定积分，故称之为**广义积分**，也称之为**反常积分**.

§5.4.1   无穷区间上的广义积分

先从实例的讨论来看这类积分问题的引入.

例 1   在地球表面垂直发射火箭，要使火箭克服地球引力远离地球，试问其发射速度 v 至少要有多大？

解   设地球半径为 R，质量为 M，火箭质量为 m，地球表面处的重力加速度

为 g,按万有引力定律,与地心距离为 $x(x \geqslant R)$ 处火箭所受到的引力为

$$F(x) = \frac{GMm}{x^2},$$

其中 G 为引力常数. 由于当火箭在地球表面($x = R$)时,地球对火箭的引力就是火箭的重力,即

$$\frac{GMm}{R^2} = mg,$$

因此,函数 $F(x)$ 可写成

$$F(x) = \frac{mgR^2}{x^2}.$$

从而,火箭从地面上升到距离地心为 $r(> R)$ 处时,克服地球引力所需做的功为

$$\int_R^r \frac{mgR^2}{x^2} \mathrm{d}x = mgR^2 \left(\frac{1}{R} - \frac{1}{r} \right).$$

令 $r \to +\infty$,其极限值就是火箭摆脱地球引力所需做的功,即

$$W = \lim_{r \to \infty} \int_R^r \frac{mgR^2}{x^2} \mathrm{d}x = mgR.$$

因此,要使火箭脱离地球引力,发射时的速度 v 至少需满足 $\frac{1}{2}mv^2 = mgR$,即 $v = \sqrt{2gR}$.

若用 $g = 9.8(\mathrm{m/s^2})$、$R = 6.371 \times 10^6 (\mathrm{m})$ 代入,则

$$v = \sqrt{2gR} \approx 11.2(\mathrm{km/s}),$$

该速度称为**第二宇宙速度**.

类似于本例的许多实际问题的需要,促使人们考虑无限区间上的积分. 上例同时启示了这类积分的推广方法,即先在有限区间上求定积分,然后再求当积分上限无限增大时的极限. 根据这一思想,下面给出无穷限积分(简称无穷积分)的定义:

定义 1 若函数 $f(x)$ 在区间 $[a, +\infty)$ 上有定义,且对任意 $b(b > a) f(x)$ 在区间 $[a,b]$ 上可积,则称符号 $\int_a^{+\infty} f(x)\mathrm{d}x$ 为 $f(x)$ 在 $[a, +\infty)$ 上的**广义积分**,更准确地,称之为**无穷限积分**. 如果极限 $\lim\limits_{b \to +\infty} \int_a^b f(x)\mathrm{d}x$ 存在,则称无穷限积分 $\int_a^{+\infty} f(x)\mathrm{d}x$ **收敛**(或**存在**),并把这个极限值定义为该无穷限积分的值,即

$$\int_a^{+\infty} f(x)\mathrm{d}x = \lim_{b \to +\infty} \int_a^b f(x)\mathrm{d}x; \tag{5.4.1}$$

若 $\lim\limits_{b \to +\infty} \int_a^b f(x)\mathrm{d}x$ 不存在,就称无穷限积分 $\int_a^{+\infty} f(x)\mathrm{d}x$ **发散**(或**不存在**).

类似地,可定义 $f(x)$ 在 $(-\infty,b]$ 及 $(-\infty,+\infty)$ 内的广义积分.

定义 2　若函数 $f(x)$ 在区间 $(-\infty,b]$ 上有定义,且对任意 $a(a<b)f(x)$ 在区间 $[a,b]$ 上可积,则称符号 $\int_{-\infty}^{b}f(x)\mathrm{d}x$ 为 $f(x)$ 在 $(-\infty,b]$ 上的**广义积分**或**无穷限积分**.如果极限 $\lim\limits_{a\to-\infty}\int_{a}^{b}f(x)\mathrm{d}x$ 存在,则称无穷限积分 $\int_{-\infty}^{b}f(x)\mathrm{d}x$ **收敛**(或**存在**),并把这个极限值定义为该无穷限积分的值,即

$$\int_{-\infty}^{b}f(x)\mathrm{d}x=\lim_{a\to-\infty}\int_{a}^{b}f(x)\mathrm{d}x;\qquad(5.4.2)$$

若 $\lim\limits_{a\to-\infty}\int_{a}^{b}f(x)\mathrm{d}x$ 不存在,就称无穷限积分 $\int_{-\infty}^{b}f(x)\mathrm{d}x$ **发散**(或**不存在**).

定义 3　若函数 $f(x)$ 在区间 $(-\infty,+\infty)$ 内有定义,且存在常数 c 使得无穷限积分 $\int_{c}^{+\infty}f(x)\mathrm{d}x$ 和 $\int_{-\infty}^{c}f(x)\mathrm{d}x$ 都收敛,则称无穷限积分 $\int_{-\infty}^{+\infty}f(x)\mathrm{d}x$ 收敛且

$$\int_{-\infty}^{+\infty}f(x)\mathrm{d}x=\int_{-\infty}^{c}f(x)\mathrm{d}x+\int_{c}^{+\infty}f(x)\mathrm{d}x;\qquad(5.4.3)$$

而(5.4.3)右边两个无穷限积分中只要有一个发散,就称无穷限积分 $\int_{-\infty}^{+\infty}f(x)\mathrm{d}x$ **发散**(或**不存在**).

值得注意的是,上述不论哪一类无穷限积分,当它发散时,只是一个符号,无数值意义.

例 2　计算 $\int_{0}^{+\infty}\dfrac{1}{1+x^2}\mathrm{d}x$.

解　$\int_{0}^{+\infty}\dfrac{1}{1+x^2}\mathrm{d}x=\lim\limits_{b\to+\infty}\int_{0}^{b}\dfrac{1}{1+x^2}\mathrm{d}x=\lim\limits_{b\to+\infty}(\arctan b-\arctan 0)=\dfrac{\pi}{2}$.

类似地,可得

$$\int_{-\infty}^{0}\dfrac{1}{1+x^2}\mathrm{d}x=\dfrac{\pi}{2}.$$

$$\int_{-\infty}^{+\infty}\dfrac{1}{1+x^2}\mathrm{d}x=\int_{-\infty}^{0}\dfrac{1}{1+x^2}\mathrm{d}x+\int_{0}^{+\infty}\dfrac{1}{1+x^2}\mathrm{d}x=\dfrac{\pi}{2}+\dfrac{\pi}{2}=\pi.$$

注　在计算广义积分时,为了书写简便常省去极限符号.即约定:若 $F(x)$ 是 $f(x)$ 在积分区间上的一个原函数,则记 $F(+\infty)=\lim\limits_{x\to+\infty}F(x)$, $F(-\infty)=\lim\limits_{x\to-\infty}F(x)$.于是,无穷限积分有类似于牛顿-莱布尼兹(Newton-Leibniz)公式的公式:

$$\int_{a}^{+\infty}f(x)\mathrm{d}x=F(x)\Big|_{a}^{+\infty}=F(+\infty)-F(a);$$

$$\int_{-\infty}^{b} f(x)\mathrm{d}x = F(x)\Big|_{-\infty}^{b} = F(b) - F(-\infty);$$

$$\int_{-\infty}^{+\infty} f(x)\mathrm{d}x = F(x)\Big|_{-\infty}^{+\infty} = F(+\infty) - F(-\infty).$$

例如：

$$\int_{0}^{+\infty} \frac{1}{1+x^2}\mathrm{d}x = \arctan x\Big|_{0}^{+\infty} = \frac{\pi}{2},$$

这里 $\arctan x\Big|_{0}^{+\infty} = \lim\limits_{b\to+\infty}\Big[\arctan x\Big]_{0}^{b}$.

例 3 判断无穷限积分 $\int_{0}^{+\infty}\sin x\mathrm{d}x$ 的敛散性.

解 对任意 $b>0$ 有

$$\int_{0}^{+\infty}\sin x\mathrm{d}x = \lim_{b\to+\infty}\int_{0}^{b}\sin x\mathrm{d}x = \lim_{b\to+\infty}\Big[-\cos x\Big]_{0}^{b} = \lim_{b\to+\infty}\big[-\cos b + 1\big].$$

因为 $\lim\limits_{b\to+\infty}\big[-\cos b + 1\big]$ 不存在,所以无穷限积分 $\int_{0}^{+\infty}\sin x\mathrm{d}x$ 发散.

例 4 讨论 $\int_{a}^{+\infty}\frac{1}{x^p}\mathrm{d}x(a>0)$ 的敛散性.

解 当 $p=1$ 时,$\int_{a}^{+\infty}\frac{1}{x}\mathrm{d}x = \lim\limits_{b\to+\infty}\Big[\ln x\Big]_{a}^{b} = \lim\limits_{b\to+\infty}(\ln b - \ln a) = +\infty$;

当 $p\neq 1$ 时,

$$\int_{a}^{+\infty}\frac{1}{x^p}\mathrm{d}x = \lim_{b\to+\infty}\Big[\frac{x^{1-p}}{1-p}\Big]_{a}^{+\infty} = \begin{cases} \dfrac{a^{1-p}}{p-1} & p>1 \\ +\infty & p<1 \end{cases}.$$

所以,当 $p>1$ 时,积分 $\int_{a}^{+\infty}\frac{1}{x^p}\mathrm{d}x$ 收敛;当 $p\leqslant 1$ 时,积分 $\int_{a}^{+\infty}\frac{1}{x^p}\mathrm{d}x$ 发散.

例 5 计算广义积分 $\int_{0}^{+\infty}x\mathrm{e}^{-\alpha x}\mathrm{d}x(\alpha>0$ 是常数$)$.

解
$$\int_{0}^{+\infty}x\mathrm{e}^{-\alpha x}\mathrm{d}x = \Big[\int x\mathrm{e}^{-\alpha x}\mathrm{d}x\Big]_{0}^{+\infty} = \Big[-\frac{1}{\alpha}\int x\mathrm{d}\mathrm{e}^{-\alpha x}\Big]_{0}^{+\infty}$$
$$= \Big[-\frac{x}{\alpha}\mathrm{e}^{-\alpha x} + \frac{1}{\alpha}\int \mathrm{e}^{-\alpha x}\mathrm{d}x\Big]_{0}^{+\infty} = \Big[-\frac{x}{\alpha}\mathrm{e}^{-\alpha x} - \frac{1}{\alpha^2}\mathrm{e}^{-\alpha x}\Big]_{0}^{+\infty}.$$

因为 $\lim\limits_{x\to+\infty}x\mathrm{e}^{-\alpha x} = 0$, $\lim\limits_{x\to+\infty}\mathrm{e}^{-\alpha x} = 0$,所以

$$\int_{0}^{+\infty}x\mathrm{e}^{-\alpha x}\mathrm{d}x = \frac{1}{\alpha^2}.$$

§ 5.4.2 无界函数的广义积分

类似于无穷限的广义积分,我们可以用极限的方法来定义有界区间 $[a,b]$

上无界函数的广义积分.

定义 4 设 $x_0 \in [a,b]$,若对 x_0 的任何充分小的去心邻域 $\overset{\circ}{U}(x_0)$,函数 $f(x)$ 在 $[a,b] \cap \overset{\circ}{U}(x_0)$ 内有定义且无界,则称 x_0 是 $f(x)$ 的**瑕点**.

由定义知,若对任意的 $\varepsilon \in (0, b-a)$,$f(x)$ 在 $(a, a+\varepsilon)$ 内有定义且无界,则点 a 是 $f(x)$ 的瑕点.b 是 $f(x)$ 的瑕点的情形类似.若 c 为内点(指 $c \in (a,b)$)且对任意的 $\varepsilon > 0 (\varepsilon < b-c$ 且 $\varepsilon < c-a)$,$f(x)$ 在 $(c-\varepsilon, c) \cup (c, c+\varepsilon)$ 有定义且无界,则内点 c 为 $f(x)$ 的瑕点.

定义 5 设 $f(x)$ 在 $[a,b)$ 上有定义,b 为 $f(x)$ 的瑕点.若对于任意小的正数 $\varepsilon(\varepsilon < b-a)$,$f(x)$ 在 $[a, b-\varepsilon]$ 上可积,则称符号

$$\int_a^b f(x)\mathrm{d}x \qquad (5.4.4)$$

为**无界函数的广义积分**,简称**瑕积分**.若极限 $\lim\limits_{\varepsilon \to 0^+} \int_a^{b-\varepsilon} f(x)\mathrm{d}x$ 存在,则称瑕积分 $\int_a^b f(x)\mathrm{d}x$ **收敛**,并定义这个极限值为瑕积分的值,即

$$\int_a^b f(x)\mathrm{d}x = \lim_{\varepsilon \to 0^+} \int_a^{b-\varepsilon} f(x)\mathrm{d}x; \qquad (5.4.5)$$

若 $\lim\limits_{\varepsilon \to 0^+} \int_a^{b-\varepsilon} f(x)\mathrm{d}x$ 不存在,则称瑕积分 $\int_a^b f(x)\mathrm{d}x$ **发散**.

类似地,设 $f(x)$ 在 $(a,b]$ 有意义,a 为 $f(x)$ 的瑕点,若对于任意小的正数 $\varepsilon(\varepsilon < b-a)$,$f(x)$ 在 $[a+\varepsilon, b]$ 上可积,则称符号(5.4.4)为**瑕积分**.若极限 $\lim\limits_{\varepsilon \to 0^+} \int_{a+\varepsilon}^b f(x)\mathrm{d}x$ 存在,则称该瑕积分**收敛**,并定义这个极限值为**瑕积分的值**,即

$$\int_a^b f(x)\mathrm{d}x = \lim_{\varepsilon \to 0^+} \int_{a+\varepsilon}^b f(x)\mathrm{d}x; \qquad (5.4.6)$$

若这个极限不存在,则称该瑕积分**发散**.

若内点 $c \in (a,b)$ 为 $f(x)$ 的**瑕点**,那么当 $\int_a^c f(x)\mathrm{d}x$ 和 $\int_c^b f(x)\mathrm{d}x$ 都是瑕积分时,符号(5.4.4)也表示**瑕积分**.那么,当且仅当 $\int_a^c f(x)\mathrm{d}x$ 和 $\int_c^b f(x)\mathrm{d}x$ 都收敛时,称(5.4.4)表示的在 $[a,b]$ 上的瑕积分**收敛**,这时,

$$\int_a^b f(x)\mathrm{d}x = \int_a^c f(x)\mathrm{d}x + \int_c^b f(x)\mathrm{d}x.$$

否则,称该瑕积分**发散**.

当 $f(x)$ 在区间 I 上有 n 个瑕点($n > 1$)时,这里 I 是 $[a,b]$、$(a, +\infty)$、$(-\infty, b]$ 或 $(-\infty, +\infty)$,我们可以把区间 I 分成有限个子区间,使 $f(x)$ 在每个有限子

区间上最多只有一个端点为瑕点,且无限子区间的(有限)端点不是瑕点. 那么,如果 $f(x)$ 在每个子区间上的广义积分都收敛,就称 $f(x)$ 在区间 I 上的广义积分收敛,并把 $f(x)$ 在这些子区间上的广义积分之和定义为 $f(x)$ 在区间 I 上的广义积分.

例 6 求下列瑕积分:

(1) $\displaystyle\int_0^1 \frac{\mathrm{d}x}{\sqrt{1-x^2}}$; (2) $\displaystyle\int_0^1 \ln x\,\mathrm{d}x$.

解 (1) 被积函数 $\dfrac{1}{\sqrt{1-x^2}}$ 在 $[0,1)$ 上连续,$x=1$ 为瑕点. 依定义得

$$\int_0^1 \frac{\mathrm{d}x}{\sqrt{1-x^2}} = \lim_{\varepsilon\to 0^+}\int_0^{1-\varepsilon} \frac{\mathrm{d}x}{\sqrt{1-x^2}} = \lim_{\varepsilon\to 0^+}\arcsin x \Big|_0^{1-\varepsilon}$$

$$= \lim_{\varepsilon\to 0^+}\arcsin(1-\varepsilon) = \frac{\pi}{2}.$$

(2) 被积函数 $\ln x$ 在 $(0,1]$ 上连续,$x=0$ 为瑕点. 依定义得

$$\int_0^1 \ln x\,\mathrm{d}x = \lim_{\varepsilon\to 0^+}\int_\varepsilon^1 \ln x\,\mathrm{d}x = \lim_{\varepsilon\to 0^+}\big[x\ln x - x\big]_\varepsilon^1$$

$$= \lim_{\varepsilon\to 0^+}\big[-1 - \varepsilon\ln\varepsilon + \varepsilon\big] = -1.$$

注意 由洛必达法则,$\displaystyle\lim_{\varepsilon\to 0^+}\varepsilon\ln\varepsilon = \lim_{\varepsilon\to 0^+}\frac{\ln\varepsilon}{\dfrac{1}{\varepsilon}} = \lim_{\varepsilon\to 0^+}\frac{\dfrac{1}{\varepsilon}}{-\dfrac{1}{\varepsilon^2}} = \lim_{\varepsilon\to 0^+}(-\varepsilon) = 0.$

例 7 讨论瑕积分 $\displaystyle\int_0^1 \frac{1}{x^p}\mathrm{d}x$ 的敛散性,其中常数 $p > 0$.

解 被积函数 $\dfrac{1}{x^p}$ 在 $(0,1]$ 上连续,$x=0$ 为瑕点. 由于

$$\int_\varepsilon^1 \frac{1}{x^p}\mathrm{d}x = \begin{cases} \dfrac{1}{1-p} - \dfrac{\varepsilon^{1-p}}{1-p} & p \neq 1, \\[2mm] -\ln\varepsilon & p = 1 \end{cases}$$

故当 $0 < p < 1$ 时,瑕积分 $\displaystyle\int_0^1 \frac{1}{x^p}\mathrm{d}x$ 的收敛,且

$$\int_0^1 \frac{1}{x^p}\mathrm{d}x = \lim_{\varepsilon\to 0^+}\int_\varepsilon^1 \frac{1}{x^p}\mathrm{d}x = \lim_{\varepsilon\to 0^+}\left(\frac{1}{1-p} - \frac{\varepsilon^{1-p}}{1-p}\right) = \frac{1}{1-p};$$

当 $p \geqslant 1$ 时,因为当 $\varepsilon \to 0$ 时,$\displaystyle\int_\varepsilon^1 \frac{1}{x^p}\mathrm{d}x$ 的极限不存在,所以瑕积分 $\displaystyle\int_0^1 \frac{1}{x^p}\mathrm{d}x$ 发散.

例 8 判别 $\displaystyle\int_{-1}^1 \frac{1}{x^2}\mathrm{d}x$ 的敛散性.

解　$[-1,1]$ 的内点 $x=0$ 是被积函数 $\dfrac{1}{x^2}$ 的瑕点，由例 7 知 $\displaystyle\int_0^1 \dfrac{1}{x^2}\mathrm{d}x$ 发散（这时 $p=2>1$），因此，瑕积分 $\displaystyle\int_{-1}^1 \dfrac{1}{x^2}\mathrm{d}x$ 也是发散的.

注意　如果疏忽了 $x=0$ 是被积函数的瑕点，就会得到以下错误结论：

$$\int_{-1}^1 \frac{1}{x^2}\mathrm{d}x = \left[-\frac{1}{x}\right]_{-1}^1 = -1-1 = -2.$$

例 9　讨论瑕积分 $\displaystyle\int_0^{+\infty} \dfrac{\mathrm{d}x}{\sqrt{x(x+1)^3}}$ 的敛散性，若收敛则求其值.

分析　被积函数 $\dfrac{1}{\sqrt{x(x+1)^3}}$ 在 $(0,+\infty)$ 内连续，$x=0$ 是它的瑕点，积分下限为 0，上限为 $+\infty$. 因此这既是无穷限积分又是瑕积分. 一般说来，像这类积分应在一个有限区间与一个无限区间分别处理，如在 $[0,1]$ 上处理瑕积分而在 $[1,+\infty)$ 上处理无穷限积分. 如两者皆收敛，则原积分收敛，且积分值为两子区间上的广义积分之和. 否则，原积分发散. 但是，若被积函数在积分区间不变号，则可以同时考虑两个极限过程. 如本题被积函数 $\dfrac{1}{\sqrt{x(x+1)^3}}$ 在 $(0,+\infty)$ 内非负，就可这样做，即

$$\int_0^{+\infty} \frac{\mathrm{d}x}{\sqrt{x(x+1)^3}} = \lim_{\varepsilon\to 0^+,\, b\to+\infty} \int_\varepsilon^b \frac{\mathrm{d}x}{\sqrt{x(x+1)^3}}.$$

进一步，可以不必写出极限过程. 而且，当存在可导且单调的变换函数 $x=\varphi(t)$ 时，也可以像定积分那样做变量替换.

解　令 $x=\dfrac{1}{t}$，则 $\mathrm{d}x=-\dfrac{1}{t^2}\mathrm{d}t$，当 $x\to 0^+$ 时 $t\to+\infty$，当 $x\to+\infty$ 时 $t\to 0^+$. 于是

$$\int_0^{+\infty} \frac{\mathrm{d}x}{\sqrt{x(x+1)^3}} = \int_{+\infty}^0 \frac{-\dfrac{1}{t^2}\mathrm{d}t}{\sqrt{\dfrac{1}{t}\left(\dfrac{1}{t}+1\right)^3}} = \int_0^{+\infty} \frac{\mathrm{d}t}{(1+t)^{\frac{3}{2}}}$$

$$= -2\cdot\frac{1}{(1+t)^{\frac{1}{2}}}\bigg|_0^{+\infty} = 2.$$

上例经变换后，无界函数成了有界函数，瑕点变成无穷远点，原来兼有两种广义积分，变换后只剩下一种，即无穷限积分. 一般地，$[a,b]$ 上无界函数的广义积分可以转化成无穷区间上的广义积分. 例如，对于以 b 为瑕点的瑕积分 $\displaystyle\int_a^b f(x)\mathrm{d}x$，只要做变换 $b-x=\dfrac{1}{y}$，就有

$$\int_a^b f(x)\,\mathrm{d}x = \int_{\frac{1}{b-a}}^{+\infty} f\left(b-\frac{1}{y}\right)\frac{1}{y^2}\,\mathrm{d}y,$$

即转化为无穷区间上的广义积分了. 反之, 利用上述变换的逆, 也可把无穷区间 $\left[\dfrac{1}{b-a}, +\infty\right)$ 上的广义积分转化为 $[a,b]$ 上的积分 (瑕积分或定积分, 见习题 5.4(B) 第 5 题).

习题 5.4(A)

1. 判别下列广义积分的敛散性, 如果收敛, 计算它的值:

(1) $\displaystyle\int_1^{+\infty} \frac{\mathrm{d}x}{x^3}$;

(2) $\displaystyle\int_0^{+\infty} \mathrm{e}^{-\alpha x}\,\mathrm{d}x \quad (\alpha > 0)$;

(3) $\displaystyle\int_0^{+\infty} x\cos x\,\mathrm{d}x$;

(4) $\displaystyle\int_0^{+\infty} \mathrm{e}^{-\sqrt{x}}\,\mathrm{d}x$;

(5) $\displaystyle\int_{-\infty}^{+\infty} \frac{\mathrm{d}x}{x^2+2x+5}$;

(6) $\displaystyle\int_0^a \frac{\mathrm{d}x}{\sqrt{a^2-x^2}} \quad (a > 0)$;

(7) $\displaystyle\int_0^2 \frac{x\,\mathrm{d}x}{\sqrt{4-x^2}}$;

(8) $\displaystyle\int_0^2 \frac{\mathrm{d}x}{(1-x)^2}$;

(9) $\displaystyle\int_1^2 \frac{x\,\mathrm{d}x}{\sqrt{x-1}}$;

(10) $\displaystyle\int_1^{\mathrm{e}} \frac{\mathrm{d}x}{x\,\sqrt{1-(\ln x)^2}}$.

2. 证明: 广义积分 $\displaystyle\int_a^b \frac{\mathrm{d}x}{(b-x)^\lambda}$ 当 $\lambda < 1$ 时收敛, 当 $\lambda \geqslant 1$ 时发散.

3. 广义积分 $\displaystyle\int_2^{+\infty} \frac{\mathrm{d}x}{x(\ln x)^\alpha}$ 当 α 取何值时收敛, 当 α 取何值时发散? 并求收敛时的值.

习题 5.4(B)

1. 判断下列广义积分的敛散性, 如果收敛, 计算它的值:

(1) $\displaystyle\int_{-\infty}^{+\infty} (x^2+x+1)\mathrm{e}^{-x^2}\,\mathrm{d}x$ (假定已知 $\displaystyle\int_{-\infty}^{+\infty} \mathrm{e}^{-x^2}\,\mathrm{d}x = \sqrt{\pi}$);

(2) $\displaystyle\int_{-\infty}^{+\infty} (|x|+x)\mathrm{e}^{-x}\,\mathrm{d}x$;

(3) $\displaystyle\int_0^1 \frac{1}{(2-x)\,\sqrt{1-x}}\,\mathrm{d}x$;

(4) $\displaystyle\int_{\frac{\pi}{2}}^{\frac{3\pi}{2}} \frac{\sin x}{\sqrt{1-\cos 2x}}\,\mathrm{d}x$.

2. 利用递推公式计算广义积分 $I_n = \displaystyle\int_0^{+\infty} x^n \mathrm{e}^{-x}\,\mathrm{d}x$.

3. 已知 $\displaystyle\int_0^{+\infty} \frac{\sin x}{x}\,\mathrm{d}x = \frac{\pi}{2}$. 试证:

(1) $\displaystyle\int_0^{+\infty} \frac{\sin x \cos x}{x}\mathrm{d}x = \frac{\pi}{4}$;　　　(2) $\displaystyle\int_0^{+\infty} \frac{\sin^2 x}{x^2}\mathrm{d}x = \frac{\pi}{2}$.

4. 求 c 的值,使得 $\displaystyle\lim_{x \to +\infty}\left(\frac{x+c}{x-c}\right)^x = \int_{-\infty}^c x\mathrm{e}^{2x}\mathrm{d}x$.

5. 把下列无穷限积分转化为有限区间上的积分:

(1) $\displaystyle\int_1^{+\infty} \frac{1}{x^2}\mathrm{d}x$;　　　(2) $\displaystyle\int_{-\infty}^{-1} \frac{1}{x}\mathrm{d}x$.

§5.5　定积分在几何上的应用

在上面学习定积分的概念、性质与计算方法的基础上,我们来讨论定积分的应用. 读者将看到,定积分在生产、生活和科学技术等领域中有着广泛的应用,许多实际问题都可归结为定积分问题来解决.

§5.5.1　定积分的微元法

§5.1 中介绍的由实际问题提炼出定积分的过程虽然在理论上是重要的、完整的,但在解决实际问题时却不够方便. 现在,我们已经学过定积分的性质,可以对提炼出定积分的过程做进一步的认识,并根据新的认识提出更实用的办法.

先回顾一下 §5.1 中讨论过的关于曲边梯形的面积问题.

设 $y = f(x)$ 在区间 $[a,b]$ 上连续且 $f(x) \geqslant 0$,求以曲线 $y = f(x)$ 为曲边, $[a,b]$ 为底边的曲边梯形的面积 A.

当时,我们通过"分割‑近似代替‑求和‑取极限"等四个步骤,得到求面积 A 的积分表达式:

$$A = \lim_{\lambda \to 0}\sum_{i=1}^n f(\xi_i)\Delta x_i = \int_a^b f(x)\mathrm{d}x.$$

作进一步的分析发现,上述四个步骤其实体现了两个过程:

过程 1—— 无限细分过程. 它包括"分割"、"近似代替"、"取极限"三个步骤. 首先把 $[a,b]$ 分割为 n 个子区间,然后在各子区间做近似代替,前者是手段,后者是目的,所以这两个步骤可称为是"有限细分"阶段.

在这阶段,我们得到了

$$\Delta A_i \approx f(\xi_i)\Delta x_i, i = 1, 2, \cdots, n. \tag{5.5.1}$$

进一步(下面为了记号简单,省去下标 i),用 ΔA 表示任意子区间 $[x, x + \Delta x]$ 上曲边梯形的面积(可理解为 $[a, x + \Delta x]$ 上的与 $[a,x]$ 上的曲边梯形的面积之差,故又称为面积的**差分**),并取区间的端点 x 为 ξ,由(5.5.1)得到

$$\Delta A \approx f(x)\Delta x. \tag{5.5.2}$$

注意到,当 $\lambda \to 0$ 时,上段考虑的所有子区间的长度趋于 0,所以前两个步骤加上取极限这个步骤的整个过程可称为**无限细分过程**.

由于考虑了取极限的过程,Δx 可看成微分 $\mathrm{d}x$,面积的差分 ΔA 变成了面积的微分 $\mathrm{d}A$,上面近似公式(5.5.2)就变成如下微分式:

$$\mathrm{d}A = f(x)\mathrm{d}x. \tag{5.5.3}$$

面积的微分 $\mathrm{d}A$ 也称为**面积元素**或**微元**.

回忆我们已经学过的积分上限函数和牛顿 - 莱布尼兹公式,就不难验证(5.5.3)的正确性了.实际上,由于 $f(x)$ 连续,若用 $A(x)$ 表示 $[a,x]$ 上的曲边梯形的面积,那么,根据定积分的几何意义知

$$A(x) = \int_a^x f(t)\mathrm{d}t.$$

对 $A(x)$ 求导,就得到

$$\frac{\mathrm{d}}{\mathrm{d}x}A(x) = f(x).$$

把它改写成微分式就得到(5.5.3).

过程 2— 无限求和过程.它包括"求和"、"取极限"两步骤.这时先求有限和,再求极限得到无限和.前者是手段,后者是目的,即最终实现无限求和的目标,故过程 2 称为**无限求和过程**.在这过程中得到

$$A = \lim_{\lambda \to 0} \sum_{i=1}^n f(\xi_i)\Delta x_i = \int_a^b f(x)\mathrm{d}x.$$

结合(5.5.3)就得到

$$A = \int_a^b f(x)\mathrm{d}x = \int_a^b \mathrm{d}A(x). \tag{5.5.4}$$

上述的分析具有一般性,在理论上它指出了:定积分本质上体现了无限细分过程和无限求和过程的有机结合;在实际应用中,它给出了一种用定积分来解实际问题的重要的方法 —— 微元法:若要求量 A,可以先求出量 A 的元素(微元 \ 微分)表达式(5.5.3),然后把 $f(x)\mathrm{d}x$ 积分,就可由(5.5.4)求得量 A.微元法具体表述如下:

1. 采用微元法的条件

若某一实际问题中所求的量 F 满足下面条件,那么就可采用微元法来求得它的定积分表达式.

(1)量 F 是一个与变量 x 的变化区间 $[a,b]$ 有关的量;

(2)量 F 对于区间 $[a,b]$ 具有可加性,也就是,如果把区间 $[a,b]$ 分成 n 个子区间 $[x_{i-1},x_i](i=1,2,\cdots,n.)$,则量 F 相应地分成 n 个部分量 $\Delta F_i(i=1,2,\cdots,n)$,且量 F 等于所有部分量 ΔF_i 之和;

(3) 对于每个部分量 ΔF_i 可以找到适当的近似表达式 $\Delta F_i \approx f(\xi_i)\Delta x_i$,且 $\lim\limits_{\lambda \to 0}\sum\limits_{i=1}^{n} f(\xi_i)\Delta x_i$ 存在,其中 ξ_i 是 $[x_{i-1},x_i]$ 上的任意一点,$\Delta x_i = x_i - x_{i-1}(i=1,$ $2,\cdots,n)$,$\lambda = \max\{\Delta x_i\}$.

2. 采用微元法写出所求量 F 的积分表达式的步骤

(1) 根据实际问题的具体情况,选择一个变量 x 为积分变量,并确定它的变化区间 $[a,b]$;

(2) 在区间 $[a,b]$ 上任意选取一个长度充分小的子区间并记之为 $[x,x+\mathrm{d}x]$,求出该小区间相应的部分量 ΔF 的近似值.如果 ΔF 能近似地表示为 $[a,b]$ 上的一个连续函数 f 在 x 处的函数值 $f(x)$ 与 $\mathrm{d}x$ 的乘积,就把 $f(x)\mathrm{d}x$ 称为量 F 的**微元(元素)**,且记为 $\mathrm{d}F$,即

$$\mathrm{d}F = f(x)\mathrm{d}x;$$

(3) 以所求量 F 的元素 $f(x)\mathrm{d}x$ 为被积表达式,在区间 $[a,b]$ 上作定积分,得

$$F = \int_a^b f(x)\mathrm{d}x.$$

这就是所求量 F 的积分表达式.

必须指出:微元法的关键是第二步,找出所求量 F 在微小区间 $[x,x+\mathrm{d}x]$ 上的部分量 ΔF 的近似值 —— F 的微元 $\mathrm{d}F = f(x)\mathrm{d}x$,它就是 F 的微分,它与 ΔF 之差是比 Δx 高阶的无穷小量.

本节将应用这种思想方法,讨论一些常见的几何问题;下一节还将给出物理和经济中的一些应用例子,读者将从中进一步理解到"微元法"的技巧.

§ 5.5.2 平面图形的面积

1.直角坐标系的情形

设函数 $f(x),g(x)$ 在区间 $[a,b]$ 上连续且 $f(x)$ $\leqslant g(x)$,求由曲线 $y = f(x),y = g(x)$ 及直线 $x = a,x = b$ 所围成的平面图形(如图 5-5-1 所示)的面积 A.

采用微元法,在 $[a,b]$ 上任取微小区间 $[x,x+\mathrm{d}x]$,那么图形在该小区间上的那部分面积 ΔA 近似等于以 $\mathrm{d}x$ 为底、以 $g(x) - f(x)$ 为高的小矩形的面积,即面积微元为

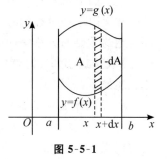

图 5-5-1

$$\mathrm{d}A = [g(x) - f(x)]\mathrm{d}x.$$

于是,所求的图形面积为

$$A = \int_a^b [g(x) - f(x)]\mathrm{d}x. \tag{5.5.5}$$

类似地,若函数 $\varphi(y),\psi(y)$ 在区间 $[c,d]$ 上连续且 $\varphi(y) \leqslant \psi(y)$,那么由曲线 $x = \varphi(y), x = \psi(y)$ 及直线 $y = c, y = d$ 所围成的平面图形(如图 5-5-2 所示)的面积 A 可由如下公式求得:

$$A = \int_c^d [\psi(y) - \varphi(y)]\mathrm{d}y. \tag{5.5.6}$$

注意 (Ⅰ)不论曲线 $y = f(x), y = g(x)$ 在 x 轴的上方、下方或其他位置,只要满足 $f(x) \leqslant g(x)$,公式(5.5.5)都成立.同样,不论 $x = \varphi(y), x = \psi(y)$ 在 y 轴的左方、右方或其他位置什么位置,只要在 $[c,d]$ 上有 $\varphi(y) \leqslant \psi(y)$,则(5.5.6)都成立.

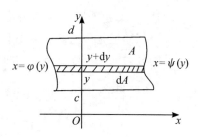

图 5-5-2

(Ⅱ)具体应用公式(5.5.5)时,若图形的上边界曲线 $y = f(x)$ 或下边界曲线 $y = g(x)$ 没有统一的表达式而需要分段表示时,则应把积分区间 $[a,b]$ 分成若干个子区间,使得在每个子区间上图形的上、下边界都有统一的表达式,然后分别在各区间积分,最后把各个积分值相加(见例2后面的注).应用公式(5.5.6)时,对图形的左右边界 $x = \varphi(y), x = \psi(y)$ 的情形也有类似的说明.因此计算时,要适当选取积分变量,尽量减少分区间积分的个数(见例2).

例 1 求正弦曲线 $y = \sin x$ 在区间 $[0,2\pi]$ 上的部分与 x 轴所围平面图形(如图 5-5-3 所示)的面积.

分析 虽然可应用公式(5.5.5)来计算所求的面积,但上边界曲线 $y = f(x)$ 与下边界曲线 $y = g(x)$ 都没有统一的表达

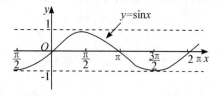

图 5-5-3

式,需要在区间 $[0,\pi]$ 和 $[\pi,2\pi]$ 上分别积分,再把它们的值相加.

解 由公式(5.5.5)得

$$A = A_1 + A_2 = \int_0^\pi [\sin x - 0]\mathrm{d}x + \int_\pi^{2\pi} [0 - \sin x]\mathrm{d}x$$

$$= \big[-\cos x\big]_0^\pi + \big[\cos x\big]_\pi^{2\pi} = 4.$$

例 2 计算由抛物线 $y^2 = 2x$ 与直线 $y = x - 4$ 所围成的平面图形的面积.

解 先解方程组

$$\begin{cases} y^2 = 2x \\ y = x - 4 \end{cases},$$

求出抛物线与直线的交点为 $A(2,-2),B(8,4)$（如图 5-5-4 所示）. 取 y 为积分变量, 抛物线与直线方程分别改写为 $x = \dfrac{1}{2}y^2$ 与直线 $x = y+4$, 其变化区间是 $[-2,4]$, 由公式 $(5.5.6)$ 知, 所求面积为

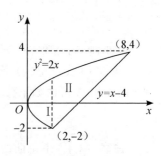

图 5-5-4

$$\int_{-2}^{4}\left[(y+4)-\frac{1}{2}y^2\right]\mathrm{d}y = \left[\frac{1}{2}y^2+4y-\frac{1}{6}y^3\right]_{-2}^{4} = 18.$$

注　本题若取 x 为积分变量, 虽然可以应用公式 $(5.5.5)$, 但是下边界需要分段表示, 因此必须把积分区间分为 $[0,2]$ 与 $[2,8]$, 在两区间上分别积分再求和, 即

$$A = A_1 + A_2 = \int_0^2\left[\sqrt{2x}-(-\sqrt{2x})\right]\mathrm{d}x + \int_2^8\left[\sqrt{2x}-(x-4)\right]\mathrm{d}x$$

$$= \left[\frac{2}{3}(2x)^{\frac{3}{2}}\right]_0^2 + \left[\frac{1}{3}(2x)^{\frac{3}{2}}-\frac{1}{2}x^2+4x\right]_2^8$$

$$= 18.$$

例 3　设抛物线 $y = bx - x^2$　$(b>0)$ 与 x 轴所围成的平面图形被抛物线 $y = ax^2$　$(a>0)$ 分成面积相等的两部分（如图 5-5-5 所示）, 求证 a 是与 b 无关的常数.

证明　设 S_1 为两抛物线所围成的平面图形的面积, 解方程组

$$\begin{cases} y = bx - x^2, \\ y = ax^2 \end{cases}$$

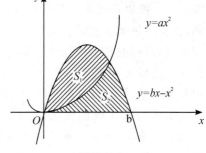

图 5-5-5

求出两抛物线交点的横坐标为

$$x_1 = 0, x_2 = \frac{b}{1+a}.$$

由公式 $(5.5.5)$ 得

$$S_1 = \int_0^{\frac{b}{1+a}}\left[(bx-x^2)-ax^2\right]\mathrm{d}x$$

$$= \left[\frac{b}{2}x^2-\frac{1+a}{3}x^3\right]_0^{\frac{b}{(1+a)}} = \frac{b^3}{6(1+a)^2}.$$

设 S 为抛物线 $y = bx - x^2$ 与 x 轴所围成的平面图形（即以该抛物线为曲边的曲边梯形）的面积, 由于 $y = bx - x^2$ 与 x 轴的两个交点为 $(0,0)$、$(0,b)$, 故

$$S = \int_0^b(bx-x^2)\mathrm{d}x = \left[\frac{b}{2}x^2-\frac{1}{3}x^3\right]_0^b = \frac{b^3}{6}.$$

由题设知 $S_1 = \dfrac{1}{2}S$,从而

$$\frac{b^3}{6(1+a)^2} = \frac{1}{2} \cdot \frac{b^3}{6},$$

从中解得 $a = \sqrt{2} - 1$,即 a 是与 b 无关的常数.

例 4 求椭圆 $\begin{cases} x = a\cos t \\ y = b\sin t \end{cases}$ $(a > 0, b > 0)$ 所围成的图形的面积 A.

解 因为椭圆图形对称于 x 轴和 y 轴(如图 5-5-6 所示),所以椭圆面的面积 A 为其在第一象限部分图形面积的四倍,又当 t 由 $\dfrac{\pi}{2}$ 变到 0 时,x 由 0 递增到 a,于是

$$A = 4\int_0^a |y| \,\mathrm{d}x = 4\int_{\frac{\pi}{2}}^0 |b\sin t|\,(a\cos t)' \mathrm{d}t$$

$$= 4ab\int_0^{\frac{\pi}{2}} \sin^2 t \,\mathrm{d}t = 4ab\left[\frac{1}{2}t - \frac{1}{4}\sin 2t\right]_0^{\frac{\pi}{2}}$$

$$= 4ab \cdot \frac{1}{2} \cdot \frac{\pi}{2} = \pi ab.$$

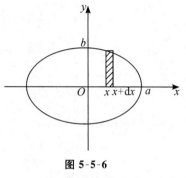

图 5-5-6

当 $a = b$ 时,就得到我们熟知的半径为 a 的圆的面积公式 $A = \pi a^2$.

2. 极坐标系的情形

对于一些平面图形,用极坐标来计算它们的面积比较方便.

设有由曲线 $r = r(\theta)$ 与矢径 $\theta = \alpha$ 及 $\theta = \beta$ 所围成的图形(简称为曲边扇形),现在计算它的面积(图 5-5-7),这里 $r(\theta)$ 在区间 $[\alpha, \beta]$ 上连续,且 $r(\theta) \geqslant 0$. 我们取 θ 为积分变量,其变化区间是 $[\alpha, \beta]$. 在 $[\alpha, \beta]$ 的任一小区间 $[\theta, \theta + \mathrm{d}\theta]$ 上,我们用半径为 $r = r(\theta)$、中心角为 $\mathrm{d}\theta$ 的圆扇形 OAB 去近似代替相应的窄曲边扇形 OAC,从而得到

$$\Delta A \approx \frac{1}{2}r^2(\theta)\mathrm{d}\theta,$$

即曲边扇形的面积元素为 $\mathrm{d}A = \dfrac{1}{2}r^2(\theta)\mathrm{d}\theta$,于是,所求曲边扇形的面积为

$$A = \int_\alpha^\beta \frac{1}{2}r^2(\theta)\mathrm{d}\theta. \tag{5.5.7}$$

例 5 计算心形线 $r = a(1 + \cos\theta)$ $(a > 0)$ 所围成的平面图形的面积(图 5-5-8).

解 由于图形关于极轴对称，故我们只需计算位于极轴上方的图形之面积 A. 此时，θ 的变化区间是 $[0,\pi]$，于是按照 (5.5.7) 式，

$$
\begin{aligned}
A &= \int_0^\pi \frac{1}{2}[a(1+\cos\theta)]^2 \mathrm{d}\theta \\
&= \frac{1}{2}a^2\int_0^\pi (1+2\cos\theta+\cos^2\theta)\mathrm{d}\theta \\
&= \frac{1}{2}a^2\int_0^\pi \left(\frac{3}{2}+2\cos\theta+\frac{1}{2}\cos2\theta\right)\mathrm{d}\theta \\
&= \frac{1}{2}a^2\left[\frac{3}{2}\theta+2\sin\theta+\frac{1}{4}\sin2\theta\right]_0^\pi \\
&= \frac{3}{4}\pi a^2,
\end{aligned}
$$

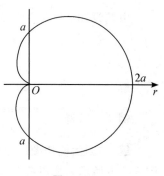

图 5-5-8

从而，所求面积等于 $\frac{3}{2}\pi a^2$.

§5.5.2 立体的体积

1. 旋转体的体积

由一个平面图形绕该平面内的一条定直线旋转一周而成的立体称为 **旋转体**，这条直线叫做 **旋转轴**.

下面我们考虑由曲线 $y=f(x)$ 与直线 $x=a$、$x=b$ 以及 x 轴所围成的曲边梯形绕 x 轴旋转而形成的旋转体体积的计算问题（如图 5-5-9 所示）.

取 x 作为积分变量，它的变化区间是 $[a,b]$. 在 $[a,b]$ 上任取一小区间 $[x,x+\mathrm{d}x]$，我们用底半径为 $f(x)$、高为 $\mathrm{d}x$ 的圆柱体去代替 $[x,x+\mathrm{d}x]$ 上以 $y=f(x)$ 为曲边的曲边梯形绕 x 轴旋转而形成的旋转体 ΔV，于是有

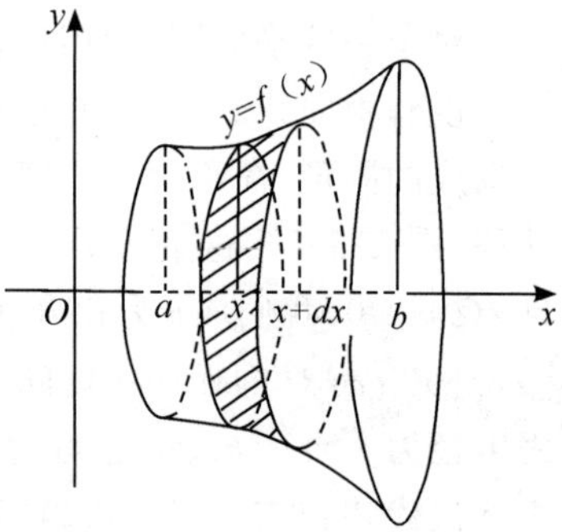

$$\Delta V \approx \pi[f(x)]^2\mathrm{d}x,$$

图 5-5-9

即体积元素为 $\mathrm{d}V=\pi[f(x)]^2\mathrm{d}x$，从而所求体积为

$$V = \int_a^b \pi f^2(x)\mathrm{d}x = \pi\int_a^b f^2(x)\mathrm{d}x. \tag{5.5.8}$$

类似地，由曲线 $x=\varphi(y)$ 与直线 $y=c$、$y=d$ 及 y 轴所围成的曲边梯形绕 y 轴旋转而形成的旋转体（如图 5-5-10）的体积由下述公式给出：

$$V = \pi \int_c^d \varphi^2(y) \, \mathrm{d}y. \qquad (5.5.9)$$

例 6　计算由椭圆$\dfrac{x^2}{a^2} + \dfrac{y^2}{b^2} = 1$分别绕$x$轴

及y轴所形成的旋转体的体积.

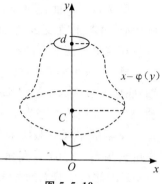

图 5-5-10

解　用V_x和V_y分别表示绕x轴、y轴旋转所

形成的立体之体积. 用$y = f(x)$表示上半椭圆曲

线，那么$f^2(x) = b^2\left(1 - \dfrac{x^2}{a^2}\right) = \dfrac{b^2}{a^2}(a^2 - x^2)$. 由

(5.5.8) 得

$$V_x = \pi \int_{-a}^a \frac{b^2}{a^2}(a^2 - x^2) \, \mathrm{d}x = \pi \frac{b^2}{a^2}\left[a^2 x - \frac{1}{3}x^3\right]_{-a}^a = \frac{4}{3}\pi ab^2.$$

同理可得$V_y = \dfrac{4}{3}\pi a^2 b$.

由上面的结果可以推知半径为a的球体的体积V，这时$b = a$，所以

$$V = \frac{4}{3}\pi a^3.$$

2. 平行截面面积为已知的立体体积

对求旋转体体积的定积分(5.5.8)

进行分析发现，其中的体积微元 $\mathrm{d}V = \pi[f(x)]^2 \mathrm{d}x$ 其实可以改写为 $\mathrm{d}V = S(x)\mathrm{d}x$，这里 $S(x) = \pi[f(x)]^2$ 是过 x 轴上的点 x 且垂直于 x 轴的平面与旋转体的交集（即截面）的面积. 不难看出，对于非旋转体，如果 $S(x)$ 可以求得，就可以采用同样办法，用定积分来求体积.

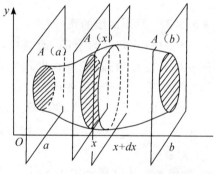

图 5-5-11

设一立体如图 5-5-11 所示，取定轴为 x 轴，以 $A(x)$ 代表该立体被过点 x 且垂直于 x 轴的平面所截的截面面积，在$[a, b]$上任取一小区间$[x, x + \mathrm{d}x]$，我们可以用底面积为 $A(x)$、高为 $\mathrm{d}x$ 的扁柱体的体积来近似代替相应的薄片的体积，得

$$\Delta V \approx A(x)\mathrm{d}x,$$

即体积元素为

$$\mathrm{d}V = A(x)\mathrm{d}x.$$

于是便得到

$$V = \int_a^b A(x) \, \mathrm{d}x. \qquad (5.5.10)$$

例 7　一平面经过半径为 r 的圆柱体的底圆中心,并与底面交成角 α(图 5-5-12),计算圆柱体在这个平面下方的那一部分的体积.

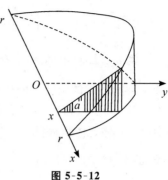

图 5-5-12

解　取平面与圆柱体的底面之交线为 x 轴,底面上过圆的中心且垂直于 x 轴的直线为 y 轴.那么,底圆的方程为 $x^2 + y^2 = r^2$.这时,用垂直于 x 轴的平面去截所求立体得到的截面都是直角三角形,它的两直角边的长分别是 y 与 $y\tan\alpha$,因此这个截面的面积为

$$A(x) = \frac{1}{2}y \cdot y\tan\alpha = \frac{1}{2}(r^2 - x^2)\tan\alpha.$$

于是,由(5.5.10)得到所求立体的体积为

$$V = \int_{-r}^{r} A(x)\mathrm{d}x = \frac{1}{2}\tan\alpha\int_{-r}^{r}(r^2 - x^2)\mathrm{d}x$$

$$= \frac{1}{2}\tan\alpha\left[r^2 x - \frac{1}{3}x^3\right]_{-r}^{r} = \frac{2}{3}r^3\tan\alpha.$$

§5.5.3　平面曲线的弧长

作为圆弧概念的推广,曲线段,即曲线的一部分也称为**弧**,它的长度称为**弧长**.表示曲线弧的记号与圆弧相同.

设有曲线 $y = f(x)$,要计算这条曲线位于 $x = a$ 及 $x = b$ 之间的那一段的弧长,即 $\widehat{AB}$ 的长度(图 5-5-13).

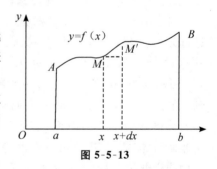

图 5-5-13

在 $[a,b]$ 上任取一个小区间 $[x, x+\mathrm{d}x]$,我们设法寻求位于该小区间上方的那一段弧,即 $\widehat{MM'}$ 的长度的近似表达式,由图 5-5-13 可知,$\widehat{MM'}$ 的长近似等于弦 $\overline{MM'}$ 的长,故得到 $\widehat{MM'}$ 的长度的近似表达式

$$\Delta s \approx \sqrt{(\mathrm{d}x)^2 + (\mathrm{d}y)^2} = \sqrt{1 + (y')^2}\,\mathrm{d}x,$$

即弧长元素为

$$\mathrm{d}s = \sqrt{(\mathrm{d}x)^2 + (\mathrm{d}y)^2} = \sqrt{1 + (y')^2}\,\mathrm{d}x. \tag{5.5.11}$$

从而所求曲线(段)的弧长是

$$s = \int_{a}^{b} \sqrt{1 + (y')^2}\,\mathrm{d}x. \tag{5.5.12}$$

如果曲线方程为参数形式 $x = \varphi(t), y = \psi(t)\,(t_1 \leqslant t \leqslant t_2)$,那么由(5.5.11)

式知,弧长元素为

$$\mathrm{d}s = \sqrt{[\varphi'(t)]^2 + [\psi'(t)]^2}\,\mathrm{d}t,$$

从而所求曲线(段)的弧长是

$$s = \int_{t_1}^{t_2} \sqrt{[\varphi'(t)]^2 + [\psi'(t)]^2}\,\mathrm{d}t. \tag{5.5.13}$$

如果曲线方程由极坐标形式 $r = r(\theta)(\alpha \leqslant \theta \leqslant \beta)$ 给出,且 $r'(\theta)$ 在 $[\alpha, \beta]$ 上连续,将 θ 视为参数,由极坐标与直角坐标的关系可得曲线的参数方程为

$$\begin{cases} x = r(\theta)\cos\theta \\ y = r(\theta)\sin\theta \end{cases} (\alpha \leqslant \theta \leqslant \beta),$$

从而

$$x'(\theta) = r'(\theta)\cos\theta - r(\theta)\sin\theta,$$
$$y'(\theta) = r'(\theta)\sin\theta + r(\theta)\cos\theta.$$

于是,由(5.5.13)得

$$s = \int_\alpha^\beta \sqrt{[r'(\theta)]^2 + r^2(\theta)}\,\mathrm{d}\theta. \tag{5.5.14}$$

例 8　计算摆线

$$\begin{cases} x = a(t - \sin t) \\ y = a(1 - \cos t) \end{cases}$$

的一个拱$(0 \leqslant t \leqslant 2\pi)$ 的弧长(图 5-5-14).

解　由于 $x'(t) = a(1 - \cos t), y'(t) = a\sin t$,因此

$$\begin{aligned}
\mathrm{d}s &= \sqrt{[x'(t)]^2 + [y'(t)]^2}\,\mathrm{d}t \\
&= a\sqrt{2(1 - \cos t)}\,\mathrm{d}t \\
&= 2a\left|\sin\frac{t}{2}\right|\mathrm{d}t.
\end{aligned}$$

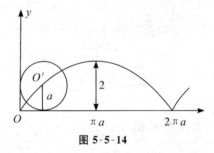

图 5-5-14

第一拱相应于参数从 0 变化到 2π,由(5.5.13)得

$$s = \int_0^{2\pi} 2a\sin\frac{t}{2}\,\mathrm{d}t = 2a\left[-2\cos\frac{t}{2}\right]_0^{2\pi} = 8a.$$

例 9　计算心形线 $r = a(1 + \cos\theta), (a > 0)$ 的周长(见例 5 的图 5-5-8).

解　由于心形线对称于极轴,故所求的周长等于位于极轴上方的部分$(0 \leqslant \theta \leqslant \pi)$ 的弧长的 2 倍.因而由(5.5.14)得到心形线的周长

$$s = 2\int_0^\pi \sqrt{(r')^2 + r^2}\,\mathrm{d}\theta = 2\int_0^\pi \sqrt{(-a\sin\theta)^2 + [a(1 + \cos\theta)]^2}\,\mathrm{d}\theta$$

$$= 2\int_0^\pi a\sqrt{2(1 + \cos\theta)}\,\mathrm{d}\theta$$

$$= 2\int_0^\pi 2a\cos\frac{\theta}{2}\mathrm{d}\theta = 4a \cdot 2\sin\frac{\theta}{2}\,|_0^\pi = 8a.$$

习题 5.5(A)

1.求下列曲线所围成的图形的面积：

(1) 抛物线 $y = \dfrac{1}{2}x^2$ 分割圆 $x^2 + y^2 \leqslant 8$ 成的两部分；

(2) $y = \mathrm{e}^x , y = \mathrm{e}^{-x}$ 以及 $x = 1$；

(3) $y = x , y = x + \sin^2 x$ $\quad(0 \leqslant x \leqslant \pi)$；

(4) 三叶线 $r = a\sin 3\theta$ $\quad(0 \leqslant \theta \leqslant \pi)$；

(5) $r = 1$ 被 $r = 1 + \cos\theta$ 所分割成的两部分.

2.求下列立体的体积：

(1) 以圆 $x^2 + y^2 = 4$ 为底部，而垂直于 x 轴的所有截面均为等边三角形的立体；

(2) 直线段 $y = \dfrac{k}{h}x$ $\quad(0 \leqslant x \leqslant h)$ 绕 x 旋转一周所形成的锥体；

(3) $y = \sin x , y = 0$ $\quad(0 \leqslant x \leqslant \pi)$ 分别绕 x 轴与 y 轴旋转形成的立体.

3.求下列平面曲线的弧长：

(1) $y = \ln x , \sqrt{3} \leqslant x \leqslant \sqrt{8}$；

(2) $x = \mathrm{e}^t \sin t , y = \mathrm{e}^t \cos t , 0 \leqslant t \leqslant 1$；

(3) $y = \dfrac{\mathrm{e}^x + \mathrm{e}^{-x}}{2} , 0 \leqslant x \leqslant a$；

(4) $r = a\mathrm{e}^{m\theta} , \theta_1 \leqslant \theta \leqslant \theta_2$.

习题 5.5(B)

1.求由曲线 $y = \sin x , y = \cos x$ ，直线 $x = \dfrac{\pi}{2}$ 与 y 轴所围成的平面图形的面积.

2.若由曲线 $y = 1 - x^2$ $\quad(0 \leqslant x \leqslant 1)$ 及 x 轴，y 轴所围成的平面区域被曲线 $y = ax^2$ 分成面积相等的两部分，试求 a 的值.

3.考虑函数 $y = \sin x , 0 \leqslant x \leqslant \dfrac{\pi}{2}$. 问：

(1) t 为何值时，图 5-5-15 中阴影部分的面积 S_1 和 S_2 之和 $S_1 + S_2$ 最小？

(2) t 为何值时，$S_1 + S_2$ 最大？

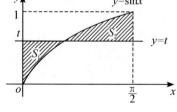

图 5-5-15

4. 设曲线 $y = ax^2(a > 0, x < 0)$ 与曲线 $y = 1 - x^2$ 交于点 A,把过坐标原点 O 和点 A 的直线与曲线 $y = ax^2$ 围成的图形记为 D. 问 a 为何值时,图形 D 绕 x 轴旋转一周所得的旋转体的体积最大?最大体积是多少?

§5.6 定积分在物理和经济上的应用举例

§5.6.1 变力沿直线所做的功

由物理学可知,一个与物体位移方向一致的常力 F,使物体沿直线自点 a 移至点 b 时所做的功 W 为

$$W = F(b - a).$$

如果力 F 的大小随物体的位置而变化,那么这种力所做的功应如何计算呢?

考察某物体受到连续变力 $F(x)$ 的作用,沿直线 Ox 由点 a 移至点 b 时,力 $F(x)$ 所做的功(图 5-6-1).在 $[a, b]$ 上任取一个小区间 $[x, x + dx]$,在这个小区间上,把力近似看作常力 $F(x)$,于是按照常力做功的计算公式可得 $\Delta W \approx F(x)dx$. 于是功的元素为 $dW = F(x)dx$,从而在 $[a, b]$ 上所做的功是

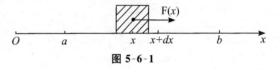

图 5-6-1

$$W = \int_a^b F(x)dx. \tag{5.6.1}$$

例 1 试计算拉长弹簧 5cm 所做的功,假定弹簧伸长 1cm 所需的力为 10N.

解 以平衡位置 O 为原点,弹簧伸长方向为 x 轴正向(图 5-6-2),由虎克定律可知 $F = -kx$(其中 F 为弹性力,k 为比例常数),于是拉力 f 的表达式为 $f = kx$. 又,根据题设条件可得 $k = 10^3 \text{N/m}$. 于是,由(5.6.1)得到弹簧从平衡位置 O 拉至 M,$OM = 5\text{cm}$ 时拉力所做的功

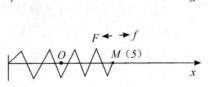

图 5-6-2

$$W = \int_0^{0.05} 10^3 x dx = 1000 \times \frac{x^2}{2}\Big|_0^{0.05} = 1.25(\text{J}).$$

例 2 盛满某种均匀液体的半球状容器的半径(即深度)为 10m,设液体的密度为 σ,试计算将容器内的液体全部抽出容器所做的功.

解 如图 5-6-3 所示建立平面坐标系,那么容器内壁曲面(半球)与坐标平

面 xOy 的交集所满足的方程为 $x^2 + y^2 = 100, 0 \leqslant x \leqslant 10$. 在 x 轴的区间 $[0,10]$ 上任取一小区间 $[x, x+dx]$,容器内相应于这个小区间的一薄层水的体积近似等于 $\pi y^2 dx = \pi(100 - x^2)dx$,因而其重量为

$$\mu\pi(100 - x^2)dx,$$

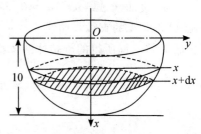

图 5-6-3

这里 $\mu = \sigma g$ 是液体的比重(g 是重力加速度).

由于现在做的功为克服重力所做的功,故将上述薄层液体抽出容器所需做的功为

$$dW = x\mu\pi(100 - x^2)dx,$$

这就是功的元素.从而,将液体全部抽出容器所做的总功为

$$W = \int_0^{10} x\mu\pi(100 - x^2)dx = \mu\pi\int_0^{10} x(100 - x^2)dx$$

$$= \mu\pi\left[50x^2 - \frac{1}{4}x^4\right]_0^{10} = 2500\,\sigma g\pi$$

§5.6.2 静态液体中的压力

由物理学可知,一个面积为 s 的平板平放于深度为 h 的静态均匀的液体中所受到的压力 p 等于 $\mu s h$,这里 μ 为液体的比重,而 μh 是深度为 h 的水平面上的压强.那么,当平板垂直放置于液体中时,由于平板上深度不同处所受的压强不同,就不能再用 $\mu s h$ 来表示平板受到的压力.但是,我们可以根据定积分的思想方法建立计算公式.

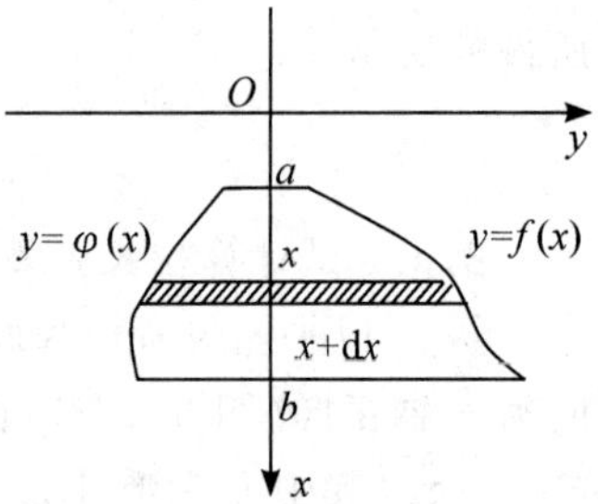

这时,可在平板所在的铅直平面上建立直角坐标系(如图 5-6-4 所示),其中 $y = \varphi(x)$ 和 $y = f(x)$ 分别表示平板的左、右边界曲线,其中 $a \leqslant x \leqslant b$.那么在深度为 x 处的面积微元为

图 5-6-4

$$ds = [f(x) - \varphi(x)]dx.$$

由于可以假定在该微元上各处所受的压强均近似等于 μx,所以该面积微元所受到的压力(即压力元素)为

$$dp = \mu x ds = \mu x[f(x) - \varphi(x)]dx,$$

从而,整块平板的一面所受到的压力为(其中 σ 和 g 的定义见前段例 2)

$$p = \int_a^b \mu x[f(x) - \varphi(x)]dx$$

$$= \sigma g \int_a^b x[f(x) - \varphi(x)]\mathrm{d}x. \qquad (5.6.2)$$

例 3 设一个等腰梯形状的金属薄片,其
上底为 8cm,下底为 18cm,高为 10cm,铅直地
沉没在水中(水的比重 $\mu = 1$ 克重 / 厘米$^3 =$
9.8 达恩 / 厘米^3),两底边与水平面平行且上
底离水面 6cm,试求薄片的每一面所受的压
力.

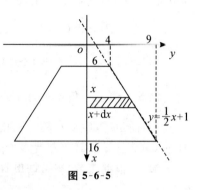

图 5-6-5

解 如图 5-6-5 所示建立坐标系,使得 y
轴在水平面上,等腰梯形关于 x 轴对称.那么
只需求出等腰梯形在第一象限那一半所受的
压力,然后再加倍就求得结论.这时,

上边界 $y = \dfrac{1}{2}x + 1$,下边界 $y = 0$,其中 $6 \leqslant x \leqslant 16$.

于是,由式(5.6.2)知,金属薄片的每一面所受到的压力为

$$p = 2\int_a^b \mu x[f(x) - \varphi(x)]\mathrm{d}x = 2\int_6^{16} x\left[\frac{1}{2}x + 1 - 0\right]\mathrm{d}x$$

$$= \left[\frac{1}{3}x^3 + x^2\right]_6^{16} = 1513.3(克重).$$

注 本题若把等腰梯形换成一般梯形,其余条件不变,则所得结论一样.其
原因何在?读者不难作答,留作练习.

§5.6.3 在经济与管理学中的应用

在 §2.6.4,我们介绍过边际函数的概念,它们是相应的经济函数的导数.
于是,当已知边际函数时,就可以通过积分来求相应的经济函数及其有关的数
据.

例 4 已知生产某种产品 x 件时,边际收益函数为 $R'(x) = 1000 -$
$0.06x$(元 / 件),试求收益函数和生产这种产品 10000 件时的总收入,以及产量
为 10000 件时的平均收入.

解 因为 $R(0) = 0$,所以收益函数

$$R(x) = \int_0^x R'(t)\mathrm{d}t = \int_0^x (1000 - 0.06t)\mathrm{d}t = 1000x - 0.03x^2.$$

那么,产量为 10000 件时的总收入为 $R(x) = 1000 \times 10000 - 0.03 \times 10000^2$
$= 7000000$(元),

产量为 10000 件时的平均收入为 $\dfrac{R(10000)}{10000} = \dfrac{7000000}{10000} = 700$(元).

注　如果只求生产这种产品 10000 件时的总收入,可直接(不先求收益函数) 把 10000 作为积分的上项来计算,即

$$R(10000) = \int_0^{10000} R'(x)\mathrm{d}x = \int_0^{10000} (1000 - 0.06x)\mathrm{d}x$$

$$= \left[1000x - 0.03x^2\right]_0^{10000} = 7000000(\vec{\pi}).$$

例 5　假设当鱼塘里有 z 公斤鱼时,每公斤鱼的捕捞成本为 $\dfrac{2000}{10+z}$ 元(塘中鱼越少,捕鱼越难,成本越高). 据准确估计,鱼塘现在有鱼 10000 公斤,问从鱼塘捕捞 6000 公斤鱼需要花费多少成本?这时每公斤鱼的平均捕捞成本是多少?

解　根据题意,当鱼塘里有 z 公斤鱼时,捕捞成本函数为

$$C(z) = \frac{2000}{10+z} \quad (z > 0).$$

假设塘中现有鱼量为 M,捕获的鱼量为 T. 当捕了 x 公斤之后,塘中剩下的鱼量为 $M-x$,此时再捕 $\mathrm{d}x$ 公斤鱼所需的成本(微元) 为

$$\mathrm{d}C = C(M-x)\mathrm{d}x = \frac{2000}{10+(M-x)}\mathrm{d}x.$$

因此,捕捞 T 公斤鱼所需的成本为

$$C = \int_0^T \frac{2000}{10+(M-x)}\mathrm{d}x = \left[-2000\ln(10+(M-x))\right]_0^T$$

$$= 2000\ln\frac{10+M}{10+M-T}(\vec{\pi}).$$

将已知数据 $M = 10000$ 公斤,$T = 6000$ 公斤代入,可求出总捕捞成本为

$$C = 2000\ln\frac{10010}{4010} = 1829.59(\vec{\pi}).$$

这时每公斤鱼的平均捕捞成本是

$$\overline{C} = 1829.59 \div 6000 \approx 0.30(\vec{\pi}).$$

例 6　设某批商品今年第一季度的日保管费 y 是保管时间长度 x 的函数:

$$y = -\frac{1}{360}x^2 + \frac{5}{12}x + 30,$$

求该季度开头 10 天的日平均保管费和该季度最后 10 天的日平均保管费(该季度按 90 天计算),并把这两个数据加以比较.

解　把保管费函数在指定的时间段积分就得到该时间段上的保管费,除以该段时间的天数就得到日平均保管费. 因此开头 10 天的日平均保管费为

$$F_1 = \frac{1}{10}\int_0^{10}\left[-\frac{1}{360}x^2 + \frac{5}{12}x + 30\right]\mathrm{d}x$$

$$= \frac{1}{10}\left[-\frac{1}{3\times360}x^3 + \frac{5}{2\times12}x^2 + 30x\right]_0^{10} = 31.99;$$

最后 10 天的日平均保管费为

$$F_2 = \frac{1}{10}\int_{80}^{90}\left[-\frac{1}{360}x^2 + \frac{5}{12}x + 30\right]\mathrm{d}x$$

$$= \frac{1}{10}\left[-\frac{1}{3\times360}x^3 + \frac{5}{2\times12}x^2 + 30x\right]_{80}^{90} = 45.32.$$

$F_2 : F_1 = 45.32 : 31.99 = 1.42$，即最后 10 天的日平均保管费为开头 10 天的日平均保管费的 1.42 倍.

从本例看到,保管周期越长,日平均保管费用越高且增长幅度甚大.因此,现代管理方式主张通过减少库存量和库存周期以节约成本,像沃尔玛这样的大型跨国公司甚至提出零库存的管理目标.

习题 5.6(A)

1. 从地面垂直发射质量为 m 的物体,试计算物体从 A 点飞到 B 点 $(A,B$ 点离地球球心分别为 $R_1,R_2)$ 克服地球引力所做的功.

2. 盛满水的水池为圆台状,上底半径为 2 米,下底半径为 1 米,圆台的高 3 米.试计算将水池内的水全部抽出池外所做的功.

3. 设一个垂直的梯形状的水闸高 10 米,上底为 20 米,下底为 10 米,试求当水深为 5 米时水闸所受的水压力.

4. 假定某企业生产某种产品的速度(总产量的变化率)为

$$g(t) = 500 + 80t - 0.5t^2(\text{单位}/\text{天}),$$

试求前 4 天的总产量.

5. 已知某企业生产某种产品的日产量为 x 单位时的边际成本函数为 $C'(x) = 0.8x + 5(\text{元}/\text{单位})$,固定成本为 500 元,每单位售价为 45 元,且产品当日可全部售出,(1) 求总成本函数;(2) 日产量(每日生产量)为多少时可达到最大利润,最大利润是多少?

6. 某商店售出一种服装 x 件时的边际利润为 $L'(x) = 12.5 - 0.0125x(\text{元}/\text{件})$.那么,售出 60 件时,前 30 件与后 30 件的平均利润分别为多少?

习题 5.6(B)

1. 直径为 20cm,高为 80cm 的圆柱体内充满压强为 $10\text{N}/\text{cm}^2$ 的蒸汽.设温度保持不变,要使蒸汽体积缩小一半,需要做多少功?

2. 用铁锤将一铁钉击入木板.击入木板的阻力与铁钉击入木板的深度 h 成正比.在击第一次时,将铁钉击入 1cm.如果每次击打时所做的功相等,那么,问击第二次时,将铁钉击入多少 cm?

3. 某闸门的形状与大小如图 5-6-6 所示,其中 x 轴为对称轴,闸门的上部为矩形 $ABCD$,下部由抛物线 $x = 1 + h - y^2$ 与线段 CD 所围成. 当水面与闸门的上端相平时,欲使闸门的矩形上部与下部所承受的水压力之比为 $5:4$,那么,矩形 $ABCD$ 的高 h 应为多少?

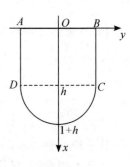

图 5-6-6

4. 一般来说,城市的人口密度 $T(r)$ 随着与市中心的距离 r 的增加而减少. 设某城市 2006 年的人口密度 $T(r) = \dfrac{40}{r^2 + 18}$(万人 $/km^2$),求该市离市中心不超过 2km 的范围内的人口数量.

5. 投资 2000 万元人民币建成某煤矿,在时刻 t 的追加成本和增加的收益分别为:
$$C'(t) = 5 + 2t^{\frac{2}{3}}(百万元／年);R'(t) = 32 - t^{\frac{2}{3}}(百万元／年).$$
试确定,该矿在何年时停止生产方可获得最大利润?最大利润是多少?

6. 某机器转售的价格 $p(t)$ 是时间 t(周)的减函数:$p(t) = \dfrac{3A}{4}e^{-\frac{t}{96}}$(元),$t \geq 0$,其中 A 是机器的买入价,买入时 $t = 0$. 在任何时间 $t > 0$,机器开动就能创造利润 $R(t) = \dfrac{A}{4}e^{-\frac{t}{48}}$(元). 那么,在机器使用多长时间后转售可获得最大利润?求最大利润与当时的卖出价.

§5.7* 　数学实验

本实验中,通过求和等命令,观察积分和的变化趋势,加深理解定积分理论中分割、近似、求和、取极限的思想方法;熟练掌握求一元函数定积分的精确值和近似值的计算方法.

§5.7.1　定积分定义与几何意义的理解

1. 定积分的定义
$$\int_a^b f(x)\mathrm{d}x = \lim_{\lambda \to 0} \sum_{i=1}^n f(\xi_i)\Delta x_i.$$

2. 定积分的几何意义

定积分 $\int_a^b f(x)\mathrm{d}x$ 的几何意义是由 $y = f(x)$,$y = 0$,$x = a$,$x = b$ 围成的曲

边梯形的面积(代数和). 为计算此面积,采取分割、近似、求和、取极限的方法,即

$$\int_a^b f(x)\,\mathrm{d}x = \lim_{n\to\infty}\sum_{i=0}^{n-1} f\left(a+\frac{i(b-a)}{n}\right)\cdot\frac{b-a}{n}. \qquad (5.7.1)$$

例如观察定积分 $\int_0^\pi \sin x\,\mathrm{d}x$ 的情况.

应用 Mathematica 实现上述思想方法:

f[x_] = Sin[x];a = 0;b = Pi;

S[n_] = NSum[f[a+i(b-a)/n] * (b-a)/n,{i,0,n-1}];

S0 = Integrate[f[x],{x,0,Pi}]　　　　　　Out[] = 2

Table[S[n],{n,2,20,2}]

Out[] = {1.5708,1.89612,1.9541,1.97423,1.98352,1.98856,1.9916, 1.99357,1.99492,1.99589}

从上面的实验数据看到:分割越细(n 越大),积分和 $S(n)$ 越接近定积分值 $S0$,即有 $S(n)\to S0(n\to\infty)$,这就验证了公式(5.7.1).

§ 5.7.2　定积分的计算

1. 精确计算

格式:Integrate[f[x],{x,a,b}]

例 1　计算下列定积分:

$(1)\displaystyle\int_0^1 x^2\,\mathrm{e}^x\,\mathrm{d}x;$　　　　$(2)\displaystyle\int_0^a \sqrt{a^2-x^2}\,\mathrm{d}x;$　　　　$(3)\displaystyle\int_0^1 \sin(\cos x)\,\mathrm{d}x.$

解　In[1]: = Integrate[x^2 * E^x,{x,0,1}]　　Out[1] = $-2+\mathrm{e}$

In[2]: = $\displaystyle\int_0^a \sqrt{a^2-x^2}\,\mathrm{d}x$　　　　Out[2] = $\dfrac{1}{4}a\sqrt{a^2}\pi$

In[3]: = $\displaystyle\int_0^1 \sin[\cos[x]]\,\mathrm{d}x$　　　　Out[3] = $\displaystyle\int_0^1 \sin[\cos[x]]\,\mathrm{d}x$

说明:Mathematica 求定积分的方法是:先求不定积分,然后利用牛顿 — 莱布尼茨公式. 因而,对于那些无法给出原函数显式的被积函数,Integrate 命令是不能给出其积分的数值的(如上面题(3)),但我们可通过数值积分方法求出它的近似值.

2. 数值积分

格式:NIntegrate[f[x],{x,a,b}]

例 2　用 Mathematica 计算下列定积分:

$(1)\displaystyle\int_0^1 x^2\,\mathrm{e}^x\,\mathrm{d}x;$　　　　$(2)\displaystyle\int_0^1 \sin(\cos x)\,\mathrm{d}x;$　　　　$(3)\displaystyle\int_0^1 \mathrm{e}^{-x^2}\,\mathrm{d}x.$

解　可用如下命令:

In[1]: = NIntegrate[x^2 * E^x,{x,0,1}]　　Out[1] = 0.718282

$$\text{In}[2]:=\int_0^1 \sin[\cos[x]]dx//N \qquad\qquad \text{Out}[2]=0.738643$$

$$\text{In}[3]:=\int_0^1 e^{-x^2}dx//N \qquad\qquad \text{Out}[3]=0.746824$$

3. 积分上项的函数

例 3　计算 $\dfrac{d}{dx}\displaystyle\int_0^{x^2} e^{2t}dt$ 和 $\displaystyle\lim_{x\to0}\dfrac{1}{\sin^2 x}\int_0^{x^2}e^{2t}dt$.

解：

$$\text{In}[1]:=D\left[\int_0^{x^2} e^{2t}dt,x\right] \qquad\qquad \text{Out}[1]=2e^{2x^2}\cdot x$$

$$\text{In}[2]:=f[x_-]=\int_0^{x^2}e^{2t}dt; \text{limit}[f[x]/\sin[x]^2,x\to0]$$

$$\text{Out}[2]=1$$

练习与思考

利用计算机计算：

(1) $\displaystyle\int_1^2 \dfrac{1}{x+x^3}dx$；　　　　　(2) $\displaystyle\int_0^1 \dfrac{\sin x}{x}dx$；

(3) $\displaystyle\int_3^{+\infty}\dfrac{1}{x(x-2)}dx$；　　　(4) $\dfrac{d}{dx}\displaystyle\int_x^{x^2}\cos2tdt$.

§5.8* 定积分思想方法选讲

积分学分成两个部分：定积分与不定积分. 定积分是中心，在一定意义下说，不定积分是为定积分的计算服务的. 因此，通常谈及积分时，指的就是定积分.

§5.8.1 定积分是一种新型的极限

回忆数列的极限 $\lim\limits_{n\to\infty}u_n$，考虑的是当 $n\to\infty$ 时 u_n 的变化状态，其中 u_n 是由 n 唯一确定；函数的极限 $\lim\limits_{x\to a}f(x)$，考虑的是当 $x\to a$ 时 $f(x)$ 的变化趋势，其中 $f(x)$ 是由 x 唯一确定.

在定积分的定义中，我们考虑的是 Riemann(黎曼) 和 $S=\sum\limits_{i=1}^n f(\xi_i)\Delta x_i$ 当 $\lambda\to0$ 时的极限，其中 $\Delta x_i=x_i-x_{i-1}(i=1,2,\cdots,n)$，$\lambda=\max\limits_{1\leqslant i\leqslant n}\{\Delta x_i\}$，$\xi_i$ 是小区间 $[x_{i-1},x_i]$ 上任意选取的一点 $(i=1,2,\cdots,n)$.

这里，λ 显然不是 n 的函数，而且 S 并不是由 λ 唯一确定的. 事实上，对于每一

个 λ，不仅区间的分法有无穷多种，而且对于每一种分法，代表点 $\xi_i \in [x_{i-1}, x_i]$ 的选取方法也有无穷多种. 因此 S 不是 λ 的函数，从而 Riemann 和的极限异于数列或函数的极限. 在拓扑学中，人们采用点网来推广数列的概念，可对这种新的极限给出准确的描述.

这里我们仅指出，一方面，Riemann 和 S 的极限的存在性有类似于数列或函数的极限的基本描述：当 λ 充分小时，$|S - A| < \varepsilon$（ε 是事先给定的任意小的正数，A 是常数）；另一方面，S 的极限有更多的要求，即对这种充分小的每一个 λ，必须考虑对应的所有分法和每一个分法中任意的 $\xi_i \in [x_{i-1}, x_i]$，使得它们都满足 $|S - A| < \varepsilon$.

§5.8.2　微分与积分的产生与发展

1. 微积分产生的背景

微积分的创立是在解决 16、17 世纪自然科学提出的大量数学问题的过程中酝酿和创立的. 这些问题主要来自力学与天文学，且与运动变化有关，大体可分为五类：

第一类问题是描述非匀速运动物体的轨道. 如行星绕太阳运动的轨迹，各类抛射体的运动轨迹.

第二类问题是求变速运动物体的速度、加速度和路程. 如已知变速运动物体在某段时间内经过的路程，求物体在任意时刻的速度和加速度，或反过来由速度求路程.

第三类是求曲线在任一点的切线. 如光线在曲面上的反射角问题，运动体在其轨迹上任一点的运动方向问题.

第四类是求变量的极值. 如行星运行的椭圆轨道中的近日点和远日点问题，在力学中求抛射体的最大射程与最大高度等.

第五类问题是计算曲线长度、曲边梯形面积、曲面柱体的体积、物体的重心等.

从数学思想方法上看，上述五类问题都有一个共性，就是要研究变量及其相互关系，这也是 16、17 世纪数学研究的中心课题. 正是对这个课题的研究，最终导致了变量数学的产生.

微积分由英国的数学家牛顿（I. Newton，1642 ~ 1727）和德国的数学家莱布尼兹（G. Leibniz，1646 ~ 1716）各自独立完成. 莱布尼兹是从几何学的角度来创立它的，而牛顿则是以运动学为原型来研究问题的.

微积分的创立是 17 世纪数学的最重要的成就. 它的创立说明了在数学发展进程中，完成了由常量数学到变量数学，由初等数学到高等数学的转变.“无穷小量”被作为数学研究的对象，是数学思想和方法上的一次革命. 微积分的发明开创了变量数学的新时代.

2. 微积分的发展

关于"无穷小"的概念,中国古代以及古希腊的数学家们都曾经有过这种思想萌芽.在西方近代,微积分的思想也经过了大约一个世纪的酝酿,很多数学家都为此做出了贡献.而最终还是牛顿、莱布尼兹分别独立地迈出了关键的一步.

虽然微积分学已经创立,但是,它的最基本的概念 —— 无穷小、微商等等都不够严密.因而,遭到大主教贝克莱(G. Bekkeley,1685 ~ 1753)等人的强烈攻击.其后的 150 年间,又经过许多数学家的艰苦努力,微积分才得以严格化.尽管微积分在创立初期有一些缺陷,但它经受住了实践方面的检验,足以使人们信服,连贝克莱也不得不在事实面前低头.他说:"流数术(微积分的别称)是一把万能的钥匙,借着它,近代数学家打开了天体以至大自然的秘密."有人认为,17、18 世纪的数学史几乎全部是微积分的历史,当时绝大部分数学家的注意力都被这新兴的、有无限发展前途的学科所吸引.在这方面有特殊功劳的,首先是瑞士的伯努利家族、欧拉、拉格朗日等人的工作,使得微积分学飞快地向前发展,在 18 世纪达到了空前灿烂的程度.

微积分内容的丰富,应用的广泛,极大地推动了科学技术的发展,也促进了数学自身的发展.同时,在它自身不断完善化的过程中,派生出许多新的分支学科,如级数论、函数论、微分方程、积分方程、泛函分析等,形成一个庞大的数学分析体系.从此之后,变量数学在内容、思想方法及应用范围上迅速地占据了数学的主导地位,一直影响着近代和现代数学的发展方向.

3. 关于微分与积分的直观理解

一般地,关于微分与积分有如下比喻:

对一个量的微分,相当于对这个量无限细分,"化整为零".(定)积分则恰恰相反,它是将无限多个微分进行"累积","积零为整".二者恰好是一个相反的过程.恩格斯曾这样来比喻微积分的过程:"如果一杯水的最上面一层分子蒸发了,那么水层的高度 x 就减少了 dx.这样一层分子又一层分子地继续蒸发,事实上就是一个连续不断的微分过程;如果热的水蒸气在同一个容器中由于压力和冷却又凝结为水,而且分子一层又一层地积累起来(在这里,我们必须撇开那些使过程变得不纯粹的附带情况),直到容器满了为止,那么这里就真正进行了一次积分,这种积分和数学上的积分不同之处只在于:一种是由人的头脑有意识地完成的,另一种是自然界无意识地完成的."

实际上,在通过建立定积分来解决实际问题时,我们就经历了先考虑量的微分,再考虑它的积分的过程.

§5.8.3　定积分与不定积分的差异与联系

1. 定积分与不定积分是不同的概念

就定义而言，$[a,b]$ 上的函数 $f(x)$ 的不定积分 $\int f(x)\mathrm{d}x$ 是其**原函数的一般表达式**. 若已知 $F(x)$ 是 $f(x)$ 在 $[a,b]$ 上的一个原函数，则不定积分 $\int f(x)\mathrm{d}x = F(x) + C$，其中 C 是任意常数；而 $f(x)$ 在 $[a,b]$ 上的定积分 $\int_a^b f(x)\mathrm{d}x$ 是 Riemann 和 $S = \sum_{i=1}^n f(\xi_i)\Delta x_i$ 当 $\lambda \to 0$ 时的极限，是一个**常数**.

就概念产生的背景和对立统一性而言，原函数与不定积分是为了研究逆运算而提出的，即求原函数（不定积分）是与求导数（微分）互逆的运算；定积分是根据研究面积与路程等实际问题的需要建立起来的，微分（微元）$f(x)\mathrm{d}x$ 与定积分之间则是局部与整体的关系（粗略地说，定积分是无穷多个微元之"和"，参见 §5.5.1 定积分的微元法）.

2. 定积分与不定积分的存在条件不同

(i) $[a,b]$ 上的可积函数 $f(x)$ 未必存在原函数.

例 1　讨论 $f(x) = \mathrm{sgn}x = \begin{cases} 1 & x > 0 \\ 0 & x = 0 \\ -1 & x < 0 \end{cases}$ 在 $[-1,1]$ 上的可积性与原函数的存在性.

解　$f(x)$ 在 $[-1,1]$ 上只有一个间断点，所以它可积. 令 $F(x) = \int_0^x f(x)\mathrm{d}x$，那么 $F(x) = |x|$. 注意到，在 $(0,1)$ 和 $(-1,0)$ 上 $F'(x) = \mathrm{sgn}x$，但在 $x = 0$ 处 $|x|$ 不可导.[①]

如果 $f(x)$ 在 $[-1,1]$ 上的原函数存在，我们不妨把它记作 $G(x)$，那么根据原函数的定义，$G(x)$ 在 $[-1,1]$ 上必可导从而连续，且 $G'(x) = \mathrm{sgn}x$. 因此，在 $(0,1)$ 上应有 $G(x) = x + C_1$，在 $(-1,0)$ 上应有 $G(x) = -x + C_2$，其中 C_1 和 C_2 都是常数. 由于 $G(x)$ 在 $[-1,1]$ 上连续，当然应在 $x = 0$ 处连续，令 $x \to 0$，可推出 $G(0) = C_1 = C_2 = 0$. 从而 $G(x) = |x| = F(x)$，$x \in [-1,1]$. 由假设，$G(x)$ 在 $x = 0$ 处可导，但 $F(x)$ 在 $x = 0$ 处不可导，矛盾. 因此 $f(x)$ 在 $[-1,1]$ 上的原

---

① 有兴趣的读者可以进一步证明：若函数 $f(x)$ 在 $[a,b]$ 上可积，则其积分上限的函数在该区间连续，但未必可导.

函数 $G(x)$ 不存在.

(ii) 函数 $f(x)$ 在 $[a,b]$ 上存在原函数时 $f(x)$ 在 $[a,b]$ 上未必可积.

例2　讨论 $f(x) = \begin{cases} 2x\sin\dfrac{1}{x^2} - \dfrac{2}{x}\cos\dfrac{1}{x^2} & x \neq 0 \\ 0 & x = 0 \end{cases}$ 在 $[-1,1]$ 上的可积性与原函数的存在性.

解　易知，$f(x)$ 在 $x = 0$ 处不连续，在 $x = 0$ 的邻域内无界. 事实上，当 $x \to 0$ 时，$2x\sin\dfrac{1}{x^2}$ 是无穷小量（因它是无穷小量与有界量的乘积），$\dfrac{2}{x}\cos\dfrac{1}{x^2}$ 是无界量 $\left(\text{在 } x_n = \sqrt{\dfrac{1}{2n\pi}} \text{ 的值为 } 2\sqrt{2n\pi}，\text{当 } n \text{ 增大时，其值可以任意大}\right)$. 由于 $x_n \in (0,1)$，因此 $f(x)$ 在 $[-1,1]$ 上无界，从而不可积.

但是 $f(x)$ 在 $[-1,1]$ 上存在原函数. 事实上，不难验证（留给读者自行验证）

$$F(x) = \begin{cases} x^2\sin\dfrac{1}{x^2} & x \neq 0 \\ 0 & x = 0 \end{cases}$$

就是 $f(x)$ 在 $[-1,1]$ 上的一个原函数.

3. 定积分与不定积分的联系

(i) 积分上限的函数 $\Phi(x) = \displaystyle\int_a^x f(t)\mathrm{d}t$ 的双重身份

假定 $f(x)$ 在 $[a,b]$ 上可积，当 x 是 $[a,b]$ 中的一个取定的点时，$\displaystyle\int_a^x f(t)\mathrm{d}t$ 是一个定积分，因此 $\Phi(x)$ 是一个确定的值. 当 x 在 $[a,b]$ 中变动时，$\displaystyle\int_a^x f(t)\mathrm{d}t$ 定义了 $[a,b]$ 上的一个函数 —— 积分上限的函数. 而且，§5.2 定理 1 指出了，当 $f(x)$ 在 $[a,b]$ 上连续时，

$$\Phi'(x) = \frac{\mathrm{d}}{\mathrm{d}x}\int_a^x f(t)\mathrm{d}t = f(x), \tag{5.2.1}$$

这就是说 $\Phi(x)$ 是 $f(x)$ 的一个原函数. 这是一个由变动上限的定积分所表示的原函数. 因此可以说，$\Phi(x)$ 既是定积分，又是原函数. 这种双重身份终于使得定积分与不定积分这两个原来似乎没关系的概念建立起联系来了，并为定积分提供了新的有效的计算方法.

§5.2 定理 1 同时证明了，连续函数的原函数必存在，而且 $\Phi(x)$ 是其中一个. 不过，必须指出，函数 $f(x)$ 在 $[a,b]$ 上连续不是原函数存在的必要条件，即有的不连续函数也存在原函数（见上面例2）.

(ii) Newton-Leibniz 公式和微积分的基本定理

§5.2 定理 2 指出：如果 $f(x)$ 在 $[a,b]$ 上连续，并且 $F(x)$ 是 $f(x)$ 在 $[a,b]$ 上的一个原函数，则

$$\int_a^b f(x)\mathrm{d}x = F(b) - F(a). \tag{5.2.3}$$

公式 (5.2.3) 称为牛顿 - 莱布尼兹 (Newton-Leibniz) 公式. 它表明连续函数在 $[a,b]$ 上的定积分等于它的任一原函数在 $[a,b]$ 上的增量. 这就给定积分的计算提供了一个十分有效的方法.

§5.2 定理 1 和定理 2 非常重要，通常合称为**微积分基本定理**. 之所以称为微积分的基本定理，是因为它通过公式 (5.2.1) 和 (5.2.3) 揭示了微分与积分的互逆运算关系、定积分与不定积分的联系，同时给出了利用求不定积分来计算定积分的方法.

§5.8.4 可积性与绝对可积性的关系

在 §5.1，我们对函数 $f(x)$ 在 $[a,b]$ 上的可积性只给出一个必要条件 (定理 1) 和两个充分条件 (定理 2 和定理 3). 是否可以给出一个既充分又必要的条件呢？答案是肯定的. 为了避免太多的预备知识，这里仅列举一个这样的定理.

对 $[a,b]$ 的子区间 $[x_i,x_{i+1}]$，用 ω_i 表示 $f(x)$ 在区间 $[x_i,x_{i+1}]$ 的振幅，即 $\omega_i = \sup\{f(x) \mid x \in [x_{i-1},x_i]\} - \inf\{f(x) \mid x \in [x_{i-1},x_i]\}$，其中 $\sup,\inf$ 分别表示上、下确界. 特别地，当 $f(x)$ 连续时，ω_i 就是 $f(x)$ 在区间 $[x_i,x_{i+1}]$ 的最大值与最小值之差.

定理 函数 $f(x)$ 在 $[a,b]$ 上可积的充分必要条件是：

$$\lim_{\lambda \to 0} \sum_{i=1}^n \omega_i \Delta x_i = 0,$$

其中 Δx_i 是对应于 $[a,b]$ 的分法 T：

$$a = x_1 < x_2 < \cdots < x_n = b,$$

的子区间 $[x_i,x_{i+1}]$ 的长度，即 $\Delta x_i = x_i - x_{i-1}$，$i = 1,2,\cdots,n$，$\lambda = \max\{\Delta x_i \mid i = 1,2,\cdots,n\}$.

这个定理中，充要条件的几何意义是，图 5-8-1 中带斜线的，即包含曲线 $y = f(x)$ 的 n 个小矩形面积之和可以任意小（当 λ 充分小时）.

利用积分的存在性定理可以证明，一个有界函数 $f(x)$ 若可积必定绝对可积（指 $|f(x)|$ 可积）. 这个结论在《数学分析》教材中都有证明（参见[15]）.

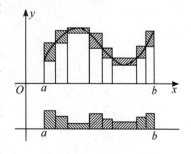

图 5-8-1

读者自然会问,它的逆命题是否成立?即:一个有界函数若绝对可积,其本身是否必可积?

显然,若该函数 $f(x)$ 在 $[a,b]$ 上连续,则 $|f(x)|$ 也在 $[a,b]$ 上连续,所以二者皆可积.若 $f(x)$ 不连续,则需要仔细考虑.请看下面例子.

例 3　讨论如下广义 Dirichlet 函数 $D(x) = \begin{cases} 1 & x \in Q \\ -1 & x \notin Q \end{cases}$ 在 $[0,1]$ 上的可积性与绝对可积性,其中 Q 表示 $[0,1]$ 上的有理数集合.

解　显然 $D(x)$ 在 $[0,1]$ 上处处不连续,在任意子区间 Δx_i 上的振幅 ω_i 都是 2,从而 $\sum \omega_i \Delta x_i = 2 \sum \Delta x_i = 2$,它不收敛于 0,因此,据上述定理知,$D(x)$ 是不可积的.但是 $|D(x)| \equiv 1, x \in [0,1]$,所以,$|D(x)|$ 在 $[0,1]$ 可积.这说明了一个有界函数若绝对可积,其本身未必可积.

但是,对于广义积分来说,情况却不一样.

在研究广义积分时,为了区别于通常积分,且便于与级数(见第十一章)比较,人们常把"可积"称为"收敛","绝对可积"称为"绝对收敛".下面例子说明了收敛的广义积分未必绝对收敛,即**对于广义积分而言,一个函数若可积(收敛)未必绝对可积(收敛)**.本身收敛而不绝对收敛的广义积分被称为是**条件收敛**的.

例 4　讨论 $f(x) = \dfrac{1}{x} \sin \dfrac{1}{x}, x \in (0,1]$ 在 $(0,1]$ 上的收敛性与绝对收敛性.

解　广义积分 $\displaystyle\int_0^1 f(x)\mathrm{d}x$ 收敛,但是 $\displaystyle\int_0^1 |f(x)| \mathrm{d}x$ 发散,即广义积分 $\displaystyle\int_0^1 \dfrac{1}{x} \sin \dfrac{1}{x}\mathrm{d}x$ 是条件收敛的.具体判定时要用到狄里克莱判别法(参见文献 [15] 第 18 章第 2 节).

注意到有界区间上的广义积分与无穷区间上的广义积分的转化关系,可知 $\displaystyle\int_1^{+\infty} \dfrac{\sin t}{t}\mathrm{d}t$ 也是条件收敛的(做变量替换 $t = \dfrac{1}{x}$,就可化成上一广义积分).

第六章

微分方程

微分方程是现代数学的一个重要分支,不论在自然科学技术领域或者在社会科学(特别是经济和管理学)领域的理论与应用研究中,都具有十分重要的作用.本章主要介绍常微分方程的基本概念和基本解法,并给出一些在各个领域应用的实际例子.

§6.1 微分方程的基本概念

先观察以下来自几何与物理学的两个简单实例,它们都与一个函数的变化率,即导数有关.

例1 已知 xOy 平面上的一条曲线通过点 $(\pi, -1)$,且该曲线上任何一点 (x, y) 处的切线的斜率为 $\cos x$,求这条曲线的方程.

分析 设所求的曲线的方程为 $y = y(x)$,那么,若把变量 y 看成自变量 x 的函数 $y(x)$,则求曲线的方程等价于求未知函数 $y(x)$.据题设和导数的几何意义知,$y = y(x)$ 应满足如下等式:

$$\frac{\mathrm{d}y}{\mathrm{d}x} = \cos x \tag{6.1.1}$$

和条件

$$y(\pi) = -1,即当 x = \pi 时 y = -1. \tag{6.1.2}$$

注意到积分是微分的逆运算,为了求出未知函数 $y(x)$,把(6.1.1)式两端积分得 $y = \int \cos x \, \mathrm{d}x$,即

$$y = \sin x + C, \tag{6.1.3}$$

其中 C 是任意常数. 因为 $y(x)$ 满足条件 (6.1.2),所以把 $x = \pi$,$y = -1$ 代入(6.1.3)式,就可以求出 $C = -1$.因此,所求的函数为:

$$y = \sin x - 1. \tag{6.1.4}$$

这就是所求的曲线(见图 6-1-1)的方程.

其实,第四章已出现过与上例类似的例子,

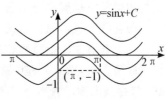

图 6-1-1

如 §4.1 例 4. 根据 §4.1.1 的定义,由(6.1.1)可知,y 是 $\cos x$ 的一个原函数.

例 2　设有一个质量为 m 的质点在时刻 $t_0 = 0$ 从距地面 50 米的空中落下,求这个自由落体在时刻 t 与地面的距离.

分析　设自由落体在时刻 t 与地面的距离为 $y = y(t)$,由于一阶导数 $\dfrac{\mathrm{d}y}{\mathrm{d}t}$ 和二阶导数 $\dfrac{\mathrm{d}^2 y}{\mathrm{d}t^2}$ 分别表示该自由落体的速度和加速度,根据牛顿第二定律知,$y = y(t)$ 必须满足

$$m \frac{\mathrm{d}^2 y}{\mathrm{d}t^2} = -mg,$$

其中负号表示距离的增加方向与重力 $F = mg$ 的方向相反. 于是,

$$\frac{\mathrm{d}^2 y}{\mathrm{d}t^2} = -g. \tag{6.1.5}$$

据条件,当 $t = 0$ 时,$y = 50, y' = 0$,即 $y = y(t)$ 必须同时满足

$$y(0) = 50, y'(0) = 0. \tag{6.1.6}$$

由于积分是微分的逆运算,为了求出未知函数 $y(t)$,先对(6.1.5)式两端积分得

$$\frac{\mathrm{d}y}{\mathrm{d}t} = -gt + C_1, \tag{6.1.7}$$

再对(6.1.7)式两端积分得

$$y = -\frac{1}{2}gt^2 + C_1 t + C_2, \tag{6.1.8}$$

其中 C_1 和 C_2 是任意常数. 因为 $y(t)$ 满足条件(6.1.6),把 $t = 0, y = 50, y' = 0$ 分别代入(6.1.7)和(6.1.8)式,就可以求出 $C_1 = 0, C_2 = 50$. 因此,所求的函数为:

$$y = 50 - \frac{1}{2}gt^2. \tag{6.1.9}$$

综合上述例子知,求解一类有关变化率的几何和物理的问题,可以先建立一个含有未知函数的导数的方程,然后通过积分得出所求函数的表达式,它含有若干个任意常数,再根据实际问题的特定条件确定常数,就得出所求的解. 其实,这就是用微分方程解实际问题的总体思路.

现在我们就一般情形,较系统地介绍有关概念.

一个含有未知函数的导数或微分的等式称为**微分方程**.

应该指出,微分方程中必定含有未知函数的导数或微分,此外还可能(但未必)包含该未知函数本身或一些已知函数. 例如,方程(6.1.1)与(6.1.5)中分别含有已知函数 $\cos x$ 与 $-g$(常数函数),而下面两个方程还含有未知函数 y 本身:

$$y' + 2xy = \sin x, \tag{6.1.10}$$

$$y'' + a(x)y' + b(x)y = c(x), \tag{6.1.11}$$

其中 $a(x),b(x)$ 和 $c(x)$ 为已知函数.

若微分方程中的未知函数是一元函数,则称为**常微分方程**;若其中的未知函数是多元函数,则称为**偏微分方程**[①].例如,方程(6.1.1)、(6.1.5)、(6.1.10) 和 (6.1.11) 都是常微分方程;而对于未知函数 $u(x,y)$,下面方程(6.1.12) 是偏微分方程:

$$\frac{\partial^2 u}{\partial x^2} + \frac{\partial^2 u}{\partial y^2} = 0. \tag{6.1.12}$$

本教材仅研究常微分方程,并把常微分方程称为**微分方程**或简称为**方程**.微分方程中出现的未知函数的最高阶导数的阶数,叫做该**方程的阶**.例如,方程 (6.1.1) 和 (6.1.10) 都是一阶的,方程 (6.1.5) 和 (6.1.11) 都是二阶的.下面方程

$$x^2 y''' + 2xy'' - y' + 5y = e^x, \tag{6.1.13}$$

$$y^{(5)} + 3y^{(4)} - 5xy'' - y' = 0, \tag{6.1.14}$$

分别是 3 阶和 5 阶微分方程.

一般地,n 阶微分方程的形式是

$$F(x,y,y',\cdots,y^{(n)}) = 0, \tag{6.1.15}$$

其中 F 是 $x,y,y',\cdots,y^{(n)}$ 的函数,且最高阶导数 $y^{(n)}$ 是必须出现的,而 $x,y,y',\cdots,y^{(n-1)}$ 等可以出现也可以不出现.如,(6.1.13) 的 3 阶方程中,x,y,3 阶和 3 阶以下的导数均出现;而 (6.1.14) 的 5 阶方程中,y 和 y''' 不出现.又如,$y^{(n)} + 1 = 0$ 是一个 n 阶微分方程,仅有 $y^{(n)}$ 出现,而 x,y 和 n 阶以下的导数均不出现.

如果某个区间 I 上的函数 $\phi(x)$ 具有 n 阶导数且在 I 上满足

$$F(x,\phi(x),\phi'(x),\cdots,\phi^{(n)}(x)) \equiv 0,$$

则称 $y = \phi(x)$ 为方程 (6.1.15) 在 I 上的**解**.例如函数 (6.1.3) 和 (6.1.4) 都是方程 (6.1.1) 的解,函数 (6.1.8) 和 (6.1.9) 都是方程 (6.1.5) 的解.其中,函数 (6.1.3) 和 (6.1.8) 都含有任意常数.一般地,如果方程的解中所含有的任意常数的个数[②]与该方程的阶数相同,则称这个解为该方程的**通解**.显然,函数 (6.1.3) 和 (6.1.8) 分别是方程 (6.1.1) 和 (6.1.5) 的通解.

又,函数 (6.1.4) 和 (6.1.9) 是分别通过特定条件 (6.1.2) 和 (6.1.6) 来确定通解 (6.1.3) 和 (6.1.8) 中的任意常数而得到的解,今后把这种特定条件(即指定 $y(x)$ 在某个 $x = x_0$ 的取值)称为**初始条件**,把通过初始条件来确定通解中

---

① 注 1　偏微分和偏导数的概念和记号的定义见第八章.

② 注 2　这里任意常数的个数是指其中相互独立的任意常数的个数,详见王高雄等人编的《常微分方程》,高等教育出版社,2003.

的任意常数而得到的解称为**特解**. 因此,函数(6.1.4)和(6.1.9)分别是方程(6.1.1)和(6.1.5)的特解.

设微分方程的未知函数为 $y = y(x)$,对 n 阶方程(6.1.15),初始条件可表成

$$y(x_0) = y_0, y'(x_0) = y_0', \cdots, y^{(n-1)}(x_0) = y_0^{(n-1)} \text{ 或}$$

$$y \mid_{x=x_0} = y_0, y' \mid_{x=x_0} = y_0', \cdots, y^{(n-1)} \mid_{x=x_0} = y_0^{(n-1)}$$

(条件的个数等于方程的阶数). 求 n 阶方程满足初始条件的特解这一数学问题,叫做 n 阶方程的**初值问题**,常记作

$$\begin{cases} F(x, y, y', \cdots, y^{(n)}) = 0 \\ y(x_0) = y_0, y'(x_0) = y_0', \cdots, y^{(n-1)}(x_0) = y_0^{(n-1)} \end{cases}$$

或

$$\begin{cases} F(x, y, y', \cdots, y^{(n)}) = 0 \\ y \mid_{x=x_0} = y_0, y' \mid_{x=x_0} = y_0', \cdots, y^{(n-1)} \mid_{x=x_0} = y_0^{(n-1)} \end{cases}.$$

那么,前面例 1 和例 2 分别是求一阶和二阶方程的初值问题.

假定函数 $y = y(x)$ 是微分方程的一个解,从几何直观看来,它的图形是一条曲线. 因此,通常把微分方程的解所对应的曲线称为**解曲线**或**积分曲线**. 于是,通解的几何表示就是一族曲线,它随着任意常数的取值不同而得到该族的不同曲线,而特解(如初值问题的解)就是其中满足特定条件(如初始条件)的积分曲线. 特别地,一阶方程的初值问题的解为 xOy 平面上经过点 (x_0, y_0) 的积分曲线(见图 6-1-1),二阶方程的初值问题的解为 xOy 平面上经过点 (x_0, y_0) 且在该点的斜率为 y_0' 的积分曲线.

例 3 验证 $y = C_1 e^{-x} + C_2 e^{-4x}$ 是二阶微分方程

$$y'' + 5y' + 4y = 0 \tag{6.1.16}$$

的通解,并求满足初始条件

$$y \mid_{x=0} = 2, y' \mid_{x=0} = 1 \tag{6.1.17}$$

的特解.

解 对 $y = C_1 e^{-x} + C_2 e^{-4x}$ 求导得 $y' = -C_1 e^{-x} - 4C_2 e^{-4x}$,$y'' = C_1 e^{-x} + 16C_2 e^{-4x}$,把它们代入方程(6.1.16)得

左边 $= (C_1 e^{-x} + 16C_2 e^{-4x}) + 5(-C_1 e^{-x} - 4C_2 e^{-4x}) + 4(C_1 e^{-x} + C_2 e^{-4x})$

$\qquad = 0 = $ 右边,

又由于 $y = C_1 e^{-x} + C_2 e^{-4x}$ 含有两个任意常数 C_1 和 C_2,所以 $y = C_1 e^{-x} + C_2 e^{-4x}$ 是方程(6.1.16)的通解.

为了确定 C_1 和 C_2,把初始条件(6.1.17)分别代入 $y = C_1 e^{-x} + C_2 e^{-4x}$ 和 $y' = -C_1 e^{-x} - 4C_2 e^{-4x}$ 得

$$2 = C_1 + C_2 \text{ 和 } 1 = -C_1 - 4C_2.$$

解这个二元一次方程组,求得 $C_1 = 3, C_2 = -1$. 因此,满足初始条件 (6.1.17) 的特解是

$$y = 3e^{-x} - e^{-4x}.$$

注 所求特解 $y = 3e^{-x} - e^{-4x}$ 就是初值问题 $\begin{cases} y'' + 5y' + 4y = 0 \\ y|_{x=0} = 2, y'|_{x=0} = 1 \end{cases}$ 的解.

习题 6.1(A)

1. 说出如下各微分方程的阶数:

$(1) t^2 \dfrac{d^2 s}{dt^2} + s \dfrac{ds}{dt} + 2s = \sin t;$ $\qquad$ $(2) \dfrac{dx}{dt} + tx^2 = 0;$

$(3) (3x - 4y)dx + (x - y)dy = 0;$ $\qquad$ $(4) x(y')^2 - 2yy' - x = 0;$

$(5) L \dfrac{d^2 Q}{dt^2} + R \dfrac{dQ}{dt} + \dfrac{Q}{C} = 0.$

2. 对于下面各个微分方程,验证其后面所附的函数是该方程的解:

$(1) xy' + 3y = 0; y = Cx^{-3}$ (C 为常数);

$(2) y'' - y = 0; y_1(x) = e^x, y_2(x) = \dfrac{e^x - e^{-x}}{2};$

$(3) y^{(4)} + 4y''' + 3y = x; y_1(x) = \dfrac{x}{3}, y_2(x) = e^{-x} + \dfrac{x}{3};$

$(4) y' - 2xy = 1; y = \phi(x) = e^{x^2} \displaystyle\int_0^x e^{-t^2} dt + e^{x^2}.$

3. 用微分方程表示下列命题:

(1) 曲线在点 (x, y) 处的切线的斜率等于该点的横坐标与纵坐标之比的相反数;

(2) 某大洲的人口总量 $Q(t)$ 的增长速度与当时的人口总数成正比例.

4. 已知曲线族 $y = C_1 \cos 2x + C_2 \sin 2x$,求其中满足条件 $y(0) = 2, y'(0) = 0$ 的曲线.

习题 6.1(B)

1. 求以下列函数为通解的微分方程:

$(1) x^5 - 2y = Cx$,其中 C 是任意常数;

$(2) y = (C_1 x + C_2)e^{-x}$,其中 C_1, C_2 是任意常数.

2. 设 xOy 平面上有一条经过点 $\left(\dfrac{1}{2}, 0\right)$ 的曲线 $y = f(x)$,曲线上任意一点 $P(x, y)(x > 0)$ 到坐标原点的距离恒等于该点处的切线在 y 轴上的截距,求函

数 $f(x)$ 所满足的微分方程及其满足的初始条件.

§6.2　可分离变量方程与齐次方程

一阶微分方程的一般形式为
$$F(x,y,y')=0,$$
这通常是隐式表达式;如果能从中解出 y',就得出如下显式表达式
$$y'=f(x,y). \tag{6.2.1}$$
本节和下一节将介绍(6.2.1)的三种较易求解的基本形式,以及可以转化为这三种类型的方程的解法.

§6.2.1　可分离变量方程

在 §4.1.1 我们学过如下简单形式的方程
$$y'=2x, \tag{6.2.2}$$
这时,根据导数的定义,未知函数 y 就是 $2x$ 的一个原函数,从而可对 $2x$ 求不定积分得到 $y=x^2+C$.

另一方面,可把(6.2.2)表示成微分形式
$$\mathrm{d}y=2x\mathrm{d}x, \tag{6.2.3}$$
上式两边分别积分得:
$$\int\mathrm{d}y=\int2x\mathrm{d}x.$$
同样可求得 $y=x^2+C$.

方程(6.2.3)其实是如下一般形式的特殊情形:
$$g(y)\mathrm{d}y=f(x)\mathrm{d}x, \tag{6.2.4}$$
其中 $g(y)$ 和 $f(x)$ 都是连续函数.显然,方程(6.2.4)具有如下特点:等号的每一端都是一个变量的连续函数与该变量的微分的乘积.这种方程称为**可分离变量方程**.

对方程(6.2.4),同样可在方程两边积分:
$$\int g(y)\mathrm{d}y=\int f(x)\mathrm{d}x,$$
假定 $G(y)$ 和 $F(x)$ 分别是 $g(y)$ 与 $f(x)$ 的原函数,就求得如下通解:
$$G(y)=F(x)+C.$$
注意到以导数形式出现的如下方程:
$$\frac{\mathrm{d}y}{\mathrm{d}x}=f(x)\varphi(y), \tag{6.2.5}$$

当 $\varphi(y) \neq 0$ 时，只要令 $g(y) = [\varphi(y)]^{-1}$，就可改写为(6.2.4).因此，也把方程 (6.2.5) 称为可分离变量方程.

例 1   求解方程 $\dfrac{\mathrm{d}y}{\mathrm{d}x} = -\dfrac{x}{y}$.

解   将方程改写为如下可分离变量方程：

$$y\mathrm{d}y = -x\mathrm{d}x.$$

两边积分得

$$\frac{y^2}{2} = -\frac{x^2}{2} + C_1.$$

因此原方程的（隐式）通解为 $x^2 + y^2 = C$，其中 $C = 2C_1$ 是任意正的常数.这时，也可把 y 解出，写成 $y = \pm \sqrt{C - x^2}$.

例 2   求方程 $\dfrac{\mathrm{d}y}{\mathrm{d}x} + p(x)y = 0$ 的通解，其中 $p(x)$ 是连续函数.

解   首先注意到常值函数 $y = 0$ 是方程的一个解.而若 y 不恒等于 0，则在 $y \neq 0$ 的区间上，可把原方程化为可分离变量方程

$$\frac{1}{y}\mathrm{d}y = -p(x)\mathrm{d}x.$$

两边积分得

$$\ln |y| = -\int p(x)\mathrm{d}x + C_1,$$

其中 C_1 是任意常数.可把 y 解出，即

$$y = \pm \mathrm{e}^{C_1} \cdot \mathrm{e}^{-\int p(x)\mathrm{d}x}.$$

令 $C = \pm \mathrm{e}^{C_1}$，那么 $C \neq 0$，得到

$$y = C \cdot \mathrm{e}^{-\int p(x)\mathrm{d}x}. \tag{6.2.6}$$

注意到当允许 $C = 0$，即 C 是任意常数时，通解(6.2.6)包含上述 $y = 0$ 这个解.

§ 6.2.2   一阶齐次方程

考察方程(1) $\dfrac{\mathrm{d}y}{\mathrm{d}x} = \dfrac{2y}{x} + 1$ 和(2) $\dfrac{\mathrm{d}y}{\mathrm{d}x} = \dfrac{x+y}{x-y}$.

这两个方程本身不是可分离变量方程，但具有一个明显的特点，即变量 x 与 y 具有某种"平等性"，即若分别把 x 与 y 用 Cx 与 Cy 代入（$C \neq 0$ 为常数），方程不变，或者说，这种方程都可以具有这样的形式：

$$\frac{\mathrm{d}y}{\mathrm{d}x} = g\left(\frac{y}{x}\right). \tag{6.2.7}$$

这里 $g(u)$ 在某个区间 I 上是 u 的连续函数. 在一般情况, 它不是可分离变量的. 这时可做变量替换:

$$u = \frac{y}{x} \text{ 即 } y = ux.\tag{6.2.8}$$

于是

$$\frac{\mathrm{d}y}{\mathrm{d}x} = x\frac{\mathrm{d}u}{\mathrm{d}x} + u.\tag{6.2.9}$$

把上二式代入 (6.2.7) 得

$$x\frac{\mathrm{d}u}{\mathrm{d}x} + u = g(u).$$

整理后得到一个可分离变量方程

$$\frac{\mathrm{d}u}{\mathrm{d}x} = \frac{g(u) - u}{x}.$$

从而可利用 §6.2.1 的办法求出 (隐式或显式) 通解 —— 函数 u 的表达式. 然后再把其中的 u 用 $\frac{y}{x}$ 代入, 就得到原方程的通解.

例 3　解上述方程 (2).

解　原方程可化成

$$\frac{\mathrm{d}y}{\mathrm{d}x} = \frac{1 + \dfrac{y}{x}}{1 - \dfrac{y}{x}}.$$

作变换 $u = \frac{y}{x}$, 用 (6.2.8) 和 (6.2.9) 代入得

$$x\frac{\mathrm{d}u}{\mathrm{d}x} + u = \frac{1 + u}{1 - u},$$

整理后得

$$\frac{1 - u}{1 + u^2}\mathrm{d}u = \frac{1}{x}\mathrm{d}x,$$

两边积分得

$$\arctan u - \frac{1}{2}\ln(1 + u^2) = \ln|x| + C,$$

把 u 用 $\frac{y}{x}$ 代入, 得到原方程的通解

$$\arctan\frac{y}{x} - \frac{1}{2}\ln\frac{x^2 + y^2}{x^2} = \ln|x| + C.$$

§6.2.3 应用举例

例4(衰变方程)   从物理学上知道,放射性物质具有衰变现象.例如铀等放射性物质,由于不断放射出微粒而使质量减少,其衰变速度与质量成正比.设一块铀原来的质量为 Q_0,经过 240 小时后质量减少 10%,求这块铀在时刻 t 的质量.

分析   设这块铀在时刻 t 的质量为 $Q(t)$,那么在 $t=0$ 时质量 $Q(0)=Q_0$,质量变化速度为 $Q'(t)$.据题意,存在常数 k 使得

$$\frac{\mathrm{d}Q(t)}{\mathrm{d}t}=kQ(t),\ \text{即}\ \frac{\mathrm{d}Q}{\mathrm{d}t}=kQ, \tag{6.2.10}$$

于是,我们只要求方程满足初始条件 $Q(0)=Q_0$ 的解即可.

这个方程显然是可分离变量的,可求出

$$Q(t)=Ce^{kt},$$

把 $t=0$ 代入其中求得 $C=Q_0$.如果 k 能确定,就得到欲求的解

$$Q(t)=Q_0e^{kt}. \tag{6.2.11}$$

为了确定 k,可据题目的条件得出 $Q(240)=0.9Q_0$,把它代入(6.2.11)得

$$0.9Q_0=Q_0e^{240k},$$

于是求得 $k=\dfrac{(\ln 0.9)}{240}\approx-0.000439$.因此,所求特解为 $Q(t)=Q_0e^{-0.000439t}$,它表示在时刻 t 时铀的质量.

例5(陨石的挥发)   当陨石穿过大气层向地面高速坠落时,陨石表面与空气磨擦所产生的高热使陨石不断挥发(质量不断减少).试验表明,陨石挥发的速度与陨石的表面积成正比.若假设陨石是质量均匀的球体,试求出陨石的质量 m 关于时间 t 的函数表达式.

解   设 t 时刻陨石的半径为 $r(t)$,质量为 $m(t)$,表面积为 $s(t)$,由题设可建立方程

$$\frac{\mathrm{d}m(t)}{\mathrm{d}t}=-ks(t). \tag{6.2.12}$$

(这里假定 $k>0$,由于 $m(t)$ 是单调减少的函数,$m'(t)<0$,所以比例系数为 $-k$.试与例4比较.)该方程含有两个未知函数,应找出它们之间的关系,将(6.2.12)化为仅含有一个未知函数及其导数的方程.这时,注意到 $s(t)=4\pi r^2(t)$,$m(t)=\rho\dfrac{4}{3}\pi r^3(t)$,其中 ρ 为密度,可推出

$$s(t)=4\pi\left[\frac{3m(t)}{4\pi\rho}\right]^{\frac{2}{3}}=4\pi\left(\frac{3}{4\pi\rho}\right)^{\frac{2}{3}}\cdot\left[m(t)\right]^{\frac{2}{3}}.$$

把它代入(6.2.12)就可消去 $s(t)$，得到如下关于未知函数 $m(t)$ 的微分方程：

$$\frac{\mathrm{d}m}{\mathrm{d}t} = -\alpha m^{\frac{2}{3}},\qquad (6.2.13)$$

其中 $\alpha = 4\pi k\left(\dfrac{3}{4\pi\rho}\right)^{\frac{2}{3}}$. 这是一个可分离变量方程，容易求得

$$3\left[m(t)\right]^{\frac{1}{3}} = -\alpha t + C,\ \text{即}\ m(t) = \left[\frac{C-\alpha t}{3}\right]^3,\qquad (6.2.14)$$

其中 C 是任意常数. 为了确定 C，假定陨石到达地面的时刻为 t_0，这时陨石的质量为 m_0，以此作为初始条件，可求出

$$C = 3m_0^{\frac{1}{3}} + \alpha t_0,$$

把它代入(6.2.14)，就求得 $m(t)$ 的表达式

$$m(t) = \left[m_0^{\frac{1}{3}} + \frac{\alpha}{3}(t_0 - t)\right]^3,$$

其中 $\alpha = 4\pi k\left(\dfrac{3}{4\pi\rho}\right)^{\frac{2}{3}}$.

我们必须指出，方程(6.2.10)和(6.2.13)虽然简单(前者变化率刚好是未知函数的线性函数，后者变化率是未知函数的非线性函数)，但它却是在许多学科分支(包括经济学上，化学、生物学或医学上)具有广泛应用的基本类型. 下面仅以经济学上的复利模型为例说明之，而在化学上的模型可见习题6.2(A)之第4题.

复利模型　假定有一笔钱 s_0 存在银行，每个月可按 r‰ 的利率获取复利息(复利息指的是，本钱可以生利息，同时每个月获得的利息存在银行也可生利息)，如果考虑存款的时间很长(比方 10 年以上)，可把资金看成时间的连续函数. 假定该款存入后在时刻 t 的资本总额(连本带利)为 $s(t)$，于是，资金函数 $s(t)$ 就是如下初值问题的解：

$$\begin{cases} s'(t) = \dfrac{r}{100}s(t) \\[2mm] s\,|_{t=0} = s_0 \end{cases}.$$

这就是所谓**复利模型**.

例 6(Logistic 模型)　设对某种传染病，某个居民区有 a 个有可能受感染的个体(人)，在 $t_0 = 0$ 时有 x_0 个人受感染(x_0 远小于 a). 假定此后与外界隔离，用 x 表示在时刻 $t(t\geqslant 0)$ 被感染的人数. 据传染病学的研究，传染病的传染速度与该区内已感染的人数及可能受感染而尚未感染的人数的乘积成正比. 求已感染的人数 x 与时间 t 的函数关系(假定不考虑免疫者).

解　据假设 $x = x(t)$ 为时刻 t 该区内已感染的人数，那么 $a-x$ 是在时刻

t 该区内可能受感染但尚未感染的人数, 而 $x'(t)$ 为传染速度. 于是得到方程

$$\frac{\mathrm{d}x}{\mathrm{d}t} = kx(a-x), (k > 0 \text{ 为常数}). \tag{6.2.15}$$

这是可分离变量的方程, 初始条件为 $x(0) = x_0$. 可解得

$$\frac{x}{a-x} = \frac{x_0}{a-x_0}\mathrm{e}^{akt},$$

或

$$x = \frac{a}{1+c\mathrm{e}^{-akt}}, \text{其中} \ c = \frac{a-x_0}{x_0}. \tag{6.2.16}$$

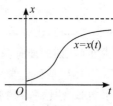

图 6-2-1

这个模型可称为**传染病模型**. 更一般地, (6.2.16) 的函数, 即方程 (6.2.15) 的解 $x = x(t)$ 的曲线称为 **Logistic(逻辑斯蒂) 曲线**(图 6-2-1), 用这种曲线描述的数学模型称为 **Logistic 模型**.

Logistic 模型具有普遍意义. 其实, 许多不同学科的实际问题的背景虽然不同, 但都需要研究与传染病模型同样的问题: 一个变量 $x(t)$ 单调增加, 以 a 为上确界, 且其变化率 $x'(t)$ 与变量本身及余量 $a - x(t)$ 之乘积成正比, 于是, 变量 $x(t)$ 都满足同一个方程 (6.2.15) 或其变形.

事实上, 把传染病的背景加以修改就成为如下**商品销售预测模型**. 在商品销售预测中, 若用 $x(t)$ 表示时刻 t 的销售量, 设销售量的变化率 $x'(t)$ 与销售量 $x(t)$ 及销售接近饱和水平 a 的程度 $a - x(t)$ 之乘积成正比, 销售函数 $x(t)$ 所满足方程就是 (6.2.15). 给出 t_0 时的销售量初值 x_0 后, 就可求出销售函数 $x(t)$.

类似地, 在生物学上可建立**生物种群生长模型**(参见习题 6.2(B) 第 5 题).

最后应说明的是, Logistic 模型只是理想状态下的一种基本形式, 它假定变化率只与 $x(t)(a - x(t))$ 成正比, 而在实际应用中还可能有许多因素影响变化率. 因此, Logistic 模型常要根据实际问题加以修正. 比如, 方程 (6.2.15) 作为传染病模型, 没考虑到治疗效果和隔离措施的影响, 也没有考虑免疫的情形, 结果 (6.2.16) 显示: $t \to +\infty$ 时 $x(t) \to a$, 即所有的人最终都要染病. 其实, 在现实中, 由于治疗和隔离措施得力, 许多传染病(包括 2003 年的 Sars, 即非典型性肺炎)都被迅速遏制. 所以, 要对方程 (6.2.15) 做必要的修改, 使新的模型能反映这些重要因素的作用. 尽管如此, Logistic 模型仍是基本的(具体修改办法可参阅关于数学模型的参考书).

习题 6.2(A)

1. 求下列微分方程的通解:

(1) $y' = 10^{x+y}$；   (2) $\cos x \sin y \mathrm{d}x + \sin x \cos y \mathrm{d}y = 0$；

(3) $\dfrac{\mathrm{d}y}{\mathrm{d}x} = \dfrac{x+y}{x}$；   (4) $\dfrac{\mathrm{d}y}{\mathrm{d}x} = \dfrac{x^2 + xy + y^2}{x^2}$；

(5) $(x^2 + 3xy + y^2)\mathrm{d}x - x^2\mathrm{d}y = 0$.

2. 求微分方程满足初始条件的特解：

(1) $(1 + x^2)y' = \arctan x, y \mid_{x=0} = 0$；

(2) $y'\sin x = y\ln y, y \mid_{x=\frac{\pi}{2}} = e$；

(3) $\cos y \mathrm{d}x + (1 + \mathrm{e}^{-x})\sin y \mathrm{d}y = 0, y \mid_{x=0} = \dfrac{\pi}{4}$.

3. 放射性物质镭的衰变速度与它现存量 Q 成正比，比例系数 $k =$ -0.00433，① 求在时刻 t（以年为单位）镭的存量与时间 t 的函数关系；② 经过多少年后，镭的质量只剩下原来存量的一半？

4. 在某种化学反应中，物质 A 转变成物质 B 的速度与物质 A 的瞬时存量的平方成正比．如果物质 A 的初始质量为60克，1小时后物质 A 的瞬时存量减少到10克，求2小时后物质 A 的瞬时存量．

5. 假定有一笔钱 s_0 存在银行，每个月可按 2% 的利率获取复利息．求该款存入后任何时刻的资金（连本带利）是多少？．

6. 用 $x(t)$ 表示时刻 t 的销售量，设销售量的变化率 $x'(t)$ 与销售量 $x(t)$ 及销售接近饱和水平的程度 $a-x$ 之乘积成正比（比例系数 $k = 0.1$），假定 $x(0) = 100$，饱和水平 $a = 1100$，求销售函数 $x(t)$.

习题 6.2(B)

1. 解下列微分方程：

(1) $\dfrac{\mathrm{d}y}{\mathrm{d}x} = -\dfrac{x-y-1}{x+y+5}$；   (2) $\dfrac{\mathrm{d}y}{\mathrm{d}x} = \dfrac{4x^3 y}{x^4 + y^2}$.

2. 设连续函数 $f(x)$ 满足关系式：$f(x) = \displaystyle\int_0^{2x} f\left(\dfrac{t}{2}\right)\mathrm{d}t + \ln 2$，求 $f(x)$.

3. 验证形如 $yf(xy)\mathrm{d}x + xg(xy)\mathrm{d}y = 0$ 的微分方程，可以用变量替换 $v = xy$ 化为可分离变量的方程．

4. 某银行账户以连续复利方式计算利息，年利率为 5%．如果要求连续 20 年以每年 12000 元的速率用这一账户支付职工的工资，那么账户余额 $u(t)$ 应满足什么样的微分方程（t 以年计算）？假定原来存入账户的金额为 u_0，试求这个微分方程的解．

5.（**生物种群生长模型**）在一个孤立小岛上红蚂蚁迅速繁殖，经一阶段增长后逐渐接近生长极限 N．假定在时刻 $t_0 = 0$ 时的红蚂蚁量 x_0 为生长极限 N 的 m

分之一($m > 10$ 为整数),红蚂蚁量 $x(t)$ 的增长率与 $x(t)$ 本身和其接近生长极限的程度($N - x(t)$)之乘积成正比(比例系数 $k > 0$).求红蚂蚁量 $x(t)$ 的函数表达式.又,假定生长极限 $N = 100000$ 单位,x_0 为 N 的五千分之一,10 天后红蚂蚁量达到 x_0 的 10 倍,问经过多少时间红蚂蚁可达到其生长极限的百分之六十?

§6.3　一阶线性微分方程

本节介绍一阶线性微分方程,它的标准形式为

$$\frac{\mathrm{d}y}{\mathrm{d}x} + p(x)y = q(x), \tag{6.3.1}$$

这里 $p(x), q(x)$ 是在某个区间 (α, β) 内连续的已知函数.如果 $q(x) \neq 0$(即不恒等于 0),则称(6.3.1)为**非齐次的**;反之,如果(6.3.1)中 $q(x) = 0$(即恒等于 0),即变成

$$\frac{\mathrm{d}y}{\mathrm{d}x} + p(x)y = 0, \tag{6.3.2}$$

则称它为**齐次的**,或对应于(6.3.1)的**齐次方程**.

在 §6.2 例 2 中我们已知(6.3.2)方程是可分离变量方程且通解为

$$y = C\mathrm{e}^{-\int p(x)\mathrm{d}x}, \tag{6.3.3}$$

其中 C 是任意常数.

下面讨论方程(6.3.1)的解.由于(6.3.2)是(6.3.1)中 $q \equiv 0$ 的特殊情况,因此可设想,(6.3.2)的通解(6.3.3)也应是(6.3.1)的通解的特殊情况.

注意到常数 C 可以看成一般的函数 $u(x)$ 的特殊情况,于是自然猜想(6.3.1)的解 ϕ 可能具有形式

$$\phi(x) = u(x)\mathrm{e}^{-\int p(x)\mathrm{d}x}. \tag{6.3.4}$$

于是

$$\phi'(x) = u'(x)\mathrm{e}^{-\int p(x)\mathrm{d}x} + u(x)\left[- p(x)\mathrm{e}^{-\int p(x)\mathrm{d}x}\right]$$

$$= u'(x)\mathrm{e}^{-\int p(x)\mathrm{d}x} - p(x)\phi(x).$$

为了寻求形如(6.3.4)的解 $y = \phi(x)$,把上面两式代入原方程(6.3.1),化简后得

$$u'(x)\mathrm{e}^{-\int p(x)\mathrm{d}x} = q(x),$$

即 $u(x)$ 必须满足的方程为

$$u'(x) = q(x)\mathrm{e}^{\int p(x)\mathrm{d}x}.$$

两边积分后求得

$$u(x) = \int \left[q(x) e^{\int p(x)\mathrm{d}x} \right] \mathrm{d}x + C.$$

于是就得到方程(6.3.1)的通解

$$y = \left(\int \left[q(x) e^{\int p(x)\mathrm{d}x} \right] \mathrm{d}x + C \right) e^{-\int p(x)\mathrm{d}x}. \tag{6.3.5}$$

上述把(6.3.3)的常数 C 换成一个待定函数 $u(x)$,再代入原方程来求解(6.3.1)的方法称为**常数变易法**.

在(6.3.5)式中令 $C = 0$,得到方程(6.3.1)的一个特解

$$y^* = \left(\int \left[q(x) e^{\int p(x)\mathrm{d}x} \right] \mathrm{d}x \right) e^{-\int p(x)\mathrm{d}x}.$$

所以由(6.3.5)知,(6.3.1)的解可以表示成:

$$y = y^* + C e^{-\int p(x)\mathrm{d}x}, \tag{6.3.6}$$

即非齐次方程(6.3.1)的通解是它的一个特解 y^* 与对应的齐次方程(6.3.2)的通解之和.

例 1　求方程 $y' - 2xy = x$ 的通解.

解　这是一个线性方程,其中 $p(x) = -2x, q(x) = x$.

首先,求出对应的齐次方程 $y' - 2xy = 0$ 的通解为

$$y = C e^{\int 2x\mathrm{d}x} = C e^{x^2}.$$

接着,求非齐次方程的解.令 $y = u(x) e^{x^2}$,求导数

$$y' = u'(x) e^{x^2} + u(x) 2x e^{x^2},$$

把 y 与 y' 代入原方程得到

$$u'(x) e^{x^2} = x,$$

即

$$u'(x) - x e^{-x^2},$$

于是,$u(x) = \int x e^{-x^2} \mathrm{d}x + C = -\dfrac{1}{2} e^{-x^2} + C.$

因此,原方程的通解为 $y = \left(-\dfrac{1}{2} e^{-x^2} + C \right) e^{x^2}$,即 $y = -\dfrac{1}{2} + C e^{x^2}$.

注　本题也可直接代公式(6.3.5)来求解.把 $p(x) = -2x, q(x) = x$ 代入公式(6.3.5),得

$$y = \left(\int \left[x e^{-\int 2x\mathrm{d}x} \right] \mathrm{d}x + C \right) e^{\int 2x\mathrm{d}x}$$

$$= \left(\int x e^{-x^2} \mathrm{d}x + C \right) e^{x^2} = \left(-\frac{1}{2} e^{-x^2} + C \right) e^{x^2},$$

即通解为 $y = -\dfrac{1}{2} + C e^{x^2}$.

例 2 求方程 $y' = \dfrac{y}{2x + y^2}$ 的通解.

分析 这个方程既不是可分离变量的,也不是形如(6.3.1)的关于未知函数 y 的线性方程.但是,如果我们把变量 x 看成 y 的未知函数,就可得到一个如下线性方程:

$$\frac{\mathrm{d}x}{\mathrm{d}y} + p(y)x = q(y).$$

它就是(6.3.1)中 x 与 y 对调后所得到的形式.所以,通解为

$$x = \left(\int \left[q(y)\mathrm{e}^{\int p(y)\mathrm{d}y} \right] \mathrm{d}y + C \right) \mathrm{e}^{-\int p(y)\mathrm{d}y}. \tag{6.3.5}^*$$

解 显然 $y = 0$ 是原方程的解.为求通解,设 $y \neq 0$,将原方程改写为

$$\frac{\mathrm{d}x}{\mathrm{d}y} = \frac{2x}{y} + y, \text{或} \frac{\mathrm{d}x}{\mathrm{d}y} - \frac{2x}{y} = y,$$

那么 $p(y) = -\dfrac{2}{y}, q(y) = y$. 把它们代入公式$(6.3.5)^*$,得到

$$x = \left(\int y\mathrm{e}^{-\int \frac{2}{y}\mathrm{d}y} \mathrm{d}y + C \right) \mathrm{e}^{\int \frac{2}{y}\mathrm{d}y} = y^2 \left(\int y \cdot y^{-2} \mathrm{d}y + C \right),$$

所以原方程的通解为 $x = y^2(\ln |y| + C)$.

例 3 求方程 $\dfrac{\mathrm{d}y}{\mathrm{d}x} + xy = x^3 y^3$ 的通解.

分析 类比于线性方程,这种方程的一般形式为

$$\frac{\mathrm{d}y}{\mathrm{d}x} + p(x)y = q(x)y^n, n \neq 0, 1,$$

称为**贝努利(Bernoulli)方程**.显然 $y = 0$ 是它的一个解.为求通解,设 $y \neq 0$,两边同除以 y^n,并作变量替换 $z = y^{1-n}$,就可以把该方程化为线性方程.

解 方程两边同除以 y^3,原方程化成

$$y^{-3} \frac{\mathrm{d}y}{\mathrm{d}x} + xy^{-2} = x^3, \tag{6.3.7}$$

若作变量替换 $z = y^{-2}$,则 $\dfrac{\mathrm{d}z}{\mathrm{d}x} = -2y^{-3} \dfrac{\mathrm{d}y}{\mathrm{d}x}$,把它们代入方程(6.3.7),整理后得到

$$\frac{\mathrm{d}z}{\mathrm{d}x} - 2xz = -2x^3.$$

这是一个以 z 为未知函数的线性方程,利用公式(6.3.5),求出它的通解为 $z = 1 + x^2 + C\mathrm{e}^{x^2}$;再把 $z = y^{-2}$ 代入,得到 $y^{-2} = 1 + x^2 + C\mathrm{e}^{x^2}$,故原方程的通解为

$$y^2(1 + x^2 + C\mathrm{e}^{x^2}) = 1.$$

注意,$y = 0$ 也是该方程的解,但它不在通解之中.

例 4(确定商品价格浮动的规律) 设某种商品的供给量 Q_1 与需求量 Q_2 都

是只依赖于价格 P 的线性函数,并假定在时间 t 时价格 $P(t)$ 的变化率与这时的过剩需求量 $Q_2 - Q_1$ 成正比,试确定这种商品的价格随时间 t 的变化规律.

解　设

$$Q_1 = -a + k_1 P, \tag{6.3.8}$$

$$Q_2 = b - k_2 P, \tag{6.3.9}$$

其中 a、b、k_1、k_2 都是已知的正的常数.(6.3.8)式表明供给量 Q_1 是价格 P 的递增函数;(6.3.9)式表明需求量 Q_2 是价格 P 的递减函数.

当供给量与需求量相等,即 $Q_1 = Q_2$ 时,由(6.3.8)与(6.3.9)求出平衡价格为

$$\overline{P} = \frac{a+b}{k_1 + k_2}.$$

容易看出,当供给量小于需求量,即 $Q_1 < Q_2$ 时,价格将上涨,即 $P > \overline{P}$;反之,价格将下跌,即 $P < \overline{P}$.这样,市场价格就随时间的变化而围绕平衡价格 $\overline{P}$ 上下波动.因而,我们可以设想价格 P 是时间 t 的函数 $P = P(t)$.

由假定知道,$P(t)$ 的变化率与 $Q_2 - Q_1$ 成正比,即有

$$\frac{\mathrm{d}P}{\mathrm{d}t} = \alpha(Q_2 - Q_1),$$

其中 α 是正的常数,将(6.3.8)与(6.3.9)代入上式得

$$\frac{\mathrm{d}P}{\mathrm{d}t} + \xi P = \eta \tag{6.3.10}$$

其中 $\xi = \alpha(k_1 + k_2)$,$\eta = \alpha(a + b)$,都是正的常数.

(6.3.10)式是一个一阶线性微分方程,其通解为

$$P = \mathrm{e}^{-\int \xi \mathrm{d}t} \left[\int (\eta \mathrm{e}^{\int \xi \mathrm{d}t}) \mathrm{d}t + C \right] = \mathrm{e}^{-\xi t} \left[\frac{\eta}{\xi} \mathrm{e}^{\xi t} + C \right], \text{即}$$

$$P = C\mathrm{e}^{-\xi t} + \overline{P}.$$

这就是商品价格随时间的变化规律,其中 C 是任意常数,可据实际问题选取初值来确定.如果已知初始价格 $P(0) = P_0$,则得到特解

$$P = (P_0 - \overline{P})\mathrm{e}^{-\xi t} + \overline{P}.$$

习题 6.3(A)

1. 求下列方程的通解:

(1) $\dfrac{\mathrm{d}y}{\mathrm{d}x} + 3y = \mathrm{e}^{2x}$;

(2) $\dfrac{\mathrm{d}y}{\mathrm{d}x} - \dfrac{n}{x}y = \mathrm{e}^x x^n$,$n$ 为常数;

(3) $(x^2 + 1)\dfrac{\mathrm{d}y}{\mathrm{d}x} + 2xy = 4x^2$;

(4) $y' = \dfrac{x^3 + y}{x}$;

(5)$y\ln y\mathrm{d}x+(x-\ln y)\mathrm{d}y=0$;　　(6)$\dfrac{\mathrm{d}y}{\mathrm{d}x}+\dfrac{2}{x}y=3x^2y^{\frac{4}{3}}$,

(7)$(6x-y^2)y'=2y$;　　　　　　(8)$y'=\dfrac{y^2}{y^2+2xy-x}$.

2. 求初值问题的解：

(1)$x\dfrac{\mathrm{d}y}{\mathrm{d}x}=\mathrm{e}^{-x}-y,y\mid_{x=1}=\mathrm{e}$;　　(2)$\dfrac{\mathrm{d}y}{\mathrm{d}x}=y\tan x+\sec x,y\mid_{x=0}=0$;

(3)$\dfrac{\mathrm{d}y}{\mathrm{d}x}=y+xy^5,y\mid_{x=0}=1$;　　(4)$\dfrac{\mathrm{d}y}{\mathrm{d}x}+(\cot x)y=2\csc x,y\mid_{x=\frac{\pi}{2}}=1$.

3. 求一曲线方程，它经过坐标原点并且在点(x,y)处的切线的斜率为$2x(1-y)$.

4. 一个物体从水池表面落下，所受的阻力与速度成正比，求下落速度v与时间t的函数关系.

5. 设有一质量为m的机车在铁轨上由静止开始运动，它同时受到两个力的作用，一是与运动方向一致的牵引力的作用，大小与时间成正比（比例系数为k_1），另一个是阻力，其大小与速度成正比（设比例系数为k_0）.求火车运动的速度与时间的关系.

习题 6.3(B)

1. 求下面伯努利方程的通解：

(1)$\dfrac{\mathrm{d}y}{\mathrm{d}x}+y=y^2(\cos x-\sin x)$;

(2)$[y+xy^3(1+\ln x)]\mathrm{d}x-x\mathrm{d}y=0$.

2. 如图是一简单的$R-L$电路.设其中电阻$R=12\Omega$，电感$L=4H$，又设初始电流$I(0)=0$.设电源电动势$E(t)$分别为$60\mathrm{V}$和$60\sin30t\mathrm{V}$，求电流$I(t)$.

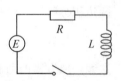

§6.4　可用降阶法求解的高阶方程

如果一个微分方程的阶数不低于2，就称之为**高阶方程**.高阶方程的求解比一阶方程难，而且阶数越高难度越大.本节介绍的三种高阶方程都可通过变量替换来降低方程的阶数，化成前面学过的一阶方程来求解.

1. 只含未知函数的最高阶导数和已知函数的方程 $y^{(n)}=f(x)$

因为$y^{(n)}=(y^{(n-1)})'$，所以若把$y^{(n-1)}$看成未知函数$u(x)$，则原方程化成$u'=f(x)$，那么u就是$f(x)$的原函数.因此解这种方程只须逐次积分，每积一次就产生一个任意常数,共积分 n 次,就得到含有 n 个任意常数的解,即通解.

例 1　求解方程 $y''' = \sin 2x - e^{-x}$.

解　连续积分三次,得

$$y'' = -\frac{1}{2}\cos 2x + e^{-x} + C_1,$$

$$y' = -\frac{1}{4}\sin 2x - e^{-x} + C_1 x + C_2,$$

$$y = \frac{1}{8}\cos 2x + e^{-x} + \frac{1}{2}C_1 x^2 + C_2 x + C_3.$$

最后一式给出方程的通解,其中 C_1, C_2 和 C_3 为任意常数.

2. 不显含未知函数 y 的二阶方程 $y'' = f(x, y')$

这时,可令 $u(x) = y'(x)$,那么 $y''(x) = u'(x)$.把它们代入原方程就得到

$$u' = f(x, u).$$

这是一个一阶方程.只要能求出 u 的通解 $u = \phi(x, C_1)$,就得到

$$\frac{dy}{dx} = \phi(x, C_1),$$

两边积分就得到原方程的通解.

例 2　求方程 $(x^2 + 1)y'' = 2xy'$ 的通解.

解　令 $u = y'$,则原方程化成

$$(x^2 + 1)u' = 2xu.$$

这是可分离变量方程,不难求出通解 $u = C_1(x^2 + 1)$,即

$$y' = C_1(x^2 + 1),$$

两边积分得

$$y = \frac{1}{3}C_1 x^3 + C_1 x + C_2,$$

这就是原方程的通解,其中 C_1 和 C_2 为任意常数.

3. 不显含自变量 x 的二阶方程 $y'' = f(y, y')$

这时,令 $u = y'(x)$.如果把 u 看成中间变量 y 的函数,即 $u = u(y)$,$y = y(x)$,那么 $u(x) = u(y(x))$.据复合函数求导法则就有

$$\frac{d^2 y}{dx^2} = \frac{du}{dx} = \frac{du}{dy} \cdot \frac{dy}{dx} = u\frac{du}{dy},$$

代入原方程得到

$$u\frac{du}{dy} = f(y, u).$$

这是一个以 y 为自变量,u 为未知函数的方程.如果能求出它的通解 $u = \phi(y, C_1)$ 就得到

$$\frac{\mathrm{d}y}{\mathrm{d}x} = \phi(y, C_1).$$

这是一个可分离变量方程,它的通解就是

$$\int \frac{\mathrm{d}y}{\phi(y, C_1)} = x + C_2,$$

其中 C_1, C_2 是任意常数.

例 3 求方程 $yy'' - (y')^2 = 0 (y \neq 0)$ 的通解.

解 设 $u = y'$,把 u 看成 y 的函数,则

$$\frac{\mathrm{d}^2 y}{\mathrm{d}x^2} = u \frac{\mathrm{d}u}{\mathrm{d}y},$$

代入原方程得

$$yu \frac{\mathrm{d}u}{\mathrm{d}y} = u^2,$$

假定 $u \neq 0$,整理为

$$\frac{\mathrm{d}u}{u} = \frac{\mathrm{d}y}{y};$$

求出通解 $u = C_1 y$,得到

$$\frac{\mathrm{d}y}{\mathrm{d}x} = C_1 y,$$

解这个方程,得到原方程的通解

$$y = C_2 e^{C_1 x}, \text{其中 } C_1, C_2 \text{ 为任意常数.}$$

那么,对于 $u = 0$ 即 $y' = 0$ 的情形,相应的解为 $y = C$(常数),它显然已经包含于通解之中(即 $C_1 = 0, C_2 = C$ 的情形).

最后,我们指出,上述把方程的解法分类只是为了叙述方便,分类的标准并非绝对严格的.事实上,有的方程可兼跨两类,如

$$y'' = (y')^3 + y',$$

它既不显含 x,也不显含 y.这时采用 2,3 两种方法都可求解,读者可据解题的方便选用其中一种解法.

例 4(冰雹的下落) 当冰雹由 800 米的高空落下时,它除了受到地球重力的作用之外,还受到空气阻力的作用.设阻力的大小与冰雹的运动速度成正比,试计算冰雹的下落速度并求出描述冰雹的位置与时间的关系的函数.

解 取原点在地面上的铅垂直线为坐标轴,方向朝上,用 $y = y(t)$ 表示冰雹在时刻 t 时离开地面的高度,那么当 $t = 0$ 时 $y = y_0 = 800$,$y' = (y - y_0)'$ 就是冰雹的下落速度($y' < 0$),而 $y'' = (y - y_0)''$ 为下落的加速度;当 $t = 0$ 时 $y' = y_0' = 0$.根据题目条件,可设阻力 $f = -ky'(k > 0)$.

注意到重力加速度的大小为 g,其方向与坐标轴的正向相反,根据牛顿第二运动定律可建立微分方程

$$my'' = -mg - ky',\tag{6.4.1}$$

这是一个不显含自变量 t,又不显含未知函数 y 的二阶微分方程. 令 $v(t) = y' = \dfrac{\mathrm{d}y}{\mathrm{d}t}$,同时记 $\alpha = k/mg$,则方程(6.4.1)可化为

$$\frac{\mathrm{d}v}{\mathrm{d}t} = -g(1 + \alpha v).\tag{6.4.2}$$

这是可分离变量方程,不难求得方程(6.4.2)的通解为

$$\frac{1}{g\alpha}\ln(1 + \alpha v) = -t + C$$

(据问题假定,冰雹的下落的加速度取负值,所以由(6.4.2)知 $1 + \alpha v > 0$). 由于由于 $t = 0$ 时 $v = y'_0 = 0$,所以 $C = 0$,故冰雹的下落速度为 $v(t) = -\dfrac{1}{\alpha}(1 - \mathrm{e}^{-g\alpha t})$,即

$$\frac{\mathrm{d}y}{\mathrm{d}t} = -\frac{1}{\alpha}\bigl[1 - \mathrm{e}^{-g\alpha t}\bigr],$$

两边积分得

$$y = -\frac{1}{\alpha}\bigl[t + (g\alpha)^{-1}\mathrm{e}^{-g\alpha t} + C_1\bigr].$$

由于 $t = 0$ 时 $y = y_0 = 800$,代入上式求得 $C_1 = -\bigl[(g\alpha)^{-1} + 800\alpha\bigr]$. 所以,冰雹的位置与时间的关系的函数为

$$y(t) = -\frac{1}{\alpha}\Bigl[t - \frac{1}{g\alpha}(1 - \mathrm{e}^{-g\alpha t})\Bigr] + 800.$$

注　本题也可把坐标轴方向朝下,并把坐标原点取为下落的起点,只是结论要做相应的改动. 读者可把它作为练习,并与习题 $6.4(A)$ 的第 3 题做比较.

习题 6.4(A)

1. 求下列微分方程的通解:

(1) $y''' = \mathrm{e}^{2x} - \sin x$;　　　　　　(2) $\dfrac{\mathrm{d}^4 x}{\mathrm{d}t^4} - \dfrac{1}{t}\dfrac{\mathrm{d}^3 x}{\mathrm{d}t^3} = 0$;

(3) $y'' = 1 + (y')^2$;　　　　　　　　(4) $y'' = y' + x$;

(5) $y^3 y'' = 1$;　　　　　　　　　　(6) $y'' + k(y')^2 = 0$.

2. 求下列初值问题的解:

(1) $y'' = 3\sqrt{y}, y(0) = 1, y'(0) = 2$;

(2) $yy'' = 2((y')^2 - y'), y(0) = 1, y'(0) = 2$;

(3) $y'y'' = 2, y(0) = 1, y'(0) = 2$；

(4) $y'y'' - x = 0, y(1) = 2, y'(1) = 1$.

3. 一质量为 m 的物体，在粘性液体中由静止自由下落．假设液体阻力与运动速度成正比，比例系数为 k，试求物体下落的距离 s 与时间 t 的函数关系．

4. 一平面曲线满足微分方程 $y'' - 4x = 0$，如果它经过点 $(0, 2)$ 且在该点与直线 $x - y + 2 = 0$ 相切，求这条曲线．

习题 6.4(B)

1. 求下列微分方程的通解：

(1) $y'' = (y')^3 + y'$；　　　　　　(2) $xy'' = y'(\ln y' - \ln x)$.

2. 设对任意 $x > 0$，曲线 $y = f(x)$ 上的点 $(x, f(x))$ 处的切线在 y 轴上的截距等于 $\dfrac{1}{x}\displaystyle\int_0^x f(t)\,\mathrm{d}t$，求 $f(x)$.

3. 设 $y = y(x)$ 是一向上凸的连续曲线，其上任意一点 $P(x, y)$ 处的曲率为 $\dfrac{1}{\sqrt{1 + y'^2}}$，曲线在点 $(0, 1)$ 处的切线方程为 $y = x + 1$，求该曲线的方程，并求函数 $y = y(x)$ 的极值．

§6.5　二阶线性微分方程解的结构

和一阶方程的情形一样，在高阶方程中线性方程是应用较广泛而且解的结构最明晰的一类方程. n 阶线性微分方程的一般形式是：

$$y^{(n)} + p_1(x)y^{(n-1)} + p_2(x)y^{(n-2)} + \cdots + p_n(x)y = f(x), \quad (6.5.1)$$

其中，方程右边的函数 $f(x)$ 称为**自由项**. 特别，二阶线性方程的一般形式是：

$$y'' + p(x)y' + q(x)y = f(x). \quad (6.5.2)$$

当方程 (6.5.1) 或 (6.5.2) 的自由项 $f(x) \equiv 0$ 时，称该方程为**齐次的**，并称之为**对应于 (6.5.1) 或 (6.5.2) 的齐次方程**；否则称为**非齐次的**. 为了保证方程 (6.5.1) 或 (6.5.2) 中的解存在，均假设自由项 $f(x)$ 及其中的系数，即 (6.5.1) 中的 $p_i(x)(i = 1, 2, \cdots, n)$，(6.5.2) 中的 $p(x)$ 与 $q(x)$ 在方程所讨论的区间 I 上连续.

从本节起主要讨论二阶线性方程的解，其主要结论和方法可类似地推广到 n 阶线性方程的情形.

§6.5.1　二阶齐次线性方程解的结构

先研究如下二阶齐次线性方程

$$y'' + p(x)y' + q(x)y = 0 \tag{6.5.3}$$

的解的结构.容易验证,若 $y = y_1(x)$ 和 $y = y_2(x)$ 都是(6.5.3)在区间 $I = (\alpha, \beta)$ 上的解,那么对任意常数 C_1 和 C_2,函数

$$y = C_1 y_1(x) + C_2 y_2(x), \alpha < x < \beta \tag{6.5.4}$$

也是(6.5.3)在区间 (α, β) 内的解.

我们把(6.5.4)的右边,即 $C_1 y_1(x) + C_2 y_2(x)$ 称为 y_1 与 y_2 在 I 上的**线性组合**.如果一个函数 y 满足(6.5.4)式,则称 y 在 I 上可以用 y_1 与 y_2 **线性表示**.

反过来,是否(6.5.3)的每个解 y 都可以用 y_1 与 y_2 线性表示,即表示成 y_1 与 y_2 的线性组合呢?因为我们的目标是求出(6.5.3)的所有解或通解,如果这个问题的答案是肯定的,那么我们只要求出两个解,其余的解就可用它们的线性组合来表示了.不过,如果我们细心观察一些例子,就会发现答案未必是肯定的.

例1   对于齐次线性方程

$$y'' + y = 0,$$

容易验证 $y_1 = \sin x, y_2 = \cos x$ 和 $y_3 = 2\sin x - \cos x, y_4 = 3\cos x$ 都是它在 $(-\infty, +\infty)$ 内的解.那么,$y_3 = 2y_1 - y_2$,即 y_3 可以用 y_1 和 y_2(或 y_1 和 y_4)线性表示;但是,y_3 就不能由 y_2 和 y_4 线性表示.

对于向量组来说,线性组合、线性表示是和线性相关的概念紧密联系的;同样,对一组函数,也有线性相关的概念.

设 $g_1, g_2, \cdots, g_n$ 是同一区间 I 上的函数,如果存在 n 个不全为 0 的常数 $\alpha_1, \alpha_2, \cdots, \alpha_n$ 使得

$$\alpha_1 g_1(x) + \alpha_2 g_2(x) + \cdots + \alpha_n g_n(x) = 0, x \in I, \tag{6.5.5}$$

就称这 n 个函数在 I 上**线性相关**,否则,称它们在 I 上**线性无关**.注意,(6.5.5)中的等式实际上是恒等式.显然,$g_1, g_2, \cdots, g_n$ 在 I 上线性相关,当且仅当其中至少有一个 g_i 可用其他函数的线性组合来表示.例如,当 $\alpha_1 \neq 0$ 时,就有 $g_1(x) = \beta_2 g_2(x) + \cdots + \beta_n g_n(x)$,其中 $\beta_i = -\dfrac{\alpha_i}{\alpha_1}, i = 2, \cdots, n$.

在例1中,y_2 和 y_4 在 $(-\infty, +\infty)$ 内线性相关,而 y_1 和 y_2,y_1 和 y_3 均线性无关.一般地,I 上的两个函数 g_1 和 g_2 线性相关的充要条件是:其中一个函数为另一个函数与常数之积.

刚才提出的问题由下一定理给出明确的回答.

定理1   设 y_1 和 y_2 是方程(6.5.3)在区间 I 上的两个线性无关的特解,则对(6.5.3)的任何解 y,都存在常数 C_1 和 C_2 使得

$$y = C_1 y_1(x) + C_2 y_2(x), x \in I. \tag{6.5.6}$$

换言之,如果 C_1 和 C_2 是任意常数,则(6.5.3)的通解就可以用(6.5.6)来表示,

即用 y_1 和 y_2 的线性组合来表示.

§6.5.2 二阶非齐次线性方程解的结构

设(6.5.2)右边 $f(x) \neq 0$,即它是一个二阶非齐次线性方程,那么(6.5.3)是(6.5.2)所对应的齐次方程. 在§6.3已经知道,一阶非齐次方程的通解可分解为两部分,其中一部分是对应的一阶齐次方程的通解,另一部分是非齐次方程的一个特解. 这个结论对于 n 阶线性方程也是对的. 特别地,我们有

定理 2 设 y^* 是二阶非齐次线性方程(6.5.2)的一个特解,$C_1 y_1 + C_2 y_2$ 是对应的齐次方程(6.5.3)的通解,则

$$y = y^* + (C_1 y_1 + C_2 y_2) \tag{6.5.7}$$

是方程(6.5.2)的通解.

实际上,容易验证(6.5.7)是非齐次方程(6.5.2)的解. 反之,若 y 是方程(6.5.2)的解,则容易验证:$y - y^*$ 是齐次方程(6.5.3)的解;于是,据定理1,存在 C_1 和 C_2 使得 $y - y^* = C_1 y_1 + C_2 y_2$,即(6.5.7)成立. 所以(6.5.7)是方程(6.5.2)的通解.

定理 2 提供了求非齐次方程通解的一般方法:一方面,求出齐次方程(6.5.3)的通解;另一方面,求出(6.5.2)的一个特解;最后,再把二者相加,就得出非齐次方程(6.5.2)的通解.

例如,假定已知方程

$$(x^2 + 1)y'' - 2xy' = 2x^2 - 2$$

的一个特解是 $y^* = -x^2$. 我们从§6.4例2已经知道,这个非齐次方程对应的齐次方程 $(x^2 + 1)y'' - 2xy' = 0$ 的通解为 $C_1\left(\dfrac{1}{3}x^3 + x\right) + C_2$,因此,由定理 2 得到,原非齐次方程的通解为 $y = C_1\left(\dfrac{1}{3}x^3 + x\right) + C_2 - x^2$.

为了求出非齐次方程的一个特解,当自由项比较复杂但可以分解成若干个较简单的函数之和时,下面定理提供了一个化繁为简的途径.

定理 3(非齐次线性方程解的叠加原理) 设 y_k^* 是方程

$$y'' + p(x)y' + q(x)y = f_k(x)$$

的特解,$k = 1, 2, \cdots, n$,则 $y^* = y_1^* + y_2^* + \cdots + y_n^*$ 是方程

$$y'' + p(x)y' + q(x)y = f_1(x) + f_2(x) + \cdots + f_n(x)$$

的一个特解.

例如,为了求 $y'' + y = e^x + 3x^2 + 1 + \sin 2x$ 的通解,我们可先求它的一个特解 y^*. 为此,由定理3,只要分别求出 $y'' + y = e^x$,$y'' + y = 3x^2 + 1$ 和 $y'' + y =$

$\sin 2x$ 的一个特解(解法见 §6.7),再把它们相加就可以求得特解 y^*.

另一方面,这个方程对应的齐次方程为 $y'' + y = 0$.由例1,我们已经知道,齐次方程的通解为 $C_1 \sin x + C_2 \cos x$.于是,就可得到原方程的通解

$$y = C_1 \sin x + C_2 \cos x + y^*.$$

习题 6.5(A)

1.判断下列函数组在其定义区间是否线性无关:

(1) x, x^2;　　　　　(2) e^{-x}, e^x;

(3) e^x, e^{x+1};　　　　(4) $\sin x, \cos x$;

(5) $\ln x, \ln x^2$;　　　　(6) $0, x, \cos x$.

2.设 $k \neq 0$,验证 $y_1 = \cos kx$,$y_2 = \sin kx$ 都是方程 $y'' + k^2 y = 0$ 的解,并写出该方程的通解.

3.验证 $y = C_1 \cos t + C_2 \sin t + \dfrac{t}{4} \sin t + \dfrac{1}{16} \cos 3t$ 是方程 $y'' + y = \sin t \cdot \sin 2t$ 的通解.

4.验证 $y = C_1 e^t + C_2 e^{2t} - e^{2t} \sin e^{-t}$ 是方程 $y'' - 3y' + 2y = \sin e^{-t}$ 的通解.

5.证明定理 3.

习题 6.5(B)

1.验证:

(1) $y = C_1 e^x + C_2 e^{2x} + \dfrac{1}{12} e^{5x}$ (其中 C_1、C_2 是任意常数)是方程 $y'' - 3y' + 2y = e^{5x}$ 的通解;

(2) $y = C_1 x^5 + C_2 \dfrac{1}{x} - \dfrac{1}{9} x^2 \ln x$ (其中 C_1、C_2 是任意常数)是方程 $x^2 y'' - 3xy' - 5y = x^2 \ln x$ 的通解.

2.(选择填空)设 $y_1(x), y_2(x)$ 是二阶线性齐次方程 $a(x)y'' + b(x)y' + c(x)y = 0$ 的两个非零解,则 $C_1 y_1(x) + C_2 y_2(x)$ 是方程的通解的充分必要条件是:(　　).

(A) $y_1(x)y'_2(x) - y'_1(x)y_2(x) = 0$;

(B) $y_1(x)y'_2(x) + y'_1(x)y_2(x) = 0$;

(C) $y_1(x)y'_2(x) - y'_1(x)y_2(x) \neq 0$;

(D) $y_1(x)y'_2(x) + y'_1(x)y_2(x) \neq 0$.

3.(选择填空)设 $y_1(x), y_2(x), y_3(x)$ 是二阶线性非齐次方程 $a(x)y'' + b(x)y' + c(x)y = f(x)$ 的三个线性无关解,则方程的通解为:(　　　).

(A)$C_1 y_1 + C_2 y_2 + y_3$;

(B)$C_1 y_1 + C_2 y_2 - (C_1 + C_2) y_3$;

(C)$C_1 y_1 + C_2 y_2 - (1 - C_1 - C_2) y_3$;

(D)$C_1 y_1 + C_2 y_2 + (1 - C_1 - C_2) y_3$.

§6.6   二阶常系数齐次线性方程

§6.5 研究的一般二阶线性方程的解通常不容易求出. 但是, 其中的常系数方程, 即限制 $p(x)$ 和 $q(x)$ 都是常数的情况, 却是较为容易的, 因为其解法很有规律. 因此, 从本节起仅考虑如下二阶常系数线性方程:

$$y'' + py' + qy = f(x), \tag{6.6.1}$$

其中 p 和 q 都是实的常数.

本节首先考虑 (6.6.1) 对应的齐次方程

$$y'' + py' + qy = 0. \tag{6.6.2}$$

根据 §6.5 的定理 1 知, 为了求它的通解, 只须求出两个线性无关的特解 y_1 和 y_2. 下面采用欧拉指数法来求这两个解.

注意到如果 y 是 (6.6.2) 的解, 那么 y'', y' 和 y 应该具有同样的形式, 因此猜测: 除了一个常数因子外, 函数 y 应具有 e^{rx} 的形式, 其中 r 是常数 (实数或复数). 下面就用 e^{rx} 来做试验.

假定 $y = \mathrm{e}^{rx}$ 是方程 (6.6.2) 的解, 将它代入 (6.6.2) 得

$$(\mathrm{e}^{rx})'' + p(\mathrm{e}^{rx})' + q(\mathrm{e}^{rx}) = 0,$$

从而

$$(r^2 + pr + q)\mathrm{e}^{rx} = 0.$$

由于 $\mathrm{e}^{rx} \neq 0$, 要使上式成立, 必须且只须待定常数 r 是如下代数方程的根:

$$r^2 + pr + q = 0. \tag{6.6.3}$$

这说明, 求 (6.6.2) 的形如 e^{rx} 的解可归结为求方程 (6.6.3) 的根. 因此, 人们把代数方程 (6.6.3) 称为微分方程 (6.6.2) 的**特征方程**, 把特征方程的根称为**特征根**.

根据一元二次方程的判别式 $\Delta = p^2 - 4q$ 的取值, 现分三种情况进行讨论:

(1) 当 $\Delta > 0$ 时, 有两个不等的实值的特征根 r_1 和 r_2. 于是得到方程 (6.6.2) 的两个特解: $y = \mathrm{e}^{r_1 x}$ 和 $y = \mathrm{e}^{r_2 x}$. 因为 $r_1 \neq r_2$, 所以 $\mathrm{e}^{r_1 x}$ 和 $\mathrm{e}^{r_2 x}$ 线性无关 (读者不难验证), 从而 $y = C_1 \mathrm{e}^{r_1 x} + C_2 \mathrm{e}^{r_2 x}$ 为 (6.6.2) 的通解, 其中 C_1, C_2 为任意常数.

(2) 当 $\Delta = 0$ 时, 有相等的两个实值的特征根, 即 $r = r_1 = r_2$. 这时 $y_1 = \mathrm{e}^{rx}$ 是一个解. 注意到对任意常数 C, $C\mathrm{e}^{rx}$ 也是 (6.6.2) 的解, 但与 $y_1 = \mathrm{e}^{rx}$ 线性相关; 如果把 C 换成一个不恒等于常数的函数 $u(x)$, 那么 $y_2 = u(x)\mathrm{e}^{rx}$ 必与 y_1 线性无

关. 这时,只要适当选取 $u(x)$ 使得 $y_2 = u(x)\mathrm{e}^{rx}$ 是(6.6.2)的解,就得到与 y_1 线性无关的解了.

现在,假定 $y_2 = u(x)\mathrm{e}^{rx}$ 是(6.6.2)的解,求待定函数 $u(x)$. 为此,对 y_2 求导: $y_2' = (u' + ru)\mathrm{e}^{rx}$, $y_2'' = (u'' + 2ru' + r^2 u)\mathrm{e}^{rx}$,并把它们代入方程(6.6.2),得
$$\mathrm{e}^{rx}\left[(u'' + 2ru' + r^2 u) + p(u' + ru) + qu\right] = 0.$$
经化简整理得
$$u'' + (2r + p)u' + (r^2 + pr + q)u = 0. \tag{6.6.4}$$
因为 r 是方程(6.6.3)的二重根,所以 $r^2 + pr + q = 0$ 且 $2r + p = 0$,因此方程 (6.6.4) 化为 $u'' = 0$ 的形式. 它的通解含有两个任意常数,我们只须找出其中一个最简单的非常数的解 $u(x)$ 即可,不妨取 $u(x) = x$. 这样就得到 $y_2 = x\mathrm{e}^{rx}$,它是方程(6.6.2)的解且与 $y_1 = \mathrm{e}^{rx}$ 线性无关. 因此, $y = C_1 \mathrm{e}^{rx} + C_2 x\mathrm{e}^{rx}$ 就是方程 (6.6.2) 的通解.

(3) 当 $\Delta < 0$ 时,特征方程的根是一对共轭复数 $r_{1,2} = \alpha \pm i\beta (\beta \neq 0)$,由此得到方程(6.6.2)的两个复值的特解
$$y_1 = \mathrm{e}^{(\alpha + i\beta)x}, \quad y_2 = \mathrm{e}^{(\alpha - i\beta)x}.$$
容易验证它们线性无关,所以 $y = C_1 \mathrm{e}^{(\alpha + i\beta)x} + C_2 \mathrm{e}^{(\alpha - i\beta)x}$ 就是方程(6.6.2)的(复值的) 通解.

不过,我们通常用实值的特解的线性组合来表示(6.6.2)的通解. 为此,根据欧拉公式:
$$\mathrm{e}^{(\alpha + i\beta)x} = \mathrm{e}^{\alpha x}(\cos\beta x + i\sin\beta x), \mathrm{e}^{(\alpha - i\beta)x} = \mathrm{e}^{\alpha x}(\cos\beta x - i\sin\beta x),$$
令
$$y_1^* = \frac{1}{2}(y_1 + y_2) = \mathrm{e}^{\alpha x}\cos\beta x,$$
$$y_2^* = \frac{1}{2i}(y_1 - y_2) = \mathrm{e}^{\alpha x}\sin\beta x,$$
那么, y_1^* 与 y_2^* 是实值的特解,而且不难验证它们是线性无关的. 因此得到方程 (6.6.2) 的(实值的) 通解
$$y = C_1 y_1^* + C_2 y_2^* = \mathrm{e}^{\alpha x}(C_1 \cos\beta x + C_2 \sin\beta x).$$
综上所述,求常系数齐次线性方程(6.6.2)的通解的步骤是:

(1) 写出方程(6.6.2)的特征方程 $r^2 + pr + q = 0$;

(2) 求出特征方程的两个特征根 r_1 和 r_2;

(3) 根据特征根的情形,给出方程(6.6.2)的通解:

●●●

特征方程 $r^2 + pr + q = 0$ 的两个根 r_1 和 r_2	方程 $y'' + py' + qy = 0$ 的通解
为实根且 $r_1 \neq r_2$	$y = C_1 e^{r_1 x} + C_2 e^{r_2 x}$
为实根且 $r_1 = r_2 = r$	$y = (C_1 + C_2 x) e^{rx}$
为共轭复根 $r_{1,2} = \alpha \pm i\beta$	$y = e^{\alpha x}(C_1 \cos\beta x + C_2 \sin\beta x)$

例 1　求微分方程 $y'' - 3y' + 2y = 0$ 的通解.

解　特征方程为 $r^2 - 3r + 2 = 0$, 它有两个不相等的实根: $r_1 = 2, r_2 = 1$. 所以微分方程的通解为 $y = C_1 e^x + C_2 e^{2x}$.

例 2　求微分方程 $y'' - 6y' + 9y = 0$ 的通解.

解　特征方程为 $r^2 - 6r + 9 = 0$, 它有两个相等的实根 $r_1 = r_2 = 3$. 所以微分方程的通解为

$$y = C_1 e^{3x} + C_2 x e^{3x}.$$

例 3　求微分方程 $y'' + 2y' + 2y = 0$ 的通解.

解　特征方程为 $r^2 + 2r + 2 = 0$, 它有一对共轭复根 $r_{1,2} = -1 \pm i$, 因此微分方程的通解为

$$y = e^{-x}(C_1 \cos x + C_2 \sin x).$$

习题 6.6(A)

1. 求下列方程的通解:

(1) $y'' - 4y' + 3y = 0$;　　　　(2) $y'' + 2y' + 5y = 0$;

(3) $y'' - 8y' + 16y = 0$;　　　　(4) $y'' + 4y' + 5y = 0$.

2. 求下列方程满足初始条件的特解:

(1) $y'' + y' - 2y = 0, y \mid_{x=0} = 0, y' \mid_{x=0} = 1$;

(2) $y'' + 4y' + 4y = 0, y \mid_{x=0} = 0, y' \mid_{x=0} = 1$;

(3) $y''' + 2y'' + y' = 0, y \mid_{x=0} = 2, y' \mid_{x=0} = 0, y'' \mid_{x=0} = -1$;

(4) $\dfrac{d^2 s}{dt^2} + 2\dfrac{ds}{dt} + s = 0, s \mid_{t=0} = 4, s' \mid_{t=0} = 2$.

习题 6.6(B)

1. 仿照 2 阶常系数齐次线性方程求解方法, 求方程 $y^{(4)} - 2y''' + 5y'' = 0$ 的通解.

2. 求方程 $x^2 y'' - xy' + y = 0$ 的通解. (提示: 做欧拉代换 $x = e^t$, 即 $t = \ln x$, 把原方程化为 y 关于 t 的常系数方程, 求解后再代回原来变量.)

§6.7　二阶常系数非齐次线性方程

现在来介绍如下二阶常系数非齐次线性方程的通解的求法：

$$y'' + py' + qy = f(x). \tag{6.7.1}$$

在 §6.5 定理 2 中已指出，这个通解可以表示成 $y = y^* + Y$，其中 y^* 是 (6.7.1) 的一个特解，Y 是对应的齐次方程

$$y'' + py' + qy = 0 \tag{6.7.2}$$

的通解.

由于齐次方程 (6.7.2) 的通解的求法已在上一节作了介绍，因此，本节主要介绍求 (6.7.1) 的特解 y^* 的方法. 显然，y^* 与 (6.7.1) 中的自由项 $f(x)$ 有关，因此下面按函数 $f(x)$ 的特点，选出较简单实用的三种类型加以介绍.

类型 A　$f(x) = P_m(x)\mathrm{e}^{\lambda x}$，其中 $P_m(x)$ 是一个已知的 m 次（实）多项式，λ 是一个已知的（实）常数. 于是方程 (6.7.1) 成为如下形式：

$$y'' + py' + qy = P_m(x)\mathrm{e}^{\lambda x}. \tag{6.7.1A}$$

为了求出 (6.7.1A) 的一个特解 y^*，先来分析一下它可能具有什么形式. 因为 (6.7.1A) 的右边是一个多项式与 $\mathrm{e}^{\lambda x}$ 的乘积，而这种形式的函数的导数或不定积分都是同一形式的函数，因此可以设 $y^* = Q(x)\mathrm{e}^{\lambda x}$，这里 $Q(x)$ 是一个待定的多项式. 如果能根据 y^* 满足的条件求出 $Q(x)$，就得到了所需的特解.

为此，先求出

$$y^{*\prime} = \mathrm{e}^{\lambda x}(Q'(x) + \lambda Q(x)),$$
$$y^{*\prime\prime} = \mathrm{e}^{\lambda x}(Q''(x) + 2\lambda Q'(x) + \lambda^2 Q(x)),$$

把它们连同 $y^* = Q(x)\mathrm{e}^{\lambda x}$ 代入方程 (6.7.1A)，消去 $\mathrm{e}^{\lambda x}$ 后得到

$$Q''(x) + (2\lambda + p)Q'(x) + (\lambda^2 + p\lambda + q)Q(x) = P_m(x). \tag{6.7.3}$$

现在根据 λ 的取值分三种情形讨论：

(1) 当 λ 不是特征方程 $r^2 + pr + q = 0$ 的（特征）根，即 $\lambda^2 + p\lambda + q \neq 0$ 时，(6.7.3) 式中 $Q(x)$ 的系数不为 0，要使 (6.7.3) 式成立，$Q(x)$ 必须是与 $P_m(x)$ 同次的多项式（因为 $Q'(x)$ 和 $Q''(x)$ 的次数都比 $Q(x)$ 的次数低），即

$$Q(x) = Q_m(x) = b_0 x^m + b_1 x^{m-1} + \cdots b_{m-1} x + b_m,$$

把 $Q_m(x)$ 及其一、二阶导数代入 (6.7.3) 式，经过比较两边同次项的系数，可确定 $b_0, b_1, \cdots, b_m$，从而求出特解 $y^* = Q_m(x)\mathrm{e}^{\lambda x}$.

例 1　求方程 $y'' + y = 3x^2 + 1$ 的一个特解.

解　这时特征方程为 $r^2 + 1 = 0$，因 $\lambda = 0$ 不是特征根，故可把特解设为

$$y^* = a_0 x^2 + a_1 x + a_2.$$

代入原方程得到 $2a_0 + a_0 x^2 + a_1 x + a_2 = 3x^2 + 1$,比较等式两端同次项的系数知,$a_0 = 3$,$a_1 = 0$,$a_2 = -5$. 因此,所求特解为 $y^* = 3x^2 - 5$.

(2) 如果 λ 是特征方程 $r^2 + pr + q = 0$ 的单根,那么 $\lambda^2 + p\lambda + q = 0$ 但 $2\lambda + p \neq 0$. 要使 $(6.7.3)$ 式成立,$Q'(x)$ 必须是与 $P_m(x)$ 同次的多项式,因此可令 $Q(x) = x Q_m(x)$. 类似于 (1),可把 $Q(x)$ 及其一、二阶导数代入 $(6.7.3)$ 式,经过比较两边同次项的系数,确定 Q_m 的系数 $b_0, b_1, \cdots, b_m$,从而得出 $Q(x) = x(b_0 x^m + b_1 x^{m-1} + \cdots b_{m-1} x + b_m)$.

例 2 求方程 $y'' - 5y' + 6y = xe^{2x}$ 的一个特解.

解 这时 $f(x) = xe^{2x} = P_1(x)e^{\lambda x}$,而特征方程为 $r^2 - 5r + 6 = 0$,显然 $\lambda = 2$ 是单根,因此可把特解设为

$$y^* = xe^{2x}(a_0 x + a_1) = e^{2x}(a_0 x^2 + a_1 x),$$

其中 $Q(x) = x(a_0 x + a_1)$. 求出 $Q'(x) = 2a_0 x + a_1$,$Q''(x) = 2a_0$,代入 $(6.7.3)$,整理后比较左右两边同类项系数,得

$$\begin{cases} -2a_0 = 1 & (x \text{ 的系数}) \\ 2a_0 - a_1 = 0 & (\text{常数项}) \end{cases},$$

求出 $a_0 = -\dfrac{1}{2}$,$a_1 = -1$. 于是,求得原方程的一个特解

$$y^* = xe^{2x}\left(-\frac{1}{2}x - 1\right).$$

(3) 如果 λ 是特征方程 $r^2 + pr + q = 0$ 的重根,那么 $\lambda^2 + p\lambda + q = 0$ 且 $2\lambda + p = 0$,$(6.7.3)$ 式变成 $Q''(x) = P_m(x)$. 因此 $Q(x)$ 可通过 $P_m(x)$ 两次积分得到,它是 $m+2$ 次多项式. 因为我们只求一个特解,所以只需求一个 $Q(x)$. 为了简洁起见,通常把 $P_m(x)$ 两次积分的任意常数都取作 0,就得到这样的形式 $Q(x) = x^2 Q_m(x)$.

例 3 求方程 $y'' + 4y' + 4y = (x+1)e^{-2x}$ 的一个特解.

解 特征方程为 $r^2 + 4r + 4 = 0$,$\lambda = -2$ 是重根,因此可把特解设为

$$y^* = Q(x)e^{-2x} = x^2 e^{-2x}(a_0 x + a_1),$$

其中 $Q(x) = x^2(a_0 x + a_1)$. 为求 $Q(x)$,对 $P_m(x) = x+1$ 积分两次,得到 $\dfrac{x^3}{6} + \dfrac{x^2}{2} + C_1 x + C_2$. 把其中的任意常数 C_1 和 C_2 都取为 0,则 $Q(x) = \dfrac{x^3}{6} + \dfrac{x^2}{2}$. 因此特解为

$$y^* = e^{-2x}\left(\frac{x^3}{6} + \frac{x^2}{2}\right).$$

综上所述,方程 $(6.7.1A)$ 具有形如

$$y^* = x^k Q_m(x)e^{\lambda x}$$

的解,其中 $Q_m(x)$ 是待定的,与 $P_m(x)$ 同为 m 次的多项式,$k = 0,1$ 或 2 分别根据 λ 不是特征根、是单重特征根或多重特征根而确定.

类型 B　$f(x) = e^{\alpha x}[P_k(x)\cos\beta x + P_n(x)\sin\beta x]$,其中 α,β 为已知的(实)常数,$P_k(x)$ 和 $P_n(x)$ 分别为已知的 k 次和 n 次多项式,允许其中一个恒为 0.这时 (6.7.1) 具有如下形式:

$$y'' + py' + qy = e^{\alpha x}[P_k(x)\cos\beta x + P_n(x)\sin\beta x]. \qquad (6.7.1B)$$

根据方程右边 $f(x)$ 的特点,可以假定 (6.7.1B) 有一个特解 y^* 具有与 $f(x)$ 相似的形式,只是 $f(x)$ 中的 $P_k(x)$ 和 $P_n(x)$ 分别换成两个待定的多项式 $Q(x)$ 和 $R(x)$ 而已,即

$$y^* = e^{\alpha x}[Q(x)\cos\beta x + R(x)\sin\beta x].$$

把 y^* 和 $y^*{}',y^*{}''$ 分别代入(6.7.1B),通过比较对应项的系数可以确定 $Q(x)$ 和 $R(x)$ 中各次项的系数,从而确定 $Q(x)$ 和 $R(x)$,求得(6.7.1B)的特解 y^*.

具体地,应根据 $\alpha \pm i\beta$ 是否为齐次方程(6.7.2)的特征根之差异来确定多项式 $Q(x)$ 和 $R(x)$ 的次数,从而把 y^* 分成如下两种类型:

(1) 当 $\alpha \pm i\beta$ 不是特征方程 $r^2 + pr + q = 0$ 的根时,$Q(x) = Q_m(x)$,$R(x) = R_m(x)$,即

$$y^* = e^{\alpha x}[Q_m(x)\cos\beta x + R_m(x)\sin\beta x],$$

其中 $m = \max\{k,n\}$,$Q_m(x)$ 和 $R_m(x)$ 都设定为 m 次多项式(注意:最后结果可能只有其中一个是 m 次多项式,而另一个低于 m 次,但由于事先未知,故必须如此设定,即使 $P_k(x)$ 和 $P_n(x)$ 中有一个恒为 0 也作此设定).

(2) 当 $\alpha \pm i\beta$ 是特征方程 $r^2 + pr + q = 0$ 的根时,$Q(x) = xQ_m(x)$,$R(x) = xR_m(x)$,即

$$y^* = xe^{\alpha x}[Q_m(x)\cos\beta x + R_m(x)\sin\beta x],$$

其中 $m,Q_m(x)$ 和 $R_m(x)$ 的含义和类型(1)相同.

为了便于比较和使用,下面根据自由项 $f(x)$ 的两种形式,把 $y'' + py' + qy = f(x)$ 的特解形式列表于下:

$f(x)$ 的形式	条件	$y'' + py' + qy = f(x)$ 的特解形式
类型 A: $f(x) = P_m(x)e^{\lambda x}$	λ 不是特征方程的根	$y^* = Q_m(x)e^{\lambda x}$
	λ 是特征方程的单根	$y^* = xQ_m(x)e^{\lambda x}$
	λ 是特征方程的重根	$y^* = x^2 Q_m(x)e^{\lambda x}$
类型 B: $f(x) = e^{\alpha x}[P_k(x)\cos\beta x +$ $P_n(x)\sin\beta x]$	$\alpha \pm i\beta$ 不是特征方程的根	$y^* = e^{\alpha x}[Q_m(x)\cos\beta x + R_m(x)\sin\beta x]$
	$\alpha \pm i\beta$ 是特征方程的根	$y^* = xe^{\alpha x}[Q_m(x)\cos\beta x + R_m(x)\sin\beta x]$

例 4   写出方程 $y'' + 9y = \mathrm{e}^{-2x}\big[(x^3 - x + 1)\cos 5x + (x^2 + 2x + 7)\sin 5x\big]$ 的特解的形式.

解   对应的齐次方程的特征方程为 $x^2 + 9 = 0$,特征根为 $\pm 3i$；而这时由 $f(x)$ 的形式知,$\alpha \pm i\beta = -2 \pm 5i$,它们不是特征方程的根. 由于 $P_k(x) = x^3 - x + 1, P_n(x) = x^2 + 2x + 7, k = 3, n = 2$,所以 $m = \max\{3,2\} = 3$,即 $Q_m(x)$ 和 $R_m(x)$ 都应设定为三次多项式,分别记作 $a_1 x^3 + b_1 x^2 + c_1 x + d_1$ 和 $a_2 x^3 + b_2 x^2 + c_2 x + d_2$. 于是,特解应具有如下形式:
$$y^* = \mathrm{e}^{-2x}\big[(a_1 x^3 + b_1 x^2 + c_1 x + d_1)\cos 5x + (a_2 x^3 + b_2 x^2 + c_2 x + d_2)\sin 5x\big].$$

例 5   求方程 $y'' - 4y = \sin 2x$ 的特解.

解   对应的齐次方程的特征方程为 $r^2 - 4 = 0$,特征根是 ± 2. 由 $f(x) = \sin 2x$ 知,$\alpha + i\beta = 0 + 2i$,因为它不是特征方程的根,所以原方程有一个特解为
$$y^* = a\cos 2x + b\sin 2x$$
(这时 $P_k(x) = 0, P_n(x) = 1$,所以取 $Q(x)$ 和 $R(x)$ 分别为常数 a, b,详见例 6).

代入原方程得
$$-4a\cos 2x - 4b\sin 2x - 4(a\cos 2x + b\sin 2x) = \sin 2x.$$

比较同类项的系数
$$-4a - 4a = 0 \quad (\cos 2x \text{ 的系数}),$$
$$-4b - 4b = 1 \quad (\sin 2x \text{ 的系数}),$$

由此求出 $a = 0, b = -\dfrac{1}{8}$. 因此原方程有一个特解为
$$y^* = -\frac{1}{8}\sin 2x.$$

例 6   求方程 $y'' - 2y' + 2y = \mathrm{e}^x \sin x$ 的通解.

解   对应的齐次方程的特征方程为 $r^2 - 2r + 2 = 0$,特征根为 $r_{1,2} = 1 \pm i$,所以对应的齐次方程的通解为 $Y = \mathrm{e}^x(C_1 \cos x + C_2 \sin x)$.

另一方面,由 $f(x) = \mathrm{e}^x \sin x$ 知. 这时 $\alpha = 1, \beta = 1$,那么 $\alpha \pm i\beta = 1 \pm i$ 是特征方程的根. 因为 $P_k(x)$ 和 $P_n(x)$ 均为常数,次数 $n = k = 0$,所以 $m = \max\{0,0\} = 0$,即 $Q_m(x)$ 与 $R_m(x)$ 都是 0 次多项式. 于是,特解 y^* 具有如下形式:
$$y^* = x\mathrm{e}^x(a\cos x + b\sin x),$$

求导得
$$y^{*\prime} = \mathrm{e}^x\big[(a + ax + bx)\cos x + (b + bx - ax)\sin x\big],$$
$$y^{*\prime\prime} = \mathrm{e}^x\big[(2a + 2b + 2bx)\cos x + (2b - 2a - 2ax)\sin x\big],$$

将 $y^{*\prime\prime}, y^{*\prime\prime}$ 和 $y^{*\prime\prime}$ 代入原方程,得
$$\mathrm{e}^x\big[(2a + 2b + 2bx)\cos x + (2b - 2a - 2ax)\sin x\big]$$
$$-2\mathrm{e}^x\big[(a + ax + bx)\cos x + (b + bx - ax)\sin x\big] + 2x\mathrm{e}^{-x}(a\cos x + b\sin x)$$
$$= \mathrm{e}^x \sin x,$$

整理后得到

$$e^x[2b\cos x - 2a\sin x] = e^x\sin x,$$

比较两边 $\cos x$ 和 $\sin x$ 的系数,得

$$\begin{cases} 2b = 0 \\ -2a = 1 \end{cases}, 解得 \begin{cases} b = 0 \\ a = -\dfrac{1}{2} \end{cases}.$$

所以得到原方程的一个特解 $y^* = -\dfrac{1}{2}x e^x \cos x$.

于是,原方程的通解为:$y = y^* + Y = e^{-x}(C_1\cos x + C_2\sin x) - \dfrac{1}{2}x e^x \cos x$.

类型 C　$f(x) = f_1(x) + f_2(x)$,这里 $f_1(x)$ 和 $f_2(x)$ 分别是类型 A 和类型 B 中的自由项,或同类型中的不同形式.不妨设方程(6.7.1)具有如下形式

$$y'' + py' + qy = P_m(x)e^{\lambda x} + e^{\alpha x}[P_k(x)\cos\beta x + P_n(x)\sin\beta x].$$

$$(6.7.1C)$$

这时为了求(6.7.1C)的一个特解 y^*,根据非齐次线性方程的叠加原理(§6.5 定理 3),先分别求如下两个方程

$$y'' + py' + qy = P_m(x)e^{\lambda x},$$

$$y'' + py' + qy = e^{\alpha x}[P_k(x)\cos\beta x + P_n(x)\sin\beta x]$$

的特解 y_1^* 和 y_2^*,然后令 $y^* = y_1^* + y_2^*$ 即可.

例 7　求方程 $y'' - 4y = 2x^2 + \sin 2x$ 的通解.

解　首先求对应的齐次方程的通解 Y.因特征方程为 $r^2 - 4 = 0$,特征根为 ± 2,故

$$Y = C_1 e^{2x} + C_2 e^{-2x}.$$

其次,根据叠加原理分别求

$$y'' - 4y = 2x^2 \tag{6.7.4}$$

和

$$y'' - 4y = \sin 2x \tag{6.7.5}$$

的一个特解 y_1^* 和 y_2^*.方程(6.7.5)的特解已在例 5 中求得,即 $y_2^* = -\dfrac{1}{8}\sin 2x$.

下面求方程(6.7.4)的特解.因为 $\lambda = 0$ 不是特征根,可设 $y_1^* = ax^2 + bx + c$,代入(6.7.4)得

$$2a - 4(ax^2 + bx + c) = 2x^2.$$

比较两边系数求得 $a = -\dfrac{1}{2}, b = 0, c = -\dfrac{1}{4}$.因此,$y_1^* = -\dfrac{1}{2}x^2 - \dfrac{1}{4}$,于是根据叠加原理,

$$y^* = y_1^* + y_2^* = -\dfrac{1}{2}x^2 - \dfrac{1}{4} - \dfrac{1}{8}\sin 2x$$

是原方程的一个特解. 因此原方程的通解为

$$y = Y + y* = C_1 e^{2x} + C_2 e^{-2x} - \frac{1}{2}x^2 - \frac{1}{8}\sin2x - \frac{1}{4}.$$

习题 6.7(A)

　　1. 求下列微分方程的通解：

　　(1) $y'' + 5y' + 4y = -2x + 3$；　　　　(2) $y'' + 2y' + 5y = e^{-x}\cos2x$；

　　(3) $y'' + 9y = x^2 e^{3x} + 6$；　　　　　(4) $y'' + y = 3\sin2x + x\cos2x$；

　　(5) $u'' + \omega_0 u = \cos\omega t$，其中 ω_0, ω 为常数且 $\omega \neq \omega_0$.

　　2. 确定下列方程的特解的形式：

　　(1) $y'' - 3y' = 2x^4 + x^2 e^{-3x}$；

　　(2) $y'' + 2y' + 2y = 3e^{-x} + 2e^{-x}\cos x$.

　　3. 求下列方程满足初始条件的特解：

　　(1) $y'' - 2y' + y = xe^x + 4, y|_{x=0} = 1, y'|_{x=0} = 1$；

　　(2) $y'' + 4y = x^2 + 3e^x, y|_{x=0} = 0, y'|_{x=0} = 2$；

　　(3) $y'' - y = 4xe^x, y|_{x=0} = 0, y'|_{x=0} = 1$；

　　(4) $y'' - 4y' = 5, y|_{x=0} = 1, y'|_{x=0} = 0$.

　　4. 一步枪的仰角为 θ，一发子弹以 v_0 的初速度射出，求弹道曲线方程（不计空气阻力）.

习题 6.7(B)

　　1. 设 $f(x) = \sin x - \int_0^x (x-t)f(t)\mathrm{d}t$，其中 $f(x)$ 为连续函数，求 $f(x)$.

　　2. 作欧拉代换求下列方程的通解：

　　(1) $x^2 y'' - 5xy' + 8y = 2x^3$；　　　　(2) $x^2 y'' + xy' + 4y = 2x\ln x$.

§6.8　二阶线性微分方程的应用

　　本节介绍二阶线性微分方程的物理背景和应用.

§6.8.1　力学与电学中的振动问题

　　振动是日常生活和工程技术中常见的运动形式，例如琴弦的振动、机械钟钟摆的摆动、弹簧的拉伸、机床或桥梁的振动以及电磁振荡等. 这类问题的研究，在一定条件下都可归结为二阶常系数微分方程来讨论. 本节介绍两种常见的振动实例.

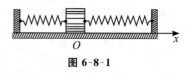

例 1(弹簧质点系统)　如图 6-8-1 所示,一个质量为 m 的物体(质点)M,它受到两个弹簧的弹性力作用,静止时处于平衡位置 O. 当外力 F 拉开 O 点一段距离后把 F 撤除,让 M 点沿水平轴

图 6-8-1

在 O 点的两旁运动. 根据胡克(Hooke)定律,质点 M 在 x 处所受到的弹性力为 $-bx(b>0)$,这里负号表示力的方向与质点的运动方向相反. 于是若不考虑运动时的阻力,由牛顿的第二定律得到如下运动方程 $m\dfrac{\mathrm{d}^2 x}{\mathrm{d}t^2}=-bx$.

如果质点运动时受到一个与速度 $v=\dfrac{\mathrm{d}x}{\mathrm{d}t}$ 成比例的阻力,设比例系数为 k(称为阻尼系数),则运动方程应为

$$m\frac{\mathrm{d}^2 x}{\mathrm{d}t^2}=-bx-k\frac{\mathrm{d}x}{\mathrm{d}t},$$

即

$$m\frac{\mathrm{d}^2 x}{\mathrm{d}t^2}+k\frac{\mathrm{d}x}{\mathrm{d}t}+bx=0. \tag{6.8.1}$$

如果除上述弹性力和阻力外,质点还受到一个沿着运动方向的外力 $f(t)$ 的作用,则运动方程成为

$$m\frac{\mathrm{d}^2 x}{\mathrm{d}t^2}+k\frac{\mathrm{d}x}{\mathrm{d}t}+bx=f(t). \tag{6.8.2}$$

这是一个非齐次线性方程,它表示附加外力时质点的振动,称为**强迫振动**;而方程(6.8.1)是(6.8.2)所对应的齐次方程,表示无外力时质点的振动,称为**自由振动**.

例 2(R-L-C 电路系统)　如图 6.8.2 所示是一个包括电感 L,电阻 R 和电容器 C 的电路,其中 R、L、C 均为常数.

假定将电容器充电使它在某一时刻得到一个电位量,然后将电源切断. 由于自感 L 存在,回路中产生振荡电流. 要求电路振荡的规律.

设电容器极板上的电荷量为 $Q(t)$,两极板之间的电压为

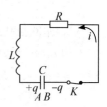

图 6-8-2

$v(t)$,用 $I(t)$ 表示电流强度,R 表示电阻,那么 $I(t)=\dfrac{\mathrm{d}Q(t)}{\mathrm{d}t}$,$v(t)=\dfrac{Q(t)}{C}$,自感电动势为 $-L\dfrac{\mathrm{d}I(t)}{\mathrm{d}t}$. 根据电学上的基本定律得到

$$RI=-v-L\frac{\mathrm{d}I}{\mathrm{d}t},$$

或

$$LC \frac{\mathrm{d}^2 v}{\mathrm{d}t^2} + RC \frac{\mathrm{d}v}{\mathrm{d}t} + v = 0,\qquad (6.8.3)$$

这就是回路中的电振荡方程. 它是以 $v = v(t)$ 为未知函数的二阶齐次线性微分方程.

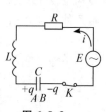

图 6-8-3

如果回路中加上一个电源 $E(t)$（已知函数），如图 6-8-3 所示，则方程 (6.8.3) 应改为

$$LC \frac{\mathrm{d}^2 v}{\mathrm{d}t^2} + RC \frac{\mathrm{d}v}{\mathrm{d}t} + v = E(t).\qquad (6.8.4)$$

它是一个非齐次线性方程. 这时，非齐次与齐次方程的区别仅在于是否有附加一个电源 $E(t)$.

§6.8.2 二阶线性方程解的物理意义

下面以方程 (6.8.1) 和 (6.8.2) 为例说明二阶常系数微分方程的解的物理意义. 对方程 (6.8.3) 和 (6.8.4) 也可作类似说明.

1. 自由振动

(1) 无阻尼自由振动. 假设方程 (6.8.1) 中 $k = 0$，即考虑无阻力且不加外力的振动. 令 $\omega^2 = \dfrac{b}{m}(\omega > 0)$，则 (6.8.1) 化成

$$\frac{\mathrm{d}^2 x}{\mathrm{d}t^2} + \omega^2 x = 0.\qquad (6.8.5)$$

这时，特征方程的根为 $\pm \omega i$，于是实值通解为

$$x = C_1 \cos \omega t + C_2 \sin \omega t = A\cos(\omega t + \varphi),$$

其中

$$A = (C_1{}^2 + C_2{}^2)^{\frac{1}{2}},\varphi = -\arctan \frac{C_2}{C_1},\qquad (6.8.6)$$

而 C_1 和 C_2 可以由质点的初始位置与初速度确定. 例如，设

$$x\mid_{t=0} = x_0,\frac{\mathrm{d}x}{\mathrm{d}t}\mid_{t=0} = x'_0,$$

则得到特解

$$x = x_0 \cos \omega t + \frac{x'_0}{\omega}\sin \omega_0 t = A\cos(\omega t + \varphi),$$

这时

$$A = \sqrt{x_0^2 + \left(\frac{x'_0}{\omega}\right)^2},\varphi = \arctan \frac{-x'_0}{x_0 \omega}.$$

由此得到的结论是：在没有阻力的情况下，质点 m 不论从什么位置，以什么样的初始速度开始运动，振动总是周期性的，其周期为 $T = \dfrac{2\pi}{\omega}$. 上述 ω 称为**圆频率**，

它由 b 和 m 确定,与初始条件无关;A 称为**振幅**,即质点离开平衡位置的最大距离;φ 称为**初始位相**.应注意,A 与 φ 不仅依赖于系统本身的参数 m 与 b,而且与初始条件有关,这种运动叫做**简谐振动**.

(2) 有阻尼自由振动

考虑方程(6.8.1)中 $k > 0$ 的情形,即有阻力但无附加外力的运动.设 $\mu = \dfrac{k}{2m}$,$\omega^2 = \dfrac{b}{m}(\omega > 0)$,那么方程(6.8.1)化成

$$\frac{\mathrm{d}^2 x}{\mathrm{d}t^2} + 2\mu \frac{\mathrm{d}x}{\mathrm{d}t} + \omega^2 x = 0. \tag{6.8.7}$$

这时特征方程的根为 $-\mu \pm \sqrt{\mu^2 - \omega^2}$.下面分三种情形讨论:

i) 小阻尼运动,即 $\mu < \omega$ 的情形.令 $\lambda = \sqrt{\omega^2 - \mu^2}$,则两个特征根为 $-\mu \pm \mathrm{i}\lambda$,(6.8.7)的通解为

$$x = \mathrm{e}^{-\mu t}(C_1 \cos \lambda t + C_2 \sin \lambda t) = A\mathrm{e}^{-\mu t}\cos(\lambda t + \varphi),$$

其中 A 和 φ 由(6.8.6)定义.

这时振动已不是周期性的了,振动的"振幅"$A\mathrm{e}^{-\mu t}$ 将随着时间 t 的增大而减少;而 $T = \dfrac{2\pi}{\lambda}$ 称为**假定周期**,表示质点从一个离开平衡位置的最大偏离到达同侧下一个最大偏离所需要的时间.

ii) 大阻尼运动,即 $\mu > \omega$ 的情形.特征方程有两个不相等的负的实根 r_1 和 r_2,(6.8.7)的通解为

$$x = C_1 \mathrm{e}^{r_1 t} + C_2 \mathrm{e}^{r_2 t}.$$

由于上式右边至多有一个 t 的值使得左边 x 的值等于 0,而且当 $t \to \infty$ 时 $x \to 0$,因此这个运动已经没有振动的特性了,离开平衡位置的质点逐渐趋于平衡位置或者只通过平衡位置一次后又逐渐回到平衡位置.

iii) 临界阻尼运动,即 $\mu = \omega$ 的情形.特征方程有两个相等的实数根 $-\mu$,方程(6.8.7)的通解为 $x = C_1 \mathrm{e}^{-\mu t} + C_2 t \mathrm{e}^{-\mu t}$.它的性质和大阻尼的情况一样,没有振动的特性.因此,$\mu = \omega$ 被称为**临界阻尼值**,其意义为,当阻尼逐渐增大使 μ 的值增大到 ω 时,刚好可以抑制振动.

2. 强迫振动

假设方程(6.8.2)中的外力 $f(x)$ 是一个周期力,设为 $F_0 \cos \delta t (\delta > 0)$,令 $h = \dfrac{F_0}{m}$,而 ω、μ 的含义同上一段所述,则(6.8.2)可改写为

$$\frac{\mathrm{d}^2 x}{\mathrm{d}t^2} + 2\mu \frac{\mathrm{d}x}{\mathrm{d}t} + \omega^2 x = h\cos \delta t. \tag{6.8.8}$$

这里仅考虑 $\mu = 0$,即无阻尼的强迫振动(有阻尼的情况虽较复杂,仍可类似讨

论). 先设 $\delta \neq \omega$, 则利用待定系数法不难求得方程

$$\frac{\mathrm{d}^2 x}{\mathrm{d}t^2} + \omega^2 x = h\cos \delta t \tag{6.8.9}$$

的一个特解 $\dfrac{h}{\omega^2 - \delta^2} \cos \delta t$, 因此方程(6.8.9)的通解为

$$x = C_1 \cos \omega t + C_2 \sin \omega t + \frac{h}{\omega^2 - \delta^2} \cos \delta t$$

$$= A\cos(\omega t + \varphi) + \frac{h}{\omega^2 - \delta^2} \sin \delta t, \tag{6.8.10}$$

其中 A 与 φ 由(6.8.6)定义. 可见通解(6.8.10)由两部分运动合成, 第一项是无阻尼的自由振动的解 $A\cos(\omega t + \varphi)$, 它代表固有振动; 第二项 $\dfrac{h}{\omega^2 - \delta^2} \sin \delta t$ 是外力引起的振动, 其频率与外力的频率相同. 显然, 外力的频率 δ 与固有圆频率 ω 之差越少, 则强迫振动(第二项)的振幅越大.

如果 $\delta = \omega$, 则方程(6.8.9)有一个特解为 $\dfrac{h}{2\omega} t\sin \delta t$, 从而通解为

$$x = A\cos(\omega t + \varphi) + \frac{h}{2\omega} t\sin \delta t,$$

由于 $\dfrac{h}{2\omega} t$ 随着时间 t 的增大而无限增大, 这说明运动偏离平衡位置的距离将无限增大, 到了一定程度, 方程(6.8.9)就不能描述运动的状态了. 这种现象称为**共振现象**.

习题 6.8(A)

1. 讨论 R-L-C 电路方程(6.8.3)当 $R > 0$ 时解的情况及其物理意义.

2. 确定微分方程 $m\dfrac{\mathrm{d}^2 s}{\mathrm{d}t^2} + ks = F\cos \delta t$ 满足如下初始条件的解(其中 $\lambda \neq \sqrt{k/m}$):

(1) $s\,|_{t=0} = s_0, s'\,|_{t=0} = 0$;

(2) $s\,|_{t=0} = 0, s'\,|_{t=0} = s'_0$;

(3) $s\,|_{t=0} = s_0, s'\,|_{t=0} = s'_0$.

习题 6.8(B)

1. 质量为 200g 的物体悬挂于弹簧上呈平衡状态, 现将物体下拉, 当弹簧伸长 20cm 时以初速度 0 放开, 使之振动. 假设介质的阻力与速度成正比, 速度为 1cm/s 时, 阻力为 0.1g; 弹性系数为 $k = 5$kg/cm. 试求运动方程.

2. 一单摆长为 l, 质量为 m, 作简谐运动(无阻尼运动). 假设其来往摆动之

偏角 θ 很小,试求单摆的运动方程(用 $\theta(t)$ 描述),并求摆动的周期.

§6.9* 数学实验

解微分方程的方法一般有解析法、几何法和数值法. 使用 Mathematica 求解微分方程,通常综合使用上述三种方法,在可能的情况下,尽量得出解析解,否则求数值解,并利用 Mathematica 强大的作图功能作出图形以作为解的指导或显示解的性质.

§6.9.1 微分方程的解析解法

1. 解一般微分方程

格式:DSolve[方程,函数,变量]

其中方程和函数部分一定要写成含变量的形式.

例1 求解微分方程 $y' + 3y = e^{2x}$.

解 可用如下命令:

In[1]: = DSolve[y'[x] + 3y[x] == E^(2x),y[x],x]

Out[1] = $\{\{y[x] \rightarrow \dfrac{e^{2x}}{5} + e^{-3x}c[1]\}\}$

其中解是以替换的形式给出的,$C[1]$ 是任意常数.

例2 求解微分方程 $y'' = y' + x$.

解 可用如下命令:

In[2]: = DSolve[y''[x] == y'[x] + x,y[x],x]

Out[2] = $\{\{y[x] \rightarrow -x - \dfrac{x^2}{2}e^x c[1] + c[2]\}\}$

其中 $C[1],C[2]$ 是任意常数.

2. 求初、边值问题的解

求初、边值问题的解,仅需要增加一个条件表达式,即将方程与初始条件写在一个花括号中.

例3 求解微分方程 $y'' - y = 4xe^x, y\mid_{x=0} = 0, y'\mid_{x=0} = 1$.

解 可用如下命令:

In[3]: = DSolve[{y''[x] - y[x] == 4x * e^x,y[0] == 0,y'[0] == 1},y[x],x]

Out[3] = $\{\{y[x] \rightarrow e^{-x}(-1 + e^{2x} - e^{2x} \cdot x + e^{2x} \cdot x^2)\}\}$

§6.9.2 微分方程的数值解法

格式:NDSolve[方程,函数符号,变量符号及变量范围]

其中方程中必须含有定解的条件. 在变量给定的范围内给出方程的数值解,但结果是以插值函数 InterpolatingFunction(默认三次函数) 的形式给出,在使用该结果时要做些处理.

例4 求解三阶微分方程 $y^{(3)} + y'' + y' = -y^3, y|_{x=0} = 1, y'|_{x=0} = y''|_{x=0} = 0$.

解 可用如下命令:

In[4]:= s1 = NDSolve[{y'''[x] + y''[x] + y'[x] == -y[x]^3, y'[0] == y''[0] == 0}, y, {x, 0, 20}]

Out[4] = {{y → InterpolatingFunction[{{0., 20.}}, <>]}}

绘出解函数的图形:

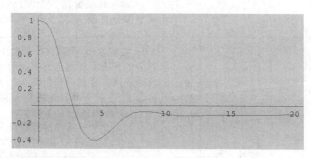

In[5]:= Plot[y[x]/. s1, {x, 0, 20}]

Out[5] = — Graphics —

求解函数在某点的近似值,如 $y[5]$:

In[6]:= y[5]/. s1

Out[6] = {-0.364397}

练习与思考

1. 使用 Mathematica 求解下列微分方程:

(1) $y' = \dfrac{x^3 + y}{x}$； (2) $y'' + 5y' + 4y = -2x + 3$；

(3) $y'y'' = 2, y(0) = 1, y'(0) = 2$.

2. 用数值解法解微分方程: $y' = y, y(0) = 2$,并绘制解出的函数的图形.

§6.10* 微分方程思想方法选讲

§6.10.1 常微分方程常用的分类方法与相应解法

在第三章,我们已经详细地介绍过分类思想方法. 下面就常微分方程的分类和解法进行探讨. 值得注意的是,各种微分方程的解法互不相同,哪怕是一阶方程,也没有统一的解法. 因此,要解一个常微分方程,常要先判断它所属的类型,然后采用相应的解法. 因此熟悉常微分方程的分类显得非常重要.

方程或方程组	阶数	是否线性		解法或解题思路
单个方程	一阶方程	线性方程		用公式(6.3.5)求解(对齐次线性方程,也可分离变量来解).
		非线性方程		1. 对可分离变量者,分离变量来解; 2. 对齐次方程,化成可分离变量方程; 3. 对全微分方程,用沿曲线积分求解; 4. 对可化成恰当方程者,先找出积分因子化成全微分方程(参见 §10.3.3),再求解.
单个方程	高阶方程	线性方程	常系数方程	1. 常规方法. 步骤:(i) 借助于特征方程,先求对应的齐次方程的通解 Y;(ii) 再用参数变易法求非齐次方程的一个特解 y^*;对非齐次项具有特殊形式的方程,可用待定系数法求特解 y^*;(iii) 得出通解 $y = Y + y^*$; 2. 可转化为一阶线性方程组来求解,且仍可沿与上述步骤(i)、(ii)、(iii)类似的方法来求解.
			非常系数方程	1. 解的结构是确定的(如同常系数方程一样),但求对应的齐次方程的通解 Y 时没有统一的方法; 2. 对可转化为低阶方程的方程,可先降阶再研究进一步的解法; 3. 一般可化成一阶线性方程组来处理; 4. 其他化归途径.
		非线性方程		1. 对可转化为低阶方程的方程,可先降阶再研究进一步的解法; 2. 化为低阶方程组或其他化归途径; 3. 数值解法(求近似解).
方程组	一阶	线性方程组		1. 通解与特解关系如同一阶线性方程; 2. 对常系数者有常规解法,类似于线性方程; 3. 把方程组转化为一个方程来求解.
		非线性方程组		1. 转化为单个方程来求解; 2. 其他化归途径; 3. 数值解法(求近似解).
	高阶	线性或非线性方程组		1.想办法降阶; 2.参照单个高阶方程的情形,采用适当化归途径.

§6.10.2　转化思想方法在微分方程中的应用

转化思想与化归法在微分方程中得到广泛的应用.下面举例说明之.

1. 分离变量法

把微分方程化成等式两边各自关于一个变量的微分,然后分别求不定积分.

2. 变量替换法的广泛应用

例如,(1)化一阶齐次方程为分离变量的方程(见§6.2.2);(2)化 Bernoulli 方程为一阶线性方程(见§6.3例3);(3)化 Eular(欧拉)方程为线性方程(见习题 6.6(B));(4)化高阶为低阶方程(见§6.4);(5)化高阶方程为一阶方程组.

例1　$y''' + a_1 y'' + a_2 y' + a_3 y = f(x, y, y', y'')$.

解　对这一个三阶方程的研究可以归结为如下一阶方程组:

$y' = z$,

$z' = u$,

$u' = -a_1 u - a_2 z - a_3 y + f(x, y, z, u)$.

3. 转换观点 —— 自变量与应变量角色的对换

例如§6.3的例2.

4. 借助积分因子化一些方程为全微分方程(参见[1]).

§6.10.3　参数变易法及其思想方法

在介绍有理分式的积分时,我们用到了待定系数法来分解部分因式.在解微分方程时,除了用待定系数法求某些特解外,还常用到另一种待定法 —— 参数变易法.这种方法体现了多种数学思想.首先我们来回忆一下它的运用过程.为简化起见,以一阶线性方程求解公式的推导过程为例说明之.

§6.3为了求出一阶线性方程 $\dfrac{dy}{dx} + p(x)y = q(x)$ 的解,我们注意到它的特殊情形—齐次方程 $\dfrac{dy}{dx} + p(x)y = 0$ 的通解为 $y = Ce^{-\int p(x)dx}$,其中 C 是任意常数.由于 $q(x) \equiv 0$ 的不定积分是一个常数,$q(x)$ 不恒为 0 时,其不定积分是一个函数,我们可以据此猜想:当 $q(x)$ 不恒为 0 时,方程的通解应该是 $y = u(x)e^{-\int p(x)dx}$ 的形式,即把 C 换成 $u(x)$.这种猜想对与否,得靠我们去验证.如果这样的 $u(x)$ 存在而且能求出,则我们的猜想就是对的.结果,事实证明了这样的 $u(x)$ 存在而且能求出,所以 $y = u(x)e^{-\int p(x)dx}$ 就是所求的通解.

通过归纳与类比产生猜想,然后加以验证,这是数学创新的一条重要途径.

§6.10.4　数学模型思想

数学家 H. Fehr 认为:"在未来的十年中领导世界的国家将是在科学的知识、解释和运用方面起领导作用的国家,整个科学的基础又是一个不断增长的数学知识总体,我们越来越多地用数学模型指导我们的探索知识的工作."

著名数学家 R. C. Buck 指出:"模型化是数学中的一个概念,它处于所有数学之心脏,也处于某些最抽象的纯数学的核心之中."

数学的研究对象是"量化模式".数(自然数、有理数、实数等)、几何图形、导数、积分、方程、数学式子等等都是量化模式,它们是相应的客观原型经过一级抽象或多级抽象的结果.剔除事物中一切与研究目标无本质联系的各种属性,在理想状态下研究抽象模式的思想就是所谓模式思想.

抽象化的模式可能与任何现实原型没有任何联系.

而与现实原型有较密切关系(或称从属于特定的现实原型)的、且是为了解决某个具体应用问题而建立的模式称为**数学模型**. 指导建立和应用数学模型的一般思想观点称为**数学模型思想**.

1.“模型”是人们用来认识客观世界的重要手段之一

模型是针对现实原型而言的.所谓原型是指人们所关心的、所研究的实际对象.而模型是人为的结果,是原型的抽象形式和理性模拟.因此模型是原型的近似反映,原型是模型的客观基础.一个科学的模型应排除原型中那些偶然的、非本质的、次要的因素,而保留原型中那些必然的、本质的、主要的属性、关系等.模型来自原型,但它不是对原型的简单模仿,而是人们按照使用的目的而对原型所作的一种抽象和升华.人们可以通过对模型的分析、研究以加深对原型的理解和认识.

2.数学模型是沟通数学理论与实际问题联系的桥梁

应用数学知识来解决各门学科和人类社会实践提出的各种实际问题时,需要一个过程.第一步,要把实际问题中的主要因素找出来并加以量化,使实际问题转化为数学问题;在这个过程中要利用有关学科的知识,通过对实际问题的分析、归纳、加工、简化,剔除次要因素,找出主要因素,还要用数学知识将它们量化.第二步,使用数学的理论和方法建立数学模型.然后,运用数学的理论、方法或者计算机进行求解,得出数学结论.第三步,再返回实践去检验或解决现实的实际问题.这个过程经历了实践 —— 理论 —— 实践这三个环节.而每个环节都需要理论与实际结合.而且,一个有用的数学模型的建立往往要经历多次这样的过程.

3.数学模型能深刻反映实际问题的本质

结合第一点关于一般模型的认识,我们容易得到这样结论:数学模型是指通

● ● ●

过抽象和简化,使用数学语言对实际问题(原型)作出的一个近似而本质的刻画,以使人们能更深刻地认识所研究的对象.

例如,牛顿在研究运动与力的关系时,忽略了物体的质地、大小、形状和运动过程中的次要因素的干扰,仅考虑物体的质量 m、在时刻 t 的位置 $x(t)$ 和外力 F 等三个主要因素,建立了牛顿第二定律 $F = m\dfrac{\mathrm{d}^2 x}{\mathrm{d}t^2}$ 这样一个数学模型.它大大深化了人们对物体运动规律与力的关系的这一本质认识,而且由于它的抽象性而获得广泛的应用.

4. 数学模型的基本特性与进一步的作用

数学模型具有如下几个特性:

(1)实践性;(2)实用性;(3)综合性;(4)简单性.

除了上述1,2,3点所述的作用之外,数学模型还有如下重要作用:(ⅰ)为解决复杂数学问题提供决策根据:数学模型是把数学理论应用于实际的桥梁和主要方法;(ⅱ)是科学研究的一种重要方法;(ⅲ)发现不同事物间的联系;促进不同学科的综合;(ⅳ)为理论或实际问题提供预测方案.

大量事例说明,若由数学模型推导出来的一些结果是尚且未知的,则可能预示着某种新事物.历史上,19 世纪下半叶,英国物理学家麦克斯韦利用微分方程作为数学模型,提出了电磁波理论.当时人们还未在实践中发现电磁波的存在,直到他 1879 年去世后多年,即 1888 年,德国物理学家赫兹(Hertz)才发现了电磁波.如此重大事件成为数学模型具有预测功能的典型例子.19 世纪当人们已建立了天王星轨道的数学模型时,有人观测到在某处出现的观察结果与模型不符,通过分析,预测在该处存在另一行星,经过认真观察终于发现这一颗用数学模型推导出的星星 —— 海王星.

20 世纪 50 年代以来,数学模型在经济等领域所起的重要作用举世瞩目.目前,借助于计算机建立的各种数学模型正在对人类社会的各种活动发挥日益深刻的影响.

§6.10.5　用常微分方程建模的基本方法

微分方程是数学建模的最重要、最有效的工具之一.虽然建模的方法因实际问题而异,但归纳起来可有三种模式:

1. 据科学定律直接列方程法

对于力学、物理学、化学以及数学本身某些分支提出的实际问题,人们常可根据各学科已有的定律(定理)给出实际问题中一些变量与它们的变化率之间的关系,直接列出微分方程来.在这个过程中,只要依据的定律(定理)是合理的、条件是满足的、逻辑是正确的,通常建立的数学模型能反映客观规律,能正确地解决实际问题.

这类问题如,根据牛顿第二定律来研究空间物体的运动规律;在电场中用基尔霍夫定律研究闭回路($L-C$电路)的电流;也可研究化学中放射性物质的衰变规律、平面几何中具有变斜率的曲线和空间中具有变曲率的曲线等等.因为大家对这类问题较熟悉,这里不再举例.

2. 通过微元分析列方程法

与方法(1)相比,微元法不同之处在于,对一些实际问题的分析处理过程中,人们未能直接地确定自变量、未知函数及未知函数的变化率之间明确的关系,即建立方程,只能先找出其中部分变量的微元之间的关系,然后加以整理分析,利用已知的定律和规律进行转换,才建立起方程来.

应该说,用微分方程建立的基本的数学模型大多都采用微元法,不论在数学、或物理等领域或在生物、经济以及日常生活的有关数学问题的建模都是如此.

例2　作为运动员或想通过增加运动量来减肥的人都关心体重的增减.这时,常把一个人的体重 W 看成时间的函数 $W(t)$,研究其如何随时间而变化.

分析　假定:(1)人体脂肪是能量的主要存贮和提供的方式,也是影响体重的主要因素,而且每千克脂肪可转换为 $D = 4.2 \times 10^5$ 焦耳的能量;(2)函数 $W(t)$ 连续且可导;(3)假定一个人每天摄入的能量为 A 焦耳,人每千克体重每天活动所消耗的能量为 R 焦耳,而每天基础代谢消耗正比于人的体重,为 BW,其中 B 为常数.

那么,在时间段 $(t, t+\Delta t)$ 内,能量改变情况是:

体重改变引起的能量微小变化为 $[W(t+\Delta t) - W(t)]D$;

摄入与消耗的能量之差(微元)为 $A\Delta t - (B+R)W(t)\Delta t$.

根据能量平衡原理,上面两者应相等,得

$$[W(t+\Delta t) - W(t)]D = A\Delta t - (B+R)W(t)\Delta t,$$

两边先除以 $\Delta t(\Delta t \neq 0)$,然后令 $\Delta t \to 0$,取极限,得

$$\frac{\mathrm{d}W(t)}{\mathrm{d}t} = a - kW(t),$$

其中 $a = \dfrac{A}{D}, k = \dfrac{B+R}{D}$,上式即为所求的数学模型.

设时间 $t = 0$ 时,所考虑的人的体重为 $W(0) = W_0$,用分离变量法容易求出体重函数

$$W(t) = W_0 \mathrm{e}^{-kt} + (1 - \mathrm{e}^{-kt})\frac{a}{k}.$$

上述考虑了在时间的微元 Δt 中用两个不同方式表示的能量变化(能量增量微元),然后利用能量平衡公式建立方程.这就是运用微元分析来建模的一个例子.

3. 综合法模拟近似建模

经济、生物等学科以及日常生活、工农业生产中提出的实际问题,其规律性常常不太清楚或不能用确定关系式表示出来.当人们采用数学模型去研究这些实际问题时,只能采用模拟近似法.例 2 中研究人的体重的变化的情况就是一例,当时我们采用了微元法.在许多情况下,人们还根据需要把微元法与公式法结合使用,例如,在例 2 中我们还可以对变化率做出某些假定.

此外,还常常根据条件假定的不同来建立多个模拟的微分方程,分别求出相应的解或并对解的特征进行分析,同时对照实际问题的情况,包括已知的观察数据及其变化情况,进行分析比较,必要时还要反复修改,直到得出与实际情形相当贴近的模型或选出其中最适合于实际情况的模型和相应的解.也就是说,对这样的模型必须特别强调检验.

下面以描述肿瘤生长规律的数学模型为例说明之.

肿瘤是危害人体健康的最可怕的敌人之一,科学家们从不同角度开展研究,目的是要控制并消灭它.通过临床观察了解得到肿瘤如下信息:

(1) 根据现有手段,肿瘤细胞数目超过 10^{11} 时,临床才可能观察到.

(2) 肿瘤生长初期,每经一定的时间间隔,其细胞数目就增加一倍.

(3) 在肿瘤生长后期,由于各种生理条件的限制,肿瘤细胞数逐渐趋向某个稳定值.

A) 指型模型

假定肿瘤细胞增长速度与当时这种细胞的数目成正比,比例系数为 λ.设在时刻 t 肿瘤细胞数目为 $n(t)$,则得到微分方程模型为

$$\frac{\mathrm{d}n}{\mathrm{d}t} = \lambda n,$$

其解为 $n(t) = Ce^{\lambda t}$.据临床观察信息(1),可令 $n(0) = 10^{11}$,得到肿瘤生长规律为 $n(t) = n(0)e^{\lambda t} = 10^{11}e^{\lambda t}$,再据观察信息(2),设细胞增加一倍所需要的时间为 τ,则 $\tau = \frac{\ln 2}{\lambda}$.

这个模型的缺点是不能反映观察信息(3)的规律.因此人们作了修正,提出如下新模型:

B) Verhulst 模型

假定相对增长率随细胞数目 $n(t)$ 的增加而减少,若用 N 表示因生理限制导致的肿瘤数目的极限值,$g(n)$ 表示相对增长率 $\dfrac{\frac{\mathrm{d}n}{\mathrm{d}t}}{n}$,则 $g(n)$ 为 n 的减函数.为处理方便,假定 $g(n)$ 为 n 的线性函数:$g(n) = a + bn$.又假定当 $n(t) = n(0)$ 时,

$g(n) = l$,而当 $n(t) = N$ 时,$g(n) = 0$,则可得到相对增长率为

$$g(n) = \lambda \cdot \frac{N - n(t)}{N - n(0)}.$$

从而 $n(t)$ 满足微分方程

$$\frac{\mathrm{d}n}{\mathrm{d}t} = \lambda n(t) \frac{N - n(t)}{N - n(0)}.$$

可求出解:

$$n(t) = n(0)\left[\frac{n(0)}{N} + \left(1 - \frac{n(0)}{N}\right)\mathrm{e}^{-\alpha t}\right]^{-1},$$

其中 $\alpha = \dfrac{\lambda N}{(N - n(0))}.$

在实用中常假定 $n(0) = 10^{11}$.

C)Gompertzlan 模型

经过实践检验,人们发现 Verhaulst 模型与某些测试数据不吻合,分析其原因是,相对增长率假定为线性函数虽然简单且便于计算,但与实际情形偏差太大.因此有人提出进一步改进的新模型.假定相对增长率为对数函数 $g = -\lambda \ln\left(\dfrac{n}{N}\right)$,其中负号表示随 $n(t)$ 的增加而减少,并且 g 与 $n(t)$ 在 N 中所占比例的对数有关.由此得到的方程为:

$$\frac{\mathrm{d}n}{\mathrm{d}t} = -\lambda n \ln\left(\frac{n}{N}\right),$$

其解为 $n(t) = n(0)\left[\dfrac{N}{n(0)}\right]^{b}$,其中 $b = 1 - \mathrm{e}^{-\lambda t}$. 这就是 **Gompertzlan 模型**.

到 20 世纪 80 年代,有人考虑相对增长率为 n 的幂函数形式,进一步改进了模型.

总之,人们总是根据实践的结果不断修正已有的模型.

附录 1　几种常用曲线

（1）三次抛物线

$y = ax^3$

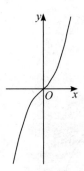

（2）半立方抛物线

$y^2 = ax^3$

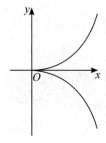

（3）概率曲线

$y = e^{-x^2}$

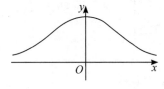

（4）箕舌线

$y = \dfrac{8a^3}{x^2 + 4a^2}$

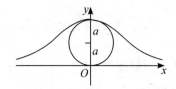

（5）蔓叶线

$y^2(2a - x) = x^3$

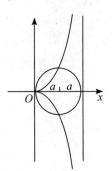

（6）笛卡儿叶形线

$x = \dfrac{3at}{1 + t^2}, y = \dfrac{3at^2}{1 + t^3}$

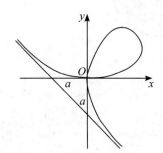

（7）星形线（内摆线的一种）

$$x^{\frac{2}{3}} + y^{\frac{2}{3}} = a^{\frac{2}{3}}, \begin{cases} x = a\cos^3\theta \\ y = a\sin^3\theta \end{cases}.$$

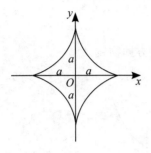

（8）摆线

$$\begin{cases} x = a(\theta - \sin\theta) \\ y = a(1 - \cos\theta) \end{cases}.$$

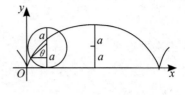

（9）心形线（外摆线的一种）

$$x^2 + y^2 + ax = a\sqrt{x^2 + y^2},$$
$$\rho = a(1 - \cos\varphi).$$

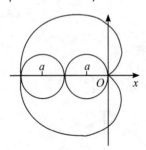

（10）阿基米德螺线

$$\rho = a\varphi.$$

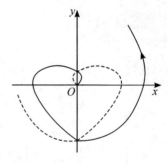

（11）对数螺线

$$\rho = e^{a\varphi}.$$

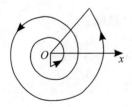

（12）双曲螺线

$$\rho\varphi = a.$$

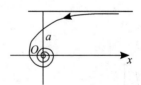

(13) 伯努利双纽线

$(x^2 + y^2)^2 = 2a^2 xy$,

$\rho^2 = a^2 \sin 2\varphi.$

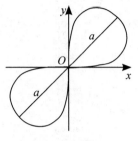

(14) 伯努利双纽线

$(x^2 + y^2)^2 = a^2(x^2 - y^2)$,

$\rho^2 = a^2 \cos 2\varphi.$

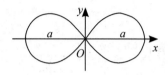

(15) 三叶玫瑰线

$\rho = a\cos 3\varphi.$

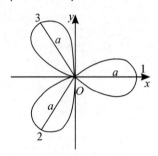

(16) 三叶玫瑰线

$\rho = a\sin 3\varphi.$

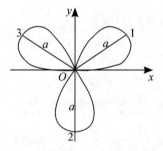

(17) 四叶玫瑰线

$\rho = a\sin 2\varphi.$

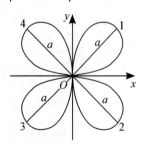

(18) 四叶玫瑰线

$\rho = a\sin 2\varphi.$

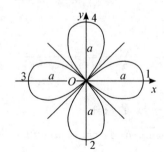

附录 2　积 分 表

一、含有 $a+bx$ 的积分

(1) $\displaystyle\int (a+bx)^a \mathrm{d}x = \frac{(a+bx)^{a+1}}{b(a+1)} + C \quad (a \neq -1).$

(2) $\displaystyle\int x^a \mathrm{d}x = \frac{x^{a+1}}{a+1} + C \quad (a \neq -1).$

(3) $\displaystyle\int \frac{\mathrm{d}x}{a+bx} = \frac{1}{b}\ln |a+bx| + C.$

(4) $\displaystyle\int \frac{\mathrm{d}x}{x} = \ln |x| + C.$

(5) $\displaystyle\int \frac{x\mathrm{d}x}{a+bx} = \frac{1}{b^2}[a+bx - a\ln |a+bx|] + C.$

(6) $\displaystyle\int \frac{x^2 \mathrm{d}x}{a+bx} = \frac{1}{b^3}\left[\frac{1}{2}(a+bx)^2 - 2a(a+bx) + a^2\ln |a+bx|\right] + C.$

(7) $\displaystyle\int \frac{\mathrm{d}x}{x(a+bx)} = \frac{1}{a}\ln \left|\frac{x}{a+bx}\right| + C.$

(8) $\displaystyle\int \frac{\mathrm{d}x}{x^2(a+bx)} = -\frac{1}{ax} + \frac{b}{a^2}\ln \left|\frac{a+bx}{x}\right| + C.$

(9) $\displaystyle\int \frac{x\mathrm{d}x}{(a+bx)^2} = \frac{1}{b^2}\left[\frac{a}{a+bx} + \ln |a+bx|\right] + C.$

(10) $\displaystyle\int \frac{x^2 \mathrm{d}x}{(a+bx)^2} = \frac{1}{b^3}\left[a+bx - \frac{a^2}{a+bx} - 2a\ln |a+bx|\right] + C.$

(11) $\displaystyle\int \frac{\mathrm{d}x}{x(a+bx)^2} = \frac{1}{a(a+bx)} - \frac{1}{a^2}\ln \left|\frac{a+bx}{x}\right| + C.$

二、含有 $\sqrt{a+bx}$ 的积分

(12) $\displaystyle\int \sqrt{a+bx}\,\mathrm{d}x = \frac{2}{3b}(a+bx)^{\frac{3}{2}} + C.$

(13) $\displaystyle\int x\sqrt{a+bx}\,\mathrm{d}x = \frac{2}{15b^2}(3bx-2a)(a+bx)^{\frac{3}{2}} + C.$

(14) $\displaystyle\int x^2 \sqrt{a+bx}\,\mathrm{d}x = \frac{2}{105b^3}(8a^2 - 12abx + 15b^2 x^2)(a+bx)^{\frac{3}{2}} + C.$

(15) $\displaystyle\int \frac{x\mathrm{d}x}{\sqrt{a+bx}} = \frac{2}{3b^2}(bx-2a)\sqrt{a+bx} + C.$

$(16) \displaystyle\int \dfrac{x^2 \, \mathrm{d}x}{\sqrt{a+bx}} = \dfrac{2}{15b^3}(8a^2 - 4abx + 3b^2 x^2)\sqrt{a+bx} + C.$

$(17) \displaystyle\int \dfrac{\mathrm{d}x}{x\sqrt{a+bx}} = \begin{cases} \dfrac{1}{\sqrt{a}}\ln\left|\dfrac{\sqrt{a+bx} - \sqrt{a}}{\sqrt{a+bx} + \sqrt{a}}\right| + C & (a > 0) \\[3mm] \dfrac{2}{\sqrt{-a}}\arctan\sqrt{\dfrac{a+bx}{-a}} + C & (a < 0) \end{cases}.$

$(18) \displaystyle\int \dfrac{\mathrm{d}x}{x^2\sqrt{a+bx}} = -\dfrac{\sqrt{a+bx}}{ax} - \dfrac{b}{2a}\int \dfrac{\mathrm{d}x}{x\sqrt{a+bx}}.$

$(19) \displaystyle\int \dfrac{\sqrt{a+bx}}{x}\mathrm{d}x = 2\sqrt{a+bx} + a\int \dfrac{\mathrm{d}x}{x\sqrt{a+bx}}.$

三、含有 $a^2 \pm x^2$ 的积分

$(20) \displaystyle\int \dfrac{\mathrm{d}x}{(a^2+x^2)^n} = \begin{cases} \dfrac{1}{a}\arctan\dfrac{x}{a} + C & n = 1 \\[3mm] \dfrac{x}{2(n-1)a^2(a^2+x^2)^{n-1}} + \dfrac{2n-3}{2(n-1)a^2}\displaystyle\int \dfrac{\mathrm{d}x}{(a^2+x^2)^{n-1}} & n > 1 \end{cases}.$

$(21) \displaystyle\int \dfrac{x\mathrm{d}x}{(a^2+x^2)^n} = \begin{cases} \dfrac{1}{2}\ln(a^2+x^2) + C & n = 1 \\[3mm] -\dfrac{1}{2(n-1)a^2(a^2+x^2)^{n-1}} + C & n > 1 \end{cases}.$

$(22) \displaystyle\int \dfrac{\mathrm{d}x}{a^2-x^2} = \dfrac{1}{2a}\ln\left|\dfrac{a+x}{a-x}\right| + C.$

$(23) \displaystyle\int \dfrac{\mathrm{d}x}{x^2-a^2} = \dfrac{1}{2a}\ln\left|\dfrac{x-a}{x+a}\right| + C.$

四、含有 $a \pm bx^2$ 的积分

$(24) \displaystyle\int \dfrac{\mathrm{d}x}{a+bx^2} = \dfrac{1}{\sqrt{ab}}\arctan\dfrac{1}{c}\sqrt{\dfrac{b}{a}}x + C \quad (a > 0, b > 0).$

$(25) \displaystyle\int \dfrac{\mathrm{d}x}{a-bx^2} = \dfrac{1}{2\sqrt{ab}}\ln\left|\dfrac{\sqrt{a}+\sqrt{b}x}{\sqrt{a}-\sqrt{b}x}\right| + C \quad (a > 0, b > 0).$

$(26) \displaystyle\int \dfrac{x\mathrm{d}x}{a+bx^2} = \dfrac{1}{2b}\ln|a+bx^2| + C.$

$(27) \displaystyle\int \dfrac{x^2\,\mathrm{d}x}{a+bx^2} = \dfrac{x}{b} - \dfrac{a}{b}\int \dfrac{\mathrm{d}x}{a+bx^2}.$

$(28) \displaystyle\int \dfrac{\mathrm{d}x}{x(a+bx^2)} = \dfrac{1}{2a}\ln\left|\dfrac{x^2}{a+bx^2}\right| + C.$

(29) $\displaystyle\int \frac{\mathrm{d}x}{x^2(a+bx^2)} = -\frac{1}{ax} - \frac{b}{a}\int \frac{\mathrm{d}x}{a+bx^2}.$

(30) $\displaystyle\int \frac{\mathrm{d}x}{x^3(a+bx^2)} = \frac{b}{2a^2}\ln \frac{|a+bx^2|}{x^2} - \frac{1}{2ax^2} + C.$

(31) $\displaystyle\int \frac{\mathrm{d}x}{(a+bx^2)^2} = \frac{x}{2a(a+bx^2)} + \frac{1}{2a}\int \frac{\mathrm{d}x}{a+bx^2}.$

(32) $\displaystyle\int \frac{\mathrm{d}x}{(a+bx^2)^n} = \frac{x}{2a(n-1)(a+bx^2)^{n-1}} + \frac{2n-3}{2(n-1)a}\int \frac{\mathrm{d}x}{(a+bx^2)^{n-1}}.$

五、含有 $\sqrt{x^2 \pm a^2}\,(a>0)$ 的积分

(33) $\displaystyle\int \sqrt{x^2 \pm a^2}\,\mathrm{d}x = \frac{x}{2}\sqrt{x^2 \pm a^2} \pm \frac{a^2}{2}\ln\left|x + \sqrt{x^2 \pm a^2}\right| + C.$

(34) $\displaystyle\int x\sqrt{x^2 \pm a^2}\,\mathrm{d}x = \frac{1}{3}(x^2 \pm a^2)^{\frac{3}{2}} + C.$

(35) $\displaystyle\int x^2\sqrt{x^2 \pm a^2}\,\mathrm{d}x = \frac{x}{8}(2x^2 \pm a^2)\sqrt{x^2 \pm a^2} - \frac{a^4}{8}\ln\left|x + \sqrt{x^2 \pm a^2}\right| + C.$

(36) $\displaystyle\int \frac{\mathrm{d}x}{\sqrt{x^2 \pm a^2}} = \ln\left|x + \sqrt{x^2 \pm a^2}\right| + C.$

(37) $\displaystyle\int \frac{x\,\mathrm{d}x}{\sqrt{x^2 \pm a^2}} = \sqrt{x^2 \pm a^2} + C.$

(38) $\displaystyle\int \frac{x^2\,\mathrm{d}x}{\sqrt{x^2 \pm a^2}} = \frac{x}{2}\sqrt{x^2 \pm a^2} \mp \frac{a^2}{2}\ln\left|x + \sqrt{x^2 \pm a^2}\right| + C.$

(39) $\displaystyle\int \frac{\mathrm{d}x}{x\sqrt{x^2 + a^2}} = \frac{1}{a}\ln \frac{|x|}{a + \sqrt{x^2 + a^2}} + C.$

(40) $\displaystyle\int \frac{\mathrm{d}x}{x\sqrt{x^2 - a^2}} = \frac{1}{a}\arccos \frac{a}{|x|} + C.$

(41) $\displaystyle\int \frac{\mathrm{d}x}{x^2\sqrt{x^2 \pm a^2}} = \mp \frac{\sqrt{x^2 \pm a^2}}{a^2 x} + C.$

(42) $\displaystyle\int \frac{\sqrt{x^2 + a^2}}{x}\mathrm{d}x = \sqrt{x^2 + a^2} - a\ln \frac{\sqrt{x^2 + a^2} - a}{|x|} + C.$

(43) $\displaystyle\int \frac{\sqrt{x^2 - a^2}}{x}\mathrm{d}x = \sqrt{x^2 - a^2} - a\arccos \frac{a}{|x|} + C.$

(44) $\displaystyle\int \frac{\sqrt{x^2 \pm a^2}}{x^2}\mathrm{d}x = -\frac{\sqrt{x^2 \pm a^2}}{x} + \ln\left|x + \sqrt{x^2 \pm a^2}\right| + C.$

(45) $\displaystyle\int (x^2 \pm a^2)^{\frac{3}{2}}\mathrm{d}x = \frac{x}{8}(2x^2 \pm 5a^2)\sqrt{x^2 \pm a^2} + \frac{3a^4}{8}\ln\left|x + \sqrt{x^2 \pm a^2}\right| + C.$

$(46)\displaystyle\int x(x^2\pm a^2)^{\frac{3}{2}}\mathrm{d}x=\dfrac{1}{5}(x^2\pm a^2)^{\frac{5}{2}}+C.$

$(47)\displaystyle\int\dfrac{\mathrm{d}x}{(x^2\pm a^2)^{\frac{3}{2}}}=\pm\dfrac{x}{a^2\sqrt{x^2\pm a^2}}+C.$

$(48)\displaystyle\int\dfrac{x\mathrm{d}x}{(x^2\pm a^2)^{\frac{a}{2}}}=-\dfrac{1}{\sqrt{x^2\pm a^2}}+C.$

$(49)\displaystyle\int\dfrac{x^2\mathrm{d}x}{(x^2\pm a^2)^{\frac{a}{2}}}=-\dfrac{x}{\sqrt{x^2\pm a^2}}+\ln\left|x+\sqrt{x^2\pm a^2}\right|+C.$

六、含有 $\sqrt{a^2-x^2}\,(a>0)$ 的积分

$(50)\displaystyle\int\sqrt{a^2-x^2}\,\mathrm{d}x=\dfrac{x}{2}\sqrt{a^2-x^2}+\dfrac{a^2}{2}\arcsin\dfrac{x}{a}+C.$

$(51)\displaystyle\int x\sqrt{a^2-x^2}\,\mathrm{d}x=-\dfrac{1}{3}(a^2-x^2)^{\frac{3}{2}}+C.$

$(52)\displaystyle\int x^2\sqrt{a^2-x^2}\,\mathrm{d}x=\dfrac{x}{8}(2x^2-a^2)\sqrt{a^2-x^2}+\dfrac{a^4}{8}\arcsin\dfrac{x}{a}+C.$

$(53)\displaystyle\int\dfrac{\mathrm{d}x}{\sqrt{a^2-x^2}}=\arcsin\dfrac{x}{a}+C.$

$(54)\displaystyle\int\dfrac{x\mathrm{d}x}{\sqrt{a^2-x^2}}=-\sqrt{a^2-x^2}+C.$

$(55)\displaystyle\int\dfrac{x^2\mathrm{d}x}{\sqrt{a^2-x^2}}=-\dfrac{x}{2}\sqrt{a^2-x^2}+\dfrac{a^2}{2}\arcsin\dfrac{x}{a}+C.$

$(56)\displaystyle\int(a^2-x^2)^{\frac{3}{2}}\mathrm{d}x=\dfrac{x}{8}(5a^2-2x^2)\sqrt{a^2-x^2}+\dfrac{3a^4}{8}\arcsin\dfrac{x}{a}+C.$

$(57)\displaystyle\int x(a^2-x^2)^{\frac{3}{2}}\mathrm{d}x=-\dfrac{1}{5}(a^2-x^2)^{\frac{5}{2}}+C.$

$(58)\displaystyle\int\dfrac{\mathrm{d}x}{(a^2-x^2)^{\frac{3}{2}}}=\dfrac{x}{a^2\sqrt{a^2-x^2}}+C.$

$(59)\displaystyle\int\dfrac{x\mathrm{d}x}{(a^2-x^2)^{\frac{3}{2}}}=\dfrac{1}{\sqrt{a^2-x^2}}+C.$

$(60)\displaystyle\int\dfrac{x^2\mathrm{d}x}{(a^2-x^2)^{\frac{3}{2}}}=\dfrac{x}{\sqrt{a^2-x^2}}-\arcsin\dfrac{x}{a}+C.$

$(61)\displaystyle\int\dfrac{\mathrm{d}x}{x\sqrt{a^2-x^2}}=\dfrac{1}{a}\ln\dfrac{a-\sqrt{a^2-x^2}}{|x|}+C.$

$(62)\displaystyle\int\dfrac{\mathrm{d}x}{x^2\sqrt{a^2-x^2}}=-\dfrac{\sqrt{a^2-x^2}}{a^2x}+C.$

$(63) \displaystyle\int \frac{\mathrm{d}x}{x^3 \sqrt{a^2-x^2}} = -\frac{\sqrt{a^2-x^2}}{2a^2 x^2} - \frac{1}{2a^3}\ln\frac{a+\sqrt{a^2-x^2}}{|x|} + C.$

$(64) \displaystyle\int \frac{\sqrt{a^2-x^2}}{x}\mathrm{d}x = \sqrt{a^2-x^2} - a\ln\frac{a+\sqrt{a^2-x^2}}{|x|} + C.$

$(65) \displaystyle\int \frac{\sqrt{a^2-x^2}}{x^2}\mathrm{d}x = -\frac{\sqrt{a^2-x^2}}{x} - \arcsin\frac{x}{a} + C.$

七、含有 $\sqrt{2ax \pm x^2}$ 的积分

$(66) \displaystyle\int \frac{\mathrm{d}x}{\sqrt{2ax+x^2}} = \ln\left| x+a+\sqrt{2ax+x^2} \right| + C.$

$(67) \displaystyle\int \sqrt{2ax-x^2}\,\mathrm{d}x = \frac{x-a}{2}\sqrt{2ax-x^2} + \frac{a^2}{2}\arcsin\frac{x-a}{a} + C.$

$(68) \displaystyle\int \frac{\mathrm{d}x}{\sqrt{2ax-x^2}} = \arcsin\frac{x-a}{a} + C.$

$(69) \displaystyle\int x^n\sqrt{2ax-x^2}\,\mathrm{d}x = \frac{-x^{n-1}(2ax-x^2)^{\frac{3}{2}}}{n+2} + \frac{(2n+1)a}{n+a}\int x^{n-1}\sqrt{2ax-x^2}\,\mathrm{d}x.$

$(70) \displaystyle\int \frac{x^n\,\mathrm{d}x}{\sqrt{2ax-x^2}} = \frac{-x^{n-1}\sqrt{2ax-x^2}}{n} + \frac{(2n-1)a}{n}\int \frac{x^{n-1}\,\mathrm{d}x}{\sqrt{2ax-x^2}}.$

$(71) \displaystyle\int \frac{\mathrm{d}x}{x^n\sqrt{2ax-x^2}} = -\frac{\sqrt{2ax-x^2}}{(2n-1)ax^n} + \frac{n-1}{(2n-1)a}\int \frac{\mathrm{d}x}{x^{n-1}\sqrt{2ax-x^2}}.$

$(72) \displaystyle\int \frac{\sqrt{2ax-x^2}}{x^n}\mathrm{d}x = \frac{(2a-x^2)^{\frac{3}{2}}}{(3-2n)ax^n} + \frac{n-3}{(2n-3)a}\int \frac{\sqrt{2ax-x^2}}{x^{n-1}}\mathrm{d}x.$

$(73) \displaystyle\int \frac{\mathrm{d}x}{(2ax-x^2)^{\frac{3}{2}}} = \frac{x-a}{a^2\sqrt{2ax-x^2}} + C.$

八、含有 $a + bx \pm cx^2\,(c > 0)$ 的积分

$(74) \displaystyle\int \frac{\mathrm{d}x}{a+bx+cx^2} = \begin{cases} \dfrac{2}{\sqrt{4ac-b^2}}\arctan\dfrac{2cx+b}{\sqrt{4ac-b^2}} + C\ (b^2-4ac<0). \\[3mm] \dfrac{1}{\sqrt{b^2-4ac}}\ln\left| \dfrac{2cx+b-\sqrt{b^2-4ac}}{2cx+b+\sqrt{b^2-4ac}} \right| + C\ (b^2-4ac>0). \end{cases}$

$(75) \displaystyle\int \frac{\mathrm{d}x}{a+bx-cx^2} = \frac{1}{\sqrt{b^2+4ac}}\ln\left| \frac{\sqrt{b^2+4ac}+2cx-b}{\sqrt{b^2+4ac}-2cx+b} \right| + C.$

九、含有 $\sqrt{a+bx\pm cx^2}\,(c>0)$ 的积分

(76) $\displaystyle\int \sqrt{a+bx+cx^2}\,\mathrm{d}x = \frac{2cx+b}{4c}\sqrt{a+bx+cx^2} -$

$\dfrac{b^2-4ac}{8\sqrt{c^3}}\ln\left|2cx+b+2\sqrt{c}\sqrt{a+bx+cx^2}\right|+C.$

(77) $\displaystyle\int \frac{\mathrm{d}x}{\sqrt{a+bx+cx^2}} = \frac{1}{\sqrt{c}}\ln\left|2cx+b+2\sqrt{c}\sqrt{a+bx+cx^2}\right|+C.$

(78) $\displaystyle\int \frac{x\mathrm{d}x}{\sqrt{a+bx+cx^2}} = \frac{\sqrt{a+bx+cx^2}}{c} -$

$\dfrac{b}{2\sqrt{c^3}}\ln\left|2cx+b+2\sqrt{c}\sqrt{a+bx+cx^2}\right|+C.$

(79) $\displaystyle\int \sqrt{a+bx-cx^2}\,\mathrm{d}x = \frac{2cx-b}{4c}\sqrt{a+bx-cx^2} +$

$\dfrac{b^2+4ac}{8\sqrt{c^3}}\arcsin\dfrac{2cx-b}{\sqrt{b^2+4ac}}+C.$

(80) $\displaystyle\int \frac{\mathrm{d}x}{\sqrt{a+bx-cx^2}} = \frac{1}{\sqrt{c}}\arcsin\frac{2cx-b}{\sqrt{b^2+4ac}}+C.$

(81) $\displaystyle\int \frac{x\mathrm{d}x}{\sqrt{a+bx-cx^2}} = -\frac{\sqrt{a+bx-cx^2}}{c}+\frac{b}{2\sqrt{c^3}}\arcsin\frac{2cx-b}{\sqrt{b^2+4ac}}+C.$

十、含有 $\sqrt{\dfrac{a\pm x}{b\pm x}}$ 或 $\sqrt{(x-a)(b-x)}$ 的积分

(82) $\displaystyle\int \sqrt{\frac{a+x}{b+x}}\,\mathrm{d}x = \sqrt{(a+x)(b+x)}+(a-b)\ln\left(\sqrt{a+x}+\sqrt{b+x}\right)+C.$

(83) $\displaystyle\int \sqrt{\frac{a-x}{b+x}}\,\mathrm{d}x = \sqrt{(a-x)(b+x)}+(a+b)\arcsin\sqrt{\frac{x+b}{a+b}}+C.$

(84) $\displaystyle\int \sqrt{\frac{a+x}{b-x}}\,\mathrm{d}x = -\sqrt{(a+x)(b-x)}-(a+b)\arcsin\sqrt{\frac{b-x}{a+b}}+C.$

(85) $\displaystyle\int \sqrt{(x-a)(b-x)}\,\mathrm{d}x = \frac{2x-a-b}{4}\sqrt{(x-a)(b-x)} +$

$\dfrac{(b-a)^2}{4}\arcsin\sqrt{\dfrac{x-a}{b-a}}+C.$

(86) $\displaystyle\int \frac{\mathrm{d}x}{\sqrt{(x-a)(b-x)}} = 2\arcsin\sqrt{\frac{x-a}{b-a}}+C.$

十一、含有三角函数的积分

$(87)\displaystyle\int \sin x\mathrm{d}x = -\cos x + C.$

$(88)\displaystyle\int \cos x\mathrm{d}x = \sin x + C.$

$(89)\displaystyle\int \tan x\mathrm{d}x = -\ln |\cos x| + C.$

$(90)\displaystyle\int \cot x\mathrm{d}x = \ln |\sin x| + C.$

$(91)\displaystyle\int \sec x\mathrm{d}x = \ln |\sec x + \tan x| + C.$

$(92)\displaystyle\int \csc x\mathrm{d}x = \ln |\csc x - \cot x| + C.$

$(93)\displaystyle\int \sec^2 x\mathrm{d}x = \tan x + C.$

$(94)\displaystyle\int \csc^2 x\mathrm{d}x = -\cot x + C.$

$(95)\displaystyle\int \sec x\tan x\mathrm{d}x = \sec x + C.$

$(96)\displaystyle\int \csc x\cot x\mathrm{d}x = -\csc x + C.$

$(97)\displaystyle\int \sin^2 x\mathrm{d}x = \dfrac{x}{2} - \dfrac{1}{4}\sin 2x + C.$

$(98)\displaystyle\int \cos^2 x\mathrm{d}x = \dfrac{x}{2} + \dfrac{1}{4}\sin 2x + C.$

$(99)\displaystyle\int \sin^n x\mathrm{d}x = -\dfrac{\sin^{n-1} x\cos x}{n} + \dfrac{n-1}{n}\int \sin^{n-2} x\mathrm{d}x.$

$(100)\displaystyle\int \cos^n x\mathrm{d}x = \dfrac{\cos^{n-1} x\sin x}{n} + \dfrac{n-1}{n}\int \cos^{n-2} x\mathrm{d}x.$

$(101)\displaystyle\int \dfrac{\mathrm{d}x}{\sin^n x} = -\dfrac{1}{n-1}\cdot\dfrac{\cos x}{\sin^{n-1} x} + \dfrac{n-2}{n-1}\int \dfrac{\mathrm{d}x}{\sin^{n-2} x}.$

$(102)\displaystyle\int \dfrac{\mathrm{d}x}{\cos^n x} = \dfrac{1}{n-1}\cdot\dfrac{\sin x}{\cos^{n-1} x} + \dfrac{n-2}{n-1}\int \dfrac{\mathrm{d}x}{\cos^{n-2} x}.$

$(103)\displaystyle\int \tan^n x\mathrm{d}x = \dfrac{\tan^{n-1} x}{n-1} - \int \tan^{n-2} x\mathrm{d}x.$

$(104)\displaystyle\int\cot^n x\mathrm{d}x = -\dfrac{\cot^{n-1} x}{n-1} - \int \cot^{n-2} x\mathrm{d}x.$

$(105)\displaystyle\int \sec^n x\mathrm{d}x = \dfrac{\tan x\sec^{n-2} x}{n-1} + \dfrac{n-2}{n-1}\int \sec^{n-2} x\mathrm{d}x.$

$$(106)\int \csc^n x\,\mathrm{d}x = -\frac{\cot x\csc^{n-2} x}{n-1} + \frac{n-2}{n-1}\int \csc^{n-2} x\,\mathrm{d}x.$$

$$(107)\int \cos^m x\sin^n x\,\mathrm{d}x = \frac{\cos^{m-1} x\sin^{n+1} x}{m+n} + \frac{m-1}{m+n}\int \cos^{m-2} x\sin^n x\,\mathrm{d}x$$

$$= \frac{\cos^{m+1} x\sin^{n-1} x}{m+n} + \frac{n-1}{m+n}\int \cos^m x\sin^{n-2} x\,\mathrm{d}x.$$

$$(108)\int \sin ax\cos bx\,\mathrm{d}x = -\frac{\cos(a+b)x}{2(a+b)} - \frac{\cos(a-b)x}{2(a-b)} + C \quad (a\neq b).$$

$$(109)\int \sin ax\sin bx\,\mathrm{d}x = -\frac{\sin(a+b)x}{2(a+b)} + \frac{\sin(a-b)x}{2(a-b)} + C \quad (a\neq b).$$

$$(110)\int \cos ax\cos bx\,\mathrm{d}x = \frac{\sin(a+b)x}{2(a+b)} + \frac{\sin(a-b)x}{2(a-b)} + C \quad (a\neq b).$$

$$(111)\int \frac{\mathrm{d}x}{a+b\sin x} = \begin{cases} \dfrac{2}{\sqrt{a^2-b^2}}\arctan \dfrac{a\tan \frac{x}{2}+b}{\sqrt{a^2-b^2}} + C & (a^2>b^2) \\[4mm] \dfrac{1}{\sqrt{b^2-a^2}}\ln \left|\dfrac{a\tan \frac{x}{2}+b-\sqrt{b^2-a^2}}{a\tan \frac{x}{2}+b+\sqrt{b^2-a^2}}\right| + C & (a^2<b^2) \end{cases}.$$

$$(112)\int \frac{\mathrm{d}x}{a+b\cos x} = \begin{cases} \dfrac{2}{\sqrt{a^2-b^2}}\arctan \left(\sqrt{\dfrac{a-b}{a+b}}\tan \dfrac{x}{2}\right) + C & (a^2>b^2) \\[4mm] \dfrac{1}{\sqrt{b^2-a^2}}\ln \left|\dfrac{a+b+\sqrt{b^2-a^2}\tan \frac{x}{2}}{a+b-\sqrt{b^2-a^2}\tan \frac{x}{2}}\right| + C & (a^2<b^2) \end{cases}.$$

$$(113)\int \frac{\mathrm{d}x}{a^2\cos^2 x + b^2\sin^2 x} = \frac{1}{ab}\arctan \left(\frac{b}{a}\tan x\right) + C.$$

$$(114)\int \frac{\mathrm{d}x}{a^2\cos^2 x - b^2\sin^2 x} = \frac{1}{2ab}\ln \left|\frac{b\tan x + a}{b\tan x - a}\right| + C.$$

$$(115)\int x\sin ax\,\mathrm{d}x = \frac{1}{a^2}\sin ax - \frac{1}{a}x\cos ax + C.$$

$$(116)\int x\cos ax\,\mathrm{d}x = \frac{1}{a^2}\cos ax + \frac{1}{a}x\sin ax + C.$$

$$(117)\int x^n\sin ax\,\mathrm{d}x = -\frac{x^n\cos ax}{a} + \frac{n}{a}\int x^{n-1}\cos ax\,\mathrm{d}x.$$

$$(118)\int x^n\cos ax\,\mathrm{d}x = \frac{x^n\sin ax}{a} - \frac{n}{a}\int x^{n-1}\sin ax\,\mathrm{d}x.$$

$$(119)\int \frac{\mathrm{d}x}{1+\cos x} = \tan \frac{x}{2} + C.$$

$(120) \displaystyle\int \frac{\mathrm{d}x}{1-\cos x} = -\cot \frac{x}{2} + C.$

十二、含有反三角函数的积分

$(121) \displaystyle\int \arcsin \frac{x}{a} \mathrm{d}x = x \arcsin \frac{x}{a} + \sqrt{a^2 - x^2} + C.$

$(122) \displaystyle\int x \arcsin \frac{x}{a} \mathrm{d}x = \left(\frac{x^2}{2} - \frac{a^2}{4} \right) \arcsin \frac{x}{a} + \frac{x}{4} \sqrt{a^2 - x^2} + C.$

$(123) \displaystyle\int x^2 \arcsin \frac{x}{a} \mathrm{d}x = \frac{x^3}{3} \arcsin \frac{x}{a} + \frac{1}{9} (x^2 + 2a^2) \sqrt{a^2 - x^2} + C.$

$(124) \displaystyle\int \arccos \frac{x}{a} \mathrm{d}x = x \arccos \frac{x}{a} - \sqrt{a^2 - x^2} + C.$

$(125) \displaystyle\int x \arccos \frac{x}{a} \mathrm{d}x = \left(\frac{x^2}{2} - \frac{a^2}{4} \right) \arccos \frac{x}{a} - \frac{x}{4} \sqrt{a^2 - x^2} + C.$

$(126) \displaystyle\int x^2 \arccos \frac{x}{a} \mathrm{d}x = \frac{x^3}{3} \arccos \frac{x}{a} - \frac{1}{9} (x^2 + 2a^2) \sqrt{a^2 - x^2} + C.$

$(127) \displaystyle\int \arctan \frac{x}{a} \mathrm{d}x = x \arctan \frac{x}{a} - \frac{a}{2} \ln (a^2 + x^2) + C.$

$(128) \displaystyle\int x \arctan \frac{x}{a} \mathrm{d}x = \frac{a^2 + x^2}{2} \arctan \frac{x}{a} - \frac{a}{2} x + C.$

$(129) \displaystyle\int x^2 \arctan \frac{x}{a} \mathrm{d}x = \frac{x^3}{3} \arctan \frac{x}{a} - \frac{a}{6} x^2 + \frac{a^3}{6} \ln (a^2 + x^2) + C.$

$(130) \displaystyle\int \operatorname{arccot} \frac{x}{a} \mathrm{d}x = x \operatorname{arccot} \frac{x}{a} + \frac{a}{2} \ln (a^2 + x^2) + C.$

$(131) \displaystyle\int \operatorname{arcsec} \frac{x}{a} \mathrm{d}x = x \operatorname{arcsec} \frac{x}{a} - a \ln \left| x + \sqrt{x^2 - a^2} \right| + C.$

$(132) \displaystyle\int \operatorname{arccsc} \frac{x}{a} \mathrm{d}x = x \operatorname{arccsc} \frac{x}{a} + a \ln \left| x + \sqrt{x^2 - a^2} \right| + C.$

十三、含有指数函数的积分

$(133) \displaystyle\int a^x \mathrm{d}x = \frac{a^x}{\ln a} + C.$

$(134) \displaystyle\int \mathrm{e}^{ax} \mathrm{d}x = \frac{\mathrm{e}^{ax}}{a} + C.$

$(135) \displaystyle\int x \mathrm{e}^{ax} \mathrm{d}x = \frac{1}{a^2} (ax - 1) \mathrm{e}^{ax} + C.$

$(136) \displaystyle\int x^n \mathrm{e}^{ax} \mathrm{d}x = \frac{1}{a} x^n \mathrm{e}^{ax} - \frac{n}{a} \int x^{n-1} \mathrm{e}^{ax} \mathrm{d}x.$

$\cdots$

$(137) \displaystyle\int xa^{mx}\,\mathrm{d}x = \dfrac{xa^{mx}}{m\ln a} - \dfrac{a^{mx}}{(m\ln a)^2} + C.$

$(138) \displaystyle\int x^n a^{mx}\,\mathrm{d}x = \dfrac{x^n a^{mx}}{m\ln a} - \dfrac{n}{m\ln a}\int x^{n-1}a^{mx}\,\mathrm{d}x.$

$(139) \displaystyle\int \mathrm{e}^{ax}\sin bx\,\mathrm{d}x = \dfrac{\mathrm{e}^{ax}(a\sin bx - b\cos bx)}{a^2 + b^2} + C.$

$(140) \displaystyle\int \mathrm{e}^{ax}\cos bx\,\mathrm{d}x = \dfrac{\mathrm{e}^{ax}(b\sin bx + a\cos bx)}{a^2 + b^2} + C.$

$(141) \displaystyle\int \mathrm{e}^{ax}\sin^n bx\,\mathrm{d}x = \dfrac{\mathrm{e}^{ax}\sin^{n-1}bx}{a^2 + b^2 n^2}(a\sin bx - nb\cos bx) +$

$\qquad \dfrac{n(n-1)b^2}{a^2 + b^2 n^2}\displaystyle\int \mathrm{e}^{ax}\sin^{n-2}bx\,\mathrm{d}x.$

$(142) \displaystyle\int \mathrm{e}^{ax}\cos^n bx\,\mathrm{d}x = \dfrac{\mathrm{e}^{ax}\cos^{n-1}bx}{a^2 + b^2 n^2}(a\cos bx + nb\sin bx) +$

$\qquad \dfrac{n(n-1)b^2}{a^2 + b^2 n^2}\displaystyle\int \mathrm{e}^{ax}\cos^{n-2}bx\,\mathrm{d}x.$

十四、含有对数函数的积分

$(143) \displaystyle\int \ln x\,\mathrm{d}x = x\ln x - x + C.$

$(144) \displaystyle\int \dfrac{\mathrm{d}x}{x\ln x} = \ln|\ln x| + C.$

$(145) \displaystyle\int x^n \ln x\,\mathrm{d}x = \dfrac{x^{n+1}}{n+1}\left(\ln x - \dfrac{1}{n+1}\right) + C.$

$(146) \displaystyle\int \ln^n x\,\mathrm{d}x = x\ln^n x - n\int \ln^{n-1}x\,\mathrm{d}x.$

$(147) \displaystyle\int x^m \ln^n x\,\mathrm{d}x = \dfrac{x^{m+1}\ln^n x}{m+1} - \dfrac{n}{m+1}\int x^m \ln^{n-1}x\,\mathrm{d}x.$

十五、含有双曲函数的积分

（双曲函数包括双曲正弦 $\mathrm{sh}x = \dfrac{\mathrm{e}^x - \mathrm{e}^{-x}}{2}$，双曲余弦 $\mathrm{ch}x = \dfrac{\mathrm{e}^x + \mathrm{e}^{-x}}{2}$，和双曲

正切 $\mathrm{th}x = \dfrac{\mathrm{sh}x}{\mathrm{ch}x}$ 等.）

$(148) \displaystyle\int \mathrm{sh}x\,\mathrm{d}x = \mathrm{ch}x + C.$

$(149) \displaystyle\int \mathrm{ch}x\,\mathrm{d}x = \mathrm{sh}x + C.$

(150) $\int \mathrm{th}x \mathrm{d}x = \ln \mathrm{ch}x + C.$

(151) $\int \mathrm{sh}^2 x \mathrm{d}x = -\dfrac{x}{2} + \dfrac{1}{4}\mathrm{sh}2x + C.$

(152) $\int \mathrm{ch}^2 x \mathrm{d}x = \dfrac{x}{2} + \dfrac{1}{4}\mathrm{sh}2x + C.$

十六、几个常用的积分

(153) $\displaystyle\int_{-\pi}^{\pi} \sin nx \,\mathrm{d}x = \int_{-\pi}^{\pi} \cos nx \,\mathrm{d}x = 0.$

(154) $\displaystyle\int_{-\pi}^{\pi} \cos mx \sin nx \,\mathrm{d}x = 0.$

(155) $\displaystyle\int_{-\pi}^{\pi} \cos mx \cos nx \,\mathrm{d}x = \begin{cases} 0 & m \neq n \\ \pi & m = n \end{cases}.$

(156) $\displaystyle\int_{-\pi}^{\pi} \sin mx \sin nx \,\mathrm{d}x = \begin{cases} 0 & m \neq n \\ \pi & m = n \end{cases}.$

(157) $\displaystyle\int_{0}^{\pi} \sin mx \sin nx \,\mathrm{d}x = \int_{0}^{\pi} \cos mx \cos nx \,\mathrm{d}x = \begin{cases} 0 & m \neq n \\ \dfrac{\pi}{2} & m = n \end{cases}.$

(158) $I_n = \displaystyle\int_{0}^{\frac{\pi}{2}} \sin^n x \,\mathrm{d}x = \int_{0}^{\frac{\pi}{2}} \cos^n x \,\mathrm{d}x.$

$I_n = \dfrac{n-1}{n} I_{n-2}.$

$I_n = \begin{cases} \dfrac{n-1}{n} \cdot \dfrac{n-3}{n-2} \cdots \dfrac{4}{5} \cdot \dfrac{2}{3} (n \text{ 为大于 } 1 \text{ 的正奇数}), I_1 = 1 \\ \dfrac{n-1}{n} \cdot \dfrac{n-3}{n-2} \cdots \dfrac{3}{4} \cdot \dfrac{1}{2} \cdot \dfrac{\pi}{2} (n \text{ 为正偶数}), I_0 = \dfrac{\pi}{2} \end{cases}.$

(159) $\displaystyle\int_{0}^{\frac{\pi}{2}} \sin^{2m+1} x \cos^n x \,\mathrm{d}x = \dfrac{2 \cdot 4 \cdot 6 \cdots \cdot 2m}{(n+1)(n+3)\cdots(n+2m+1)}.$

(160) $\displaystyle\int_{0}^{\frac{\pi}{2}} \sin^{2m} x \cos^{2n} x \,\mathrm{d}x = \dfrac{1 \cdot 3 \cdot 5 \cdots \cdot (2n-1) \cdot 1 \cdot 3 \cdot 5 \cdots \cdot (2m-1)}{2 \cdot 4 \cdot 6 \cdots \cdot (2m+2n)} \cdot \dfrac{\pi}{2}.$

附录 3　Mathematica 5.0 使用简介

　　Mathematica 是美国 Wolfram Research 公司研制的一种数学软件,集文本编辑、符号运算、数值计算、逻辑分析、图形、动画、声音于一体,与 Matlab、Maple 一起被称为目前国际上最流行的三大数学软件.它以符号运算见长,同时具有强大的图形功能和高精度的数值计算功能.在 Mathematica 中可以进行各种符号和数值运算,包括微积分、线性代数、概率论和数理统计等数学各个分支中公式的推演、数值求解非线性方程、最优化问题等,可以绘制各种复杂的二维图形和三维图形,并能产生动画和声音.

　　Mathematica 系统与常见的高级程序设计语言相似,都是通过大量的函数和命令来实现其功能的.要灵活使用 Mathematica,就必须尽可能熟悉各种内部函数(包括内置函数和软件包函数).由于篇幅限制,本附录以 2003 年发布的 Mathematica 5.0 为基础,简单分类介绍软件系统的基本功能,及与微积分有关的函数(命令)的使用,其他功能请读者自行查阅帮助或有关参考文献.另外,为节省篇幅,本附录有时也将键盘输入和系统输出尽可能写在同一行,并省略某些输出,读者可上机演示观看结果.

1　启动与运行

　　Mathematica 是一个交互式的计算系统,计算是在用户和 Mathematica 互相交互、传递信息数据的过程中完成的.Mathematica 系统所接受的命令都被称作表达式,系统在接受了一个表达式之后就对它进行处理(即表达式求值),然后再把计算结果返回.

1.1　启动

　　假设在 Windows 环境下已安装好 Mathematica 5.0,那么进入系统的方法是:在桌面上双击 Mathematica 图标(图 1-1)或从"开始"菜单的"程序"下的"Mathematica 5"联级菜单下单击 Mathematica 图标(图 1-2)均可.

图 1-1　　　　　　　　　　　　　　　　图 1-2

　　启动了 Mathematica 后,即进入 Mathematica 的工作环境 ——Notebook 窗口(图 1-3),它像一张长长的草稿纸,用户可以在上面输入一行或多行的表达式,并可像处理其他计算机文件一样,对它进行创建、打开、保存、修改和打印等操作.

　　第一个打开的 Notebook 工作窗口,系统暂时取名为 Untitled-1,直到用户保存时重新命名为止,必要时用户可同时打开多个工作窗口,系统会依次暂时取名为 Untitled-2、Untitled-3…

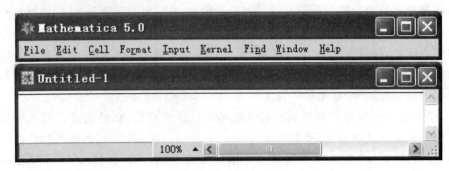

图 1-3　Mathematica 的工作窗口

　　在工作窗口中,你就可键入想计算的东西,比如键入 $2+3$,然后同时按下 Shift 键和 Enter 键或者只按下数字键盘区(右小键盘区)的 Enter 键,这时系统开始计算并输出计算结果 5,同时自动给输入和输出附上次序标识 In[1]:= 和 Out[1]=;若再输入第二个表达式 $a=1+\text{Abs}[-3]-2*\text{Sin}[\text{Pi}/2]$ 后,按 Shift ＋ Enter 输出结果,系统也会作类似处理,窗口变化如图 1-4.

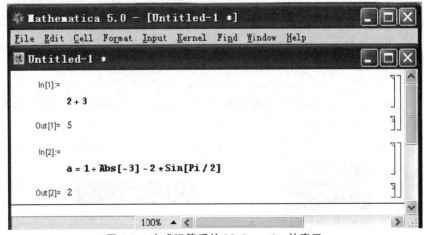

图 1-4　完成运算后的 Mathematica 的窗口

1.2　基本命令

Mathematica 的基本命令有如下两种形式：

（1）表达式　　　　　／执行表达式运算，显示结果，并将结果保存在 Out[x] 中；

（2）变量 = 表达式　　　　／除（1）的功能外，还对变量进行赋值.

注意：命令行后面如果加上分号"；"，那么就不显示运算结果.

1.3　退出

要退出 Mathematica，可单击关闭窗口按钮或从菜单"File"中选择"Exit"（或"Close"）或按 Ctrl（或 Alt）＋F4，这时如果窗口中还有未保留的内容，系统会显示一对话框，询问是否保存. 单击"否（N）"，则关闭窗口；单击"是（Y）"，则调出"SaveNotebook"对话框，等待你输入文件名，保存"Notebook"的内容后再退出. 所保存的内容是以".nb"为扩展名的 Mathematica 文件，以后需要时，可通过菜单"File"中的"Open"调入使用.

1.4　使用联机帮助系统

在使用 Mathematica 的过程中，常常需要了解一个命令的详细用法，或者想知道系统中是否有完成某一计算的命令，联机帮助系统是最详细、最方便的资料库. 通常可使用如下两种求助方法：

（1）获取函数和命令的帮助

在 Notebook 界面下，用?或??可向系统查询运算符、函数和命令的定义和用法. 例如查询函数 Abs 的用法可用

　　?Abs　　／系统将给出调用 Abs 的格式及 Abs 命令的功能（如果用两个问号"??"，则信息会更详细些）；

　　?Abs＊　　／给出所有以 Abs 这三个字母开头的命令.

（2）使用 Help 菜单

任何时候都可以通过按 F1 键或点击菜单项 Help，选择 Help Browser 调出帮助菜单，供你选择浏览各种类的命令格式及功能.

1.5　说明

在输入时要注意如下几个规则：

（1）输入的字母严格区分大小写. 系统预定义变量和函数名第一字母一定要用大写（可参见表 1-1 和表 1-2）；

表 1-1　系统预定义变量

变量名	意义
Pi	圆周率,$\pi = 3.14159\cdots$
E	自然对数的底,$e = 2.71828\cdots$
Degree	一度,$\pi/180$
I	虚数单位,$i^2 = 1$
Infinity	无穷大,∞
$-$ Infinity	负无穷大,$-\infty$

（2）变量名不能以数字开头,当中也不能出现空格,否则数字与字母之间或空格之间系统会默认是相乘关系,例如 x2 可作变量名,但 2x 表示 2 * x;

（3）严格区分花括号、方括号与圆括号,函数后面的表达式一定要放在方括号内,而算术表达式中的括号只允许用圆括号（无论有多少层）;

表 1-2　部分常用的数学函数

函数名	意义	函数名	意义
Sin[x]	正弦函数	Exp[x]	自然指数函数
Cos[x]	余弦函数	Log[x]	自然对数函数
Tan[x]	正切函数	Log[a,x]	以 a 为底对数函数
Cot[x]	余切函数	Abs[x]	绝对值(取模)函数
Sec[x]	正割函数	Sqrt[x]	算术平方根函数
Csc[x]	余割函数	Floor[x]	不超过 x 的最大整数
ArcSin[x]	反正弦函数	Round[x]	最接近 x 的整数
ArcCos[x]	反余弦函数	Mod[m,n]	m 被 n 整除的余数
ArcTan[x]	反正切函数	GCD[m,n,$\cdots$]	求最大公约数
ArcCot[x]	反余切函数	LCM[m,n,$\cdots$]	求最小公倍数

（4）数值计算时,输出的结果将尽量保持精确值,即结果中有时会含有分式、根式或函数的原形式. 例如

$\text{In}[1]:= \dfrac{1}{2} + \dfrac{1}{3}$ $\qquad\qquad$ $\text{Out}[1] = \dfrac{5}{6}$

$\text{In}[2]:= \text{Sqrt}[4+8]$ $\qquad\qquad$ $\text{Out}[2] = 2\sqrt{3}$

$\text{In}[3]:= \text{Sin}[1+2]$ $\qquad\qquad$ $\text{Out}[3] = \text{Sin}[3]$

这时，若要得到小数表示的结果（近似数），可在命令行后面加上"∥ N"或引用 N 函数，函数格式为 N[表达式,有效数位]．例如

$$\text{In}[1]:=\frac{1}{2}+\frac{1}{3}\ //\ N \qquad\qquad \text{Out}[1]=0.833333$$

$$\text{In}[2]:=N[\text{Sqrt}[4+8],10] \qquad\qquad \text{Out}[2]=3.464101615$$

（5）特殊字母、符号的输入，可使用热键（见表 1-3），当然也可利用符号输入平台：先从菜单"File"中的"Palettes"打开基本输入面板"4BasicInput"窗口（见图 1-5），点击相应的符号即可实现数学运算式的输入．

表 1-3　部分热键的输入意义

热键	Ctrl＋^	Ctrl＋/	Ctrl＋@	Ctrl＋—	Esc、p、Esc
意义	指数形式	分式形式	算术平方根	下标	常数 π

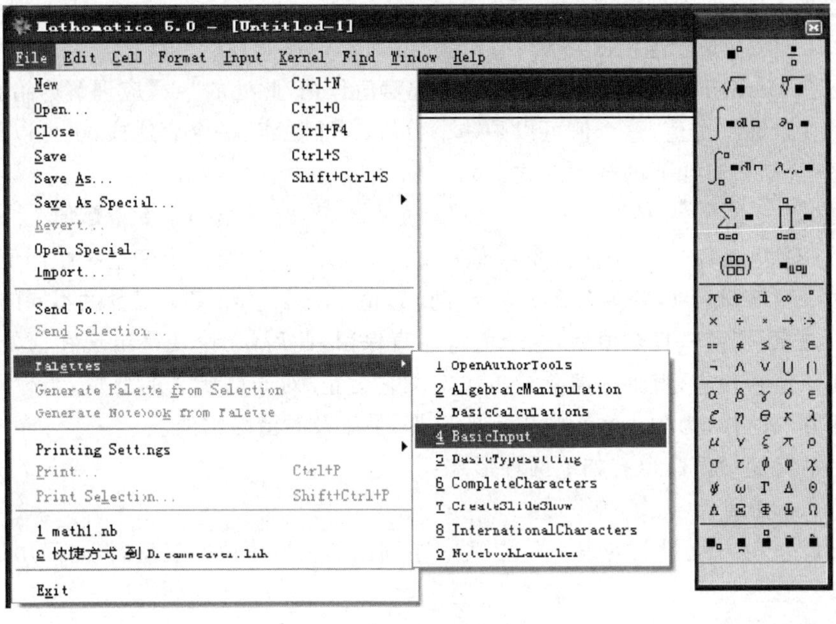

图 1-5　Mathematica 的符号输入平台

符号输入平台（菜单项"File → Palettes"）中含有 9 种输入面板，利用它们可大大方便字符、命令、函数的输入，尤其是"3 BasicCalculation"窗口（"基本计算面板"，可见图 1-5），其中含有常用的 7 大类函数的输入面板，需要应用某类函数的栏目时，只须点击相应栏目的左端折叠标志符号"▷"，即变成展开标志符号"▽"，同时打开它所含下级的函数（类）输入面板，最后找到所需的命令单击选定．例如，

要输入一个 2 阶方阵,可点击"File → Palettes → 3 BasicCalculation → Lists and Matrices → Creating Lists and Matrices",再点击选定"$\begin{pmatrix} \square & \square \\ \square & \square \end{pmatrix}$"即可.

(6) 前面旧的命令行 In[x],可通过光标的上、下移动,对它进行编辑、修改再利用;对前面计算好的结果 Out[x],也可使用如下的方式调用:

%　　　　　　　　/ 代表上面最后一个输出结果;

%%　　　　　　　/ 代表上面倒数第二个输出结果;

%n　　　　　　　/ 代表上面第 n 个输出结果,即 Out[n].

2　变量与函数

变量和函数是 Mathematica 中广泛应用的重要概念,对它们的操作命令非常丰富,这里仅介绍几种基本的操作方法,其他功能请读者随着学习的深入,自己逐步去体会.

2.1　变量赋值

在 Mathematica 中,运算符号"="起赋值作用,此处的"="应理解为给它左边的变量赋一个值,这个值可以是一个数值、一个数组、一个表达式,也可以是一个图形.赋值有如下的基本形式:

(1) 变量名 = 值　　　　　　　　　　　　　/ 给一个变量赋值

(2) 变量名 1 = 变量名 2 = 值　　　　　　　/ 给二个变量赋相同值

(3){变量名 1,变量名 2,…} = {值 1,值 2,…}　/ 给多个变量赋不同的值

注意:变量一旦赋值后,这个值将一直保留,此后,无论变量出现在何处,都会用该值替代它,直到你清除或再次定义它为止.对于已定义的变量,当你不再使用它的时候,为防止它影响以后的运算,最好及时清除它的值.

清除变量值命令有如下两种形式:

(1) 变量名 =.

(2)Clear[变量名列表]　　　/ 列表中列出的是要清值的变量名,之间用逗号分开.

例如

In[1]:= x = y = 2　　　　　　　Out[1] = 2

In[2]:= s = 2x + 3y　　　　　　Out[2] = 10

In[3]:= x =.

In[4]:= s = 2x + 3y　　　　　　Out[4] = 6 + 2x

2.2　变量替换

表达式中的变量名(未赋值)就像一个符号,必要时我们可用新的内容替换

它.变量替换格式如下：

（1）表达式 /.变量名 $->$ 值

（2）表达式 /.{变量名 $1->$ 值 1,变量名 $2->$ 值 2,…}

例如

In[1]：＝ $1+2x+3y/.\{x->2,y->s+1\}$

Out[1] ＝ $5+3(1+s)$

注意：变量替换与变量赋值的差异在于，变量替换是暂时性的，而变量赋值是长久性的.

2.3　定义函数

Mathematica 系统提供了大量的内部函数让用户选用（可参见表 1-2），用户若有需要也可以自己定义新函数，这些自定义的函数会加入到当前的系统中，如同内部函数一样可被随时调用.自定义函数的一般形式是：

函数名[自变量名 _] ＝ 表达式或函数名[自变量名 _]：＝ 表达式

注意：下划线"_"是在自变量名的右边，它表示左边的自变量是形式参数.类似地，可定义不少于两个自变量（多元）函数.如二元函数定义为

函数名[自变量名 1_,自变量名 2_] ＝ 表达式

In[1]：＝ f[x_] ＝ x＋3；

{f[x],f[y],f[2]}　　　　　　　Out[1] ＝ {3＋x,3＋y,5}

In[2]：＝ g[x_,y_] ＝ x^2－y^2；

In[3]：＝ g[1,2]　　　　　　　　Out[3] ＝－3

3　表与矩阵

表是指形式上由花括号括起来的若干个元素，元素之间用逗号分隔.在运算中可对表作整体操作，也可对表中的单个元素操作.表可以表示数学中的集合、向量和矩阵，也可以表示数据库中的一组记录.表中的元素可以是任何数据类型的数值、表达式，甚至是图形或表格.

3.1　表的基本操作

（1）建表：表中元素较少时，可在给出表名时又定义表中元素，格式如下

表名（变量名） ＝ {元素 1,元素 2,…}.

这里，元素可以是不同类型的数据.

经常地，使用建表函数快速建表：

表名 ＝ Table[通项公式,{循环变量,循环初值,循环终值,步长}]

其中，当循环初值或步长是 1 时可以省略，循环范围还可多重设置.

例如

In[1]:= A = {1,2,3};2+3A　　　　　　Out[1] = {5,8,11}

In[2]:= t = Table[i+j,{i,2},{j,3}]　Out[2] = {{2,3,4},{3,4,5}}

（2）元素处理:处理表元素常用的格式（函数）有

A[[i]]　　　　　　　　　　　　　\取表 A 中的第 i 个元素

Part[A{i,j,…}] 或 A[[{i,j,…}]]\取表 A 中的第 i,j,..元素组成新表

Part[A,i] = 值或 A[[i]] = 值　　\给表 A 的第 i 个元素重新赋值

3.2　矩阵的基本操作

矩阵是表的特殊形式（二维表），所有标准的表操作都可用于矩阵操作,除此以外,它具有很多特殊的运算函数,下面就简单介绍几类常用的函数.

（1）创建特殊矩阵函数（表 3-1）

表 3-1　创建特殊矩阵

函数	意义
Array[a,{m,n}]	生成一个 m×n 矩阵,其 i,j 项为 a[i,j]
IdentityMatrix[n]	生成一个 n×n 单位矩阵
DiagonalMatrix[list]	生成一个对角线上为 list 元素的方阵
Table[0,{m},{n}]	创建一个 m×n 零矩阵
Table[Random[],{m},{n}]	创建一个 m×n 随机数据矩阵
Table[If[i>=j,k,0],{i,m},{j,n}]	创建一个 m×n 下三角矩阵,非零元为 k
Table[If[i<=j,k,0],{i,m},{j,n}]	创建一个 m×n 上三角矩阵,非零元为 k
MatrixForm[A]	用矩阵的形式输出 A

（2）截取矩阵块函数（表 3-2）

表 3-2　截取矩阵块方法

函数	意义
A[[i,j]]	给出第 i,j 项元素
A[[i]]	给出第 i 行元素
A[[All,j]]	给出第 j 列元素
Take[A,{i_0,i_1}{j_0,j_1}]	行从 i_0 到 i_1,列从 j_0 到 j_1 组成子矩阵
A[[{i_1,…,i_r}{j_1,…,j_s}]]	从 A 中指定的行、列标识取元素组成 r×s 矩阵
Tr[A,List]	给出矩阵 A 的对角线元素

（3）矩阵的基本运算函数（表 3-3）

表 3-3 矩阵的基本运算

函数	意义
Transpose[A]	矩阵转置
Inverse[A]	方阵求逆
Det[A]	求矩阵行列式
Minors[A,k]	A 的全部 k 阶子式组成的矩阵
Tr[A]	求矩阵的迹
MatrixPower[A,n]	矩阵 A 的 n 次幂
Eigenvalues[A]	矩阵 A 的特征值
Eigenvectors[A]	矩阵 A 的特征向量

注意：

（1）向量也是表的特殊形式（一维表），对它的操作命令很多是与矩阵操作相类似的，这里就不在另列. 且在 Mathematica 的实际应用中，是不区分行向量还是列向量的.

（2）矩阵（向量）间的相乘要用点乘符号"·".

4　符号运算

Mathematica 是在一个完全集成环境下的符号运算系统，它具有强大的处理符号表达式的能力，代数运算、微分、积分和微分方程求解等都是很典型的例子.

4.1　代数运算

（1）展开

格式：Expand[表达式]

注：对多项式按幂次展开；对分式展开分子，各项除以分母.

（2）分解因式

格式：Factor[表达式]

注：对多项式进行因式分解；对分式分子、分母各自因式分解.

（3）化简

格式：Simplify[表达式]

例如

$In[1]: = Expand[(1+2x)\^2]$　　　　　　　$Out[1] = 1+4x+4x^2$

In[2]：= Factor[%]   Out[2] = $(1+2x)^2$

In[3]：= Simplify[1/(1+1/(1+x))+1/(2(1-x))]

Out[3] = $\dfrac{1}{2-2x}+\dfrac{1+x}{2+x}$

说明：代数运算还有很多操作函数，读者必要时可从"File → Palettes → 2 AlgebraicManipulation"的窗口面板中选用.

4.2　微分

（1）一阶导数

格式：D[函数,自变量]　 ／函数关于指定自变量的导数

（2）高阶导数

格式：D[函数,{自变量,n}]　 ／函数关于指定自变量的 n 阶导数

（3）混合偏导数

格式：D[函数,x,y,…]　 ／函数关于自变量 x,y,… 的混合偏导数

（4）全微分

格式：Dt[函数]　 ／函数关于各变量的全微分

例如

In[1]：= D[Sin[x],x]   Out[1] = Cos[x]

In[2]：= D[Sin[2x],{x,2}]   Out[2] =- 4Sin[2x]

In[3]：= D[Sin[x * y],x,y]   Out[3] = Cos[xy] - xySin[xy]

In[3]：= Dt[Sin[x * y]]   Out[3] = Cos[xy](yDt[x] + xDt[y])

4.3　积分

（1）不定积分

  格式：Integrate[函数,自变量]

（2）多重不定积分

  格式：Integrate[函数,自变量 1,自变量 2]

  或 Integrate[函数,自变量 1,自变量 2,自变量 3]

（3）定积分

  格式：Integrate[函数,{自变量,下限,上限}]

  或 NIntegrate[函数,{自变量,下限,上限}]　 ／数值积分

（4）多重定积分

  格式：Integrate[函数,{自变量 1,下限 1,上限 1},…]

  或 NIntegrate[函数,{自变量,下限,上限},…]　 ／数值积分

例如

In[1]：- Integrate[Sin[x] + 1,x]   Out[1] = x - Cos[x]

In[2]：= Integrate[4x * y + 1,x,y]   Out[2] = $xy + x^2 y^2$

In[3]：= Integrate[Sin[x] + 1,{x,0,1}]   Out[3] = $2 - Cos[1]$

In[4]：= NIntegrate[Sin[x] + 1,{x,0,1}]   Out[4] = 1.4597

In[5]：= Integrate[4x * y + 1,{x,0,1},{y,0,1}]   Out[5] = 2

4.4　常微分方程的准确解

在 Mathematica 中,使用函数 DSolve[] 可以求解线性和非线性的常微分方程(组).求特解时,可将定解的条件作为方程的一部分.

格式:DSolve[方程,未知函数,自变量]

例如

In[1]：= DSolve[y'[x] == 2x,y[x],x]

Out[1] = $\{\{y[x] -> x^2 + C[1]\}\}$

In[2]：= DSolve[{y'[x] == 2y[x],y[0] == 3},y[x],x]

Out[2] = $\{\{y[x] -> 3e^{2x}\}\}$

In[3]：= DSolve[{y'[x] == z[x],z'[x] ==- y[x]},{y[x],z[x]},x]

Out[3] = $\{\{y[x] -> C[1]Cos[x] + C[2]Sin[x],z[x] -> C[2]Cos[x]$
           $- C[1]Sin[x]\}\}$

注:大多数情况,微分方程的精确解是不能用初等函数表示出来的,这时,只能求其数值解,并结合作图功能画出解的大致图形,这些内容后面再作介绍.

4.5　幂级数展开

格式:Series[函数表达式,{变量,展开点 x_0,阶数 n}]

例如

In[1]：= Series[Sin[x],{x,0,5}]   Out[1] = $x - \dfrac{x^3}{6} + \dfrac{x^5}{120} + 0[x]^6$

5　数值计算

Mathematica 的优势在于符号运算,但对于数值问题,它也提供了丰富的数值计算功能,例如求和(有限或无限)、求极限值、解代数方程、求非线性方程数值解和求微分方程数值解等。

5.1　求和

格式:Sum[表达式,{变量,下限,上限}]

例如

In[1]：= Sum[2n - 1,{n,1,9}]   Out[1] = 81

In[2]：= Sum[2^(- n),{n,0,Infinity}]   Out[2] = 2

5.2　求极限

格式:Limit[表达式,变量 —> 定值]

或 Limit[表达式,变量 —> 定值,Direction —> 1]   / 求左极限

或 Limit[表达式,变量 —> 定值,Direction —>— 1]   / 求右极限

例如

In[1]:= Limit[x^2/(1—Cos[x]),x—>0]   Out[1] = 2

In[2]:= Limit[1/x,x—>0,Direction—>1]   Out[2] =— ∞

5.3   求解代数方程

格式:Solve[方程,变量]   / 求出方程的精确解

或 Roots[方程,变量]   / 效果同上,只是解用逻辑关系形式表达

或 NSolve[方程,变量]   / 求出方程的数值解

例如

In[1]:= Solve[x^2—2==0,x]   Out[1] = {{x—>— $\sqrt{2}$},{x—> $\sqrt{2}$}}

In[2]:= Roots[x^2—2==0,x]   Out[2] = x == $\sqrt{2}$ || x ==— $\sqrt{2}$

In[3]:= NSolve[x^5+1==0,x]

Out[3] = {{x —>— 1.}, {x —>— 0.309017 — 0.951057i}, {x —>— 0.309017 + 0.951057i},{x—> 0.809017 — 0.587785i},{x—> 0.809017 + 0.587785i}}

注:Solve 命令也可用于求解低次的代数方程组,一般的形式为

　　Solve[{方程 1,方程 2,…},{变量 1,变量 2,…}].

5.4   求非线性方程数值解

格式:FindRoot[方程,{变量,初值}]

/ 从初值(可取复数) 开始,利用迭代法求出方程的近似解(可以是复数解)

例如

In[1]:= FindRoot[x^3 — x^2 — 2x + 2 == 0,{x,—2}]   Out[1] =— 1. 41421

5.5   求微分方程数值解

格式:NDSolve[方程,函数名 y,{变量 x,xmin,xmax}]

/ 求函数 y 关于 x 在[xmin,xmax] 内的数值解. 方程中必须含有定解的条件,
得到的解是由插值函数 InterpolatingFunction(默认三次函数) 形式给出.

例如

In[1]:= NDSolve[{y'[x] == 2y[x],y[0] == 3},y,{x,0,2}]

Out[1] = {{y —> InterpolatingFunction[{{0.,2.}}, <>]}}

该近似函数可被进一步运用,如求解函数在某点的近似值,绘出解函数的图形等.

In[2]:= y[1.5]/. %1   Out[2] = {60. 2566}

In[3]:= Plot[y[x]/. %1,{x,0,1}]   Out[3] =— Graphics —

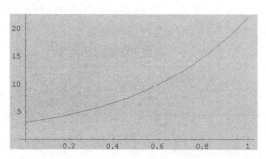

注：NDSolve 命令也可用于求常微分方程组的数值解及偏微分方程（组）的数值解.

6 图形制作

计算的可视化即图形绘制，是 Mathematica 的强大功能之一. 在 Mathematica 中可以作二维平面图、三维立体图和参数图形等. 为节省篇幅，本节略去了部分系统输出的图形.

6.1 二维图形

Mathematica 提供了多样的绘制二维平面图形的命令，它们既可以作一元函数的曲线图、数据集合的图形和参数曲线图，也可以进行图形的重绘和组合.

6.1.1 基本二维图形

格式：Plot[{函数 f1，函数 f2，…}，{变量 x，xmin，xmax}，参数设置选项]

例如

In[1]：= Plot[xSin[2x]，{x，0，4Pi}]

Out[1] =− Graphics −（参见图 6-1）

In[2]：= Plot[{Sin[x]，Cos[x]}，{x，−Pi，Pi}，AxesLabel−>{"x"，"y"}，

Frame −> True]

Out[2] =− Graphics −（参见图 6-2）

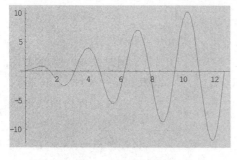

图 6-1 y = xSin(2x) 图像

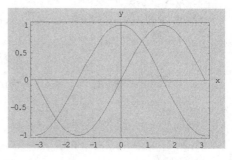

图 6-2 y = Sinx 和 y = Cosx 图像

　　说明: Plot[ ]命令中的参数设置选项,用户可根据需要进行设置(不分先后),以达到最佳输出效果.常用的参数选项列表如下:

表 6-1　函数 Plot 的输出选项

选　　项	系统默认值	可设置值	意　　义
AspectRatio	GoldenRatio(0.618)	任一有理数	图形的高、宽比
Axes	True(做这个)	False	是否加坐标轴
AxesLabel	None(不包括这个)	如{"x","y"}	给坐标轴作标记
Frame	False(不做这个)	True	图形是否加上边框
GridLines	None	如 Automatic	加上网络线
PlotLabel	None	如"Sin[x]"	图形加上标题
PlotRange	Automatic(系统自设)	如{−5,5}	函数值的范围
PlotStyle	None	可设颜色、线形等	图形的风格特征

6.1.2　数据集合图形

格式:ListPlot[{y1,y2,⋯}]　　　　　　/ 绘出离散点(1,y1),(2,y2),⋯

或 ListPlot[{{x1,y1},{x2,y2},⋯}]　　　　/ 绘出离散点(x1,y1),(x2,y2),⋯

或 ListPlot[{{x1,y1},{x2,y2},⋯},PlotJoined−> True]　/ 将离散点连线

例如

In[1]:= P = Table[{x,Sin[x]},{x,0,2Pi,Pi/9}];

In[2]:= ListPlot[P]　　　　　　　　　　Out[2]=−Graphics−(图略)

In[3]:= ListPlot[P,PlotJoined−> True]

Out[3] =− Graphics −(参见图 6-3)

6.1.3　参数曲线图

格式:ParametricPlot[{x_t,y_t},{t,tmin,tmax}]　　　/绘出参数图

或 ParametricPlot[{{x_t,y_t},{u_t,v_t},⋯},{t,tmin,tmax}]

　　　　　　　　　　　　　　　　　　　　　/ 同时绘出一些参数图

或 ParametricPlot[{x_t,y_t},{t,tmin,tmax},AspectRatio−> Automatic]

　　　　　　　　　　　　　　　　　　　　　/ 设法保持曲线形状

例如

In[1]:= ParametricPlot[{t−Sin[t],1−Cos[t]},{t,0,2Pi},AspectRatio
　　　　−> Automatic]

Out[1] ＝－Graphics－（绘出摆线,参见图 6-4）

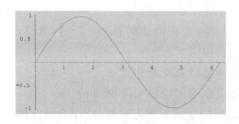 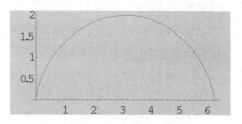

图 6-3　正弦函数离散点连线　　　　图 6-4　参数曲线 — 摆线

6.1.4　图形的重绘和组合

每次绘制图形后,Mathematica 保存了图形的所有信息,用户可以重绘或组合这些图形.

格式:Show[图形,参数选项]　　　　　/重绘图形,可重设选项
或 Show[图形 1,图形 2,…,参数选项]　/一些图形的组合(同一坐标系)
或 Show[GraphicsArray[图形列表]]　　/绘制图形矩阵(不同坐标系)

例如

In[1]：＝G1 ＝ Plot[Sin[2x],{x,0,4Pi}];

In[2]：＝G2 ＝ Plot[x ∗ Sin[2x],{x,0,4Pi}];

In[3]：＝G ＝ Show[G1,G2];

In[4]：＝Show[GraphicsArray[{G1,G2,G}]]

Out[4] ＝－Graphics－（参见图 6-5）

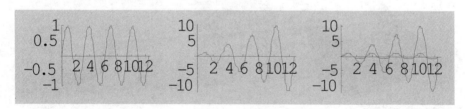

图 6-5　在一行上绘出组合的图形

6.2　三维图形

绘制三维空间图形的命令与二维情况相类似,它可以作二元函数的曲面图和参数曲线或曲面图等.

6.2.1　基本三维图形

格式:Plot3D[f[x,y],{x,a,b},{y,c,d},参数选项]
/它绘出在区域$\{(x,y) \mid a \leqslant x \leqslant b, c \leqslant y \leqslant d\}$上二元函数 f[x,y]的空间

图形. 该图形一般放在一个透明的盒子内. 为输出效果, 可设置参数选项, 常用有：

　　PlotPoints $->$ 15(c 或{c1,c2})　　　/ 在 x 和 y 方向所用的点数, 可不同取值；

　　Axes $->$ True(False)　　　　　　　/ 是否包含坐标轴；

　　Boxed $->$ True(False)　　　　　　/ 是否显示盒子的边框；

　　Mesh $->$ True(False)　　　　　　　/ 是否在表面绘出 x,y 网络；

　　ViewPoint $->$ {1.3, $-$2.4,2}　　　/ 表面的空间观察点位置(应在盒子外的

点).

　　例如

In[1]: = Plot3D[Sin[x * y],{x,0,3},{y,0,3},Mesh $->$ False]

Out[1] = $-$ Graphics $-$ (参见图 6-6)

6.2.2　参数曲线、曲面图

　　格式: ParametricPlot3D[{x_t,y_t,z_t},{t,t0,t1}]　　　　　/ 绘出参数曲线图

　　或 ParametricPlot3D[{x_{st},y_{st},z_{st}},{s,s0,s1},{t,t0,t1}]/ 绘出参数曲面图

　　例如

In[1]: = ParametricPlot3D[{4Cos[t],4Sin[t],t},{t,0,4Pi}]

Out[1] = $-$ Graphics $-$ (参见图 6-7)

In[2]: = ParametricPlot3D[{Cos[s](3 + Cos[t]),Sin[s](3 + Cos[t]),

　　　　　Sin[t]},{s,0,2Pi},{t,0,2Pi}]

Out[2] = $-$ Graphics $-$ (参见图 6-8)

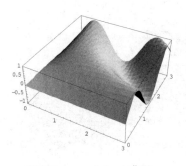　　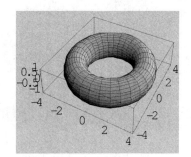

图 6-6　z = sin(xy) 曲面　　　图 6-7　螺旋线　　　图 6-8　环面

　　说明: Mathematica 的绘图命令丰富多彩, 除上面介绍的基本功能外, 还可以画曲面的等值线和密度图, 利用点、线(直线、圆弧和椭圆弧)、面、长方体和立方体等图形基元构成各种几何图形, 连续显示图形形成动画效果等, 有兴趣的读者可查阅相关文献并进行尝试.

7　Mathematica 程序设计

前面我们介绍了 Mathematica 的基本运算及操作,为了使 Mathematica 更有效的工作,我们可对 Mathematica 进行程序化管理,在程序中通过编写一系列表达式语句,使其实现某种特定的功能.像其他的程序设计语言一样,Mathematica 程序设计中主要也是应用三种基本结构:顺序结构、条件结构和循环结构.顺序结构实际上就是我们前面已学过的命令的依次排列,而条件结构和循环结构下面将作介绍.

7.1　条件结构

条件结构也称分支结构,它的主要成分是三种条件语句:If 语句、While 语句和 Switch 语句,它们可以应用于程序或行文命令中.

7.1.1　If 语句

格式:If[逻辑表达式,表达式 1]　/逻辑表达式的值为真时,计算表达式 1

或 If[逻辑表达式,表达式 1,表达式 2]

　　　　　　/逻辑表达式的值为真时,计算表达式 1,否则,计算表达式 2

例如,下面定义了一个阶跃函数,即当 $x > 0$ 时值为 1,反之值为 -1.

In[1]:= f[x_] = If[x > 0,1,-1];

In[2]:= f[2]　　　　　　Out[2] = 1

In[3]:= f[-3]　　　　　　Out[3] = -1

7.1.2　Which 语句

格式:Which[逻辑式 1,表达式 1,逻辑式 2,表达式 2,…]

　　　　/依次计算逻辑式 1,逻辑式 2,…,直到值为真时,计算相应的表达式

例如,下面定义一个符号函数

In[1]:= g[x_] = Which[x > 0,1,x == 0,0,x < 0,-1];

7.1.3　Switch 语句

格式:Switch[表达式,常量 1,表达式 1,常量 2,表达式 2,…]

　　　　/计算表达式的值,再与各常量比较,相匹配时计算相应的表达式

例如,下面定义一个与模 3 的余数有关的函数

In[1]:= p[x_] = Switch[Mod[x,3],0,100,1,200,2,300];

说明:条件语句中的表达式既可以是常量,也可以是语句(包含语句系列,但它们之间要用分号隔开).

7.2　循环结构

循环结构主要有三种形式:Do 结构、While 结构和 For 结构.

7.2.1　Do 结构

格式：Do[循环体,{n}]　　　／ 重复计算循环体 n 次

或 Do[循环体,{i,imax}]　　／ 重复计算循环体,以步长 1,i 从 1 增加到 imax

或 Do[循环体,{i,imin,imax,di}]

　　　　　　　　　／ 重复计算循环体,以步长 di,i 从 imin 增加到 imax

例如

In[1]：= Do[Print[i + i^2],{i,1,4}]　　　　（输出省略）

In[2]：= t = 2;Do[Print[t];t = t * 3,{3}]　（输出省略）

7.2.2　While 结构

格式：While[条件语句,循环体]　　　／ 只要条件为真,就重复计算循环体

例如

In[1]：= n = 17;While[(n = Floor[n/2])! = 0,Print[n]]

　　　　　　　（分四列分别输出 8、4、2、1,这里省略）

7.2.3　For 结构

格式：For[初始语句,条件语句,改变循环变量值语句,循环体]

　　　／ 先执行初始语句,再重复执行条件语句、循环体、改变循环变量值语句,直到条件为假时为止

例如

In[1]：= For[i = 1;t = x,i^2 < 10,i ++,t = 2t + 1;Print[t]]

　　　　　　　　　　　　　　　　　／i ++:变量 i 自增 1

　　　　$1 + 2x$

　　　　$1 + 2(1 + 2x)$

　　　　$1 + 2(1 + 2(1 + 2x))$

7.3　流程控制函数

在编制 Mathematica 程序时,为了能更灵活地运用循环结构,我们可用 Mathematica 提供的流程控制函数来控制流程,这些函数的工作过程与 C 语言中的很相似. 常用的流程控制函数有 Break、Continue 和 Return,它们的格式如下：

格式：Break[]　　　　　　\ 退出本层的循环

Continue[]　　　　　　　\ 转入当前循环的下一步

Return[表达式]　　　　　\ 退出函数中的所有过程及循环,返回表达式值

例如

In[1]：= t = 1;Do[t * = k;If[t > 30,Break[]];Print[t],{k,10}]

　　　　　　　　　　　　　　　　／t * = k 即 t = t * k

1

$$2$$
$$6$$
$$24$$

$\text{In}[2]_:=t=1;\text{Do}[t*=k;\text{If}[k<4,\text{Continue}[\,]];\text{Print}[t],\{k,6\}]$

$$24$$
$$120$$
$$720$$

$\text{In}[3]_:=f[x\_]:=(\text{If}[x>5,\text{Return}[\text{big}\,]];t=10*x;\text{Print}[t])$

$\text{In}[4]_:=f[4]$ $\qquad\qquad\text{Out}[4]=40$

$\text{In}[5]_:=f[10]$ $\qquad\qquad\text{Out}[5]=\text{big}$

注意：只有当流程控制函数直接作为一个过程的元素或循环体的值，它们才能被 Mathematica 认识.

习题参考答案(上册)

习题 1. 1(A)

1. $(1)[-2,-1] \cup (-1,1) \cup (1,+\infty); (2)(-\infty,-1] \cup [1,3]; (3)(-1,+\infty);$
$(4)[0,+\infty).$

2. (1) 不同;(2) 不同;(3) 相同;(4) 相同.

3. $(1)f(0) = 2, f(1) = \sqrt{5}, f(-1) = \sqrt{5}, f(x_0) = \sqrt{4+x_0^2}; \quad (2)f(g(x)) = 4^x,$
$g(f(x)) = 2^{x^2}.$

4. (1) 偶函数;(2) 奇函数;(3) 既非奇函数又非偶函数;(4) 奇函数.

5. (1) 是;(2) 不是.

6. (1) 严格单减;(2) 严格单增;(3) 严格单减.

7. $(1)y = -\sqrt{1-x^2}, x \in [0,1]; (2)y = e^{x-1} - 2, x \in R; (3)y = \dfrac{1-x}{1+x}(x \neq -1).$

习题 1. 1(B)

1. $\varphi(x) = n\pi + (-1)^n \arcsin(1-x^2), [-\sqrt{2}, \sqrt{2}].$

2. $\dfrac{x}{1-2x}, \dfrac{x}{1-3x}.$

3. $f[f(x)] = 1, -\infty < x < +\infty;$

$$f[g(x)] = \begin{cases} 1 & 1 \leqslant |x| \leqslant \sqrt{3} \\ 0 & 0 \leqslant |x| < 1 \text{ 或 } |x| > \sqrt{3} \end{cases};$$

$$g[f(x)] = \begin{cases} 1 & |x| \leqslant 1 \\ 2 & |x| > 1 \end{cases};$$

$$g[g(x)] = \begin{cases} 2 - (2-x^2)^2 & |x| \leqslant 2 \\ -2 & |x| > 2 \end{cases};$$

4. $f(\sin x) = 2\sin^2 x.$

习题 1. 2(A)

3. $(1)f(0+0) = 1, f(0-0) = -1;$
$(2)f(0+0) = 1, f(0-0) = 1.$

4. 不存在.

习题 1. 3(A)

1. (1) 对;(2) 错.

2. $(1) \dfrac{1}{4}; (2) \dfrac{1}{2}; (3)1; (4) \dfrac{4}{3}; (5) \dfrac{1}{2}.$

3. $(1)4;(2)2x;(3)-\dfrac{\sqrt{2}}{4};(4)-4;(5)8;(6)0.$

习题 1.3(B)

1. $(1)1;(2)\dfrac{\sqrt{2}}{2};(3)1;(4)2^n.$

习题 1.4(A)

1. $(1)\dfrac{a}{b};(2)3;(3)1;(4)2;(5)0;(6)x.$

2. $(1)e^6;(2)e^{-\frac{2}{3}};(3)e^{\frac{2}{3}};(4)e^{-1};(5)e;(6)e^{2a}.$

3. $(1)0;(2)1;(3)1.$

4. $0.$

5. $2.$

习题 1.4(B)

1. $(1)1;(2)\dfrac{1}{2};(3)e^6;(4)e^{-2}.$

2. $2\ln3.$

3. $\dfrac{1+\sqrt{5}}{2}.$

习题 1.5(A)

5. $(1)2$ 阶;(2) 等价;(3) 等价;$(4)2$ 阶;$(5)3$ 阶;(6) 低阶.

6. $(1)\dfrac{5}{3};(2)1;(3)\dfrac{1}{2};(4)1.$

7. $a=1,b=-1.$

8. $(1)0;(2)0;(3)\dfrac{1}{2}.$

习题 1.5(B)

1. $a=1,b=-4.$

2. $n=\dfrac{1}{3},a=-\dfrac{1}{\sqrt[3]{2}}.$

3. $p(x)=4x^3+x^2+2x$

6. $(1)b\neq0,a$ 为任何实数;$(2)b=0,a=-5.$

习题 1.6(A)

1. $(1)f(x)$ 在$[0,2]$上连续;$(2)f(x)$ 在$(-\infty,-1)$与$(-1,+\infty)$ 内连续,$x=-1$为第一类间断点.

2. $x=\pm1$为第一类间断点.

3. $(1)a=0;(2)a=0;(3)a=2,b=-\dfrac{3}{2};(4)a=2.$

4. $(1)x=0$ 为第二类间断点;$(2)x=0$ 为第一类间断点(可去),$x=2k\pi(k=\pm1,\pm2,$ …)为第二类间断点;$(3)x=-1$为第二类间断点;$(4)x=1$为第二类间断点;$(5)x=0$为第一类间断点(可去),$x = k\pi, k = \pm 1, \pm 2, \cdots$ 为第二类间断点,$x = k\pi + \dfrac{\pi}{2}$ 为第一类间断点(可去).

5. $(1) \sqrt{5}; (2) \dfrac{1}{2}; (3)\cos a; (4)1; (5)1; (6)0; (7) \sqrt{e}.$

习题 1.6(B)

1. $a = \ln 2.$

2. $a = b.$

4. $(1)1; (2)e.$

习题 2.1(A)

1. $a.$

2. $(1)\left[f'(x_0) \right]^{-1}; (2) -2f'(x_0); (3)f'(0).$

3. $(1)y = \dfrac{x}{e}; (2)x - y + 1 = 0; (3)y = 0.$

4. $(1)4x^3; (2) \dfrac{2}{3}x^{-\frac{1}{3}}; (3)1.2x^{0.2}; (4) -\dfrac{1}{2}x^{-\frac{3}{2}}.$

5. $y = 4x - 2$ 和 $y = 4x + 2.$

6. 当且仅当 $a = 1, b = 0$ 时,$f(x)$ 在 $x = 0$ 点可导.

7. $f(0) = 0, f'(0) = 1.$

8. (1) 在 $x = 0$ 点连续但不可导;(2) 在 $x = 0$ 点连续且可导.

习题 2.1(B)

1. $(1)D; (2)B.$

2. $-1.$

3. $2ag(a).$

5. $y = 2x - 6.$

习题 2.2(A)

2. $(1) \dfrac{1}{\sqrt{x}} - \dfrac{1}{\sqrt[3]{x^2}}; (2)1 + \dfrac{1}{x^2} + \dfrac{4\pi}{x^3}; (3) \dfrac{\sqrt{x}}{(x + \sqrt{x})^2}; (4) \dfrac{2 + 2x - x^2}{(x^2 + 2x)^2};$

$(5)2e^x \cos x; (6)\ln x; (7) \dfrac{1}{1 - \sin x}; (8) \dfrac{1 - 2x\arctan x}{(1 + x^2)^2}.$

3. $(1) \dfrac{\sqrt{3} + 1}{2}, \sqrt{2}; (2) \dfrac{\sqrt{2}}{4}\left(1 + \dfrac{\pi}{2}\right); (3) -\dfrac{1}{36}; (4) \dfrac{3}{25}, \dfrac{17}{15}.$

4. $(1) \dfrac{\cos x}{|\cos x|}; (2) \dfrac{4}{4 + x^2}\arctan \dfrac{x}{2};$

$(3)\arcsin \dfrac{x}{2} + \dfrac{x}{\sqrt{4 - x^2}}; (4)y' = \begin{cases} \dfrac{2}{1 + t^2} & t^2 < 1 \\ -\dfrac{2}{1 + t^2} & t^2 > 1 \end{cases}.$

5. $(1) \dfrac{x - 1}{\sqrt{x^2 - 2x + 5}}; (2) -2x\sin x^2 - \sin 2x; (3)4^{\sin x}\ln 4 \cdot \cos x; (4) \dfrac{1}{x\ln x}; (5) -\tan x;$

(6) $\dfrac{1}{\sqrt{x^2-a^2}}$;(7) $-\dfrac{2}{x(1+\ln x)^2}$;(8) $\dfrac{2x\cos 2x-\sin 2x}{x^2}$;(9) $\sec x$;(10) $\csc x$;(11) $\dfrac{7}{8}x^{-\frac{1}{8}}$;

(12) $x^{\cos x}\left(-\sin x\ln x+\dfrac{\cos x}{x}\right)$.

习题 2.2(B)

1. $e^{\frac{x-1}{2}}$; $\dfrac{1}{2}e^{\frac{x-1}{2}}$.

2. (1) $2xf'(x^2)$; (2) $\sin 2x\left[f'(\sin^2 x)-f'(\cos^2 x)\right]$; (3) $\dfrac{1}{x}f'(\ln x)+\dfrac{1}{f(x)}f'(x)$;

(4) $\left[f'(e^x)e^x+f(e^x)f'(x)\right]e^{f(x)}$.

3. $(2t+1)e^{2t}$.

习题 2.3(A)

1. $\cos x$.

2. (1) $4-\dfrac{1}{x^2}$; (2) $4e^{2x-1}$; (3) $-2\sin x-x\cos x$; (4) $-2e^{-t}\cos t$; (5) $-\dfrac{2(1+x^2)}{(1-x^2)^2}$;

(6) $2\arctan x+\dfrac{2x}{1+x^2}$;(7) $2xe^{x^2}(3+2x^2)$;(8) $-\dfrac{x}{(1+x^2)^{\frac{3}{2}}}$.

3. 207360.

4. (1) $2f'(x^2)+4x^2f''(x^2)$;(2) $\dfrac{f''(x)f(x)-\left[f'(x)\right]^2}{\left[f(x)\right]^2}$.

6. (1) $2^{20}e^{2x}(x^2+20x+95)$;(2) $-x\sin x+50\cos x$.

习题 2.3(B)

1. (1) $y^{(n)}=e^x(n+x)$;(2) $y'=\ln x+1$, $y^{(n)}=(-1)^{n-2}(n-2)!\,x^{-(n-1)}$, $(n\geqslant 2)$;

(3) $y^{(n)}=2^{n-1}\sin\left[2x+(n-1)\dfrac{\pi}{2}\right]$.

2. (1) $y''=\dfrac{2x}{(1+x^2)^2}+\dfrac{1}{2x}$;(2) $y'''(0)=16$;(3) $y^{(n)}=(-1)^n n!(1+x)^{-n-1}$;

(4) $-9900\cos x+200x\sin x+x^2\cos x$.

3. $e^{-x}(2x^3-300x^2+14703x-235349)$.

习题 2.4(A)

1. (1) $\dfrac{y-2x-3}{2y-x}$;(2) $\dfrac{e^x-y}{x+e^y}$;(3) $-\dfrac{ye^{xy}+\cos(x+y)}{xe^{xy}+\cos(x+y)}$;(4) $-\dfrac{y^2+xy\ln y}{x^2+xy\ln x}$.

2. 切线方程为 $x+y=\dfrac{\sqrt{2}}{2}a$;法线方程为 $x-y=0$.

3. (1) $y'=\dfrac{1-\ln x}{x^2}\cdot x^{\frac{1}{x}}$;(2) $y'=\dfrac{y^2-xy\ln y}{x^2-xy\ln x}$;

(3) $y'=y\left(\dfrac{54-36x+4x^2+2x^3}{3x(1-x)(9-x^2)}\right)$;(4) $y'=y\left(\dfrac{-x}{2(x+1)(x+2)}+\dfrac{\cos x}{\sin x}-\dfrac{3x^2}{1+x^3}\right)$.

4. (1) $y''=-\dfrac{1}{y^3}$;(2) $y''=\dfrac{2x^2y}{(1+y^2)^3}\left[3(1+y^2)^2+2x^4(1-y^2)\right]$;

$(3) y'' = \dfrac{\sin(x+y)}{\left[\cos(x+y)-1\right]^3};\ (4) y'' = -\dfrac{b^4}{a^2 y^3}.$

5. $(1)\ \dfrac{2}{t};(2)\ \dfrac{b(t^2+1)}{a(t^2-1)};(3)-\tan t;(4)-\dfrac{2}{3}e^{2t}.$

7. $\dfrac{1}{3a\cos^4 t\sin t}.$

习题 2.4(B)

1. $(1)\ \dfrac{-2(1+y^2)}{y^5};(2)\ \dfrac{2(x^2+y^2)}{(x-y)^3}.$

2. $-2.$

3. $y=-2x+1,\ y=\dfrac{1}{2}x+1.$

4. $(1)\ \left(\dfrac{x}{1+x}\right)^x\left(\ln\dfrac{x}{1+x}+\dfrac{1}{1+x}\right).\ (2)\ \dfrac{1}{4}\sqrt{x\sin x\sqrt{1-e^x}}\left(\dfrac{2}{x}+2\cot x-\dfrac{e^x}{1-e^x}\right)$

5. $2.$

6. $\dfrac{1}{2t},\ -\dfrac{1+t^2}{4t^3}.$

习题 2.5(A)

1. $\Delta y=0.0302;\mathrm{d}y=0.0303.$

3. $(1)\mathrm{d}y=\left(7x^6-x^5-1\right)\mathrm{d}x;\quad(2)\mathrm{d}y=\left(\dfrac{3}{2}x^{\frac{1}{2}}-\dfrac{19}{6}x^{\frac{13}{6}}\right)\mathrm{d}x;$

$(3)\mathrm{d}y=2\left(e^{2x}-e^{-2x}\right)\mathrm{d}x;\quad(4)\mathrm{d}y=-\dfrac{3x^2\,\mathrm{d}x}{2(1-x^3)};$

$(5)\mathrm{d}y=\dfrac{1}{(x^2+1)\sqrt{x^2+1}}\mathrm{d}x;\quad(6)\mathrm{d}y=e^{-x}\left[\sin(3-x)-\cos(3-x)\right]\mathrm{d}x.$

4. $(1)\mathrm{d}y=\dfrac{6\ln(3x+1)}{3x+1}\cos\left[\ln^2(3x+1)\right]\mathrm{d}x;$

$(2)\mathrm{d}y=\dfrac{3}{2}(3x^2-2)\sqrt{x^3-2x+5}\mathrm{d}x;$

$(3)\mathrm{d}y=\dfrac{-2\sin 2x}{\cos 2x\cdot|\sin 2x|}\mathrm{d}x.$

5. $(1)0.8747;(2)0.01;(3)46^0 26'.$

6. $\dfrac{|\Delta R|}{R}\leqslant\dfrac{0.33}{100}.$

7. 绝对误差为 0.24,相对误差为 $0.042(\mathrm{m}^2).$

8. 总收益 9975,平均单位产品的收益 199.5,边际收益为 199.

9. $Q'=-\dfrac{1}{4}e^{-\frac{P}{4}},\eta(10)=-\dfrac{P}{4},\eta(3)=-0.75,\eta(4)=-1,\eta(5)=-1.25.$

10. 需求弹性函数:$-1.39P.$需求弹性为负值,说明价格增加 1% 时,商品的需求将减少 $1.39P\%;\eta(10)=-13.9$,说明当价格 $P=10$ 时,如果价格增加 1%,商品的需求将减少 $13.9P\%$,如果价格减少 1%,商品的需求将增加 $13.9P\%$.

习题 2.5(B)

1. (1) $\dfrac{\mathrm{d}x}{2(1+x)\sqrt{x}}$;(2) $-\dfrac{6}{\sin 6x}\mathrm{d}x$;

(3) $\dfrac{(1+\mathrm{e}^x)\sec^2 x - \mathrm{e}^x \tan x}{(1+\mathrm{e}^x)^2}\mathrm{d}x$;(4) $\dfrac{-x}{|x|\sqrt{1-x^2}}\mathrm{d}x$.

2. (1) $\dfrac{1}{x}f'(\ln x)\mathrm{d}x$;(2) $\mathrm{e}^{f(x)}\left[f(\mathrm{e}^x)f'(x) + \mathrm{e}^x f'(\mathrm{e}^x)\right]\mathrm{d}x$.

3. $\dfrac{y - \mathrm{e}^{x+y}}{\mathrm{e}^{x+y} - x}\mathrm{d}x$.

4. $\dfrac{\mathrm{d}x}{x(1+\ln y)}$.

5. $-\pi\mathrm{d}x$.

6. (1) $-\dfrac{p}{45-p}$;(2) -0.25;(3) $p = \dfrac{45}{2}, R = \dfrac{675}{4}$(百元) 为最大收益.

习题 3.2(A)

1. (1)1;(2) $\dfrac{m}{n}a^{m-n}$;(3)e^{-1};(4)$-\dfrac{1}{8}$;(5)2;(6)0;(7)3;(8)$-\dfrac{1}{2}$;(9)1;(10)k;(11)1;

(12)e^{-1};(13)1.

习题 3.2(B)

1. (1) $\dfrac{1}{3}$;(2) $-\dfrac{1}{4}$;(3) $-\dfrac{1}{2}$;(4)e^2.

2. $c = \dfrac{1}{16}$.

3. $a = \dfrac{1}{2}, b = 1$.

4. $a = 2, b = -1$.

习题 3.3(A)

1. $f(x) = -56 + 21(x-4) + 37(x-4)^2 + 11(x-4)^3 + (x-4)^4$.

2. $\dfrac{1}{x} = -\left[1 + (x+1) + (x+1)^2 + \cdots + (x+1)^n\right] + (-1)^{n+1}\dfrac{(x+1)^{n+1}}{[-1+\theta(x+1)]^{n+2}}$,

$0 < \theta < 1$.

3. $\dfrac{1}{1-x} = 1 + x + x^2 + \cdots + x^n + \dfrac{x^{n+1}}{(1-\theta x)^{n+2}}, 0 < \theta < 1, -1 < x < 1$.

4. $\sqrt{\mathrm{e}} \approx 1.645$.

5. (1)3.10725,$|R_3| \leqslant 1.88 \times 10^{-5}$;(2)0.3090,$|R_3| \leqslant 2.03 \times 10^{-4}$.

习题 3.3(B)

1. (1) $-\dfrac{1}{12}$;(2) $\dfrac{1}{6}$;(3) $\dfrac{3}{2}$.

2. $f^{(n)}(0) = \dfrac{(-1)^{n-1}n!}{n-2}$ $(n \geqslant 3)$.

习题 3.4(A)

1. (1) 在 $(-\infty, 1]$ 上单调增加,在 $[1, +\infty)$ 上单调减少;(2) 在 $(-\infty, -1]$、$[1, +\infty)$ 上单调减少,在 $[-1, 1]$ 上单调增加;(3) 在 $\left(-\infty, -\frac{1}{2}\ln 2\right]$ 上单调减少,在 $\left[-\frac{1}{2}\ln 2, +\infty\right)$ 上单调增加;(4) 在 $(0, 1]$ 上单调减少,在 $[1, +\infty)$ 上单调增加.

3. (1) 在 $\left(-\infty, \frac{1}{2}\right]$ 上是凹的,在 $\left[\frac{1}{2}, +\infty\right)$ 上是凸的,拐点 $\left(\frac{1}{2}, \frac{13}{2}\right)$;(2) 在 $(-\infty, -1]$、$[1, +\infty)$ 上是凸的,在 $[-1, 1]$ 上是凹的,拐点 $(-1, \ln 2)$, $(1, \ln 2)$;(3) 在 $(-\infty, +\infty)$ 上是凹的,无拐点;(4) 在 $(-\infty, 2]$ 上是凸的,在 $[2, +\infty)$ 上是凹的,拐点 $\left(2, \frac{2}{e^2}\right)$.

习题 3.4(B)

3. $a = 1, b = -3, c = -24, d = 16$.

4. 是拐点.

习题 3.5(A)

1. (1) 极大值 17,极小值 -47;(2) 极小值 0;(3) 极大值 $a\frac{4}{3}$,极小值 0;(4) 极大值 $\frac{\sqrt{205}}{10}$;(5) 极大值 2;(6) 无极值.

2. (1) 最大值 2,最小值 -10;(2) 最大值 1.5708,最小值 -1.5708;

(3) 最大值 $\frac{3}{5}$,最小值 -1;(4) 最大值 $\sqrt[3]{9}$,最小值 0.

3. 把线段两等分.

4. 3cm,6cm,4cm.

5. $\frac{x}{3} + \frac{y}{6} = 1$;

6. $x = \frac{1}{n}\sum_{i=1}^{n} x_i$;

7. 150,105;

8. 250,425

9. 800,30,12. 2,3840

习题 3.5(B)

1. (1) D;(2) B.

3. (1) $x = 0, x = -1, x = 1$ 为极小值点,$x = -\frac{1}{\sqrt{3}}, x = \frac{1}{\sqrt{3}}$ 为极大值点;(2) $x = -1$ 为极小值点,$x = 1$ 为极大值点.

4. $a = -\frac{2}{3}, b = -\frac{1}{6}, x = 1$ 为极小值点,$x = 2$ 为极大值点.

5. $X_0 = \frac{(3b - 4a)c}{2b}$,最大利润 $l_{(x_0)} = \frac{c(5b - 4a)^2}{16b}$.

习题 3.6(A)

1. (1) 水平渐近线 $y = 0$,铅直渐近线 $x = 0$;(2) 水平渐近线 $y = 0$;(3) 铅直渐近线 $x =$

$-\dfrac{1}{2}$,斜渐近线 $y=\dfrac{1}{2}x-\dfrac{3}{4}$;(4)水平渐近线 $y=3$,铅直渐近线 $x=-1$.

2.(1)定义域为 $(-\infty,+\infty)$;图形关于 y 轴对称;在 $[0,1]$ 上单调减少,在 $[1,+\infty)$ 上单调增加;极大值 $y(0)=-5$,极小值 $y(1)=-6$;在 $\left[0,\dfrac{1}{\sqrt{3}}\right]$ 上是凸的,在 $\left[\dfrac{1}{\sqrt{3}},+\infty\right)$ 上是凹的;拐点 $\left(\dfrac{1}{\sqrt{3}},-5\dfrac{5}{9}\right)$.

(2)定义域为 $(-1,+\infty)$;图形位于 x 轴上方;过原点;在 $(-1,0]$ 上单调减少,在 $[0,+\infty)$ 上单调增加;极小值 $y(0)=0$;在 $(-1,+\infty)$ 上是凹的;无拐点;铅直渐近线 $x=-1$.

(3)定义域为 $(-\infty,0)\bigcup(0,+\infty)$;图形位于 x 轴上方;在 $(-\infty,0)\bigcup(0,+\infty)$ 内单调增加;无极值;在 $(-\infty,0)$,$\left(0,\dfrac{1}{2}\right)$ 上是凹的,在 $\left[\dfrac{1}{2},+\infty\right)$ 上是凸的;拐点 $\left(\dfrac{1}{2},\mathrm{e}^{-2}\right)$;铅直渐近线 $x=0$,水平渐近线 $y=1$.

(4)定义域为 $(-\infty,+\infty)$;图形关于原点对称;过原点;在 $[0,1]$ 上单调增加,在 $[1,+\infty)$ 上单调减少;极大值 $y(1)=\dfrac{1}{2}$;在 $[0,\sqrt{3}]$ 上是凸的,在 $[\sqrt{3},+\infty)$ 上是凹的;拐点 $(0,0)$,$\left(\sqrt{3},\dfrac{\sqrt{3}}{4}\right)$;水平渐近线 $y=0$.

习题 3.6(B)

1. 在 $(-\infty,0]$ 单调减,在 $[0,1)$ 单调增,在 $(1,+\infty)$ 单调减;在 $x=0$ 处取到极小值为 0;在 $\left(-\infty,\dfrac{1}{2}\right)$ 凸,在 $\left(-\dfrac{1}{2},1\right)\bigcup(1,+\infty)$ 凹,拐点为 $\left(-\dfrac{1}{2},\dfrac{2}{9}\right)$,沿直渐近线 $x=1$,水平渐近线 $y=2$.

2.(1)$R(x)=10x\mathrm{e}^{-\frac{x}{2}},0\leqslant x\leqslant 6$;$MR=5(2-x)\mathrm{e}^{-\frac{x}{2}}$;

(2)$x=2$,收益最大值 $R(2)=20\mathrm{e}^{-1}$,$p=10\mathrm{e}^{-1}$.

习题 4.1(A)

1.(1)$-2x^{-\frac{1}{2}}-\ln|x|+\mathrm{e}^x+C$;(2)$\dfrac{4^x}{\ln 4}+\dfrac{9^x}{\ln 9}+2\dfrac{6^x}{\ln 6}+C$;

(3)$-\dfrac{1}{x}+\arctan x+C$;(4)$x-\arctan x+C$;

(5)$\dfrac{1}{2}(x+\sin x)+C$;(6)$\tan x-x+C$.

2.$y=\ln x+1$.

3.$s=\dfrac{t^4}{12}+\dfrac{t^2}{2}+t$.

习题 4.1(B)

1.(1)$\sin x-\cos x+C$;(2)$\dfrac{1}{2}\tan x+C$;(3)$\tan x-\sec x+C$;

(4)$\begin{cases}\dfrac{1}{6}x^6-\dfrac{1}{2}x^2+C & |x|\geqslant 1 \\ -\dfrac{1}{6}x^6+\dfrac{1}{2}x^2+C & |x|<1\end{cases}$.

2. $\dfrac{1}{x} + C.$

3. $x + 2\mathrm{e}^x + C.$

4. $f(x) = x^3 - 3x^2 + 4.$

5. $f(x) = \begin{cases} \mathrm{e}^x + \mathrm{e} & x > 0 \\ \dfrac{1}{2}x^2 + \mathrm{e} + 1 & x \leqslant 0 \end{cases}.$

习题 4. 2(A)

1. (1) $\dfrac{(2x-3)^{101}}{202} + C;$　(2) $-\mathrm{e}^{\frac{1}{x}} + C;$

(3) $2\sin\sqrt{x} + C;$　(4) $\ln|\ln x| + C;$

(5) $-\dfrac{1}{\sin x} + C;$　(6) $-\dfrac{1}{2}\mathrm{e}^{-x^2} + C;$

(7) $-\cos(\mathrm{e}^x) + C;$　(8) $2\arctan\sqrt{x} + C;$

(9) $\ln|\tan x| + C;$　(10) $\dfrac{1}{2}\arctan(\sin^2 x) + C;$

(11) $-\arcsin\dfrac{1}{|x|} + C;$　(12) $\dfrac{\tan^2 x}{2} + \ln|\cos x| + C;$

(13) $\sin x - \dfrac{2}{3}\sin^3 x + \dfrac{1}{5}\sin^5 x + C;$

(14) $\dfrac{1}{2}\arcsin\dfrac{2x}{3} + \dfrac{1}{4}\sqrt{9-4x^2} + C;$

(15) $\dfrac{1}{3}\sec^3 x - \sec x + C;$　(16) $-\dfrac{1}{x\ln x} + C;$

(17) $\ln|x+1| + \dfrac{1}{x+1} + C;$　(18) $\dfrac{1}{6}\sin 3x + \dfrac{1}{2}\sin x + C;$

(19) $-\dfrac{1}{24}\sin 12x + \dfrac{1}{4}\sin 2x + C;$　(20) $\dfrac{x}{a^2\sqrt{a^2-x^2}} + C;$

(21) $-\dfrac{\sqrt{1+x^2}}{x} + C;$　(22) $\sqrt{x^2-9} - 3\arccos\dfrac{3}{x} + C;$

(23) $\dfrac{6}{5}x^{\frac{5}{6}} + \dfrac{3}{2}x^{\frac{2}{3}} + 2x^{\frac{1}{2}} + 3x^{\frac{1}{3}} + 6x^{\frac{1}{6}} + 6\ln|x^{\frac{1}{6}} - 1| + C;$

(24) $2\arctan\sqrt{x+1} + C;$　(25) $\ln\dfrac{\sqrt{1+\mathrm{e}^x}-1}{\sqrt{1+\mathrm{e}^x}+1} + C.$

习题 4. 2(B)

1. $f(x) = \dfrac{1}{2}\ln^2 x.$

2. $x - 2\ln(x-1) + c.$

3. (1) $-\ln\left|\cos\sqrt{1+x^2}\right| + C;$　(2) $-\dfrac{1}{2}\ln^2\left(1+\dfrac{1}{x}\right) + C;$

(3) $\arcsin x - \dfrac{x}{1+\sqrt{1-x^2}} + C;$　(4) $\dfrac{1}{a}\ln\dfrac{|x|}{a+\sqrt{a^2+x^2}} + C;$

(5) $-\dfrac{1}{5}\ln|x^5+1|+\ln|x|+C$;　(6)$\arcsin\dfrac{2x-1}{\sqrt{5}}+C$.

4. $x-\arctan x+\dfrac{1}{2}\ln(1+x^2)+C$.

5. $f(x)=\dfrac{x\mathrm{e}^{\frac{x}{2}}}{2(1+x)^{\frac{3}{2}}}$.

习题 4.3(A)

1. (1) $-\dfrac{1}{2}x\cos 2x+\dfrac{1}{4}\sin 2x+C$;(2) $-\mathrm{e}^{-x}(x+1)+C$;

(3)$x(\ln x-1)+C$;(4) $\dfrac{1}{3}\left(x^2\sin 3x+\dfrac{2}{3}x\cos 3x-\dfrac{2}{9}\sin 3x\right)+C$;

(5) $-\dfrac{1}{2}\mathrm{e}^{-t}(\cos t+\sin t)+C$;(6) $\dfrac{1}{3}x^3\arctan x-\dfrac{1}{6}x^2+\dfrac{1}{6}\ln(1+x^2)+C$;

(7) $-\dfrac{1}{x}\left[(\ln x)^3+3(\ln x)^2+6\ln x+6\right]+C$;

(8)$x(\arcsin x)^2+2\sqrt{1-x^2}\arcsin x-2x+C$;

(9) $-\dfrac{1}{2}x^2+x\tan x+\ln|\cos x|+C$;

(10) $\dfrac{x}{2}\left[\cos(\ln x)+\sin(\ln x)\right]+C$;

(11) $-2\sqrt{1-x}\arcsin\sqrt{x}+2\sqrt{x}+C$;

(12)$x\ln(x+\sqrt{1+x^2})+\sqrt{1+x^2}+C$;

2. (1) $\dfrac{1}{2}\ln\left|\dfrac{\mathrm{e}^x-1}{\mathrm{e}^x+1}\right|+C$;(2)$\ln|x+\sin x|+C$;

(3)$2\sqrt{1+\sin^2 x}+C$;(4) $-\dfrac{1}{8}\cos 4\theta-\dfrac{1}{4}\cos 2\theta+C$;

(5) $\dfrac{1}{6a^3}\ln\left|\dfrac{a^3+x^3}{a^3-x^3}\right|+C$;(6) $-\dfrac{\sqrt{(1+x^2)^3}}{3x^3}+\dfrac{\sqrt{1+x^2}}{x}+C$;

(7) $\dfrac{1}{\sqrt{2}}\arctan\dfrac{x^2-1}{\sqrt{2}x}+C$;

(8) $\dfrac{\sin x}{2\cos^2 x}-\dfrac{1}{2}\ln|\sec x+\tan x|+C$;

(9)$x\ln(1+x^2)-2x+2\arctan x+C$;

(10)$(4-2x)\cos\sqrt{x}+4\sqrt{x}\sin\sqrt{x}+C$.

习题 4.3(B)

1. (1) $-\dfrac{1}{x}\arctan x+\dfrac{1}{2}\ln\dfrac{x^2}{1+x^2}-\dfrac{1}{2}(\arctan x)^2+C$;(2) $\dfrac{x}{x-\ln x}+C$;

(3)$-\dfrac{x}{\cos x(x\sin x+\cos x)}+\tan x+C$;(4) $\dfrac{(x-1)\mathrm{e}^{\arctan x}}{2\sqrt{1+x^2}}+C$.

2. (1)$I_n=\displaystyle\int\sin^n x\,\mathrm{d}x=-\dfrac{1}{n}\cos x\sin^{n-1}x+\dfrac{n-1}{n}I_{n-2}$,$n=2,3,\cdots$

$I_1 = -\cos x + C, I_0 = x + C.$

$(2) I_n = \int x^n \cos x \, dx = x^n \sin x + n x^{n-1} \cos x - n(n-1) I_{n-2}, n = 2, 3, \cdots$

$I_1 = x \sin x + \cos x + C, I_0 = \sin x + C.$

3. $x - (1 + e^{-x}) \ln(1 + e^x) + C.$

4. $xf'(x) - f(x) + C, \cos x - \dfrac{2\sin x}{x} + C.$

习题 4.4(A)

1. (1) $\dfrac{1}{2} \ln \left| \dfrac{(x+2)^4}{(x+1)(x+3)^3} \right| + C;$

(2) $-\ln \dfrac{|x+1|}{\sqrt{x^2-x+1}} + \sqrt{3} \arctan \dfrac{2x-1}{\sqrt{3}} + C;$

(3) $\ln \left| \dfrac{x}{x+1} \right| + \dfrac{1}{x+1} + C;$

(4) $\dfrac{1}{2} \ln(x^2+2) + \dfrac{1}{\sqrt{2}} \arctan \dfrac{x}{\sqrt{2}} + \dfrac{1}{x^2+2} + C;$

(5) $-\dfrac{1}{2} \ln \dfrac{x^2+1}{x^2+x+1} + \dfrac{1}{\sqrt{3}} \arctan \dfrac{2x+1}{\sqrt{3}} + C;$

(6) $\dfrac{\sqrt{2}}{8} \ln \dfrac{x^2+\sqrt{2}x+1}{x^2-\sqrt{2}x+1} + \dfrac{\sqrt{2}}{4} \arctan(\sqrt{2}x+1) + \dfrac{\sqrt{2}}{4} \arctan(\sqrt{2}x-1) + C;$

(7) $\ln|x^5-4x+7| + C;$

2. (1) $\dfrac{1}{\sqrt{2}} \arctan \dfrac{\tan \frac{x}{2}}{\sqrt{2}} + C;$ (2) $\dfrac{2}{\sqrt{3}} \arctan \dfrac{2\tan \frac{x}{2}+1}{\sqrt{3}} + C;$

(3) $\ln \left| 1 + \tan \dfrac{x}{2} \right| + C;$ (4) $\dfrac{1}{\sqrt{5}} \arctan \dfrac{3\tan \frac{x}{2}+1}{\sqrt{5}} + C;$

(5) $\dfrac{1}{5} \sin^5 x - \dfrac{2}{7} \sin^7 x + \dfrac{1}{9} \sin^9 x + C;$

(6) $\dfrac{\sin x}{2\cos^2 x} - \dfrac{1}{2} \ln|\sec x + \tan x| + C;$

(7) $\dfrac{1}{3\cos^3 x} - \dfrac{1}{\cos x} + C;$

(8) $\dfrac{1}{3\cos^3 x} + \dfrac{1}{\cos x} + \ln|\csc x - \cot x| + C;$

3. (1) $\dfrac{3}{2} \sqrt[3]{(x+1)^2} - 3\sqrt[3]{x+1} + 3\ln|1 + \sqrt[3]{x+1}| + C;$

(2) $2\sqrt{x} - 4\sqrt[4]{x} + 4\ln(\sqrt[4]{x} + 1) + C;$

(3) $x + 1 - 2\sqrt{x+1} + 2\ln(\sqrt{x+1} + 1) + C;$

(4) $\ln \left| \dfrac{\sqrt{1-x} - \sqrt{1+x}}{\sqrt{1-x} + \sqrt{1+x}} \right| + 2\arctan \sqrt{\dfrac{1-x}{1+x}} + C.$

习题 4. 4(B)

1. (1) $-\dfrac{3}{2}\sqrt[3]{\dfrac{x+1}{x-1}}+C$;(2) $\dfrac{1}{3}(3+2\mathrm{e}^x)^{\frac{3}{2}}+C$;

(3) $\dfrac{1}{2\sqrt{3}}\arctan\dfrac{2\tan x}{\sqrt{3}}+C$;(4) $-\sqrt{1-x^2}+\dfrac{1}{2}(\arcsin x)^2+C$;

(5) $\dfrac{1}{b-a}\ln\left|\dfrac{x+a}{x+b}\right|+C$;   (6) $\dfrac{1}{5}\ln\left|\dfrac{x-3}{x+2}\right|+C$;

(7) $\dfrac{1}{5}(1-x^2)^{\frac{5}{2}}-\dfrac{1}{3}(1-x^2)^{\frac{3}{2}}+C$;   (8) $xf(x)+C$;

(9) $x\left[\ln(x+\sqrt{1+x^2})\right]^2-2\sqrt{1+x^2}\ln(x+\sqrt{1+x^2})+2x+C$;

(10) $\dfrac{1}{2}\ln|x^2+2x-3|+\dfrac{3}{2}\arctan\dfrac{x+1}{2}+C$;

2. (1) $2\sqrt{f(\ln x)}+C$;   (2) $\ln|x|+C$ 或 $k\pi+\dfrac{\pi}{2}$ $(k\in Z)$.

习题 5. 1(A)

1. $\mathrm{e}-1$.

3. (1) $\displaystyle\int_0^{\frac{\pi}{2}}x\mathrm{d}x>\int_0^{\frac{\pi}{2}}\sin x\mathrm{d}x$;   (2) $\displaystyle\int_1^2\ln x\mathrm{d}x>\int_1^2(\ln x)^2\mathrm{d}x$;

(3) $\displaystyle\int_0^1 x\mathrm{d}x>\int_0^1\ln(1+x)\mathrm{d}x$;   (4) $\displaystyle\int_0^1\mathrm{e}^{-x}\mathrm{d}x<\int_0^1\mathrm{e}^{-x^2}\mathrm{d}x$.

4. (1) $4\leqslant\displaystyle\int_1^3(x^2+1)\mathrm{d}x\leqslant 20$;   (2) $0\leqslant\displaystyle\int_0^1\dfrac{x^5}{\sqrt{1+x}}\mathrm{d}x\leqslant 1$;

(3) $\dfrac{\pi}{9}\leqslant\displaystyle\int_{\frac{1}{\sqrt{3}}}^{\sqrt{3}}x\arctan x\mathrm{d}x\leqslant\dfrac{2\pi}{3}$;   (4) $-2\mathrm{e}^2\leqslant\displaystyle\int_2^0\mathrm{e}^{x^2-x}\mathrm{d}x\leqslant-2\mathrm{e}^{-\frac{1}{4}}$.

习题 5. 1(B)

1. (1) $\dfrac{1}{\pi}\displaystyle\int_0^{\pi}\sin x\mathrm{d}x$;(2) $\displaystyle\int_0^1\ln(1+x)\mathrm{d}x$.

习题 5. 2(A)

1. (1) 0;   (2) $-\cos^2 x$;   (3) $\ln(\mathrm{e}^x+1)$;   (4) $\dfrac{(\sin bx-\sin ax)}{x}$.

2. (1) $\dfrac{57}{44}$;   (2) $\dfrac{29}{6}$;   (3) $2\mathrm{e}-2$;   (4) 2;   (5) $-\dfrac{1}{2}$;   (6) $1-\dfrac{\pi}{4}$.

3. $\dfrac{8}{3}$.

4. (1) $\dfrac{1}{2}$;(2) 1.

5. 当 $x=0$ 时.

6. $\dfrac{\mathrm{d}y}{\mathrm{d}x}=-\dfrac{2x^3\mathrm{e}^{x^2}}{\mathrm{e}^{y^2}}$.

习题 5. 2(B)

1. $f(x)=x^2-\dfrac{4}{3}x+\dfrac{2}{3}$.

2. $\varphi(x) = \begin{cases} \dfrac{x^3}{3}, & 0 \leqslant x < 1 \\ \dfrac{x^2}{2} - \dfrac{1}{6}, & 1 \leqslant x \leqslant 2 \end{cases}$,在$[0,2]$连续.

习题 5.3(A)

1. $(1)\, 2\ln 2 - 1$; $(2)\, \dfrac{\pi}{16}$; $(3)\, \dfrac{4}{3}$; $(4)\, \dfrac{3}{256}\pi$; $(5)\, \arctan e - \arctan e^{-1}$; $(6)\, \dfrac{\sqrt{3}}{9}\pi$; $(7)\, 1 - 2e^{-1}$;

$(8)\, \dfrac{\pi}{4} - \dfrac{1}{2}$; $(9)\, \dfrac{1}{4}(e^2 + 1)$; $(10)\, \dfrac{2}{5}(e^{4\pi} - 1)$; $(11)\, 0$; $(12)\, 2(1 - e^{-1})$.

2. $(1)\, 0$; $(2)\, \dfrac{3\pi}{4}$; $(3)\, \dfrac{2\pi^3}{81}$; $(4)\, 0$.

习题 5.3(B)

1. $(1)\, \sqrt{2} - \dfrac{2}{3}\sqrt{3}$; $(2)\, \dfrac{4}{3}$; $(3)\, 4(\sqrt{2} - 1)$; $(4)\, \dfrac{\pi}{4}$; $(5)\, \dfrac{e(\sin 1 - \cos 1) + 1}{2}$; $(6)\, 2\left(1 - \dfrac{2}{e}\right)$.

2. $\dfrac{3\pi}{16}$.

3. $\dfrac{1}{e^2} - 1$.

4. $I_n = \begin{cases} \dfrac{(2k-1)!!}{(2k)!!} \cdot \dfrac{\pi}{2}, & \text{若 } n = 2k; \\ \dfrac{(2k)!!}{(2k+1)!!}, & \text{若 } n = 2k+1. \end{cases}$

5. $\pi^2 - 2$.

习题 5.4(A)

1. $(1)\, \dfrac{1}{2}$; $(2)\, \dfrac{1}{\alpha}$; (3) 发散; $(4)\, 2$; $(5)\, \dfrac{\pi}{2}$; $(6)\, \dfrac{\pi}{2}$; $(7)\, 2$; (8) 发散; $(9)\, \dfrac{8}{3}$; $(10)\, \dfrac{\pi}{2}$.

3. 当 $\alpha > 1$ 时收敛于 $\dfrac{1}{(\alpha-1)(\ln 2)^{(\alpha-1)}}$;当 $\alpha \leqslant 1$ 时发散.

习题 5.4(B)

1. $(1)\, \dfrac{3\sqrt{\pi}}{2}$; $(2)\, 2$; $(3)\, \dfrac{\pi}{2}$; $(4)\, 0$.

2. $n!$.

4. $c = \dfrac{5}{2}$.

5. $(1)\, \displaystyle\int_0^1 \mathrm{d}t$; $(2)\, \displaystyle\int_{-1}^0 \dfrac{1}{t}\,\mathrm{d}t$.

习题 5.5(A)

1. $(1)\, 2\pi + \dfrac{4}{3},\ 6\pi - \dfrac{4}{3}$; $(2)\, e + e^{-1} - 2$; $(3)\, \dfrac{\pi}{2}$; $(4)\, \dfrac{1}{4}\pi a^2$; $(5)\, 2 - \dfrac{\pi}{4},\ \dfrac{5}{4}\pi - 2$.

2. $(1)\, \dfrac{32}{3}\sqrt{3}$; $(2)\, \dfrac{1}{3}\pi k^2 h$; $(3)\, \dfrac{1}{2}\pi^2,\ 2\pi^2$.

3. $(1)\, 1 + \dfrac{1}{2}\ln\dfrac{3}{2}$; $(2)\, \sqrt{2}(e-1)$; $(3)\, \dfrac{e^a - e^{-a}}{2}$; $(4)\, \dfrac{\sqrt{1+m^2}}{m}a(e^{m\theta_2} - e^{m\theta_1})$.

· · ·

习题 5.5(B)

1. $2(\sqrt{2}-1)$.

2. $a = 3$.

3. 当 $t = 0$, $S_{\max} = 1$; 当 $t = \dfrac{\pi}{4}$, $S_{\min} = \sqrt{2} - 1$.

4. $a = 4$, $\dfrac{32\sqrt{5}\pi}{1875}$.

习题 5.6(A)

1. $mgR^2\left(\dfrac{1}{R_1} - \dfrac{1}{R_2}\right)$, 其中 R 为地球半径.

2. $8.25\pi g$.

3. 145833.3 千克重或 1429166.7 牛顿.

4. 2608 单位.

5. $C(x) = 0.4x^2 + 5x + 500$, 50 单位 / 日, 最大利润 500 元.

6. 12.31 元, 11.94 元

习题 5.6(B)

1. $800\pi\ln 2(J)$.

2. $\sqrt{2} - 1\,\mathrm{cm}$.

3. $h = 2$.

4. 25.12 万人.

5. $t = 27$(年); 291.6(百万元).

6. $t = 333$(周), $11.01A$, $\dfrac{3}{128}A$.

习题 6.1(A)

1. (1) 二阶; (2) 一阶; (3) 一阶; (4) 一阶; (5) 二阶.

3. (1) $\dfrac{\mathrm{d}y}{\mathrm{d}x} = -\dfrac{x}{y}$; (2) $Q' = kQ$.

4. $y = 2\cos 2x$.

习题 6.1(B)

1. (1) $2x^5 - xy' + y = 0$; (2) $y'' + 2y' + y = 0$.

2. $xy' - y + \sqrt{x^2 + y^2} = 0$, $y\left(\dfrac{1}{2}\right) = 0$.

习题 6.2(A)

1. (1) $10^{-y} + 10^x = C$; (2) $\sin x \sin y = C$; (3) $y = Cx + x\ln|x|$;

(4) $\arctan\dfrac{y}{x} - \ln|x| = C$; (5) $\dfrac{x}{x+y} + \ln|x| = C$.

2. (1) $y = \dfrac{1}{2}(\arctan x)^2$; (2) $\ln y = \tan\dfrac{x}{2}$; (3) $(1 + e^x)|\sec y| = 2\sqrt{2}$.

3. $Q = Q_0 e^{-0.00433t}$, 160 年.

4. 5. 45 克.

5. $s(t) = s_0 e^{0.02t}$.

6. $x(t) = \dfrac{1100}{1 + 10e^{-110t}}$.

习题 6. 2(B)

1. (1) $\dfrac{1}{2}\ln\left[(y+3)^2 + (x+2)^2\right] + \arctan\dfrac{y+3}{x+2}$；(2) $x^4 = y(y+C)$.

2. $e^{2x}\ln 2$.

4. $\dfrac{\mathrm{d}u}{\mathrm{d}t} = 0.05u - 12000$；$u(t) = 240000 + (u_0 - 240000)e^{0.05t}$.

5. $x(t) = \dfrac{N}{1 + (m-1)e^{-kNt}}$，39 天.

习题 6. 3(A)

1. (1) $y = Ce^{-3x} + \dfrac{1}{5}e^{2x}$;　(2) $y = x^n(e^x + C)$;　(3) $y = \dfrac{1}{x^2+1}\left(\dfrac{4}{3}x^3 + C\right)$;

(4) $y = \dfrac{x^3}{2} + Cx$;　(5) $x = \dfrac{\ln y}{2} + \dfrac{C}{\ln y}$;　(6) $y^{\frac{1}{3}}\left(-\dfrac{3}{7}x^3 + Cx^{\frac{2}{3}}\right) = 1$;

(7) $x = \dfrac{y^2}{2} + Cy^3$;　(8) $x = y^2 e^{\frac{1}{y}}\left(e^{-\frac{1}{y}} + C\right)$.

2. (1) $y = \dfrac{-e^{-x} + e + e^{-1}}{x}$；(2) $y = \dfrac{x}{\cos x}$;

(3) $\dfrac{1}{y^4} = -x + \dfrac{1}{4} + \dfrac{3}{4}e^{-4x}$；(4). $y = \dfrac{2x + 1 - \pi}{\sin x}$，$0 < x < \pi$.

3. $y = 1 - e^{-x^2}$.

4. 设质量为 m，阻力系数为 k，求得 $v = \dfrac{mg}{k}\left(1 - e^{-\frac{k}{m}t}\right)$，其中 g 为重力加速度.

5. $v = \dfrac{k_1}{k_2}t - \dfrac{k_1 m}{k_2^2}\left(1 - e^{-\frac{k_2}{m}t}\right)$.

习题 6. 3(B)

1. (1) $\dfrac{1}{y} = -\sin x + Ce^x$;　(2) $\dfrac{x^2}{y^2} = -\dfrac{2}{3}x^3\left(\dfrac{2}{3} + \ln x\right) + C$.

2. $I = 5 - 5e^{-3t}$；$I = \dfrac{5}{101}(\sin 30t - 10\cos 30t) + \dfrac{5}{101}e^{-3t}$.

习题 6. 4(A)

1. (1) $y = \dfrac{1}{8}e^{2x} - \cos x + C_1 x^2 + C_2 x + C_3$；(2) $x = C_1 t^4 + C_2 t^2 + C_3 t + C_4$;

(3) $y = -\ln|\cos(x + C_1)| + C_2$；(4) $y = C_1 e^x - \dfrac{1}{2}x^2 - x + C_2$;

(5) $C_1 y^2 - 1 = (C_1 x + C_2)^2$；(6) $y = \dfrac{1}{k}\ln|C_1 + kx| + C_2$.

2. (1) $y = \left(\dfrac{1}{2}x + 1\right)^4$；(2) $y = \tan\left(x + \dfrac{\pi}{4}\right)$;

$(3) y = \dfrac{4}{3}(x+1)^{\frac{3}{2}} - \dfrac{1}{3}$; $(4) y = \dfrac{1}{2}x^2 + \dfrac{3}{2}$.

3. 设铅直坐标轴 s 的正方向朝下, $t = 0$ 时 $s = 0$, 那么

$$s = s(t) = \left[\dfrac{mg}{k}t + \dfrac{m^2 g}{k^2}(e^{-\frac{k}{m}t} - 1) \right].$$

4. $y = \dfrac{2}{3}x^3 + x + 2$.

习题 6. 4(B)

1. $(1) y = \arcsin(C_2 e^x) + C_1$; $(2) y = \dfrac{1}{C_1}\left(x - \dfrac{1}{C_1}\right) e^{C_2 x + 1}$.

2. $f(x) = C_1 \ln x + C_2$.

3. $y = \ln\cos\left(\dfrac{\pi}{4} - x\right) + 1 + \dfrac{1}{2}\ln 2,\ -\dfrac{\pi}{4} < x < \dfrac{3\pi}{4}$, 极大值为 $y\left(\dfrac{\pi}{4}\right) = 1 + \dfrac{1}{2}\ln 2$.

习题 6. 5(A)

1. (1) 是 ; (2) 是 ; (3) 不是 ; (4) 是 ; (5) 不是 ; (6) 不是.

习题 6. 5(B)

2. C.

3. D.

习题 6. 6(A)

1. $(1) C_1 e^x + C_2 e^{3x}$; $(2) e^{-x}(C_1 \cos 2x + C_2 \sin 2x)$;

$(3) (C_1 + C_2 x) e^{4x}$; $(4) e^{-2x}(C_1 \cos x + C_2 \sin x)$.

2. $(1) y = \dfrac{1}{3}(e^x - e^{-2x})$; $(2) y = xe^{-2x}$;

$(3) y = 1 + (1+x)e^{-x}$; $(4) s = e^{-t}(4 + 6t)$.

习题 6. 6(B)

1. $y = C_1 + C_2 x + e^x(C_3 \cos 2x + C_4 \sin 2x)$.

2. $y = x(C_1 + C_2 \ln x)$.

习题 6. 7(A)

1. $(1) y = C_1 e^{-x} + C_2 e^{-4x} + \dfrac{11}{8} - \dfrac{1}{2}x$.

$(2) y = e^{-x}(C_1 \cos 2x + C_2 \sin 2x) + \dfrac{1}{4}xe^{-x}\sin 2x$.

$(3) y = C_1 \cos 3x + C_2 \sin 3x + \dfrac{1}{18}\left(x^2 - \dfrac{2}{3}x + \dfrac{1}{9}\right)e^{3x} + \dfrac{2}{3}$.

$(4) y = C_1 \cos x + C_2 \sin x - \dfrac{1}{3}x\cos 2x - \dfrac{5}{9}\sin 2x$.

$(5) u = C_1 \cos \omega_0 t + C_2 \sin \omega_0 t + \dfrac{1}{\omega_0^2 - \omega^2}\cos \omega t$.

2. $(1) y^* = x(a_0 x^4 + a_1 x^3 + a_2 x^2 + a_3 x + a_4) + (b_0 x^2 + b_1 x + b_2)e^{-3x}$;

$(2) y^* = ae^{-x} + xe^{-x}(b_1 \cos x + b_2 \sin x)$.

3. $(1) y = 4x\mathrm{e}^x - 3\mathrm{e}^x + \dfrac{1}{6}x^3\mathrm{e}^x + 4$;

$(2) y = \dfrac{7}{10}\sin 2x - \dfrac{19}{40}\cos 2x + \dfrac{1}{4}x^2 - \dfrac{1}{8} + \dfrac{3}{5}\mathrm{e}^x$;

$(3) y = \mathrm{e}^x - \mathrm{e}^{-x} + \mathrm{e}^x(x^2 - x)$;

$(4) y = \dfrac{11}{16} + \dfrac{5}{16}\mathrm{e}^{4x} - \dfrac{5}{4}x.$

4. 取枪口为坐标原点,子弹前进的水平方向为 x 轴,铅直方向为 y 轴,那么弹道曲线为

$$\begin{cases} x = (v_0\cos\theta)t \\ y = (v_0\sin\theta)t - \dfrac{1}{2}gt^2 \end{cases}.$$

习题 6.7(B)

1. $f(x) = \dfrac{1}{2}(\sin x + x\cos x).$

2. $(1) y = C_1 x^2 + C_2 x^4 - 2x^3$;

$(2) y = C_1\cos(2\ln x) + C_2\sin(2\ln x) + x\left(\dfrac{2}{5}\ln x - \dfrac{4}{25}\right).$

习题 6.8(A)

1. 参照 §6.8.2 的例子,分别考虑 $R^2 - 4L/C > 0$、$= 0$、< 0 的情形.

2. 设 $\omega = \sqrt{k/m}, h = F_0/m$,那么

$(1) s = \left[s_0 - \dfrac{h}{\omega^2 - \delta^2}\right]\cos\omega t + \dfrac{h}{\omega^2 - \delta^2}\cos\delta t$;

$(2) s = \dfrac{s'_0}{s_0}\sin\omega t + \dfrac{h}{\omega^2 - \delta^2}(\cos\delta t - \cos\omega t)$;

$(3) s = \left[s_0 - \dfrac{h}{\omega^2 - \delta^2}\right]\cos\omega t + \dfrac{s'_0}{s_0}\sin\omega t + \dfrac{h}{\omega^2 - \delta^2}\cos\delta t.$

习题 6.8(B)

1. $x = \mathrm{e}^{-0.245t}(2\cos 156.5t + 0.00313\sin 156.5t).$

2. $\theta(t) = C_1\cos\omega t + C_2\sin\omega t$,其中 $\omega = \sqrt{\dfrac{g}{l}}$;周期为 $T = \dfrac{2\pi}{\omega}.$

参考书目

[1] 同济大学应用数学系.高等数学(第五版上、下册).北京:高等教育出版社,2002

[2] 同济大学应用数学系.微积分(上、下册).北京:高等教育出版社,2000

[3] 赵树嫄等.微积分(修订本).北京:中国人民大学出版社,1988

[4] 李进金等.高等数学(上、下册).南京:南京大学出版社,2005

[5] 上海交通大学,集美大学.高等数学 —— 及其教学软件(第二版上、下册).北京:科学出版社,2005

[6] 蔡光兴,李德宜.微积分(经管类).北京:科学出版社,2004

[7] 张朝阳等.高等数学(上、下册).厦门:厦门大学出版社,2002

[8] 邓东皋、尹小玲.数学分析简明教程(上、下册).北京:高等教育出版社,1999

[9] 李心灿等.高等数学应用 205 例.北京:高等教育出版社,1997

[10] 徐利治.数学方法论选讲.武汉:华中理工大学出版社,2000

[11] 吴炯圻,林培榕.数学思想方法.厦门:厦门大学出版社,2001

[12] 刘文.无处可微的连续函数.沈阳:辽宁教育出版社,1987

[13] 明清河.数学分析的思想与方法.济南:山东大学出版社,2004

[14] 毛纲源.高等数学解题方法技巧归纳(上、下册).武汉:华中科技出版社,2003

[15] 陈传璋等.数学分析(上、下册).北京:高等教育出版社,2003

[16] 孙清华、郑小娇.高等数学 — 内容、方法与技巧(上、下册).武汉:华中科技大学出版社,2005

[17] 刘桂茹、孙永华.经济数学(微积分部分).天津:南开大学出版社,2002